BIOLOGIE ET PHYSIOLOGIE CELLULAIRES

II. Cellules et virus, etc.

André Berkaloff

Jacques Bourguet

Pierre Favard

Jean-Claude Lacroix

BIOLOGIE ET PHYSIOLOGIE CELLULAIRES

Nouvelle édition entièrement refondue et augmentée

II. CELLULES ET VIRUS, etc.

Hermann **Collection**
Paris **Méthodes**

ANDRÉ BERKALOFF, docteur ès sciences, professeur de biologie cellulaire à l'Université de Paris-Sud, est né en 1933. Ses travaux ont porté tout d'abord sur la structure du virus grippal et des virus apparentés. Il étudie actuellement la biologie des virus du groupe de la rage.

JACQUES BOURGUET, docteur en médecine de l'Université de Louvain, ingénieur au Commissariat à l'énergie atomique, est né en 1931. Ses travaux concernent la physiologie des tissus épithéliaux et plus particulièrement le mode d'action des hormones neurohypophysaires sur leur perméabilité à l'eau et aux électrolytes.

PIERRE FAVARD, docteur ès sciences, professeur de biologie cellulaire à l'Université Pierre et Marie Curie est né en 1931. Ses travaux concernent les relations entre la structure des cellules et leur fonctionnement. Il est actuellement directeur du Centre de cytologie expérimentale du Centre national de la recherche scientifique.

JEAN-CLAUDE LACROIX, docteur ès sciences, professeur d'embryologie à l'Université Pierre et Marie Curie est né en 1932. Ses travaux portent sur la structure et la physiologie des chromosomes. Son groupe analyse actuellement l'activité génique lors des phases préembryonnaires et embryonnaires chez les amphibiens.

L'ouvrage est publié sous la direction de Pierre Favard.
Les chapitres 7, 8 et 9 sont de P. Favard;
le chapitre 10 est d'A. Berkaloff.

© 1978, HERMANN, 293 rue Lecourbe, 75015 Paris

ISBN 2 7056 5877 7

Tous droits de reproduction, même fragmentaires, sous quelque forme que ce soit, y compris photographie, microfilm, bande magnétique, disque ou autre, réservés pour tous pays.

Table

VOLUME II : CELLULES ET VIRUS, ETC.

7. Appareil de Golgi

7.1. Structure — 3
7.2. Composition chimique — 9
7.2.1. Étude *in situ* — 9
7.2.2. Isolement de fractions et sous-fractions — 10
7.2.3. Analyse chimique — 13
7.2.3.1. Membranes golgiennes — 14
7.2.3.2. Contenu des cavités — 16
7.3. Rôles physiologiques — 16
7.3.1. Membranes — 17
7.3.1.1. Emballage des produits de sécrétion — 17
7.3.1.2. Glycosylations — 25
7.3.1.3. Sulfatations — 30
7.3.1.4. Production de membrane pour la surface cellulaire — 31
7.3.2. Cavités — 33
7.4. Biogenèse — 35

8. Lysosomes

8.1. Structure et découverte — 41
8.2. Composition chimique — 43
8.2.1. Étude *in situ* — 43
8.2.2. Isolement de fractions — 46
8.2.3. Analyse chimique — 48
8.3. Rôles physiologiques — 49
8.3.1. Digestion intracellulaire — 50
8.3.1.1. Hétérophagie — 50
8.3.1.2. Autophagie — 55
8.3.2. Digestion extracellulaire — 60
8.3.3. Stockage temporaire de réserves — 61
8.3.4. Lysosomes et pathologie — 63
8.4. Biogenèse — 69

9. Mitochondries

9.1. Structure — 73
9.1.1. Membrane externe et membrane interne — 73
9.1.2. Espace intermembranaire et matrice — 77
9.1.3. Diversité et changements de la structure des mitochondries — 77
9.2. Composition chimique — 81
9.2.1. Étude *in situ* — 81
9.2.2. Isolement de fractions et sous-fractions mitochondries — 83
9.2.3. Analyse chimique — 86
9.2.3.1. Membrane externe — 86
9.2.3.2. Membrane interne — 87
9.2.3.3. Contenu de l'espace intermembranaire — 95
9.2.3.4. Contenu de la matrice — 96
9.3. Rôles physiologiques — 101
9.3.1. Oxydations respiratoires — 101
9.3.1.1. Formation d'acétyl-CoA dans la matrice — 102
9.3.1.2. Oxydation de l'acétyl-CoA dans la matrice : le cycle de Krebs — 105
9.3.1.3. Transport des électrons à l'oxygène par la chaîne respiratoire de la membrane interne et translocation simultanée de protons de la matrice vers l'espace intra-membranaire — 109
9.3.1.4. Phosphorylation de l'ADP par l'ATPase de la membrane interne et son couplage avec le transport des électrons : la phosphorylation oxydative — 115
9.3.2. Production de précurseurs pour diverses biosynthèses — 123
9.3.2.1. Précurseurs de la néoglucogenèse — 123
9.3.2.2. Précurseurs de la biosynthèse des acides gras — 126
9.3.2.3. Précurseurs de l'uréogenèse — 127
9.3.2.4. Précurseurs de la biosynthèse d'acides aminés et des porphyrines — 127
9.3.3. Synthèse de protéines — 130
9.3.4. Échanges entre la mitochondrie et le hyaloplasme — 131
9.3.4.1. Contrôles des échanges par la membrane interne — 131
9.3.4.2. Importance des échanges dans le métabolisme cellulaire et sa régulation — 138
9.4. Biogenèse — 144
9.4.1. Continuité mitochondriale — 144
9.4.2. Participation respective du génome mitochondrial et du génome nucléaire — 150
9.4.3. Synthèse et assemblage des constituants — 152
9.4.4. Régulation de la biogenèse — 155

10. Cellules et virus

10.1. Structure et composition chimique des virus — 159
- 10.1.1. Virions hélicoïdaux — 160
- 10.1.2. Virions icosaédriques — 163
- 10.1.3. Virions à enveloppe — 165

10.2. Bactériophages — 167
- 10.2.1. Structure des bactériophages — 167
- 10.2.2. Multiplication du bactériophage T2 dans *Escherichia coli* — 169
  - *10.2.2.1. Adsorption du virion et injection de l'ADN* — 171
  - *10.2.2.2. Entrée en fonction du génome viral* — 177
  - *10.2.2.3. Assemblage des virions* — 181
  - *10.2.2.4. Libération des virions* — 188

10.3. Bactériophages et lysogénie — 190
- 10.3.1. Bactéries lysogènes et bactériophages tempérés — 190
  - *10.3.1.1. Comportement d'une population de bactéries lysogènes* — 190
  - *10.3.1.2. Nature des relations entre bactériophages et* Escherichia coli *K12 (λ)* — 191
- 10.3.2. Bactéries sensibles et bactériophages tempérés — 193
- 10.3.3. Autres exemples de lysogénie — 194

10.4. Virus grippal — 196
- 10.4.1. Structure — 196
  - *10.4.1.1. Constituants du virus grippal* — 196
  - *10.4.1.2. Virus grippaux et myxovirus* — 198
- 10.4.2. Cycle de multiplication — 199
  - *10.4.2.1. Adsorption et pénétration de l'ARN viral* — 199
  - *10.4.2.2. Synthèse des constituants du virion* — 201
  - *10.4.2.3. Assemblage des virions* — 205
  - *10.4.2.4. Libération des virions* — 209
  - *10.4.2.5. Comparaison du cycle de multiplication du virus grippal aux cycles d'autres virus* — 209
- 10.4.3. Évolution du virus grippal dans la nature — 212

10.5. Quelques aspects particuliers de la biologie des virus — 214
- 10.5.1. Régulation de l'expression génétique chez les virus — 214
  - *10.5.1.1. Régulation de la transcription d'un génome viral : cas du bactériophage λ.* — 214
  - *10.5.1.2. Régulation de la traduction d'un génome viral : cas des bactériophages à ARN d'*Escherichia coli — 223
  - *10.5.1.3. Régulation post-traductionnelle : cas du poliovirus* — 229
- 10.5.2. Virus oncogènes — 231
  - *10.5.2.1. Prolifération cellulaire normale et processus tumoraux* — 231
  - *10.5.2.2. Virus oncogènes à ADN : le virus SV 40* — 232
  - *10.5.2.3. Virus oncogènes à ARN* — 236
- 10.5.3. Interactions entre adénovirus humains et virus SV40 — 239
  - *10.5.3.1. Complémentation des adénovirus humains par le virus SV40 dans les cellules de singe* — 240
  - *10.5.3.2. Formation d'hybrides adénovirus-SV40* — 241
- 10.5.4. Viroïdes — 241

10.6. Conception actuelle du virus — 242

Bibliographie — 245

Index — 247

VOLUME I : MEMBRANE PLASMIQUE, ETC.

1. Membrane plasmique
2. Hyaloplasme
3. Microfilaments cytoplasmiques
4. Microtubules
5. Ribosomes
6. Reticulum endoplasmique

VOLUME III : CHROMOSOMES, ETC.

11. Chloroplastes
12. Peroxysomes
13. Nucléoplasme, enveloppe nucléaire
14. Chromosomes
15. Nucléoles
16. Division cellulaire

Sigles

A	adénine
ADN	acide désoxyribonucléique
ADP	adénosine diphosphate
Ala	alanine
AMP	adénosine monophosphate
Arg	arginine
ARN	acide ribonucléique
ARNm	acide ribonucléique messager
ARNr	acide ribonucléique ribosomien
ARNt	acide ribonucléique de transfert
Asn	asparagine
Asp	acide aspartique
ATP	adénosine triphosphate
ATPase	adénosine triphosphatase
C	cytosine
CL	cardiolipides
CoA	coenzyme A
CoQ	coenzyme Q
CTP	cytidine triphosphate
Cys	cystéine
DNase	désoxyribonucléase
DNP	dinitrophénol
EDTA	éthylène diamine tétracétate
$F_0 F_1$	facteurs de couplage de l'ATPase mitochondriale
FAD	flavine adénine dinucléotide (forme oxydée)
$FADH_2$	flavine adénine dinucléotide (forme réduite)
fMét	formylméthionine
FMN	flavine mononucléotide (forme oxydée)
$FMNH_2$	flavine mononucléotide (forme réduite)
Fuc	fucose
G	guanine
Gal	galactose
GalNAc	N-acétylgalactosamine
GDP	guanosine diphosphate
GERL	Golgi Endoplasmic Reticulum Lysosomes
Glc	glucose
GlcNac	N-acétylglucosamine
Gln	glutamine
Glu	acide glutamique
Gly	glycine
GMP	guanosine monophosphate
GTP	guanosine triphosphate
GTPase	guanosine triphosphatase
HA	hémagglutinine
His	histidine
HMC	hydroxyméthylcytosine
Hyp	hydroxyproline
Ile	isoleucine
Leu	leucine
Lys	lysine
Met	méthionine
NA	neuraminidase
NAD^+	nicotinamide adénine dinucléotide (forme oxydée)
NADH	nicotinamide adénine dinucléotide (forme réduite)
NADH DHase	nicotinamide adénine dinucléotide déshydrogénase
$NADP^+$	nicotinamide adénine dinucléotide phosphate (forme oxydée)
NADPH	nicotinamide adénine dinucléotide phosphate (forme réduite)
NAN	acide neuraminique
NANA	acide N-acétylneuraminique
OSCP	Oligomycin Sensibility Conferring Factor
PC	phosphatidylcholine
PE	phosphatidyléthanolamine
Phe	phénylalanine
PI	phosphatidylinositol
PM	poids moléculaire
Pro	proline
PS	phosphatidylsérine
S	unité Svedberg
SDS	dodécyl sulfate de sodium
Ser	sérine
SV40	Simian Virus 40
T	thymine
Thr	thréonine
TMP	thymidine monophosphate
TPP	thiamine pyrophosphate
TPPase	thiamine pyrophosphatase
Trp	tryptophane
Tyr	tyrosine
U	uracile
UDP	uridine diphosphate
UMP	uridine monophosphate
UTP	uridine triphosphate
Val	valine
VLDL	Very Low Density Lipoproteins

Cellules et virus, etc.

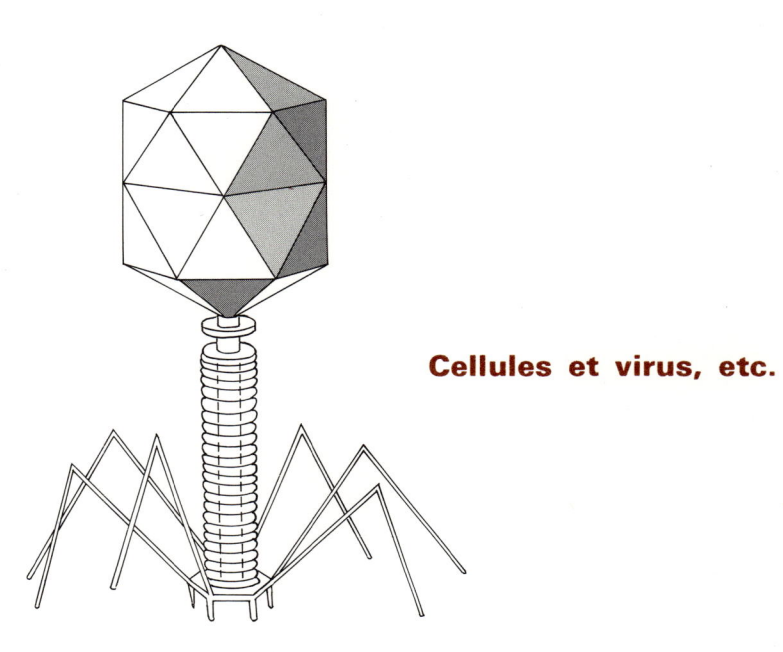

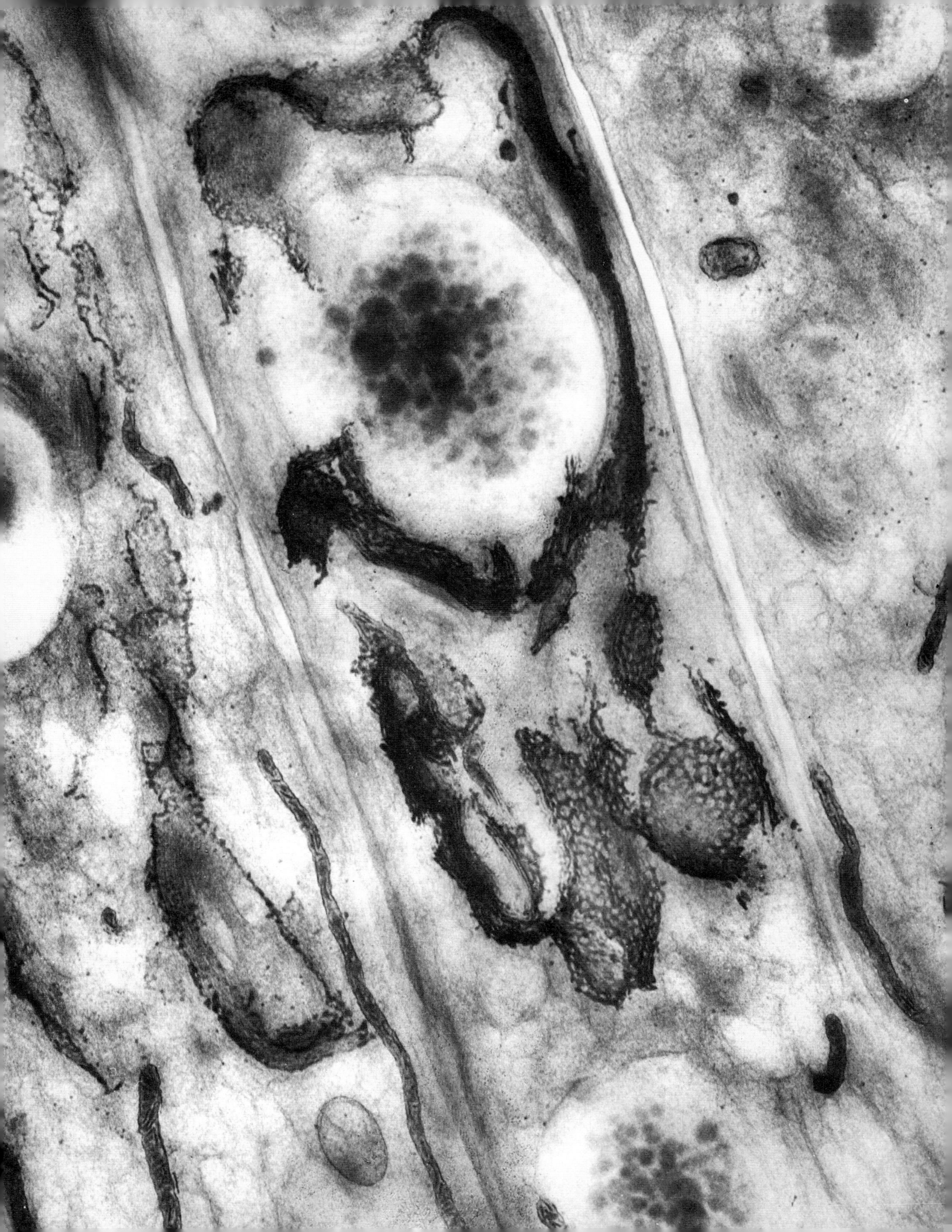

7. Appareil de Golgi

7.1. Structure

C'est en étudiant le cervelet de la chouette que le biologiste italien Golgi découvrit ce constituant à la fin du siècle dernier (1898); en traitant le tissu nerveux par une solution contenant du tétroxyde d'osmium OsO_4 pendant plusieurs jours, il constata que des dépôts opaques à la lumière se faisaient dans le cytoplasme des cellules de Purkinje, dépôts formant un réseau périnucléaire qu'il appela « appareil réticulaire interne » et que l'on nomme depuis appareil de Golgi (ou encore complexe de Golgi). Par cette technique dite d'imprégnation osmique on voit au microscope à lumière que l'appareil de Golgi est constitué d'écailles de 1 à 3 microns de diamètre, les *dictyosomes* qui selon les types cellulaires et les organismes sont soit reliés entre eux par des tractus plus fins, soit isolés les uns des autres.

L'observation au microscope électronique de coupes minces de cellules imprégnées par l'osmium révèle que les dépôts que l'on voit en microscopie à lumière au niveau des dictyosomes se font dans des cavités dont l'arrangement ordonné permet de les distinguer de celles très polymorphes du réticulum endoplasmique. A cette échelle anatomique un dictyosome apparait constitué de membranes lisses (dépourvues de ribosomes) de 60 à 75 Å d'épaisseur qui délimitent des cavités aplaties ou *saccules*. Les saccules d'un dictyosome sont en général au nombre de 4 à 8; ils sont empilés les uns sur les autres sans pour autant que leurs membranes soient accolées car une mince bande de hyaloplasme d'épaisseur constante (200 Å) sépare toujours un saccule de ses voisins (fig. 7.1 et 7.2).

La *pile de saccules* qui forme un dictyosome a l'une de ses faces disposée au voisinage de cavités du réticulum endoplasmique : par convention cette face est appelée la *face externe* (ou encore proximale) du dictyosome, la face opposée étant la *face interne* (ou distale). Les saccules de la face externe sont en général beaucoup plus aplatis que ceux de la face interne et c'est dans leur cavité, de 150 à 200 Å d'épaisseur, que se font des dépôts lors de l'imprégnation (la

Frontispice
Coupe de cellule d'une glande muqueuse d'escargot. Les saccules de la face externe des dictyosomes sont imprégnés par le tétroxyde d'osmium, ce qui montre leur structure fenestrée. Cette coupe de 2 microns d'épaisseur permet de voir les tubules anastomosés (flèches) qui unissent les dictyosomes voisins. Un grain de sécrétion est situé entre les dictyosomes de la partie supérieure; × 20 000 (voir également la figure 7.9; observation sous une tension de 2,5 millions de volts, micrographie électronique P. Favard et N. Carasso, 1972).

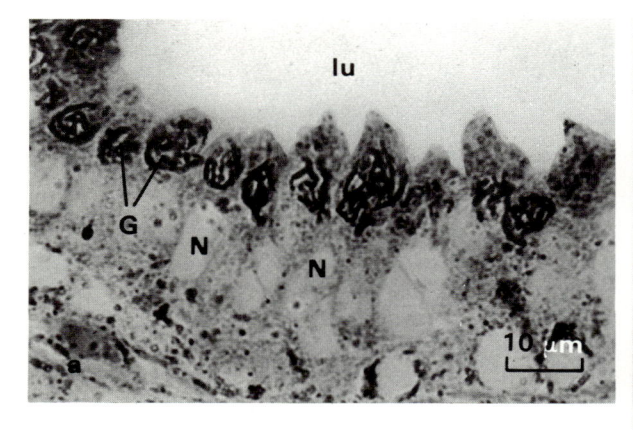

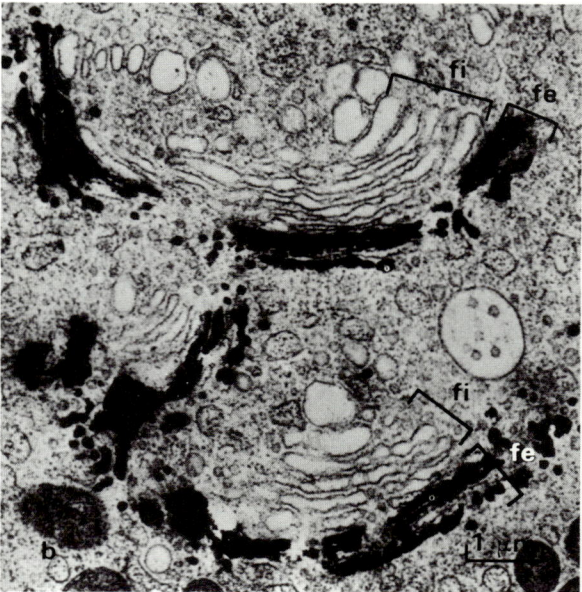

Figure 7.1
Appareil de Golgi d'épididyme de souris imprégné par le tétroxyde d'osmium.
a) Coupe de 2 microns d'épaisseur observée au microscope à lumière. L'osmium s'est déposé dans la région située au-dessus du noyau N des cellules et révèle un réseau qui est leur appareil de Golgi G ; lu, lumière du canal épididymaire ; × 1 000 (micrographie P. Favard et coll.).
b) Coupe de 0,05 micron d'épaisseur observée au microscope électronique. A cette échelle on voit que les dépôts d'osmium sont localisés au niveau de piles de saccules aplatis : les dictyosomes. Seuls sont imprégnés les saccules de la face externe fe des dictyosomes, ceux de la face interne fi sont dépourvus de précipités ; × 10 000 (micrographie électronique D.S. Friend, 1965).

Figure 7.2 a et b (légende ci-contre)

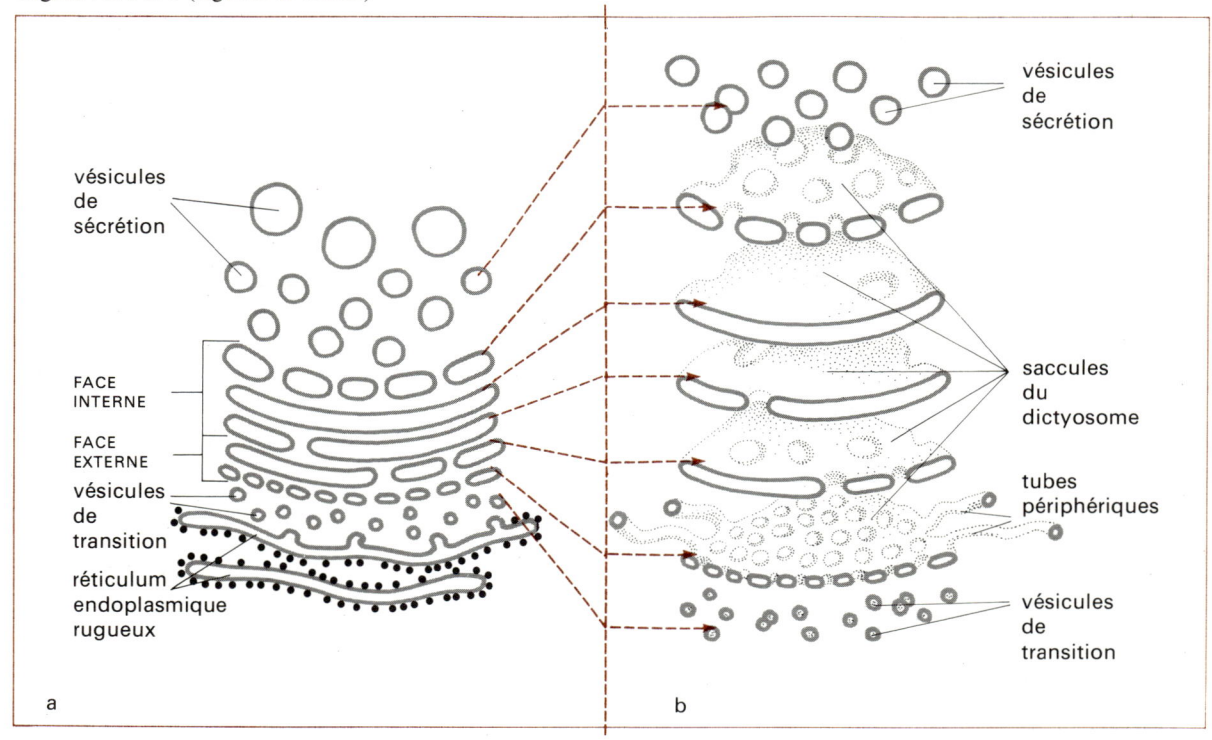

4 *Appareil de Golgi*

Figure 7.2
Structure du dictyosome.

a) Schéma montrant la structure d'un dictyosome telle qu'on l'observe en coupe mince. Le dictyosome est constitué de saccules aplatis qui sont empilés les uns sur les autres. La face externe du dictyosome est en regard d'une cavité de réticulum endoplasmique dont la portion de membrane située en vis-à-vis des saccules est dépourvue de ribosomes et présente des bourgeonnements; les vésicules de transition sont situées entre le réticulum et la face externe. Les saccules de la face interne sont plus dilatés que ceux de la face externe et des vésicules de sécrétion sont situées à leur voisinage.

b) Reconstitution tridimensionnelle montrant l'architecture des saccules telle qu'on l'observe en coupe épaisse; par commodité les saccules sont représentés écartés les uns des autres. Les saccules sont fenestrés et du saccule le plus externe partent des tubes périphériques qui sont reliés aux saccules externes d'autres dictyosomes.

c) Dictyosomes de protozoaire observé en coupe mince au microscope électronique. Chaque dictyosome comporte une dizaine de saccules empilés. Entre le réticulum endoplasmique re et la face externe des dictyosomes, on distingue des vésicules de transition vt; × 20 000 (radiolaire *Thalassicolla nucleata*, micrographie électronique A. Hollande et E. Hollande, 1975).

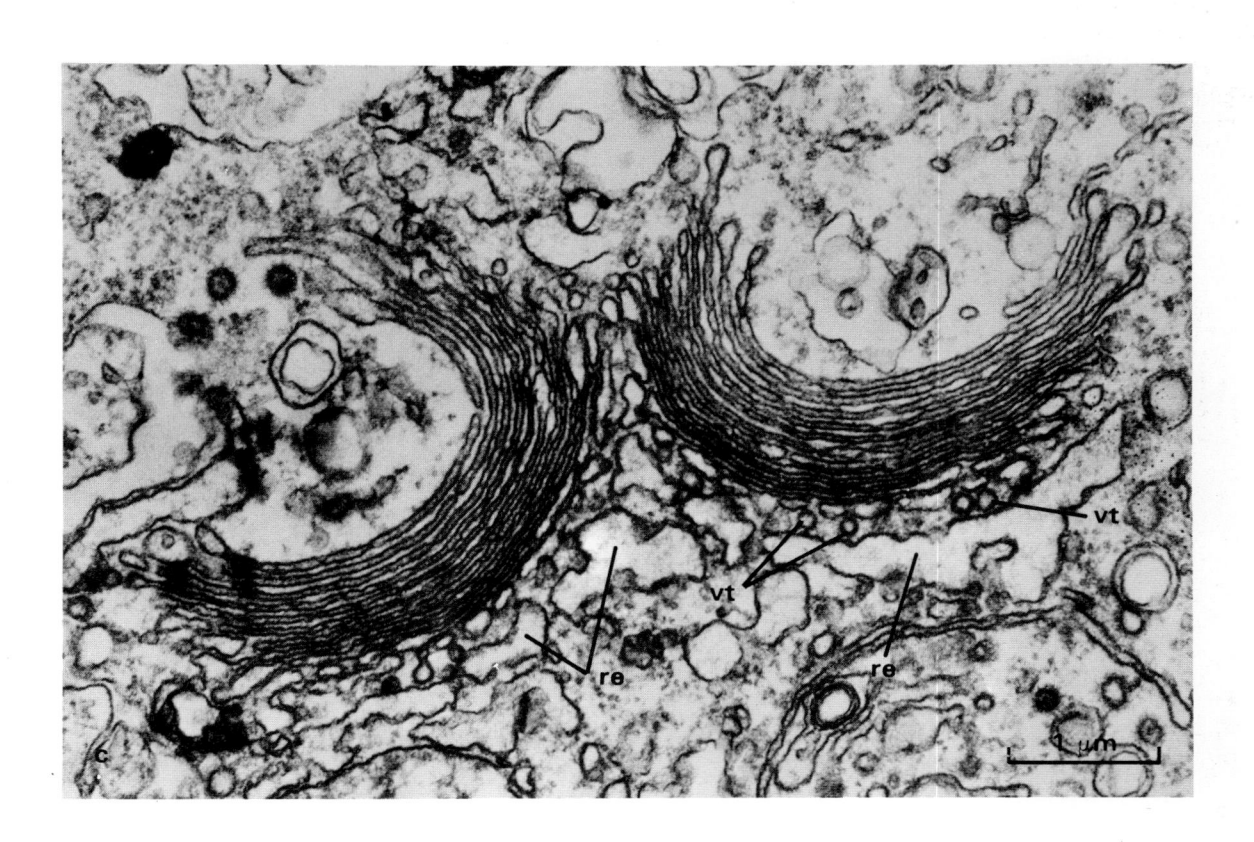

nature des réactions chimiques responsables de l'imprégnation n'est toujours pas connue pas plus que la composition des dépôts riches en atomes d'osmium).

L'observation de coupes épaisses de quelques microns, en microscopie électronique à haute tension, montre que les saccules des dictyosomes sont fenestrés c'est-à-dire qu'ils sont perforés de place en place comme l'est par exemple l'enveloppe nucléaire; de plus dans ces coupes épaisses, on voit, partant de la périphérie des saccules fenestrés, des tubes à membrane lisse, de 300 Å de diamètre environ, qui

Figure 7.3
Structure réticulaire de l'appareil de Golgi dans un neurone.
a) Vue d'ensemble d'une coupe de neurone de 3 microns d'épaisseur. Dans cette cellule imprégnée par le tétroxyde d'osmium, les dictyosomes D sont disposés autour du noyau N; cette disposition est différente de celle observée dans les cellules épididymaires (voir la figure 7.1); nu, nucléole; × 6 000.
b) A plus fort grandissement on voit que les saccules imprégnés de la face externe sont reliés entre eux par des tubules anastomosés (flèche) si bien que l'appareil de Golgi forme un réseau. Remarquer la structure fenestrée des saccules imprégnés; × 20 000. Le frontispice de ce chapitre montre des aspects analogues dans un autre type cellulaire (neurone de ganglion trigéminé de souris; observation sous une tension de 1 million de volts, micrographie électronique A. Rambourg et coll., 1974).

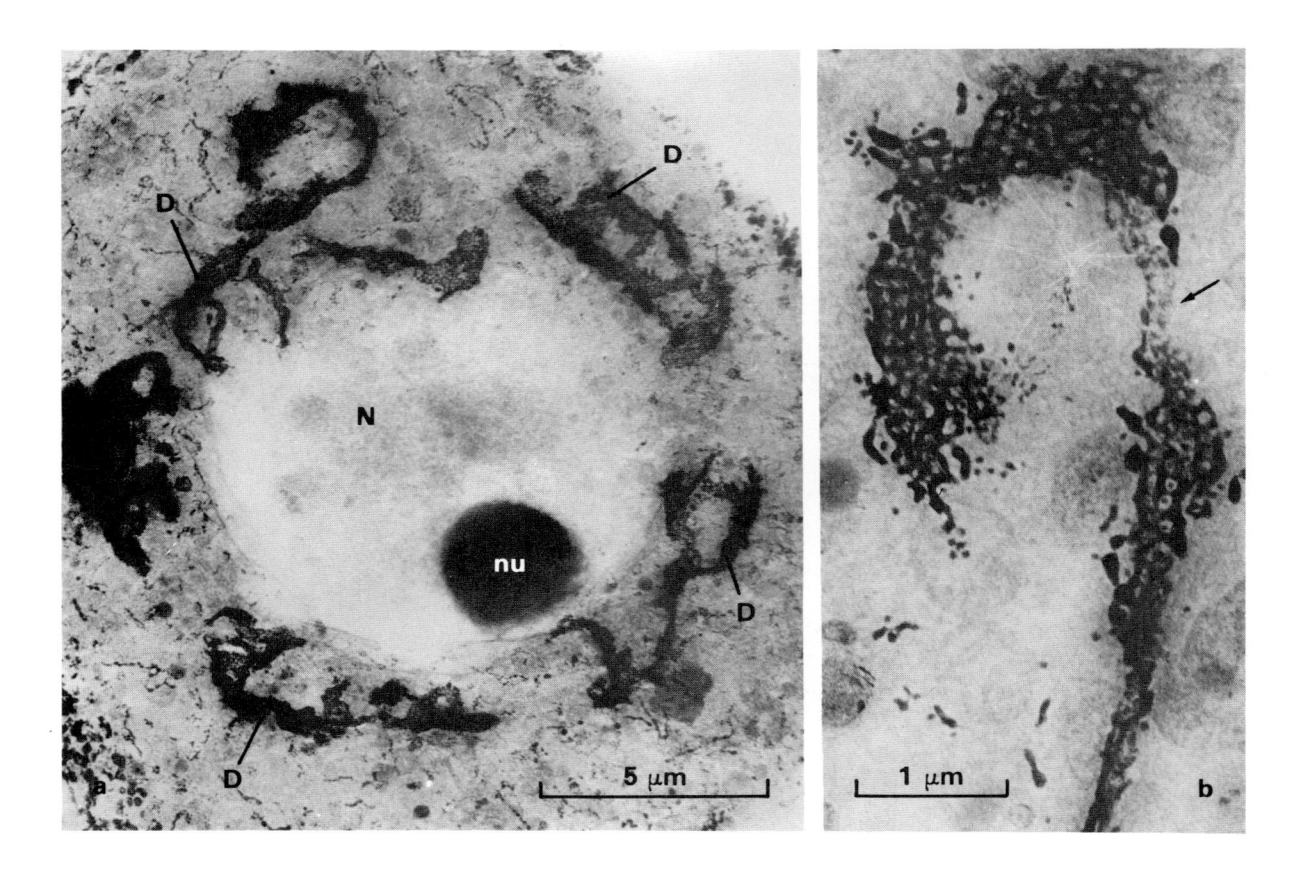

souvent relient entre eux les différents dictyosomes d'une même cellule (fig. 7.3 et frontispice de ce chapitre). On retrouve ainsi, dans ces échantillons épais, la structure réticulaire de l'appareil de Golgi décrite lors des premières observations faites au microscope à lumière, structure qui ne peut être mise en évidence lors de l'examen de coupes minces (0,05 micron d'épaisseur) en microscopie électronique à basse tension, coupes dans lesquelles les dictyosomes apparaissent toujours séparés les uns des autres.

Au voisinage des dictyosomes existent deux populations distinctes de vésicules : des petites vésicules (200 Å de diamètre) situées entre la face externe des dictyosomes et le réticulum endoplasmique, ce sont les *vésicules de transition ;* des vésicules de plus grande taille (400 à 800 Å de diamètre) situées à la périphérie de la face interne des dictyosomes, ce sont les *vésicules de sécrétion* (comme nous le verrons plus loin, le contenu de ces vésicules est le plus souvent déchargé dans l'espace extracellulaire ce qui témoigne de leur rôle dans la sécrétion).

Les membranes qui limitent les saccules de la face externe et les vésicules de transition sont en général plus minces que celles qui limitent les saccules de la face interne et les vésicules de sécrétion ; les premières n'ont que 60 Å d'épaisseur, comme les membranes du réticulum endoplasmique ; les autres ont une épaisseur de 75 Å, comme la membrane plasmique ; toutes ces membranes apparaissent formées de trois feuillets dans les coupes de cellules fixées par le tétroxyde d'osmium (fig. 7.4). Après congélation l'observation de répliques obtenues par la technique du cryodécapage révèle la présence de particules globulaires de 80 Å de diamètre dans les membranes des saccules et des vésicules, la densité de ces particules étant différente selon que ces membranes sont situées vers la face externe ou la face interne du dictyosome.

Le contenu des cavités des saccules et des vésicules de l'appareil de Golgi apparait le plus souvent peu diffusant et amorphe dans les coupes observées au microscope électronique (coupes faites dans des cellules fixées et incluses selon les techniques courantes et non imprégnées par OsO_4) ; exceptionnellement ce contenu renferme des inclusions denses ou des cristaux, ou encore des fibres.

Cette structure caractéristique de l'appareil de Golgi formé de piles de saccules qui constituent les dictyosomes et qui sont bordées de vésicules, s'observe dans la plupart des cellules eucaryotes mais la disposition, le nombre et la morphologie des dictyosomes présentent des variations selon les types cellulaires, les organismes et l'état fonctionnel des cellules. Les dictyosomes peuvent être dispersés dans le cytoplasme (hépatocytes, ovocytes, nombreuses cellules végétales) ou groupés près du noyau au voisinage des centrioles (cellules acineuses du pancréas, cellules caliciformes de l'intestin, spermatocytes par exemple). En moyenne on compte une vingtaine de dictyosomes par cellule mais des cellules géantes comme celles des glandes salivaires de diptères ou les synergides du coton en renferment un millier

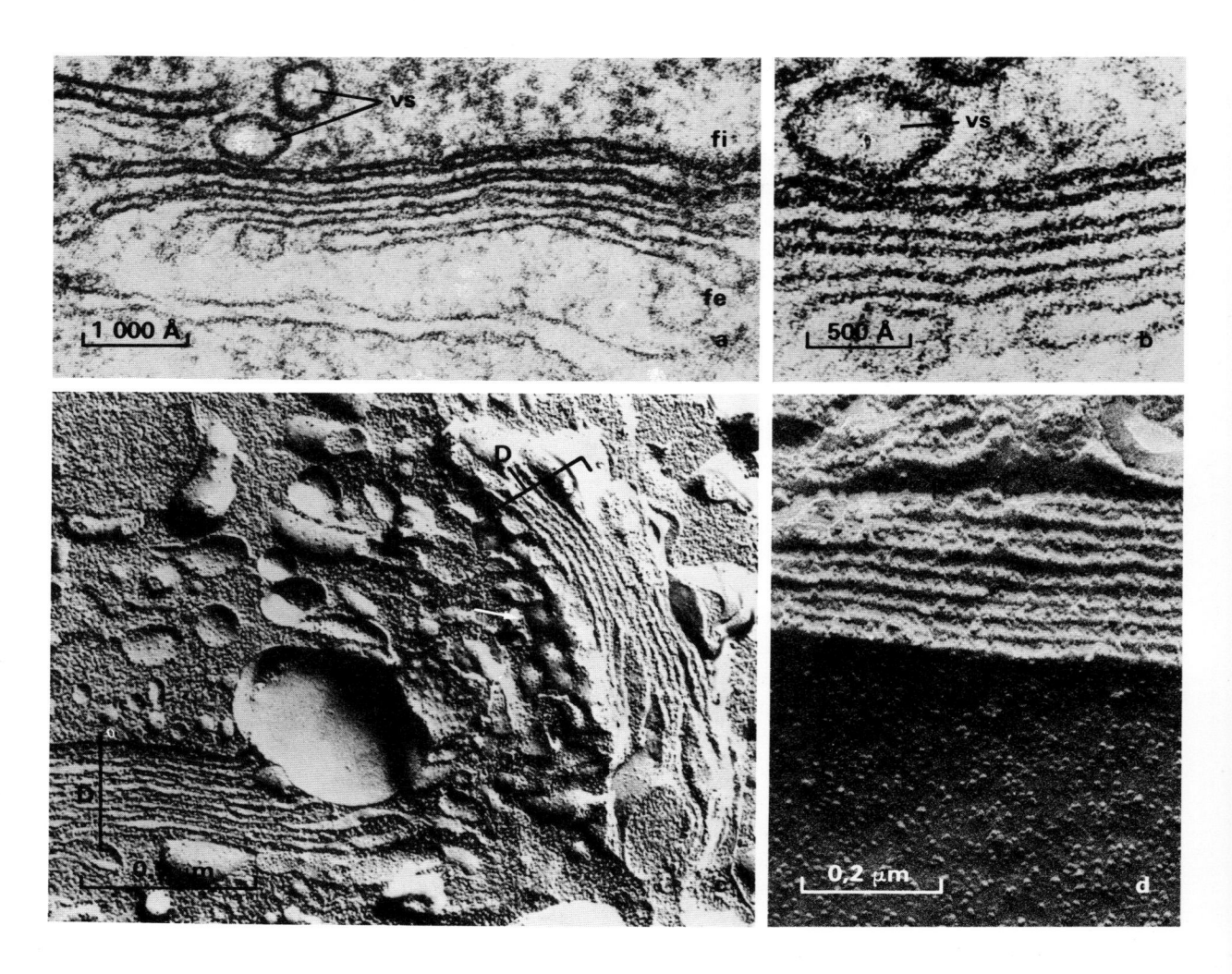

Figure 7.4
Structure des membranes golgiennes.

a et b) Dictyosome de champignon montrant l'augmentation progressive de l'épaisseur de la membrane des saccules depuis la face externe fe jusqu'à la face interne fi. La fixation au tétroxyde d'osmium révèle la structure à 3 feuillets des membranes de la face interne; vs, vésicule de sécrétion; a, × 150 000; b, × 300 000 (micrographies électroniques S.N. Grove et coll., 1968).

c et d) Dictyosomes d'épididyme de souris. Réplique obtenue par la technique de cryodécapage. c) La fracture révèle les saccules empilés des dictyosomes D et la structure fenestrée d'un saccule de la face interne (flèche). d) A plus fort grandissement on distingue les particules intramembranaires; c, × 50 000; d, × 100 000 (micrographies B. Chailley, 1978).

et plus, alors que certains organismes unicellulaires n'en possèdent qu'un seul. La taille des dictyosomes présente également des variations qui tiennent soit à la dimension des saccules soit à leur nombre (certaines algues brunes et des flagellés symbiotes ont des dictyosomes comportant plus de 20 saccules; les cellules sécrétrices d'insectes ont un appareil de Golgi constitué d'amas de vésicules sans saccules typiques empilés). Enfin, comme nous le verrons à la fin de ce chapitre, l'importance de l'appareil de Golgi dans une cellule, c'est-à-dire la surface totale des membranes des saccules et des vésicules, varie selon l'état physiologique de la cellule.

7.2. Composition chimique

7.2.1. Étude *in situ*

Les méthodes cytochimiques révèlent au niveau de l'appareil de Golgi en place dans la cellule des activités hydrolasiques et peroxydasiques qui ne sont pas spécifiques de cet organite puisqu'elles existent également au niveau du réticulum endoplasmique (volume I, chapitre 6). Il faut remarquer cependant que les saccules d'un même dictyosome n'ont pas tous la même activité enzymatique : par exemple les activités phosphatasiques sont plus élevées dans les saccules de la face interne que dans ceux de la face externe. La résolution de ces méthodes est insuffisante pour déterminer si les enzymes catalysant les réactions sont situées dans les membranes ou à l'intérieur des cavités qu'elles délimitent.

Les méthodes cytochimiques pratiquées *in situ* montrent également que les cavités golgiennes renferment des protéines et des polysaccharides; l'emploi d'anticorps marqués à la ferritine ou à la peroxydase en démontre la présence dans les saccules ou les vésicules de sécrétion et de transition : trypsinogène, chymotrypsinogène, carboxypeptidase, ribonucléase dans les cellules acineuses du pancréas, hormones peptidiques dans les cellules de l'hypophyse, immunoglobulines dans les plasmocytes. Après oxydation par l'acide periodique on montre par des méthodes spécifiques* que le contenu des cavités de l'appareil de Golgi est riche en polysaccharides et que les saccules de la face interne des dictyosomes en contiennent plus que les saccules de la face externe (fig. 7.5); comme dans le cas des imprégnations et celui de la mise en évidence des activités phosphatasiques, nous voyons que les saccules d'une même pile ne sont pas tous semblables et qu'il existe donc une polarité des dictyosomes dont nous verrons ce qu'elle signifie du point de vue fonctionnel à la fin de ce chapitre.

* Voir le principe de ces méthodes dans M. Durand et P. Favard *La Cellule*, Hermann, 1974.

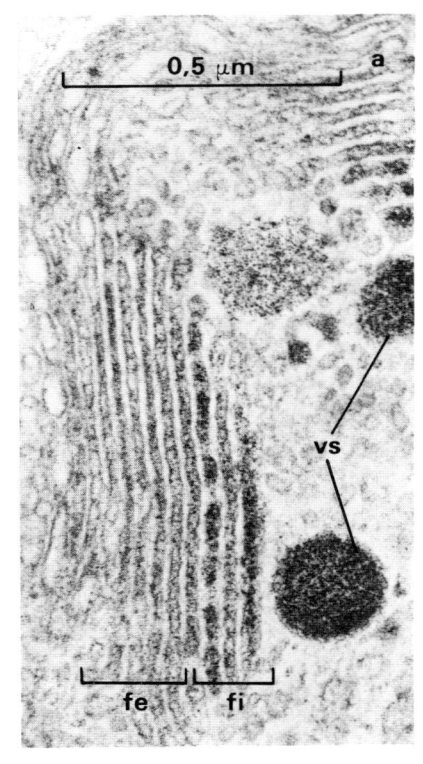

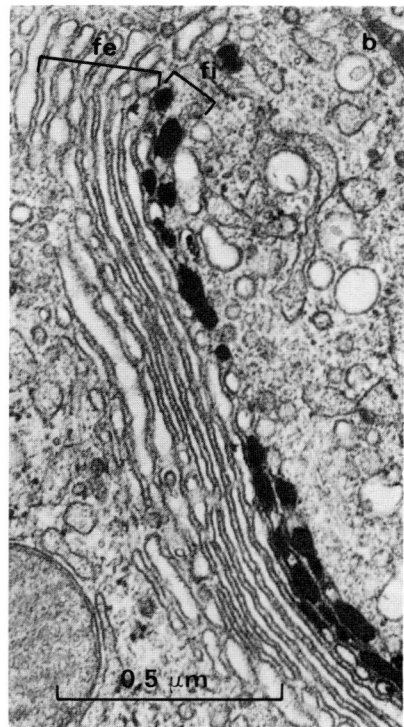

Figure 7.5
Polarité du dictyosome.

a) Mise en évidence *in situ* de polysaccharides.
Les coupes minces d'intestin de souris fixé au glutaraldéhyde et inclus dans une résine époxy sont oxydées par une solution d'acide périodique. Le traitement oxyde en fonctions aldéhyde certaines fonctions alcool des unités glucidiques puis on révèle par un sel d'argent les fonctions aldéhyde. L'argent diffusant les électrons, les régions de la cellule qui contiennent des polysaccharides sont d'autant plus contrastées qu'elles en renferment davantage. Cette technique* montre qu'il existe un gradient de concentration en polysaccharides au niveau du dictyosome : les saccules de la face interne fi contiennent plus de polysaccharides que ceux de la face externe fe ; vs, vésicules de sécrétion ; $\times$ 75 000 (micrographie électronique J.P. Thiéry, 1977).

b) Mise en évidence d'activité phosphatasique.
Après avoir été fixé par du glutaraldéhyde, un fragment d'épididyme de souris est incubé dans une solution de thiamine pyrophosphate TPP et de nitrate de plomb. La thiamine pyrophosphatase TPPase des cellules épididymaires catalyse l'hydrolyse du TPP ce qui libère l'acide phosphorique qui avec le nitrate de plomb donne un précipité de phosphate de plomb qui diffuse fortement les électrons. L'observation au microscope électronique de coupes minces d'épididyme préparées selon cette technique* montre que les saccules de la face interne fi des dictyosomes ont une activité thiamine pyrophosphatasique. On ne révèle pas d'activité TPPasique au niveau des saccules de la face externe fe soit parce que la concentration en TPPase est trop faible pour être mise en évidence, soit parce qu'au niveau de ces saccules la TPPase est sous forme inactive ; $\times$ 60 000 (micrographie électronique D.S. Friend, 1965).

* Pour plus de détails sur ces techniques voir M. Durand et P. Favard, *La Cellule*, Hermann, 1978.

7.2.2. Isolement de fractions et de sous-fractions

Le type de fractions Golgi obtenues à partir de populations cellulaires dépend de la manière dont est réalisé l'homogénat. Quand l'homogénat est pratiqué dans les conditions habituelles, les saccules des dictyosomes sont fragmentés en microsomes tout comme les cavités du réticulum endoplasmique. La fraction *microsomes lisses* que l'on sépare alors par centrifugation différentielle renferme à la fois des éléments golgiens (saccules fragmentés, vésicules de transi-

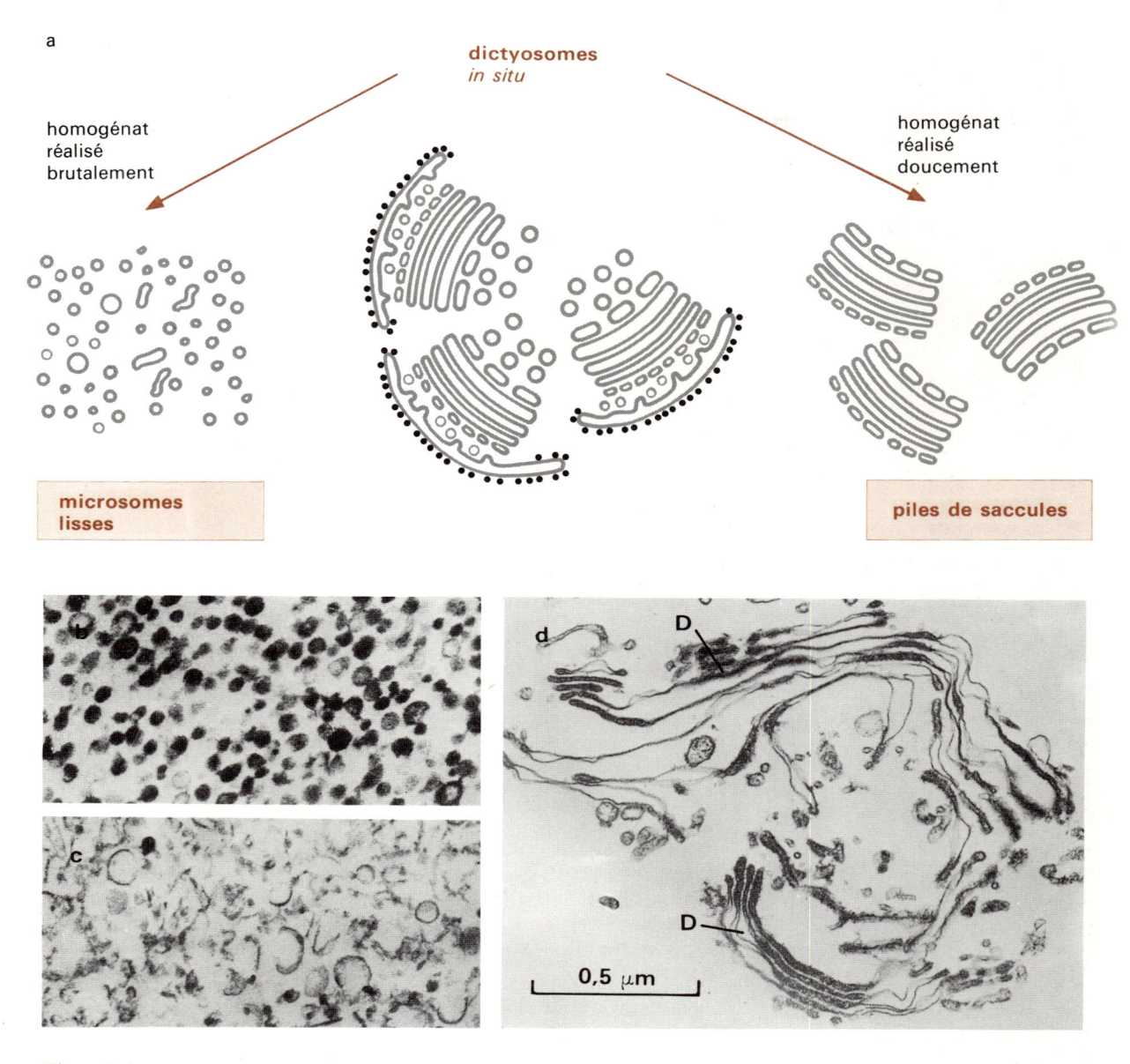

Figure 7.6
Préparation de fractions Golgi.
a) Selon le procédé employé pour préparer l'homogénat, la fraction obtenue n'a pas la même structure : fraction microsomes lisses quand l'homogénat est réalisé brutalement; fraction piles de saccules quand il est réalisé avec ménagement.
b) Fraction microsomes lisses isolée à partir de pancréas de cobaye. La fraction consiste en vésicules dont les membranes ne portent pas de ribosomes; × 50 000.
c) Sous-fraction membranes préparée à partir de microsomes lisses de pancréas de cobaye. Un traitement alcalin — incubation dans un tampon carbonate à pH 7,8 — a rompu la membrane des microsomes qui se sont vidés de leur contenu. L'analyse d'une telle sous-fraction permet de connaître la composition chimique des membranes golgiennes; × 50 000 (b et c, micrographies électroniques J. Meldolesi et coll., 1971).
d) Fraction piles de saccules isolée à partir de rein de rat; la fraction consiste en dictyosomes D dont les saccules sont par endroits écartés les uns des autres; × 50 000 (micrographie électronique B. Fleischer et coll., 1974).

Composition chimique

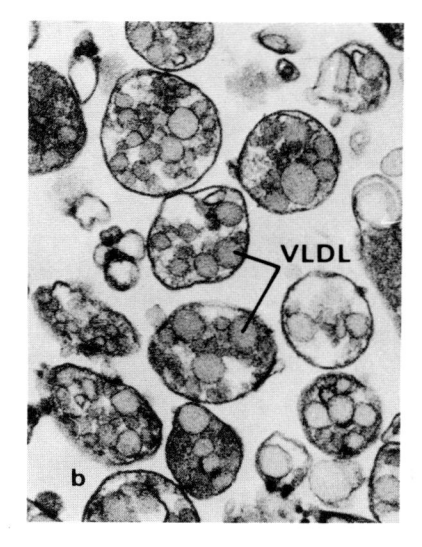

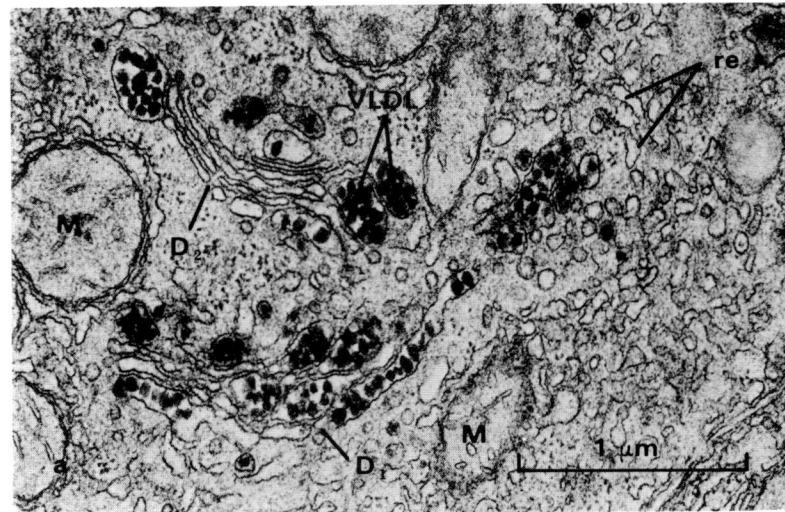

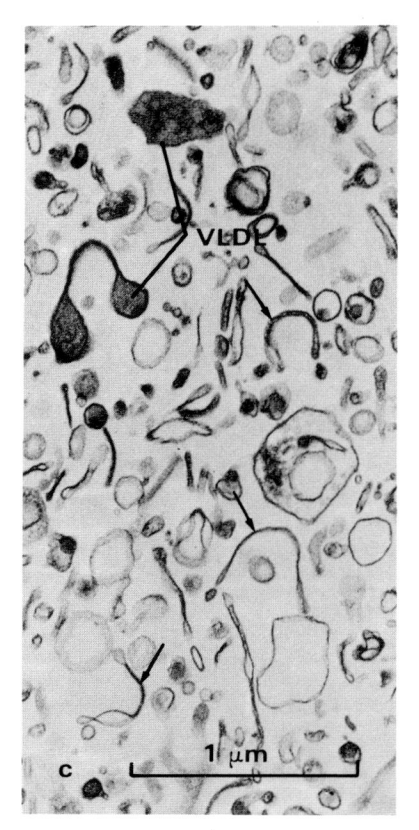

Figure 7.7
Isolement de fractions Golgi marquées par des lipoprotéines.

a) Hépatocyte de rat traité par l'éthanol. Les saccules des dictyosomes D_1 et D_2 renferment des particules lipoprotéiques de très faible densité VLDL; dans le dictyosome D_1 toutes les cavités des saccules sont remplies de particules alors que dans le dictyosome D_2, seules les régions périphériques des saccules sont dilatées par des lipoprotéines. Ces particules lipoprotéiques permettent de reconnaître dans les fractions les constituants d'origine golgienne puisque les cavités du réticulum endoplasmique re ne contiennent pas d'amas de telles particules; M, mitochondries.

b) Fraction Golgi de faible densité constituée de vésicules renfermant de nombreuses particules VLDL. Bien que la morphologie des dictysomes ne soit pas préservée au cours de la préparation de la fraction, la présence d'amas de particules permet d'affirmer que cette fraction légère est d'origine golgienne. Isolées à partir de foies de rats traités par l'éthanol ces vésicules ne peuvent provenir que des saccules golgiens et des grains de sécrétion auxquels ils donnent naissance, grains qui sont également remplis de lipoprotéines.

c) Fraction Golgi de plus forte densité constituée de membranes qui délimitent des cavités de formes variées. A l'exception de quelques rares éléments qui renferment des lipoprotéines VLDL et qui sont donc golgiens, il est difficile d'apprécier l'origine des autres constituants de cette fraction; de fait les dosages biochimiques montrent que la fraction est contaminée par du réticulum endoplasmique. Les flèches montrent des éléments aplatis qui sont sans doute des saccules golgiens.

(a, b et c, rats traités par l'éthanol pendant 90 minutes à la dose de 0,6 g/100 g d'animal; $\times$ 30 000; micrographies électroniques J.E. Ehrenreich et coll., 1973.)

tion et de sécrétion) et des vésicules provenant du réticulum lisse. Si les cellules renferment peu de réticulum lisse, la fraction microsomes lisses correspond pour l'essentiel aux constituants de l'appareil de Golgi (cellules acineuses du pancréas); par contre si les cellules possèdent un réticulum lisse abondant (hépatocytes) la fraction microsomes lisses est contaminée par des éléments du réticulum dont il n'est pas possible de se débarrasser; aussi convient-il d'opérer autrement. En faisant l'homogénat dans des conditions beaucoup plus douces (mixer tournant à faible vitesse), les dictyosomes sont assez bien préservés et on peut séparer par centrifugation une fraction piles de saccules qui est peu contaminée par du réticulum endoplasmique (fig. 7.6).

L'isolement de fractions enrichies en saccules ou en vésicules de sécrétion a pu être réalisé à partir de foie de rat mais ce résultat reste encore exceptionnel. Chez cet animal il est en effet possible de modifier expérimentalement la densité des éléments golgiens des hépatocytes; en administrant de l'éthanol par tubage gastrique, on provoque, après 90 minutes, l'accumulation de particules lipoprotéiques dans la périphérie des saccules de la face interne et dans les vésicules de sécrétion. Ces particules dites VLDL (de l'anglais very low density particles) constituent d'une part un marqueur morphologique utile pour le contrôle de pureté des fractions; d'autre part elles diminuent la densité des saccules et des vésicules qui peuvent alors être séparés en fractions plus ou moins riches en lipoprotéines (fig. 7.7).

A partir des fractions microsomes lisses ou des fractions saccules on prépare des sous-fractions membranes golgiennes en vidant les cavités par traitement en milieu alcalin ou par écrasement dans une presse mais ceci n'a été fait que pour quelques types cellulaires.

Le contrôle de la pureté des fractions est basé comme dans le cas des fractions réticulum sur des critères morphologiques (examen au microscope électronique) et biochimiques (dosage d'activités enzymatiques, voir volume I, chapitre 6).

7.2.3. Analyse chimique

Les résultats les plus significatifs ont été obtenus à partir de foie de rat et de pancréas de cobaye, car les fractions et sous-fractions Golgi réalisées à partir de ces organes sont les plus pures que l'on ait pu préparer. Néanmoins les analyses faites dans d'autres tissus ou organes (épithélium intestinal, rein, testicule, glande mammaire, tige d'oignon) conduisent aux mêmes conclusions générales : les membranes de l'appareil de Golgi ont une composition en lipides intermédiaire entre celle des membranes du réticulum endoplasmique et celle de la membrane plasmique; elles sont riches en glycosyltransférases; le contenu des cavités golgiennes est différent selon le type de cellule et l'organisme dont elles font partie.

7.2.3.1. MEMBRANES GOLGIENNES

L'analyse de la composition en lipides des membranes de l'appareil de Golgi indique clairement qu'elles sont, à ce point de vue, intermédiaires entre le réticulum et la membrane plasmique; les membranes golgiennes sont plus riches en lipides que celles du réticulum mais cette quantité est inférieure à celle de la membrane plasmique (35 à 40% au lieu de 30% pour le réticulum et 40 à 42% pour la membrane plasmique; tableau 7.I).

Cette situation est la même quand on dose la proportion des diverses classes de lipides — lipides neutres (stérols et triglycérides), glycolipides et phospholipides — et quand on examine la longueur des chaînes d'acides gras des phospholipides et leur degré de saturation. En comparant les proportions des divers phospholipides majeurs on constate que les membranes golgiennes sont également intermédiaires pour la sphingomyéline (en plus grande quantité que dans le réticulum); par contre, compte tenu de la précision des dosages, phosphatidyléthanolamine, phosphatidylsérine et phosphatidylinositol ont sensiblement les mêmes concentrations dans les trois types de membranes.

L'analyse des protéines par électrophorèse sur gel de polyacrylamide montre que les membranes de l'appareil de Golgi renferment une trentaine de chaînes polypeptidiques différentes dont quelques-

Tableau 7. I
Comparaison de la composition en lipides des membranes du réticulum endoplasmique, de l'appareil de Golgi et des membranes plasmiques dans le foie de rat (d'après J.D. Morré et L. Ovtracht, 1978).

	réticulum endoplasmique	appareil de Golgi	membrane plasmique
lipides totaux	30	35	42
phospholipides	26,6	28,5	29,8
sphingomyéline	1,3	3,5	5,6
phosaphatidylcholine	15,5	14,6	14,0
phosphatidyléthanolamine	6,4	6,6	6,9
phosphatidylsérine	1,3	1,2	1,2
phosphatidylinositol	2,1	2,6	2,1
lipides neutres	3,0	5,0	9,7
cholestérol	1,0	1,7	5,2
esters du cholestérol	0,4	1,0	1,2
triglycérides	1,6	2,3	3,3
glycolipides	0,4	1,5	2,5

unes glycosylées. Certaines sont communes aux membranes golgiennes et à celles du réticulum, d'autres moins nombreuses sont communes aux membranes golgiennes et à la membrane plasmique, d'autres enfin n'existent que dans les membranes golgiennes dont nous retrouvons encore le caractère intermédiaire. Bien qu'il ne soit pas encore possible d'identifier les diverses chaînes séparées par électrophorèse, l'étude des activités enzymatiques, mises en évidence *in vitro* dans les fractions, permet de déterminer indirectement quelles sont les enzymes qui sont présentes dans ces membranes.

Une même enzyme pouvant agir sur des substrats différents il est parfois difficile de savoir si des activités enzymatiques différentes correspondent à plusieurs enzymes ou à une seule. C'est par exemple le cas des activités nucléosides diphosphatasiques et de l'activité thiamine pyrophosphatasique (activités révélées également *in situ* par cytochimie) qui sont intenses au niveau des membranes golgiennes et correspondent sans doute à une seule et même enzyme dont on ignore d'ailleurs le rôle dans le métabolisme cellulaire.

Ce qui fait l'originalité enzymatique des membranes de l'appareil de Golgi, c'est qu'elles possèdent des quantités importantes de *glycosyltransférases* et également des *sulfotransférases* (enzymes qui catalysent le transfert d'un groupement sulfate sur des accepteurs organiques variés). Les membranes golgiennes renferment des phosphatases et éventuellement une chaîne de transport d'électrons : celle du cytochrome b_5 avec sa réductase ; à la différence des membranes du réticulum elles n'ont pas de cytochrome P 450, pas de glucose-6-phosphatase ni d'enzymes catalysant la synthèse de lipides. Comme la membrane plasmique elles ont une 5′-nucléotidase (enzyme qui hydrolyse les nucléosides monophosphates) mais en plus faible quantité. En fait les activités enzymatiques mises en évidence existent également dans d'autres types de membranes si bien qu'il n'y a pas d'enzymes marqueurs caractéristiques des membranes golgiennes.

L'architecture moléculaire des membranes de l'appareil de Golgi est semblable à celle des autres membranes cellulaires que nous avons étudiées précédemment. Les enzymes sont pour la plupart des protéines intégrées qui sont enfoncées plus ou moins profondément dans

Figure 7.8
Asymétrie de la distribution des phospholipides dans les membranes golgiennes.
L'hémimembrane exoplasmique, qui est en regard de la lumière des saccules et des vésicules, est plus riche en phosphatidylinositol PI et en sphingomyéline Sph que l'hémimembrane endoplasmique située en regard du hyaloplasme. L'hémimembrane endoplasmique est plus riche en phosphatidyléthanolamine PE et en phosphatidylsérine PS. La proportion en phosphatidylcholine PC est à peu près la même dans les deux hémimembranes. Ces particularités sont les mêmes dans les membranes du réticulum endoplasmique rugueux que dans les membranes de l'appareil de Golgi mais les pourcentages de certains phospholipides sont différents. Les membranes golgiennes ont été isolées à partir de foies de rats traités par l'éthanol, celles du réticulum (microsomes granulaires) à partir de foies de rats normaux (d'après J.W. de Pierre et G. Dallner, 1977).

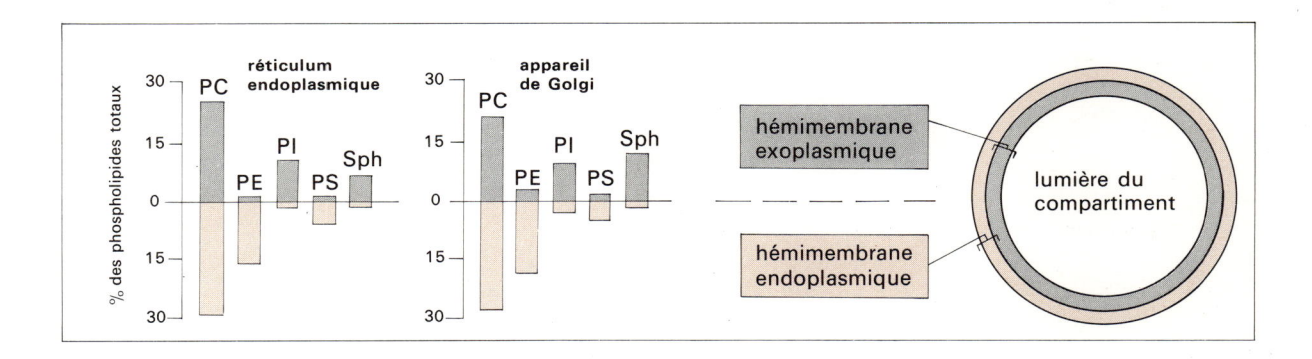

Composition chimique

la bicouche lipidique ; ces membranes sont également asymétriques : les divers lipides n'ont pas la même concentration dans chacune des hémimembranes (fig. 7.8) et les portions glucidiques des glycolipides et des glycoprotéines sont situées en regard de la lumière des cavités.

7.2.3.2. CONTENU DES CAVITÉS

Les fractions de grande pureté étant difficiles à obtenir en quantité suffisante, très peu d'analyses du contenu des cavités golgiennes ont pu être faites. Les résultats les plus démonstratifs ont été obtenus avec les cellules acineuses du pancréas : ils montrent que les microsomes lisses de ces cellules renferment les mêmes protéines que les microsomes rugueux, ces protéines étant les hydrolases du suc pancréatique et des protéines sulfatées. Cette identité de composition entre le contenu des cavités du réticulum et celui des saccules et vésicules de l'appareil de Golgi est certainement un fait très général car on la retrouve également chez les hépatocytes. Le compartiment golgien et le compartiment réticulum contiennent les mêmes constituants dans des proportions et concentrations souvent différentes mais les techniques biochimiques utilisées ne permettent pas actuellement de détecter les particularités que révèlent les méthodes cytochimiques pratiquées *in situ* ; ces méthodes montrent en effet que dans de nombreux types cellulaires les cavités golgiennes sont riches en polysaccharides ce qui n'est pas le cas des cavités du réticulum ; en étudiant le fonctionnement de l'appareil de Golgi nous verrons ce que signifient ces observations.

7.3. Rôles physiologiques

Les observations morphologiques et cytochimiques faites *in situ*, les analyses biochimiques des fractions nous ont montré que les membranes de l'appareil de Golgi délimitent des cavités qui renferment des polypeptides semblables à ceux du contenu des cavités du réticulum endoplasmique. Comme nous le verrons dans ce chapitre, ces polypeptides proviennent du réticulum endoplasmique rugueux où ils ont été synthétisés par les ribosomes attachés aux membranes. Parvenus dans le compartiment golgien, les polypeptides ne demeurent pas dans les dictyosomes mais migrent vers la périphérie de la cellule et sont enfin déversés dans l'espace extracellulaire. Cette synthèse de molécules qui sont ensuite exportées dans le milieu extracellulaire est un processus complexe appelé *sécrétion* ; de nombreux constituants cellulaires participent à la secrétion et l'appareil de Golgi est un de ceux-ci.

Au cours de leur migration vers la périphérie de la cellule, les produits de sécrétion restent toujours séparés du hyaloplasme par des membranes d'origine golgienne qui réalisent ainsi un emballage de ces produits (fig. 7.9); en effet ceux-ci quittent les dictyosomes dans les vésicules de sécrétion qui bourgeonnent à partir des régions périphériques des saccules ou qui proviennent de la fragmentation des saccules de la face interne. En général les vésicules de sécrétion fusionnent en *grains de sécrétion* plus ou moins volumineux selon les types cellulaires; les glycosyltransférases et les sulfotransférases des membranes golgiennes achèvent la synthèse des molécules sécrétées et terminent également celle de glycoprotéines et de glycolipides membranaires. Enfin, lors de la décharge des produits de sécrétion, les membranes des vésicules ou des grains de sécrétion qui les isolent du hyaloplasme fusionnent avec la membrane plasmique si bien que l'appareil de Golgi contribue au renouvellement de la surface cellulaire. Quant aux cavités golgiennes ou celles qui en dérivent, elles représentent des compartiments intracellulaires où il y a ségrégation et concentration des produits de sécrétion et éventuellement stockage temporaire de ceux-ci avant leur exportation.

7.3.1. Membranes

7.3.1.1. EMBALLAGE DES PRODUITS DE SÉCRÉTION

Lors de la sécrétion, les chaînes polypeptidiques destinées à être exportées transitent par l'appareil de Golgi et sont emballées dans des vésicules et grains de sécrétion avant d'être déchargées dans le milieu extracellulaire. Ce transport intracellulaire de protéines depuis leur lieu de synthèse, le réticulum endoplasmique rugueux, jusqu'à l'extérieur de la cellule en passant par l'appareil de Golgi a d'abord été démontré dans le pancréas exocrine de cobaye. Par des expériences d'incorporation d'acides aminés radioactifs faites principalement *in vitro,* Palade et son école (1961-1972) ont pu suivre les diverses étapes de la sécrétion dans les cellules acineuses, étapes qui ont été retrouvées avec quelques variantes dans tous les autres types de cellules sécrétrices (le frontispice du chapitre 6 dans le volume I ainsi que la figure 7.14 montrent la structure de ces cellules).

Les expériences *in vitro* sont faites en employant des tranches minces de pancréas (0,5 mm d'épaisseur) qui sont incubées dans un milieu nutritif où les cellules acineuses continuent à sécréter normalement pendant quelques heures les hydrolases du suc pancréatique (fig. 7.10). Les tranches sont tout d'abord placées quelques minutes dans un milieu « chaud » contenant de la leucine —^{3}H ou —^{14}C: ce séjour de courte durée en présence d'un précurseur radioactif est appelé *pulse*. Après ce pulse, les tranches de pancréas sont replacées pendant un temps plus ou moins long dans un milieu « froid » de même composition que le premier milieu mais la leucine qu'il contient n'est pas radioactive; la leucine radioactive, qui n'a pas été incorporée dans des chaînes polypeptidiques durant le pulse, est ainsi très fortement diluée dans le milieu froid; sa concentration devient si basse que les chaînes polypeptidiques synthétisées alors ont

Figure 7.9
Emballage des produits de sécrétion par l'appareil de Golgi.
a) Schéma montrant les principales étapes de la sécrétion.
Les produits de sécrétion qui remplissent les cavités des saccules sont emballés dans des vésicules de sécrétion; ces vésicules prennent naissance à partir des saccules de la face interne des dictyosomes soit par bourgeonnement du bord des saccules soit par fragmentation de ceux-ci. En fusionnant, les vésicules de sécrétion donnent des grains de sécrétion qui migrent vers la périphérie de la cellule.
Lors de la fusion de la membrane limitant un grain de sécrétion avec la membrane plasmique les produits de sécrétion sont déchargés dans l'espace extracellulaire par exocytose.
b) Coupe de cellule muqueuse d'escargot. De nombreuses vésicules de sécrétion vs se forment sur la face interne des dictyosomes D et donnent naissance à des grains de sécrétion gs riches en glycoprotéines. Entre le réticulum endoplasmique rugueux rer et la face externe des dictyosomes on distingue des vésicules de transition vt. Le frontispice de ce chapitre montre le même type de cellule imprégnée par le tétroxyde d'osmium;
× 15 000 (glandes muqueuses de l'appareil génital, micrographie électronique L. Ovtracht, 1968).

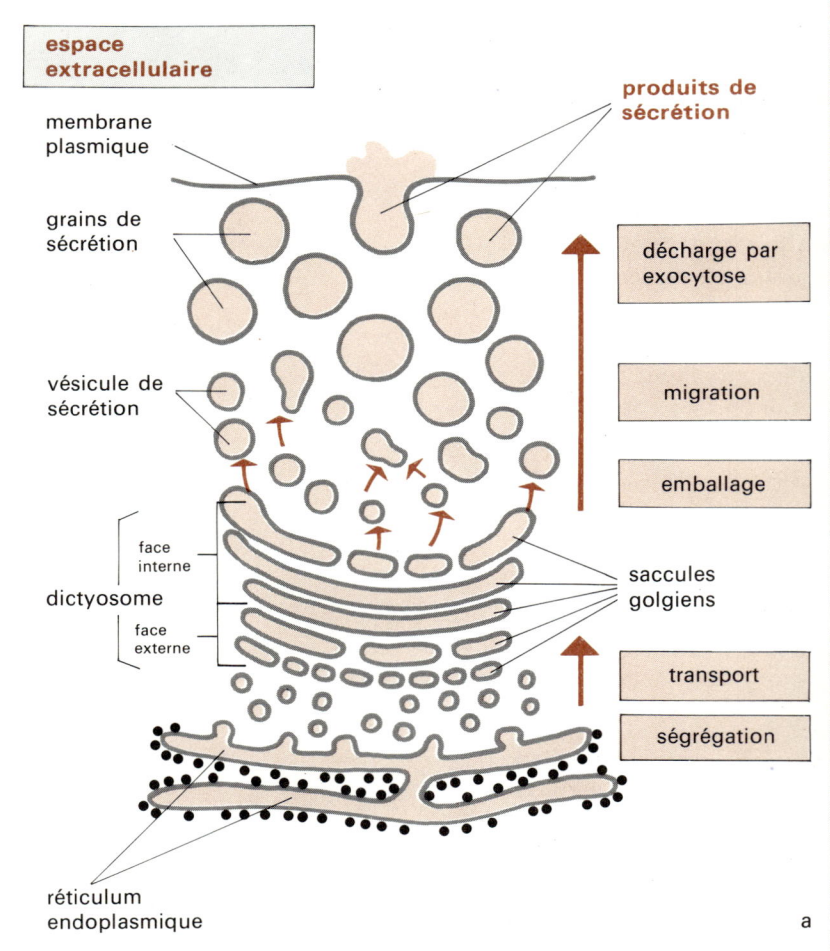

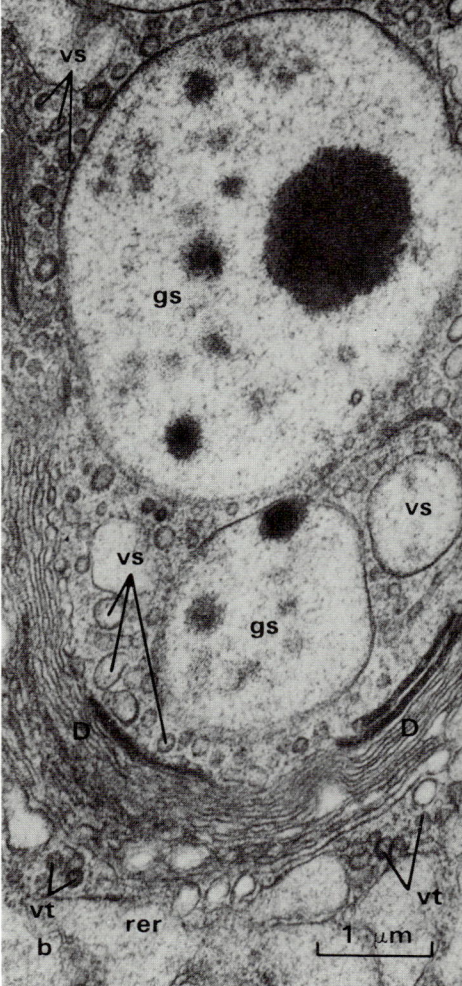

Figure 7.10
Principe des expériences d'incorporation faite in vitro sur le pancréas de cobaye.
Après le prélèvement de l'organe, celui-ci est découpé en tranches d'un demi-millimètre d'épaisseur. Ces tranches sont tout d'abord incubées 3 minutes dans un milieu de culture contenant de la leucine tritiée. Après ce pulse, les tranches sont transférées dans un milieu de culture contenant de la leucine non radioactive. Les molécules de leucine tritiée qui n'ont pas été incorporées dans les chaînes polypeptidiques pendant le pulse sont ainsi fortement diluées; elles sont en quelque sorte « chassées » d'où le nom de chasse donné à cette étape de l'expérience. Après des temps de chasse plus ou moins longs, les échantillons sont utilisés soit pour des études en autoradiographie, soit pour des études biochimiques.

une radioactivité spécifique* trop faible pour être détectée. Par ce moyen appelé *chasse* on n'a plus à tenir compte de la leucine radioactive qui n'a pas été utilisée pour la synthèse protéique.

Pratiquement après un pulse de 3 minutes, les tranches sont soit étudiées immédiatement, soit incubées ensuite dans le milieu froid pendant des temps de chasse de 7, 17, 37, 57, et 117 minutes, la durée totale des expériences étant donc respectivement de 3, 10, 20, 40 minutes, 1 heure et 2 heures. Les échantillons sont ensuite fixés pour être étudiés par autoradiographie ou sont utilisés pour la préparation des fractions.

Étude par autoradiographie

Par autoradiographie** on met en évidence dans les cellules acineuses le transport des chaînes polypeptidiques que nous avons décrit plus haut, mais la résolution de cette technique n'est pas suffisante pour déterminer avec précision les voies de cheminement de ces molécules (fig. 7.11 et 7.12). En effet, les électrons émis par les atomes de tritium du précurseur radioactif ont une énergie suffisante pour réduire des grains de bromure d'argent de l'émulsion se trouvant jusqu'à une distance de 0,5 micron de la source émissive; dans ces conditions s'il est possible d'affirmer que des protéines marquées se trouvent dans les grains de sécrétion de grande taille qui dans ces cellules sont appelés *grains de zymogène* (ils renferment des enzymes : les hydrolases du suc pancréatique), on ne peut exclure que ces molécules radioactives se trouvent également dans le hyaloplasme; lorsque la radioactivité est localisée sur le réticulum rugueux ou l'appareil de Golgi on ne sait si les chaînes polypeptidiques, où est incorporée la leucine, sont situées dans les cavités très aplaties (0,02 à 0,05 micron d'épaisseur) que limitent les membranes de ces organites, dans les membranes elles-mêmes ou encore dans le hyaloplasme voisin. De plus la taille des grains d'argent, qui dépend du mode de développement photographique utilisé, ne peut être inférieure à 0,3 micron, ce qui limite encore la résolution.

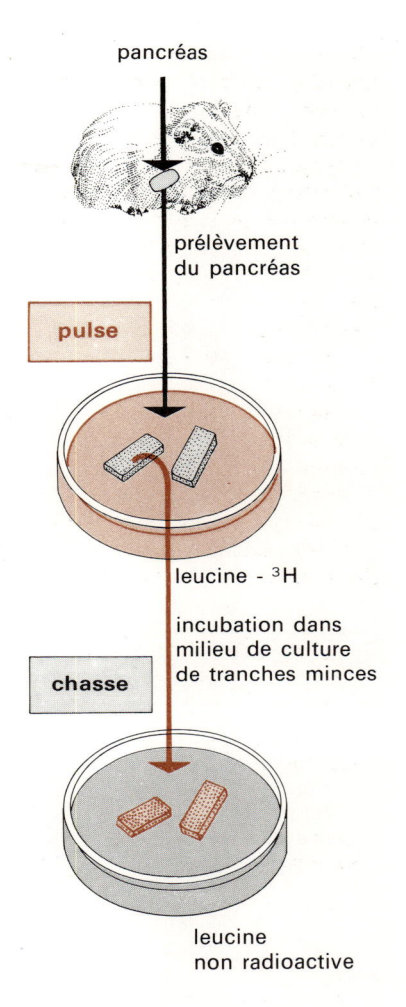

pancréas

prélèvement du pancréas

pulse

leucine - ³H

chasse

incubation dans milieu de culture de tranches minces

leucine non radioactive

* La radioactivité spécifique est le nombre de coups par minute enregistré par un compteur, ceci par unité de poids de substances radioactives.

** Pour plus de détails sur cette technique voir M. Durand et P. Favard, *La Cellule,* Hermann 1974.

Rôles physiologiques 19

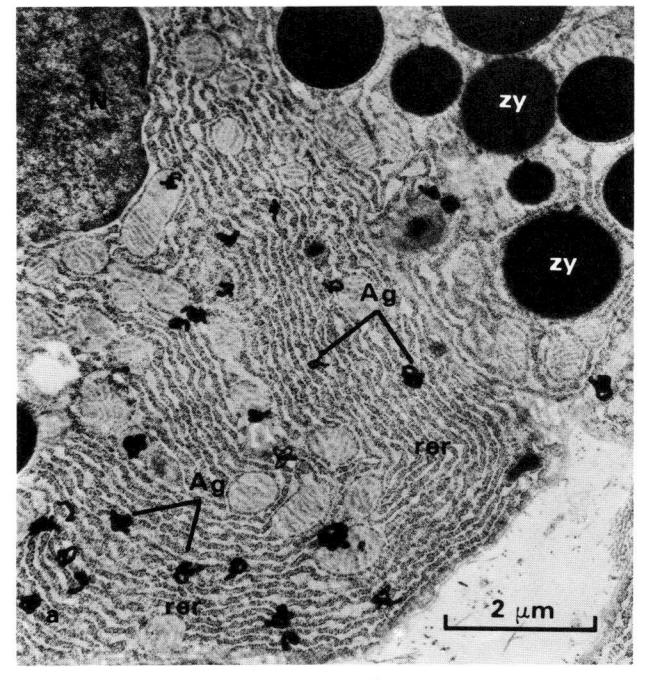

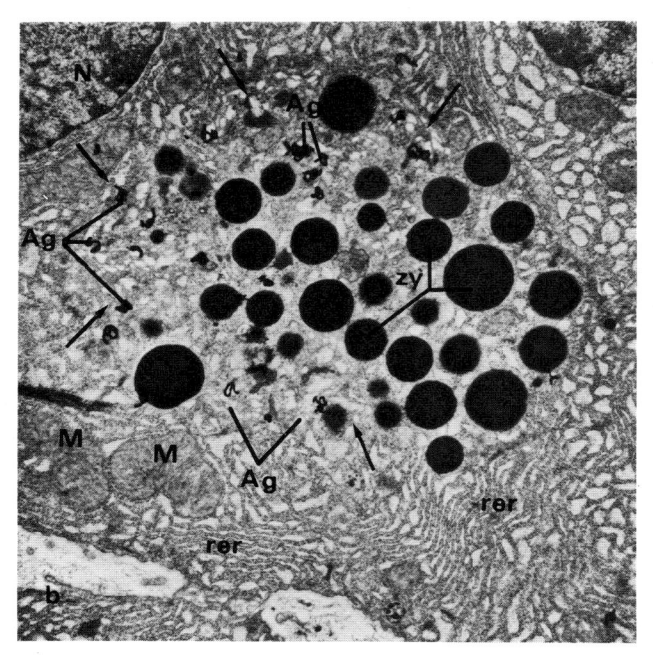

Figure 7.11
Transport intracellulaire des protéines sécrétées par les cellules acineuses du pancréas : mise en évidence par autoradiographie.
Tranches de pancréas de cobaye ayant été incubées pendant 3 minutes dans un milieu contenant de la leucine-^{3}H et qui après ce pulse ont été placées dans un milieu non radioactif pendant un temps de chasse plus ou moins long. En fin d'expérience les échantillons sont fixés au tétroxyde d'osmium et inclus dans une résine époxy. A l'aide d'un ultra-microtome on réalise des coupes minces de 0,02 micron d'épaisseur sur lesquelles est coulée une émulsion photographique. Après 3 semaines d'exposition les préparations sont révélées et observées au microscope électronique. Les grains d'argent visibles sur les coupes minces indiquent les régions où sont localisées les chaînes polypeptidiques contenant de la leucine radioactive, leucine qui a été incorporée pendant les 3 minutes de pulse.
a) Autoradiographie réalisée à la fin du pulse de 3 minutes. Les grains d'argent Ag sont localisés essentiellement sur la région basale de la cellule acineuse qui est riche en réticulum endoplasmique rugueux rer ; zy, grains de zymogène.
b) Autoradiographie réalisée après une chasse de 7 minutes. La majorité des grains d'argent Ag est située sur la région de l'appareil de Golgi dont les flèches indiquent les limites. La région du réticulum endoplasmique rugueux rer est par contre très peu marquée.
c) Autoradiographie réalisée après une chasse de 37 minutes. Les grains d'argent Ag sont localisés principalement sur les jeunes grains de sécrétion vac appelés encore vacuoles de concentration.
d) Autoradiographie réalisée après une chasse de 117 minutes. Les grains d'argent Ag sont situés sur les grains de sécrétion matures appelés grains de zymogène zy de la région apicale des cellules acineuses (ces grains renfermant les enzymes du suc pancréatique). La présence de grains d'argent Ag dans la lumière de l'acinus lu montre que des chaînes polypeptidiques radioactives ont été rejetées hors des cellules acineuses.
M, mitochondries ; N, noyau ; × 10 000 (micrographies électroniques J.D. Jamieson et G.E. Palade, 1967).

Appareil de Golgi

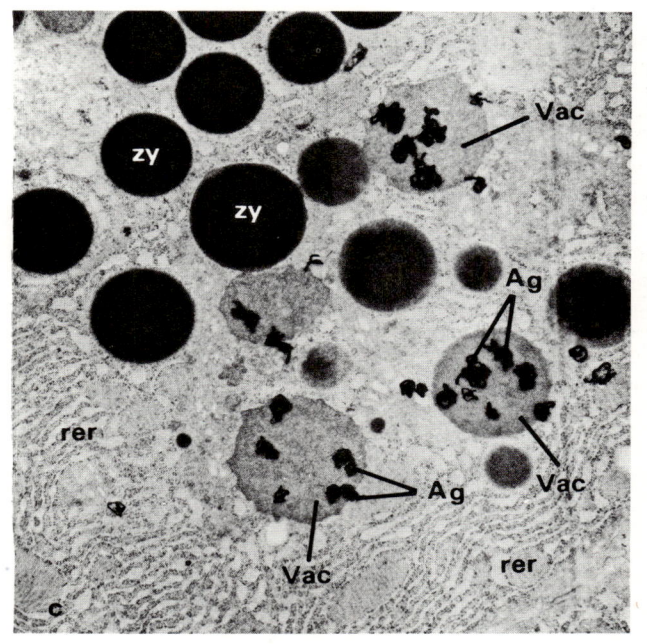

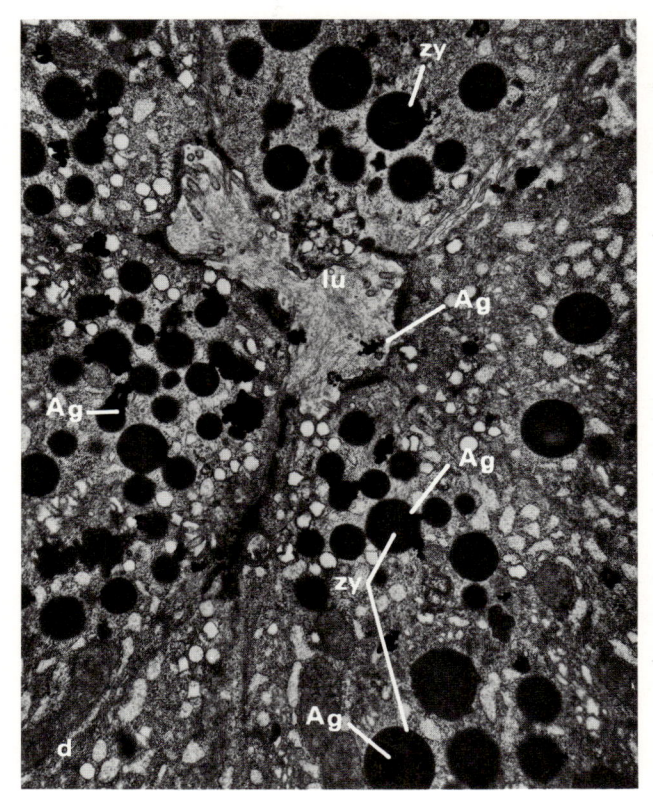

Figure 7.12 (ci-dessous)
Participation du réticulum endoplasmique et de l'appareil de Golgi au transport intracellulaire des protéines sécrétées par les cellules acineuses du pancréas.
Courbes montrant l'évolution de la radioactivité des structures cellulaires impliquées dans le transport des protéines, les conditions expérimentales étant les mêmes que dans la figure précédente. On compte sur les micrographies le nombre de grains d'argent situés sur le réticulum endoplasmique rugueux, sur l'appareil de Golgi et sur les grains de zymogène. Pour chacune de ces structures les résultats sont exprimés en pourcentage du nombre total des grains comptés pour des temps de chasse de 7, 17, 37, 57 et 117 minutes. Le pulse étant de 3 minutes, la durée totale des expériences est respectivement de 10, 20, 40, 60 et 120 minutes. A la fin du pulse les grains d'argent sont localisés sur le réticulum rugueux et il n'y en a pas sur l'appareil de Golgi et les grains de zymogène. Pour des temps de chasse de plus en plus longs on constate que le pourcentage du nombre de grains diminue progressivement sur le réticulum ; sur l'appareil de Golgi ce pourcentage augmente, passe par un maximum 15 minutes environ après le début d'incubation en présence de leucine-^{3}H puis diminue ; sur les grains de zymogène le pourcentage des grains d'argent augmente d'abord rapidement, puis pour des temps de chasse dont la durée est supérieure à 37 minutes, cette augmentation est plus lente (d'après J.D. Jamieson, 1975).

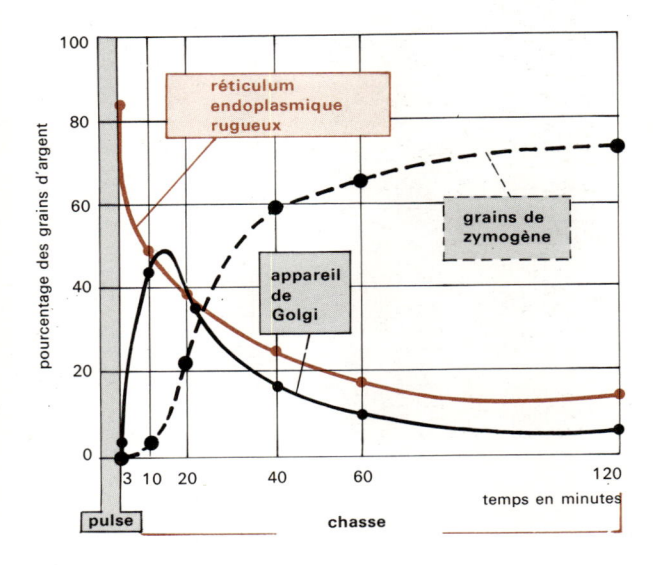

Rôles physiologiques

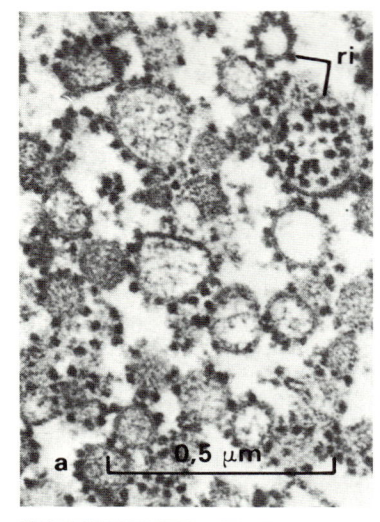

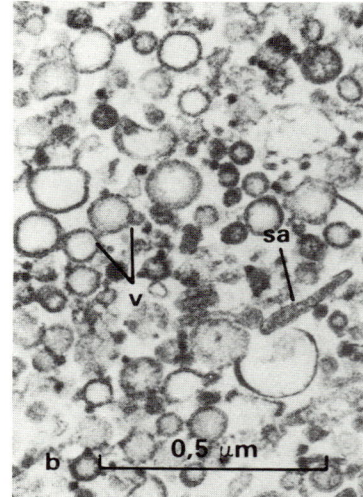

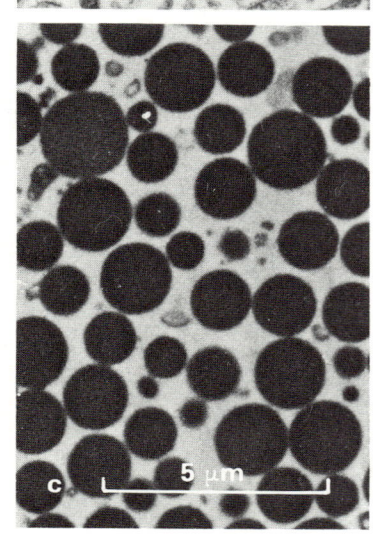

Figure 7.13
Transport intracellulaire des protéines sécrétées par les cellules acineuses du pancréas : mise en évidence par mesure de la radioactivité spécifique de fractions.

Les fractions sont préparées à partir de tranches de pancréas de cobaye incubées pendant 3 minutes dans un milieu contenant de la leucine — ^{14}C, pulse qui est suivi d'une chasse de durée plus ou moins longue.

a) Fraction microsomes rugueux. Cette fraction correspond au réticulum rugueux des cellules acineuses qui a été fragmenté en vésicules ; ri, ribosomes attachés aux membranes des microsomes ; × 60 000.

b) Fraction microsomes lisses. Cette fraction correspond à l'appareil de Golgi ; elle est constituée de vésicules v et de fragments de saccules aplatis sa dont les membranes ne portent pas de ribosomes ; × 60 000.

c) Fraction grains de zymogène ; × 6 000.
(a, b et c : micrographies électroniques J.D. Jamieson et G.E. Palade, 1967).

d) Radioactivité spécifique des protéines des fractions microsomes et grains de zymogène pour des temps de chasse de 17, 37 et 57 minutes ; le pulse étant de 3 minutes, les expériences durent respectivement 20, 40 et 60 minutes. L'évolution de la radioactivité spécifique des fractions est comparable à celle obtenue *in situ* par autoradiographie (voir la figure précédente). La radioactivité spécifique du surnageant reste constante ce qui montre qu'au cours de leur cheminement intracellulaire, les protéines du suc pancréatique restent toujours séparées du hyaloplasme (d'après J.D. Jamieson et G.E. Palade, 1967).

Appareil de Golgi

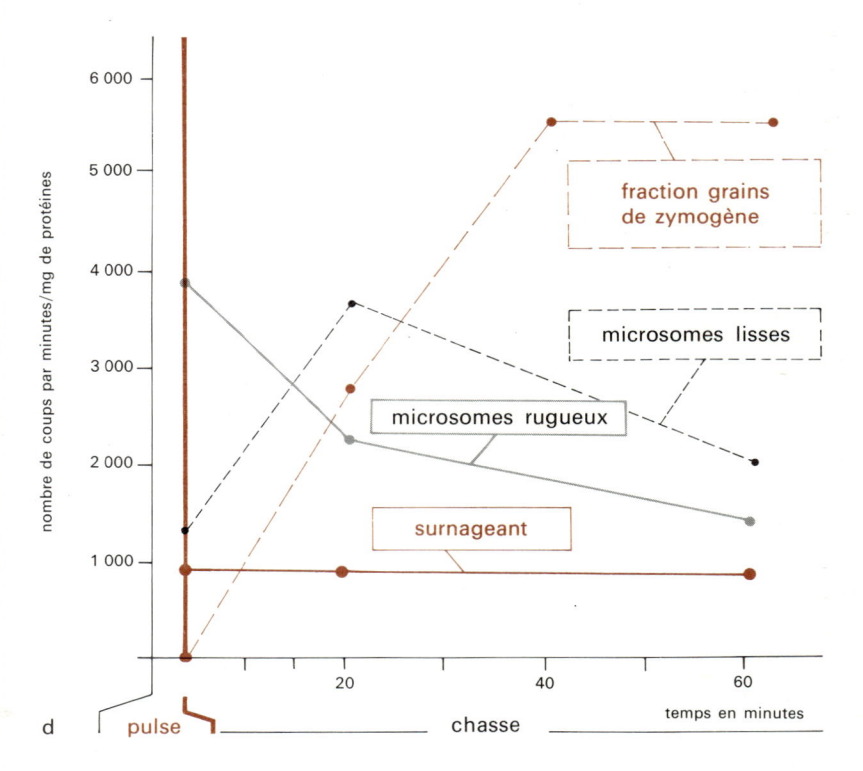

Étude par mesure de la radioactivité spécifique de fractions

Par contre, en étudiant l'évolution de la radioactivité spécifique de fractions microsomes rugueux, microsomes lisses et grains de sécrétion on montre que les hydrolases sécrétées par les cellules acineuses ne passent à aucun moment dans le hyaloplasme pendant leur transport intracellulaire (fig. 7.13). Après avoir été transférées dans les cavités du réticulum rugueux lors de leur synthèse, les protéines sont transportées dans les cavités de l'appareil de Golgi par les *vésicules de transition* qui se forment par bourgeonnement des membranes du réticulum situées en regard de la face externe des dictyosomes. Les protéines quittent ensuite la région golgienne emballées dans les vésicules de sécrétion qui naissent à la périphérie des saccules ou qui proviennent de la fragmentation de saccules de la face interne. Enfin par fusion des membranes des vésicules de sécrétion se réalisent des grains de sécrétion plus volumineux qui contiennent les protéines (fig. 7.14).

Pratiquement après un pulse de 3 minutes en présence de leucine —^{14}C et des temps de chasse échelonnés entre 7 et 57 minutes, les tranches de pancréas sont homogénéisées; par centrifugation différentielle sont isolées successivement une *fraction grains de zymogène*, une *fraction microsomes rugueux* qui correspond au réticulum rugueux, une *fraction microsomes lisses* qui correspond à l'appareil de Golgi (il n'y a pas de réticulum lisse développé dans ces cellules); le surnageant final représente le hyaloplasme dilué. Les fractions renferment la plus grande part de la radioactivité mesurée dans l'homogénat total; cette radioactivité est celle du contenu des microsomes et des grains de zymogène puisqu'elle disparaît après extraction alcaline du contenu, les membranes seules n'étant que faiblement radioactives. A la fin du pulse de 3 minutes, on constate que la radioactivité est élevée dans les microsomes rugueux, plus faible dans les microsomes lisses et nulle dans les grains de zymogène. Puis pour un temps de chasse de 7 minutes la radioactivité augmente dans les microsomes lisses et diminue dans les microsomes rugueux, la fraction grains de zymogène étant alors radioactive. Enfin pour des temps de chasse de 17 et 57 minutes la radioactivité décroît dans les microsomes en même temps qu'elle s'accroît dans les grains de zymogène. Au cours de ces expériences la radioactivité du surnageant reste constante ce qui montre que les protéines radioactives sont transportées d'un compartiment à l'autre dans des vésicules closes : en effet si ces protéines étaient transférées du réticulum à l'appareil de Golgi et de ce dernier aux grains de zymogène en passant par le hyaloplasme, la radioactivité augmenterait de 2 à 3 fois dans le surnageant ce qui n'est pas le cas.

Ce mode de cheminement intracellulaire des chaînes polypeptidiques sécrétées est un phénomène très général : il existe aussi bien dans les cellules animales que végétales; on le met en évidence par autoradiographie ou en étudiant la cinétique du marquage de fractions après incorporation *in vivo* d'un précurseur (selon l'organisme, le précurseur radioactif est injecté dans celui-ci ou ajouté au milieu liquide dans lequel il vit). Le déroulement chronologique des principales étapes de la sécrétion est à peu près toujours du même ordre de grandeur : la synthèse et la ségrégation des protéines dans les cavités

Figure 7.14
Voies de cheminement des protéines sécrétées par la cellule acineuse du pancréas.
Les acides aminés qui pénètrent principalement par la région basale de la cellule sont incorporés en protéines. Les protéines du suc pancréatique sont synthétisées par les ribosomes du réticulum endoplasmique rugueux et transférées dans les cavités de ce réticulum où elles cheminent jusque dans la région supranucléaire. Ces protéines transitent ensuite par les saccules de l'appareil de Golgi qui donnent naissance à des grains de sécrétion immatures : les vacuoles de concentration. Le contenu de ces vacuoles se concentre en donnant les grains de zymogène matures qui migrent vers la région apicale. Par exocytose, le contenu des grains de zymogène est déversé dans la lumière de l'acinus. Les jonctions intercellulaires de la région apicale et en particulier la *zonula occludens* empêchent que les produits de sécrétion ressortent de la lumière de l'acinus en passant par les espaces intercellulaires situés entre les faces latérales des cellules (d'après J.D. Jamieson, 1975).

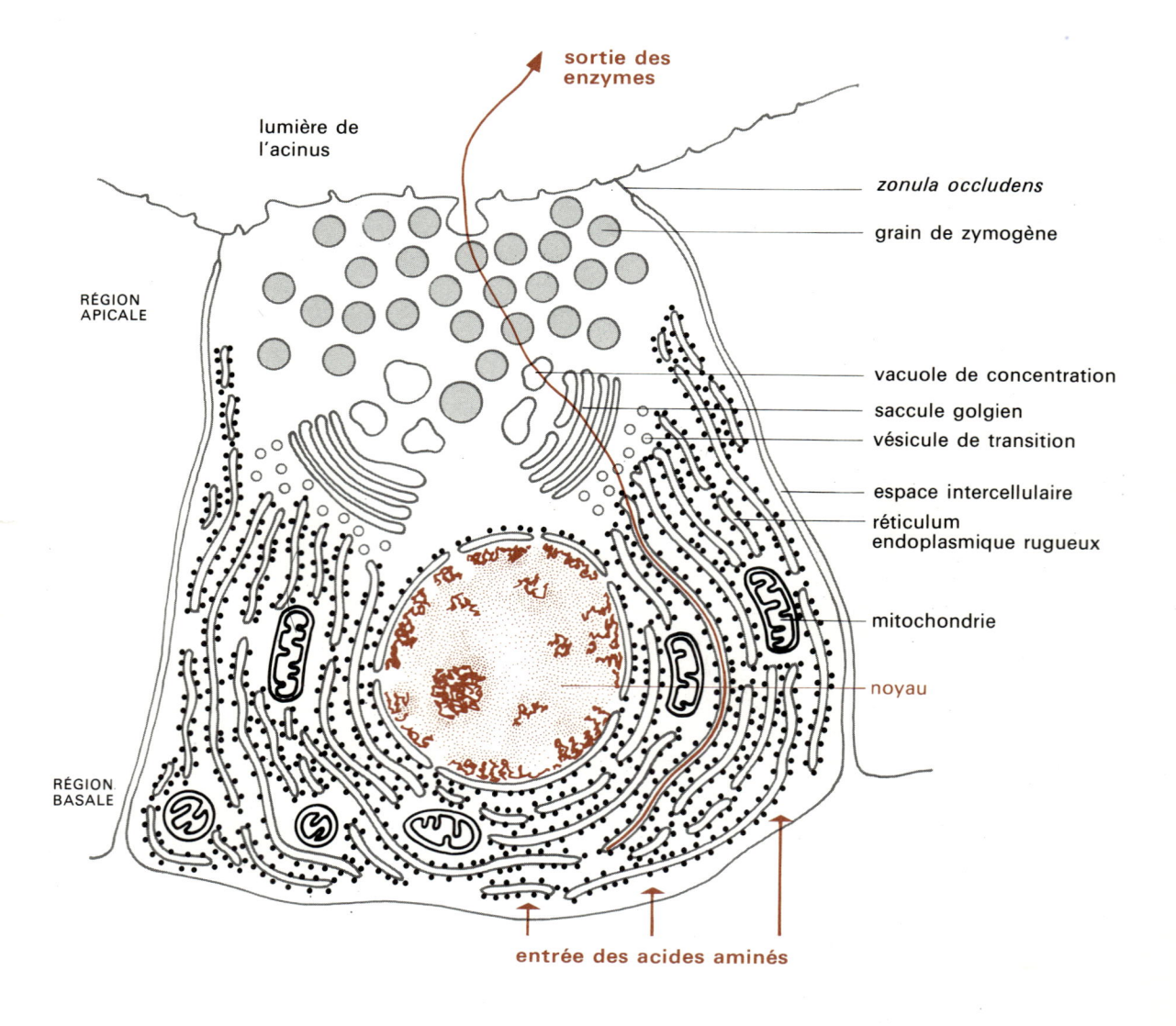

du réticulum rugueux : quelques minutes ; leur transport vers l'appareil de Golgi : 10 à 30 minutes ; la migration des grains de sécrétion jusqu'à la décharge de leur contenu : 1 à 4 heures. Parfois les grains de sécrétion sont stockés temporairement : c'est le cas par exemple des granules corticaux des ovocytes ou de l'acrosome des spermatozoïdes dont la décharge est retardée jusqu'à la fin de la fécondation.

En général les protéines quittent le réticulum dans les vésicules de transition qui bourgeonnent à partir du réticulum, puis ces vésicules fusionnent et donnent naissance à de nouveaux saccules sur la face externe des dictyosomes ; le nombre des saccules d'un même dictyosome reste néanmoins constant car ceux de la face externe se fragmentent en donnant les vésicules de sécrétion. A ce transport discontinu s'ajoute parfois un transport plus continu grâce à des tubes de réticulum lisse qui prolongent les citernes du réticulum rugueux et dont la membrane est en continuité avec celle d'un saccule (sans doute de façon transitoire). C'est dans ces conditions que sont transportées, dans les hépatocytes, les particules lipoprotéiques (VLDL ; voir plus haut p. 13) vers la périphérie des saccules ou que sont amenées dans les neurones, des hydrolases acides vers les saccules de la face interne (voir également le chapitre 8, lysosomes).

7.3.1.2. GLYCOSYLATIONS

Grâce à l'équipement très important de ses membranes en glycosyl-transférases, l'appareil de Golgi représente en général le site cellulaire où s'effectuent le plus grand nombre des glycosylations intervenant dans la synthèse des glycoprotéines et des glycolipides. Comme nous l'avons vu (volume I, chapitre 6), la synthèse de la partie hétéropolysaccharidique de ces molécules débute le plus souvent au niveau du réticulum endoplasmique. Les glycosylations qui sont catalysées par les transférases des membranes golgiennes correspondent à l'élongation et à la terminaison des chaînes polysaccharidiques comme le montrent particulièrement bien les expériences d'incorporation faites *in vivo* et *in vitro* sur la thyroïde et comparées à ce que l'on sait de la structure de ces chaînes dans la *thyroglobuline*.

Glycosylation de la thyroglobuline

La thyroglobuline qui est sécrétée par les cellules folliculaires de la thyroïde est une glycoprotéine qui chez les mammifères contient 10 % de son poids de polysaccharides. La partie polysaccharidique de cette molécule est constituée de deux types de chaînes : des chaînes simples qui comportent de la N-acétylglucosamine et du mannose, des chaînes complexes, plus nombreuses, qui outre les deux sucres précédents comportent du galactose, du fucose et de l'acide sialique. Chaque chaîne est attachée au polypeptide par une liaison covalente de type N-glycosidique se faisant entre la N-acétylglucosamine et un résidu asparagine. Les sucres périphériques, c'est-à-dire ceux qui sont les plus éloignés de la liaison N-glycosidique ne sont pas les mêmes dans les deux types de chaînes : dans les chaînes simples ce sont les résidus mannose, dans les chaînes complexes ce sont les résidus galactose, fucose et acide sialique (fig. 7.15 et 7.16).

Par autoradiographie on constate chez le rat que quelques minutes après que les cellules thyroïdiennes aient été mises en présence du sucre précurseur tritié, la radioactivité est localisée sur le réticulum rugueux (où se fait également l'incorporation de leucine) quand on emploie la N-acétylglucosamine ou le mannose; par contre ce sont les dictyosomes qui sont marqués quand on utilise le galactose ou le fucose. Quand après un pulse court (lobes thyroïdiens incubés 5 minutes dans le milieu chaud) on réalise des temps de chasse de plus en plus longs on constate que la N-acétylglucosamine et le mannose sont transportés dans les cellules selon le même trajet que la leucine et à la même vitesse que celle-ci : les chaînes polysaccharidiques dans lesquelles sont incorporés ces sucres passent du réticulum vers l'espace extracellulaire (ici la lumière du

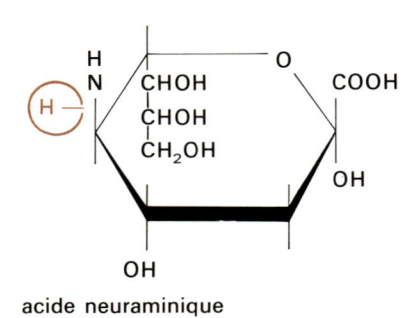

Figure 7.15
Formule des acides sialiques.
Les acides sialiques sont des dérivés de l'acide neuraminique (NAN). L'un des plus communs est l'acide N-acétylneuraminique (NANA) dans lequel le groupement aminé est acétylé (l'un des H de NH_2 est substitué par CH_3—CO—); d'autres acides sialiques portent par exemple deux acétyles, l'un sur N, le second sur un hydroxyle.

Figure 7.16
Glycosylation de la thyroglobuline.
a) Les chaînes simples hétéropolysaccharidiques de la thyroglobuline sont constituées de N-acétylglucosamine (Glc NAc) et de mannose (Man) et diffèrent les unes des autres par le nombre de résidus mannose; en effet dans les chaînes latérales de mannoses indiquées par $(Man)_x$, x varie de zéro à six; cet exemple illustre l'hétérogénéité des chaînes polysaccharidiques des glycoprotéines, caractère très général de ce type de molécules (voir volume I, chapitre 6). La structure des chaînes complexes est moins bien connue; celles-ci comportent en plus de la N-acétylglucosamine et du mannose, du galactose (Gal), du fucose (Fuc) et de l'acide sialique (ici de l'acide N-acétylneuraminique, NANA); la position du fucose n'est pas encore bien déterminée (d'après R.G. Spiro, 1973).

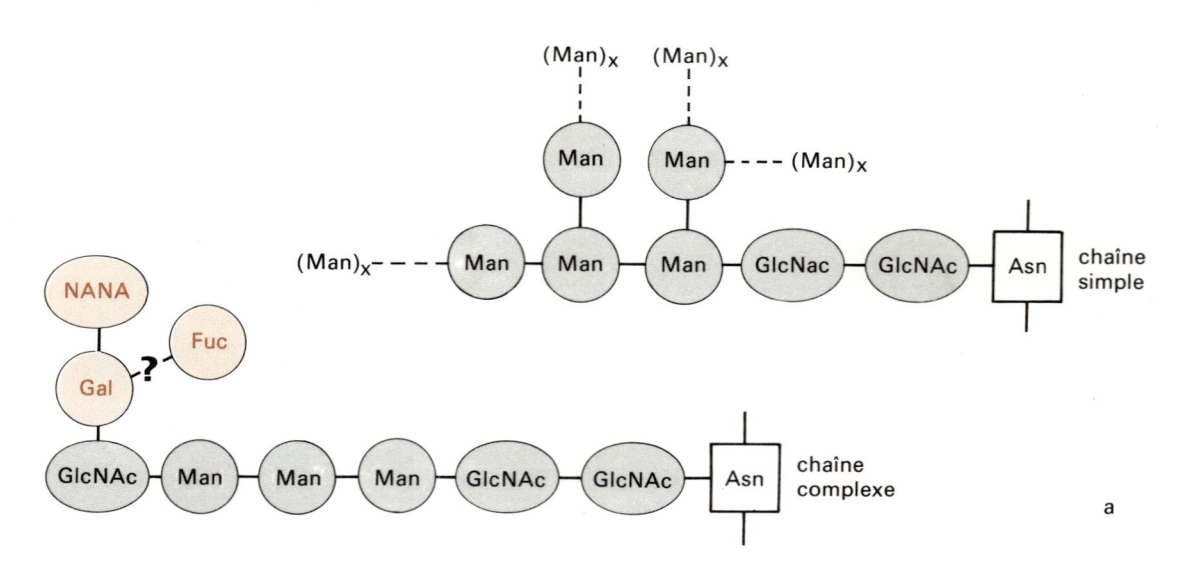

follicule qui renferme la colloïde) en transitant par l'appareil de Golgi. Quant au galactose et au fucose, ils empruntent le même chemin que les sucres précédents mais seulement dans sa portion comprise entre l'appareil de Golgi et la surface apicale des cellules : tous les quatres ainsi que la leucine migrent dans les grains de sécrétion.

Ces résultats nous amènent à conclure que les glycosylations qui assurent la synthèse des hétéropolysaccharides de la thyroglobuline se font par étapes dans des parties différentes de la cellule. La N-acétylglucosamine et le mannose sont assemblés au niveau du réticulum endoplasmique ; d'après ce que nous savons de la structure des chaînes polysaccharidiques, ceci correspond à la synthèse complète des chaînes simples et seulement à l'initiation et à une partie de l'élongation des chaînes complexes. Le galactose et le fucose sont assemblés au niveau de l'appareil de Golgi ce qui correspond à la fin de l'élongation et à la terminaison des chaînes complexes. Les activités glycosyltransférasiques mises en évidence dans les fractions microsomes isolées à partir de thyroïde de veau sont pleinement en accord avec les conclusions précédentes (la thyroglobuline de veau est, pour sa portion glucidique, semblable à celle du rat ; il est plus

Figure 7.16 (suite)
b) L'incorporation de la N-acétylglucosamine et du mannose se fait au niveau du réticulum endoplasmique rugueux des cellules folliculeuses ; celle du galactose, du fucose et de l'acide sialique a lieu au niveau de l'appareil de Golgi. Les chaînes simples hétéropolysaccharidiques de la thyroglobuline sont donc synthétisées entièrement dans le réticulum ; par contre les chaînes complexes sont synthétisées par étapes qui se déroulent successivement dans le réticulum puis dans l'appareil de Golgi. Chez le rat, les études faites par autoradiographie montrent que la chaîne polypeptidique de la thyroglobuline migre du réticulum rugueux à l'appareil de Golgi en 1 heure 30 environ et de l'appareil de Golgi à la lumière du follicule en 30 minutes (d'après P. Whur, A. Herscovics et C.P. Leblond, 1969 et S. Bouchilloux, 1973).

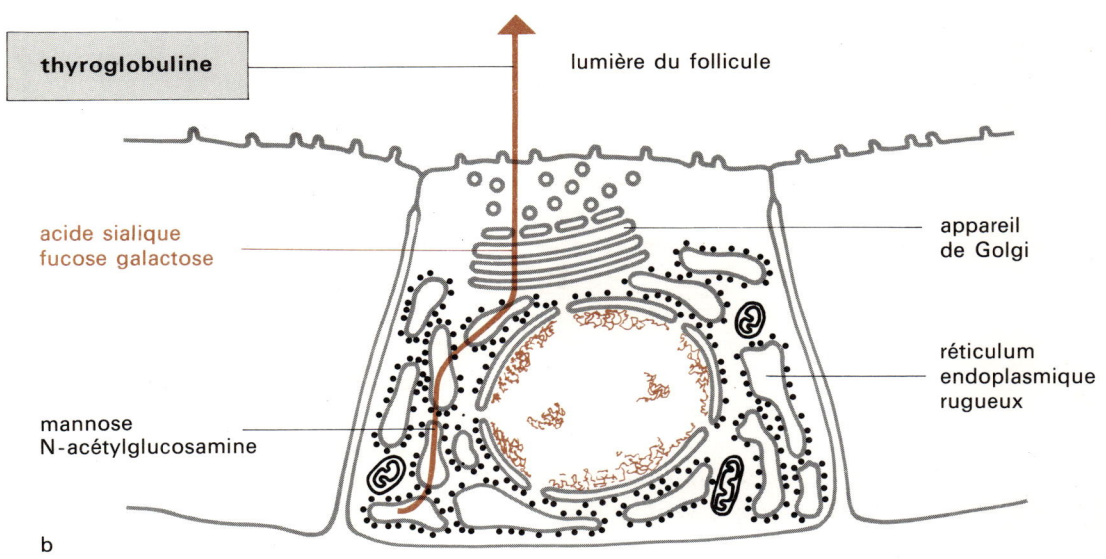

facile de préparer des fractions à partir de la thyroïde de cet animal qu'à partir des minuscules thyroïdes de rat). Les microsomes rugueux catalysent le transfert de la N-acétylglucosamine et du mannose; les microsomes lisses celui du galactose, du fucose et de l'acide sialique.

Autres exemples de glycosylation

Bien que les résultats soient encore fragmentaires, il apparaît que selon les types cellulaires et selon la nature des substrats glycosylés l'assemblage séquentiel des chaînes d'hétéropolysaccharides se fait soit successivement au niveau des membranes du réticulum et de l'appareil de Golgi, soit uniquement au niveau des membranes golgiennes; ces deux possibilités concernent aussi bien les produits de secrétion (glycoprotéines et lipoprotéines glycosylées) que les constituants membranaires (glycoprotéines et glycolipides). Comme dans le cas de la thyroglobuline, la participation des membranes du réticulum et de l'appareil de Golgi à la glycosylation de produits de sécrétion existe par exemple lors de la synthèse des *immunoglobulines* par les plasmocytes, de celle des glycoprotéines du plasma sanguin par les hépatocytes et sans doute aussi de celle des *mucines* sécrétées par les cellules caliciformes de l'épithélium intestinal. La glycosylation des chaînes de *protocollagène* dans les fibroblastes, celle des *lipoprotéines plasmatiques* par les hépatocytes n'ont lieu par contre qu'au niveau des membranes golgiennes. Dans les cellules des végétaux supérieurs, la synthèse des *pectines* et *hémicelluloses* de la paroi commence au niveau des saccules; elle se continue au niveau des vésicules de sécrétion où elle s'achève pendant que ces vésicules migrent vers la surface cellulaire (pectines et hémicelluloses de la paroi végétale sont des chaînes polysaccharidiques complexes dont on sait que certaines sont liées à de petits polypeptides comprenant une douzaine d'acides aminés).

Dans les hépatocytes, les glycoprotéines du sérum restent attachées aux membranes au cours de leur transport intracellulaire; elles ne se séparent des membranes de l'appareil de Golgi qu'aux dernières étapes de glycosylation lors de l'accrochage des sucres terminaux. Ce comportement des glycoprotéines sécrétées est tout différent de celui de la sérum albumine, holoprotéine qui est transférée dans les cavités du réticulum et se trouve libre dans le contenu de celles-ci (fig. 7.17). On ne sait pas encore si ces relations temporaires entre membranes et glycoprotéines exportées et en cours de synthèse sont générales; il est assez tentant de penser que l'attachement aux membranes des chaînes polypeptidiques facilite l'action des glycosyltransférases (le substrat se trouve ainsi au voisinage des enzymes de glycosylation) et limite l'hétérogénéité des chaînes polysaccharidiques (ces chaînes synthétisées sans matrice présentent pour un même type de molécule de petites différences dans leur séquence de sucres, voir dans le chapitre 6, volume I).

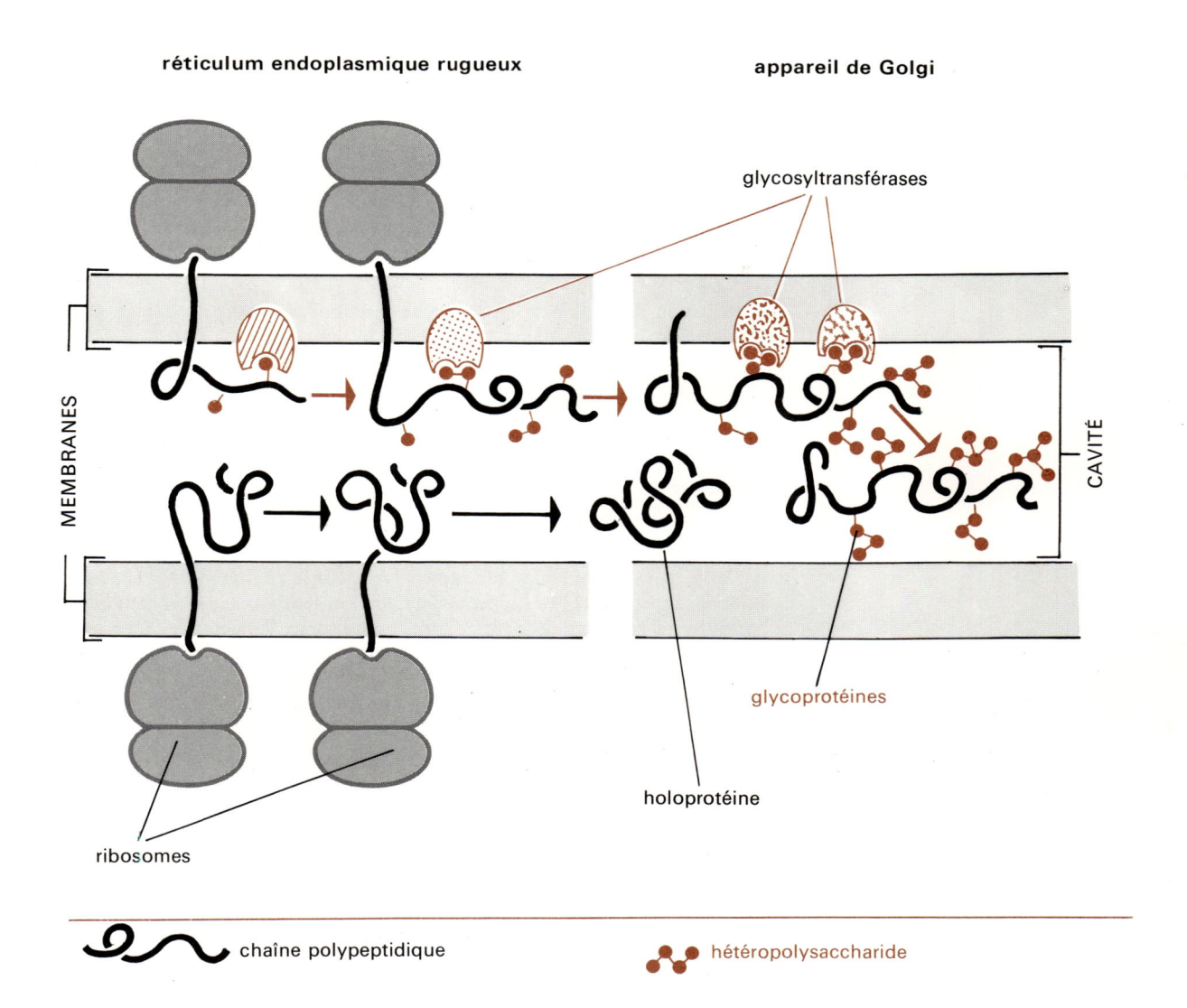

Figure 7.17
Synthèse des glycoprotéines.
Schéma montrant les étapes successives de cette synthèse. Elle commence au niveau du réticulum endoplasmique rugueux et se termine dans l'appareil de Golgi. L'initiation et l'élongation des chaînes polysaccharidiques débutent pendant que le polypeptide assemblé par le ribosome est transféré à travers la membrane du réticulum. L'élongation de ces chaînes se poursuit dans l'appareil de Golgi où se fait également leur terminaison. Au cours de sa migration le polypeptide glycosylé reste sans doute attaché aux membranes dans lesquelles sont enchâssées les glycosyltransférases. Les glycoprotéines destinées à être exportées dans l'espace extracellulaire (c'est ce qui est représenté sur cette figure) ne sont libérées dans les cavités golgiennes qu'en fin de synthèse; les glycoprotéines destinées au renouvellement du revêtement fibreux de la membrane plasmique (coat) restent intégrées aux membranes (voir fig. 7.19 a). Par contre les holoprotéines destinées à l'exportation hors de la cellule passent dans les cavités du réticulum immédiatement après leur synthèse.

Rôles physiologiques

7.3.1.3. SULFATATIONS

Les sulfotransférases des membranes golgiennes permettent la sulfatation de nombreux substrats : produits de sécrétion ou lipides membranaires. Cette sulfatation se fait en deux étapes : d'abord activation du sulfate par l'ATP puis transfert du sulfate activé sur l'accepteur, cette seconde étape étant catalysée par une sulfotransférase membranaire spécifique.

L'activation du sulfate se fait en deux réactions successives, chacune étant catalysée par une enzyme particulière du hyaloplasme :

ATP + sulfate → adénosine 5'-phosphosulfate + pyrophosphate

adénosine 5'-phosphosulfate + ATP → 3'-phosphoadénosine 5'-phosphosulfate + ADP.

Le donneur de sulfate est le 3'-phosphoadénosine 5'-phosphosulfate ou PAPS et le transfert du sulfate à un substrat est catalysé par une sulfotransférase des membranes golgiennes selon la réaction :

substrat + PAPS → substrat phosphaté + 3'-phosphoadénosine 5'-phosphate

L'incorporation *in vivo* de sulfate inorganique, marqué au soufre 35 est mise en évidence par autoradiographie dans diverses cellules (fig. 7.18). Quelques minutes après l'injection du précurseur, on constate que la radioactivité est localisée sur l'appareil de Golgi; ensuite la radioactivité migre vers la périphérie cellulaire avec les vésicules ou les grains de sécrétion. Ceci est particulièrement clair dans les cellules acineuses du pancréas, dans les cellules caliciformes de l'intestin ou encore dans les chondrocytes qui sécrètent les mucopolysaccharides sulfatés de la matrice du cartilage (glycoprotéines comme les chondroïtines sulfates ou les dermatanes sulfates qui renferment 85 % de sucres). *In vitro* en utilisant une fraction saccules golgiens isolée à partir de rein de rat on montre qu'il y a sulfatation de cérébrosides membranaires.

Figure 7.18
Sulfatation au niveau de l'appareil de Golgi d'un myélocyte neutrophile : mise en évidence par autoradiographie.
Fragment de moelle osseuse d'un rat sacrifié 5 minutes après l'injection intraveineuse de sulfate marqué au soufre 35. Les grains d'argent Ag sont localisés au-dessus de la région golgienne qui dans ces cellules est constituée de dictyosomes groupés au voisinage du noyau N.
Dans cette autoradiographie les grains d'argent ont une forme plus régulière que ceux des autoradiographies de la figure 7.11; ceci est dû au mode de développement de l'émulsion. Les myélocytes se différencient en granulocytes neutrophiles et leurs dictyosomes donnent naissance à des grains de sécrétion gs qui restent dans la cellule et qui sont appelés granules neutrophiles. Ces granules renferment des glycoprotéines sulfatées et de nombreuses hydrolases (voir p. 52) qui interviennent dans la défense de l'organisme; × 10 000 (micrographie électronique R.W. Young, 1973).

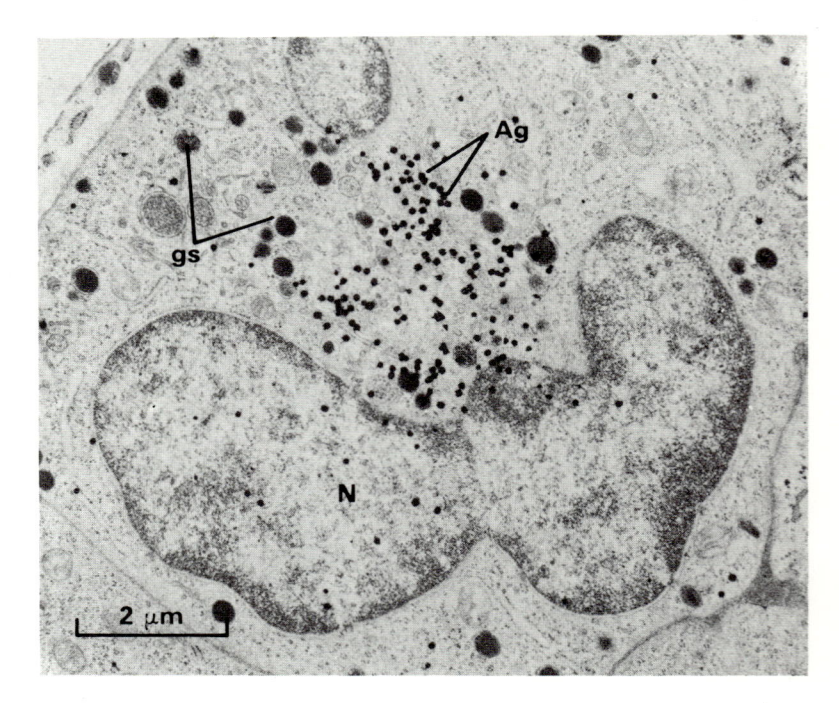

7.3.1.4. PRODUCTION DE MEMBRANE POUR LA SURFACE CELLULAIRE

L'étude des cellules sécrétrices montre que la décharge des produits de sécrétion dans le milieu extracellulaire se fait par fusion de la membrane qui limite les grains de sécrétion avec la membrane plasmique ; par ce processus d'exocytose, du matériel membranaire est apporté à la membrane plasmique. Comme les membranes qui emballent les produits de sécrétion proviennent des saccules, les membranes de l'appareil de Golgi contribuent donc à la production de matériaux pour la surface cellulaire. Les lipides et les protéines qui s'ajoutent ainsi à la surface de la cellule sont déjà assemblés en un édifice dont l'architecture est la même que celle de la membrane plasmique : les lipides forment une bicouche à laquelle sont accolées des protéines périphériques et où sont enchassées des protéines intégrées. Les portions de membranes qui fusionnent avec la membrane plasmique possèdent la même asymétrie que cette dernière, les chaînes polysaccharidiques des glycolipides et des glycoprotéines étant situées sur la face luminale des vésicules de sécrétion, face qui au cours de l'exocytose devient la face extracellulaire (fig. 7.19).

Figure 7.19
Apport de matériel d'origine golgienne à la membrane plasmique.
a) Schéma montrant l'exocytose d'une vésicule de sécrétion. La membrane de la vésicule apporte des lipides et des protéines qui s'intègrent à la membrane plasmique. Les glycoprotéines membranaires dont les chaînes polysaccharidiques (en couleur) sont en regard de la lumière de la vésicule se trouvent lors de l'exocytose en regard du milieu extracellulaire ; c'est ainsi que sont mis en place les glycoprotéines et les glycolipides du revêtement fibreux (cell coat) de la membrane plasmique.

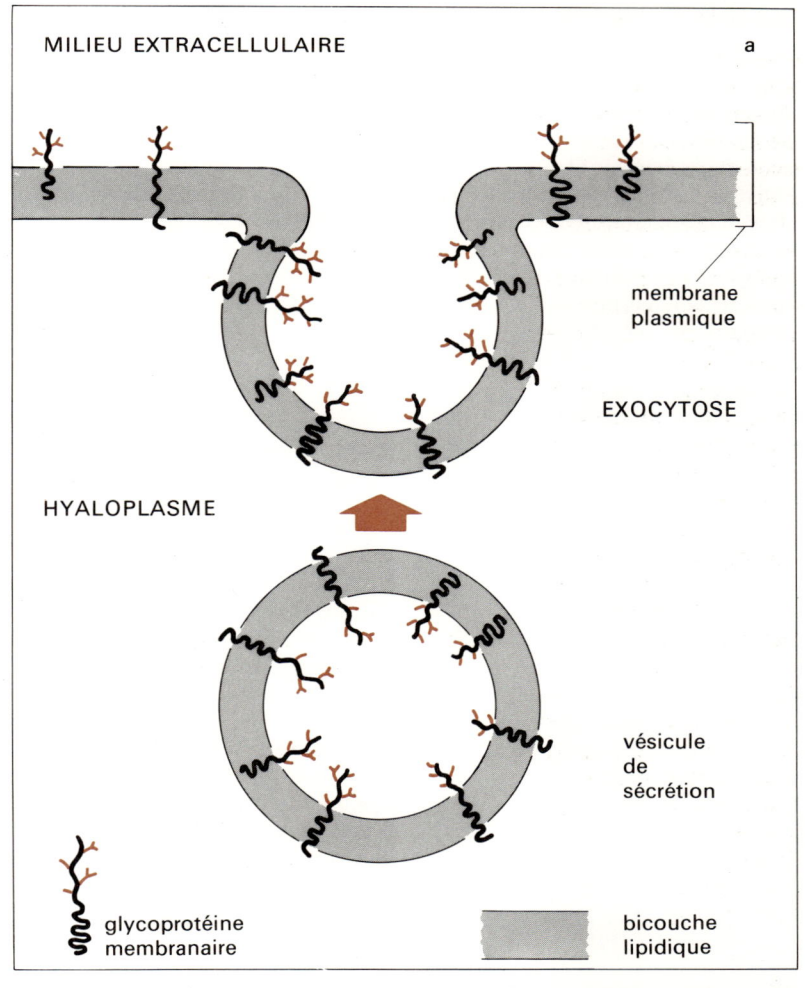

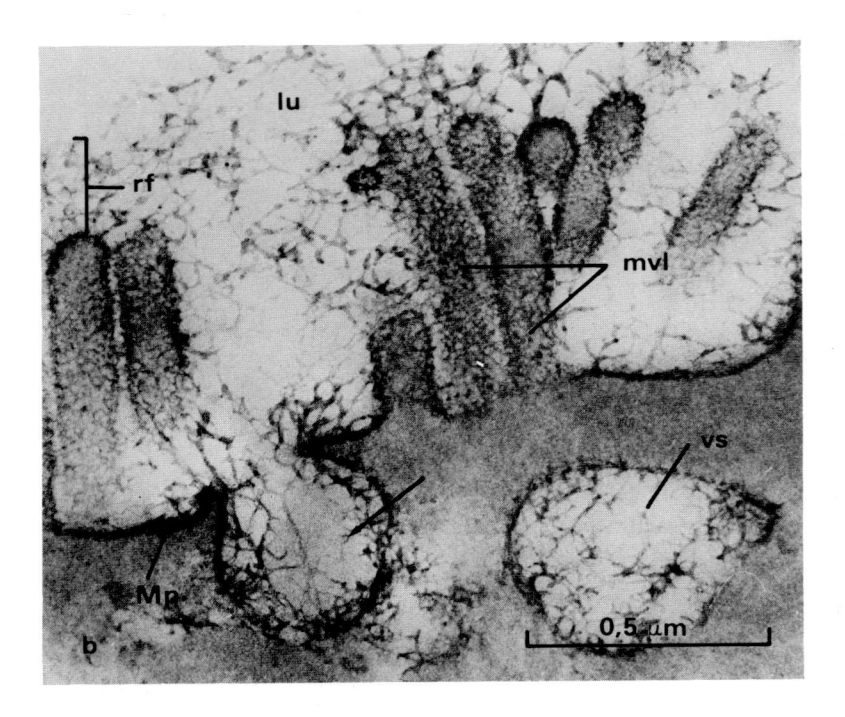

Figure 7.19 (suite)
Apport de matériel d'origine golgienne à la membrane plasmique.
b) Coupe de la surface d'un entérocyte de souris. Un matériel semblable à celui du revêtement fibreux rf est attaché à la membrane d'une vésicule de sécrétion vs située dans le hyaloplasme et à celle d'une vésicule (flèche) dont la membrane est en continuité avec la membrane plasmique Mp. Le contraste du matériel fibreux riche en polysaccharides est obtenu par une technique cytochimique à l'argent décrite dans la légende de la figure 7.5; lu, lumière de l'intestin; mvl, microvillosités; × 75 000 (micrographie électronique J.-P. Thiéry, 1977).

Au cours de la migration des grains de sécrétion, depuis la face interne des dictyosomes jusqu'à la périphérie de la cellule, leur membrane change de composition : la proportion des divers lipides devient semblable à celle de la membrane plasmique et la composition en protéines se modifie sans pour autant devenir identique.

Certaines activités enzymatiques disparaissent complètement comme celles de certaines phosphatases (nucléosides diphosphatases, thiamine pyrophosphatase), celles de la chaîne de transport d'électrons du cytochrome b_5, celles des sulfotransférases, celles de la plupart des glycosyltransférases (chez les plantes les activités glycosyltransférasiques persistent et la synthèse de polysaccharides se poursuit dans les grains de sécrétion); d'autres activités augmentent comme celle de la 5'-nucléotidase. Peu d'analyses de membranes isolées à partir de fractions grains de sécrétion ont été faites; dans le pancréas, la membrane des grains de zymogène possède moins de protéines que celle des microsomes lisses; par électrophorèse on voit que certaines protéines sont communes avec la membrane plasmique, d'autres sont différentes et n'existent pas non plus dans les membranes microsomales (fig. 7.20).

L'apport de matériel d'origine golgienne à la membrane plasmique est un phénomène général qui existe également dans les cellules non sécrétrices. Après incorporation *in vivo* de fucose -^{3}H, on met en évidence, dans divers types cellulaires, un transport de polysaccharides de l'appareil de Golgi jusqu'à la surface des cellules. Ces polysaccharides correspondent aux parties glucidiques des glycolipides et des glycoprotéines qui forment le revêtement fibreux (cell coat, voir également volume I, chapitre 1). Ce transport est particulièrement net dans les entérocytes de l'épithélium intestinal (fig. 7.21) ; il demande environ 4 heures et correspond à la migration de vésicules de sécrétion qui sont riches en polysaccharides. Ainsi les membranes de l'appareil de Golgi contribuent à la biogenèse de la membrane plasmique non seulement par apport de surfaces membranaires nouvelles mais aussi par le rôle qu'elles jouent dans la synthèse des hétéropolysaccharides du revêtement fibreux. Comme nous l'avons déjà signalé (volume I, chapitre 1) ces sucres déterminent certaines des propriétés fondamentales de la cellule comme son adhésivité, son appartenance à une population cellulaire et son comportement vis-à-vis des autres cellules.

7.3.2. Cavités

Comme celles du réticulum endoplasmique, les cavités golgiennes (saccules et vésicules) représentent un compartiment ou des molécules sont isolées du hyaloplasme. La ségrégation qui se fait ainsi dans ces cavités intéresse principalement des molécules d'origine endogène qui arrivent des citernes du réticulum par les vésicules de transition et sont ensuite sécrétées dans le milieu extracellulaire : ce sont des molécules très variées, holoprotéines, glycoprotéines et lipoprotéines ; exceptionnellement ce sont des holopolysaccharides comme les chaînes de cellulose élaborées dans les cavités même de l'appareil de Golgi et qui forment la paroi de certaines algues. La ségrégation de matériel d'origine exogène est plus rare ; par exemple lors de l'absorption intestinale des triglycérides, les acides gras et les monoglycérides, qui se sont recombinés en micelles lipoprotéiques dans le réticulum des entérocytes, passent dans les saccules des dictyosomes avant d'être rejetés dans les espaces intercellulaires (voir volume I, chapitre 6).

Au cours de leur passage dans les saccules ou les vésicules de l'appareil de Golgi bon nombre de molécules sont transformées par glycosylation ou sulfatation ; certains précurseurs d'hormones polypeptidiques sont convertis en hormones actives par protéolyse (dans les cellules béta du pancréas la conversion protéolytique des molécules de proinsuline commence dans les saccules et s'achève dans les grains de sécrétion).

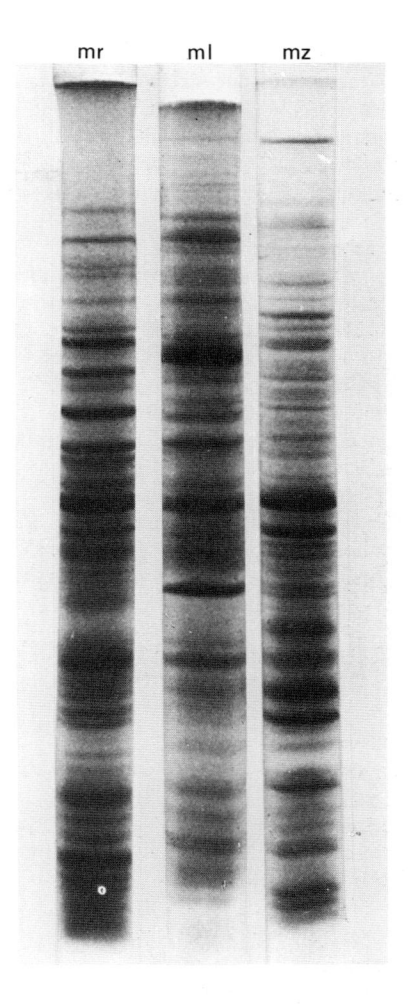

Figure 7.20
Composition protéique des membranes impliquées dans la sécrétion des enzymes du suc pancréatique.
Électrophorèse de sous-fractions membranes isolées à partir de pancréas de cobaye et dont les chaînes polypeptidiques ont été solubilisées dans le SDS. Cette technique révèle l'originalité de composition de chaque type de membranes : membranes des microsomes rugueux mr et membranes des microsomes lisses ml qui correspondent respectivement aux membranes du réticulum rugueux et de l'appareil de Golgi des cellules acineuses ; membranes des grains de zymogène mz (cliché J. Meldolesi, 1974).

Rôles physiologiques

Figure 7.21
Transport de polysaccharides depuis l'appareil de Golgi jusqu'à la périphérie cellulaire : mise en évidence par autoradiographie.
Entérocytes de duodénum de rats sacrifiés après l'injection intraveineuse de fucose-^{3}H.
a) Deux minutes après l'injection les grains d'argent sont situés sur les dictyosomes D × 6 000.
b) Une heure après l'injection les grains d'argent sont localisés sur les dictyosomes D et aussi sur les microvillosités mvl de la face apicale des entérocytes et sur les faces latérales fl de ces cellules. Des lysosomes ly sont également marqués ; N, noyaux ; × 5 500 (micrographies électroniques G. Bennet et C.P. Leblond, 1971).

Enfin il y a souvent concentration des produits de sécrétion dans les cavités golgiennes mais les mécanismes de ce phénomène ne sont pas connus.

La concentration des hydrolases du suc pancréatique dans les jeunes grains de zymogène ne se fait pas par transport actif. *In situ*, les grains immatures (appelés aussi vacuoles de concentration) ne changent pas de volume si on inhibe la production d'ATP. *In vitro* après avoir été isolés, ils sont insensibles à la pression osmotique du milieu. On pense que la concentration est due aux glycoprotéines sulfatées qui sont mêlées aux hydrolases ; ces glycoprotéines sont des polyanions qui par interaction ionique avec les hydrolases cationiques forment des agrégats de molécules. Cette formation d'agrégats entraîne une diminution de la pression osmotique et par conséquent une sortie d'eau des grains de sécrétion.

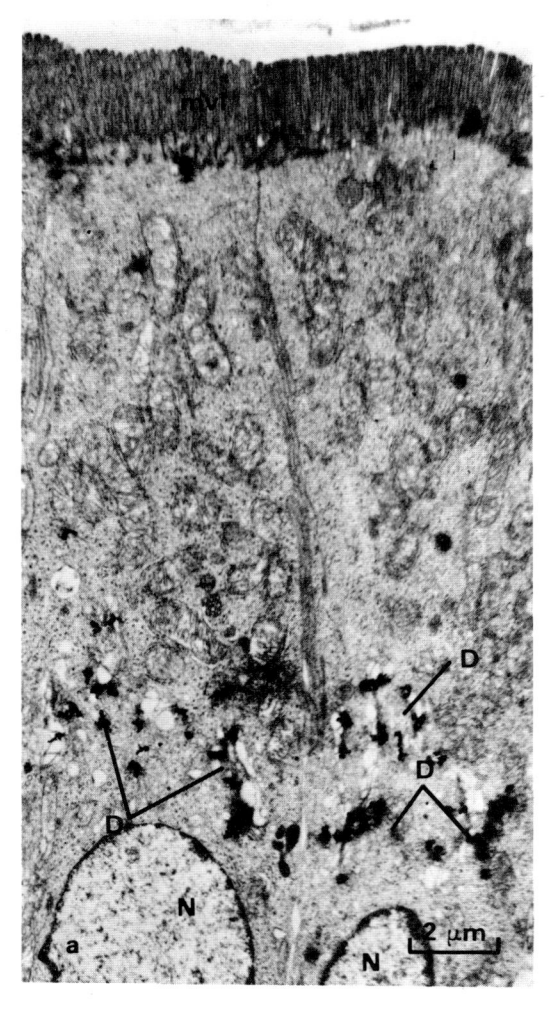

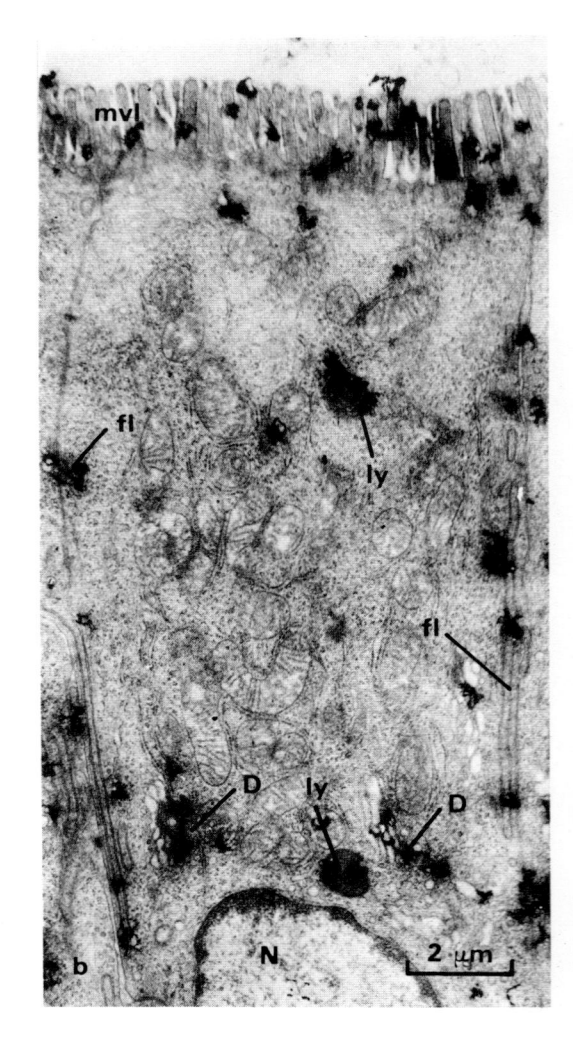

7.4. Biogenèse

Comme nous l'avons vu les modalités du cheminement intracellulaire des produits sécrétés amènent à conclure que les saccules golgiens sont renouvellés continuellement. Par fusion des vésicules de transition, qui bourgeonnent à partir des membranes du réticulum, de nouveaux saccules se forment sans cesse sur la face externe des dictyosomes. A mesure que se constituent d'autres saccules, ceux qui ont été précédemment édifiés sur la face externe sont repoussés vers la face interne où ils se fragmentent alors en vésicules de sécrétion (fig. 7.22). Le dictyosome est donc une *structure dynamique* et c'est pourquoi sa face externe où de nouveaux saccules prennent naissance est appelée *face de formation*, alors que sa face interne où les saccules les plus anciens se transforment en vésicules est appelée *face de maturation*. Par autoradiographie on peut estimer qu'il se forme en moyenne un nouveau saccule toutes les 3 à 4 minutes dans des cellules sécrétrices très actives comme les cellules caliciformes de l'intestin de rat.

Figure 7.22
Biogenèse des saccules golgiens.
a-e) Schémas montrant le renouvellement des saccules d'un dictyosome.
a) Des vésicules de transition bourgeonnent à partir d'une lame de réticulum endoplasmique dans une région où sa membrane est dépourvue de ribosomes.
b) En fusionnant, les vésicules de transition donnent naissance à un nouveau saccule très fenestré ; ce saccule se forme sur la face externe du dictyosome qui pour cette raison est appelée face de formation. c) Ce nouveau saccule est repoussé vers le milieu de la pile par les saccules qui se forment continuellement ; au cours de cette migration sa morphologie change : il devient moins fenestré et sa cavité se dilate. d) Parvenu à la face externe, le saccule redevient fenestré ; il est alors arrivé à maturité, d'où le nom de face de maturation donné à la face externe du dictyosome. e) Le saccule mature se fragmente en vésicules de sécrétion.
Lors de la sécrétion, il y a donc migration des saccules de la face de formation à la face de maturation.

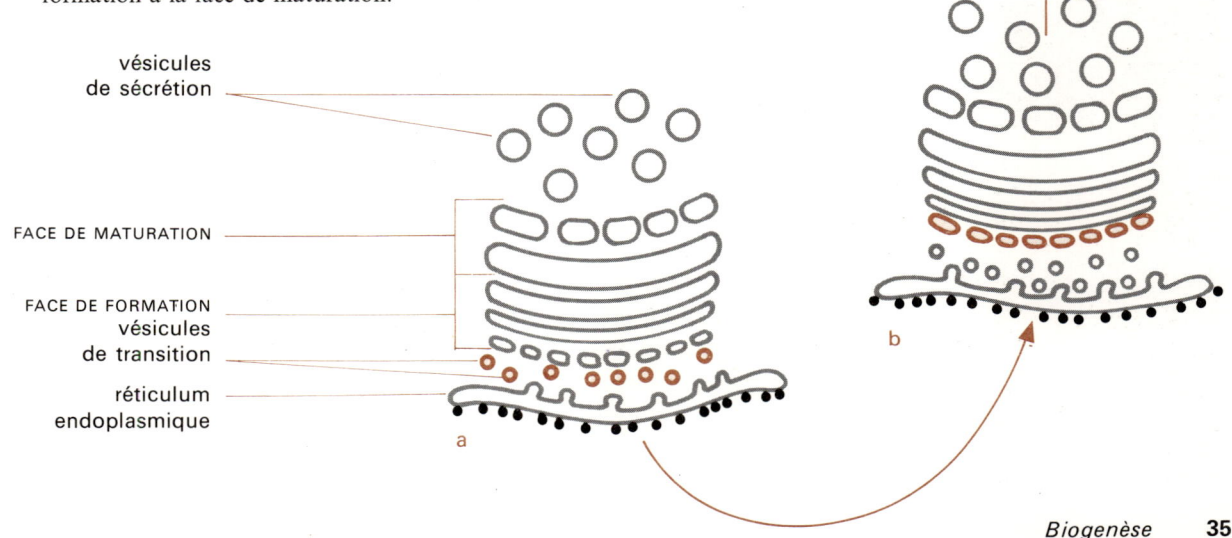

Figure 7.23
Formation de vésicules de transition.
Vésicules de transition vt situées entre le réticulum endoplasmique rugueux rer et un dictyosome D. Ces vésicules bourgeonnent (flèches) à partir d'une région du réticulum rer dont les membranes ne portent pas de ribosomes; gs, grains de sécrétion; M, mitochondrie; vs, vésicules de sécrétion; × 5 000 (glande de Brunner de l'intestin de souris, micrographie électronique D.S. Friend, 1965).

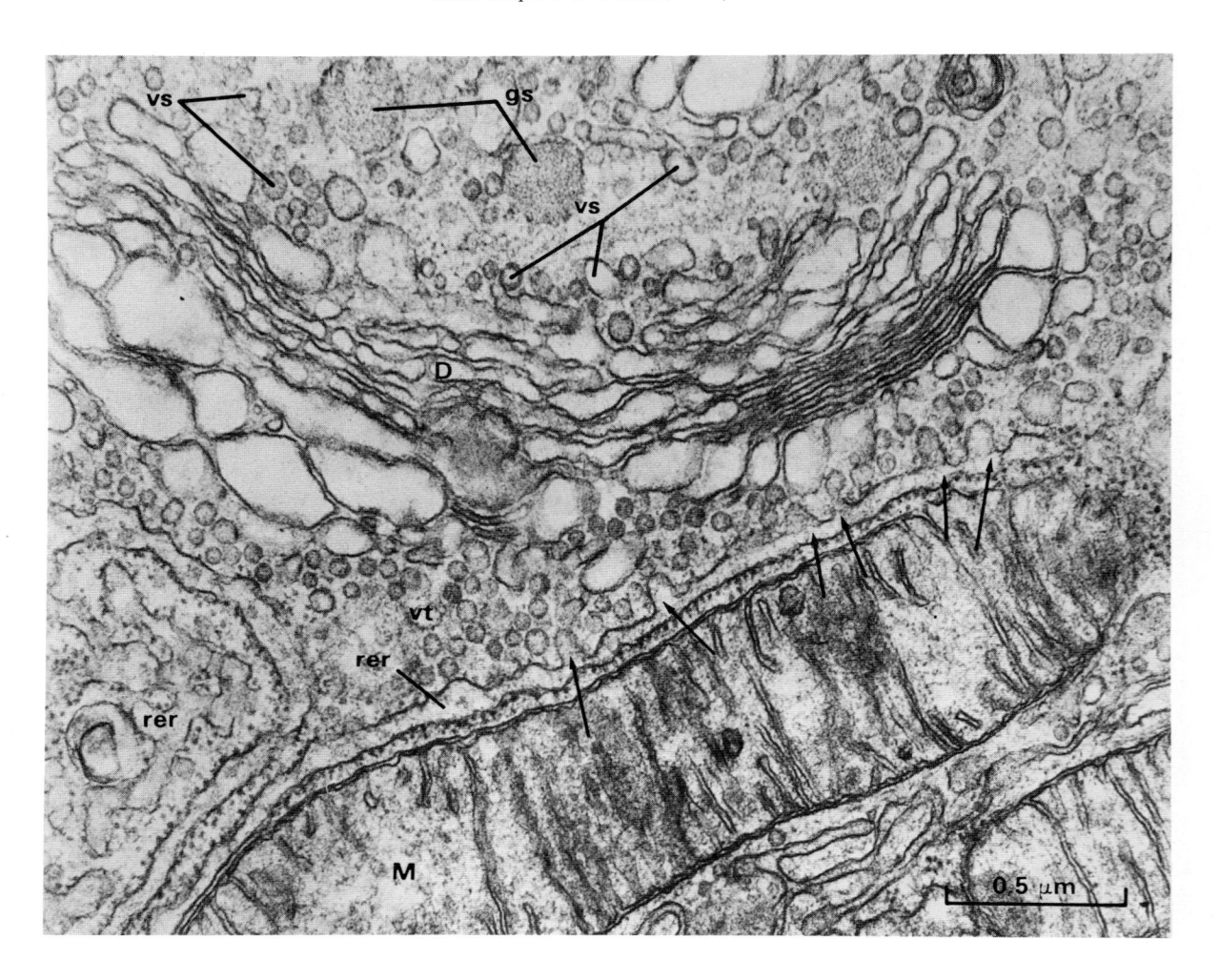

La production de nouveaux saccules est liée à la synthèse de protéines par la cellule; lorsque cette synthèse est inhibée il ne se forme plus de vésicules de transition et les saccules des dictyosomes se fragmentent en vésicules. Quand la synthèse protéique reprend, de nouveaux dictyosomes s'édifient à partir de vésicules de transition qui bourgeonnent à partir du réticulum endoplasmique ou de l'enveloppe nucléaire (qui est une différenciation locale du réticulum, voir volume I, chapitre 6) et non à partir des vésicules provenant de la fragmentation des saccules préexistants.

Cette fragmentation des dictyosomes s'observe par exemple chez l'amibe quand on enlève son noyau; les ARN nécessaires aux synthèses protéiques n'étant plus produits par transcription on constate que 2 jours après l'énucléation les dictyosomes ont disparu; ceux-ci se reforment 30 minutes après la greffe d'un nouveau noyau et l'appareil de Golgi a repris son développement normal au bout de 1 à 2 jours. Dans des cellules où la synthèse de produits de sécrétion est normalement arrêtée pendant un temps long (glandes muqueuses d'un escargot en hibernation) ou inhibée expérimentalement (glandes salivaires sous-maxillaires d'un rat mâle castré) les piles de saccules se désorganisent et les dictyosomes ne se reforment que quand les sécrétions reprennent (réveil de l'escargot au printemps, injection de testostérone au castrat).

Les membranes des saccules golgiens prennent donc naissance par transport de portions de membranes qui se détachent du réticulum; c'est également par transport que se forment à partir des membranes des saccules celle des vésicules et grains de sécrétion; c'est aussi par le même processus que des matériaux nouveaux sont appor-

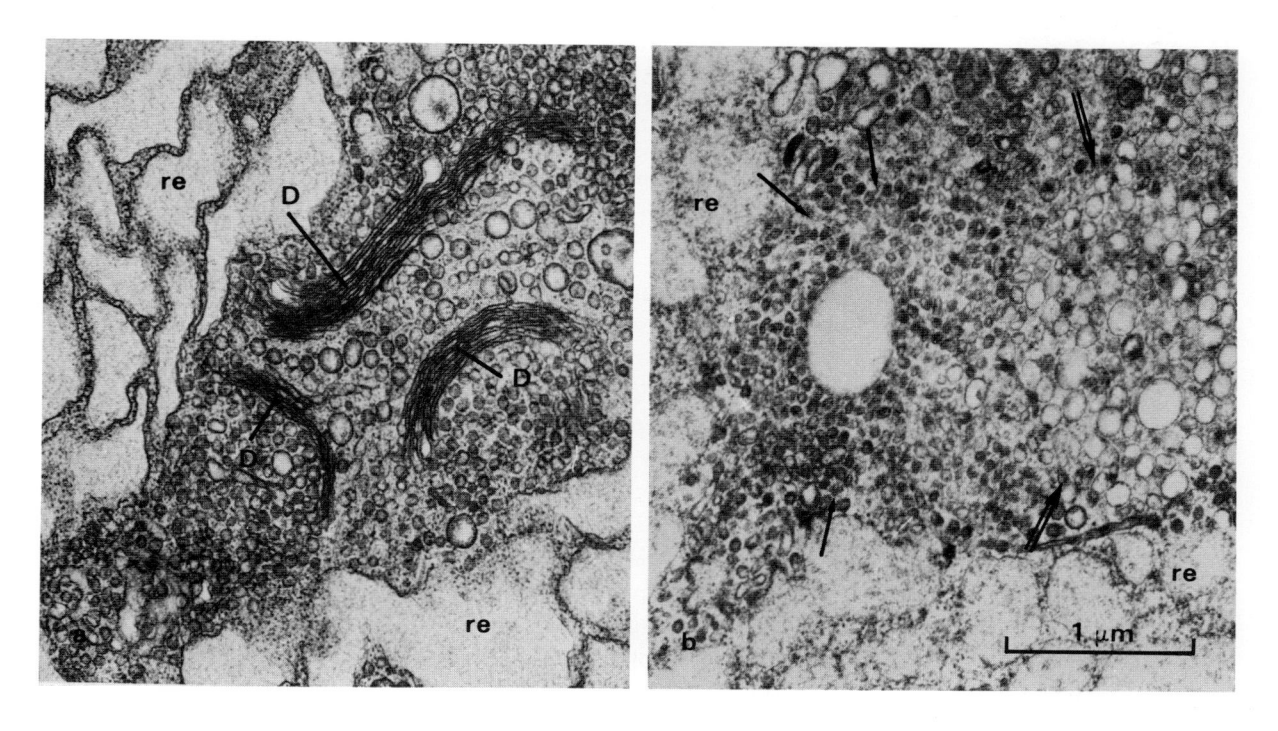

Figure 7.24
Fragmentation des dictyosomes.
Cellules de la glande muqueuse d'escargot au cours de l'hibernation. a) Animal en hibernation depuis 1 mois; les dictyosomes D sont moins développés que chez un animal en activité (voir fig. 7.9b, p. 18) et sont bordés de nombreuses vésicules. b) Animal en hibernation depuis 5 mois; les dictyosomes ont disparu et seules persistent des vésicules dans la région de l'appareil de Golgi; les unes (flèches simples) représentent probablement des vésicules de transition qui ne sont pas assemblées en saccules et des saccules de la face de formation des dictyosomes qui se sont fragmentés. Les autres (flèches doubles) correspondent sans doute à des vésicules de sécrétion qui n'ont pas fusionné en grains de sécrétion et à des saccules de la face de maturation qui se sont fragmentés; re, réticulum endoplasmique rugueux; × 30 000 (micrographies électroniques L. Ovtracht, 1972).

tés à la membrane plasmique lors de l'exocytose. Au cours de cette biogenèse par transport tout se passe comme s'il y avait un *courant de membranes* depuis le réticulum jusqu'à la membrane plasmique (phénomène de « membrane flow » étudié par Morré et son école).

En plus d'une synthèse protéique active, la production de ce courant de membranes nécessite un apport d'énergie et de calcium ainsi que la participation des microtubules et des microfilaments.

L'arrêt de la production d'ATP par traitement de cellules sécrétrices par des inhibiteurs de la respiration (cyanure, antimycine A) ou de la phosphorylation oxydative (dinitrophénol, oligomycine) stoppe le courant de membranes à son début et à sa fin : il ne se forme plus de vésicules de sécrétion et les chaînes polypeptidiques destinées à être sécrétées restent dans les cavités du réticulum ; les membranes des grains de sécrétion ne fusionnent plus avec la membrane plasmique si bien que les produits de sécrétion ne sont plus déchargés dans l'espace extracellulaire.

La colchicine qui dépolymérise les microtubules et la cytochalasine B qui désorganise les microfilaments d'actine inhibent la migration des grains de sécrétion vers la périphérie cellulaire et la décharge de leur contenu par exocytose. Par contre la décharge est stimulée quand on traite les cellules par un ionophore qui augmente la perméabilité au calcium de la membrane plasmique ; le calcium qui entre dans le hyaloplasme interagit sans doute avec les microfilaments d'actine situés sous la surface cellulaire mais comme pour d'autres mouvements cellulaires (voir volume I, chapitre 3) le rôle de cet ion n'est pas encore bien compris.

Pendant leur déplacement vers la surface cellulaire les membranes ne conservent pas les mêmes constituants comme le montrent les observations morphologiques (variations d'épaisseur, densité des particules intramembranaires mises en évidence par cryodécapage) et les analyses comparées de leur composition chimique ; on passe de la composition des membranes du réticulum à celle de la membrane plasmique avec comme intermédiaires les membranes des saccules, des vésicules et des grains de sécrétion.

Pour ce qui est des lipides, les changements sont à peu près continus : leur quantité augmente progressivement et en particulier celle de la sphingomyéline, des glycolipides et du cholestérol (voir tableau 7.I) ; de plus les chaînes d'acides gras deviennent plus longues et moins saturées ce qui entraîne une augmentation progressive de l'épaisseur de la bicouche lipidique (la désaturation fait intervenir la chaîne de transporteurs d'électrons du cytochrome b_5 et l'augmentation de l'épaisseur des membranes se produit pendant que les saccules sont repoussés de la face de formation à la face de maturation, voir plus haut fig. 7.4).

Les changements de la composition en protéines des membranes sont beaucoup plus discontinus : certaines enzymes s'associent à la bicouche, d'autres s'en détachent ce qui entraîne des modifications des propriétés fonctionnelles des membranes au cours de leur transport. La polarité des dictyosomes révélée par les réactions cytochi-

sous-fractions membranes	*demi-vies exprimées en jours*	
	polypeptides de haut poids moléculaire	polypeptides de faible poids moléculaire
microsomes rugueux	4,5-5	28
microsomes lisses	2,75-3,5	5
grains de zymogène	3-4,5	13

Tableau 7. II
Demi-vies des protéines des membranes impliquées dans la sécrétion chez le pancréas de cobaye (d'après J. Meldolesi, 1974).

miques correspond à ces modifications des activités enzymatiques des membranes des saccules (activités phosphatasiques d'une seule des deux faces du dictyosome, activités glycosyltransférasiques qui font que le contenu des saccules s'enrichit en polysaccharides à mesure que les saccules migrent vers la face de maturation, fig. 7.5).

Les mesures de la demi-vie des lipides et des protéines membranaires montrent que ces constituants sont renouvelés beaucoup plus lentement (selon les molécules et les types de membranes de 3 à 28 jours, voir le tableau 7.II) que le temps nécessaire au transport des membranes et des produits de sécrétion du réticulum à la membrane plasmique (quelques heures en moyenne). A l'exception des glycolipides et des glycoprotéines qui viennent former le revêtement fibreux de la membrane plasmique, les constituants lipidiques et protéiques des membranes sont réutilisés plusieurs fois avant d'être dégradés et remplacés par de nouvelles molécules. Malgré l'apport continu de membranes fusionnant avec la membrane plasmique, celle-ci n'augmente pas de surface grâce au recyclage des molécules. Le retour des constituants de la membrane plasmique aux autres types de membranes se fait pour l'essentiel par le hyaloplasme, les molécules hydrophobes étant sans doute véhiculées par des protéines porteuses (voir volume I, chapitre 1). Une autre voie, mais quantitativement peu importante, est en quelque sorte un courant de membranes à rebours : des vésicules de pinocytose se détachent de la membrane plasmique et viennent fusionner avec les membranes de l'appareil de Golgi.

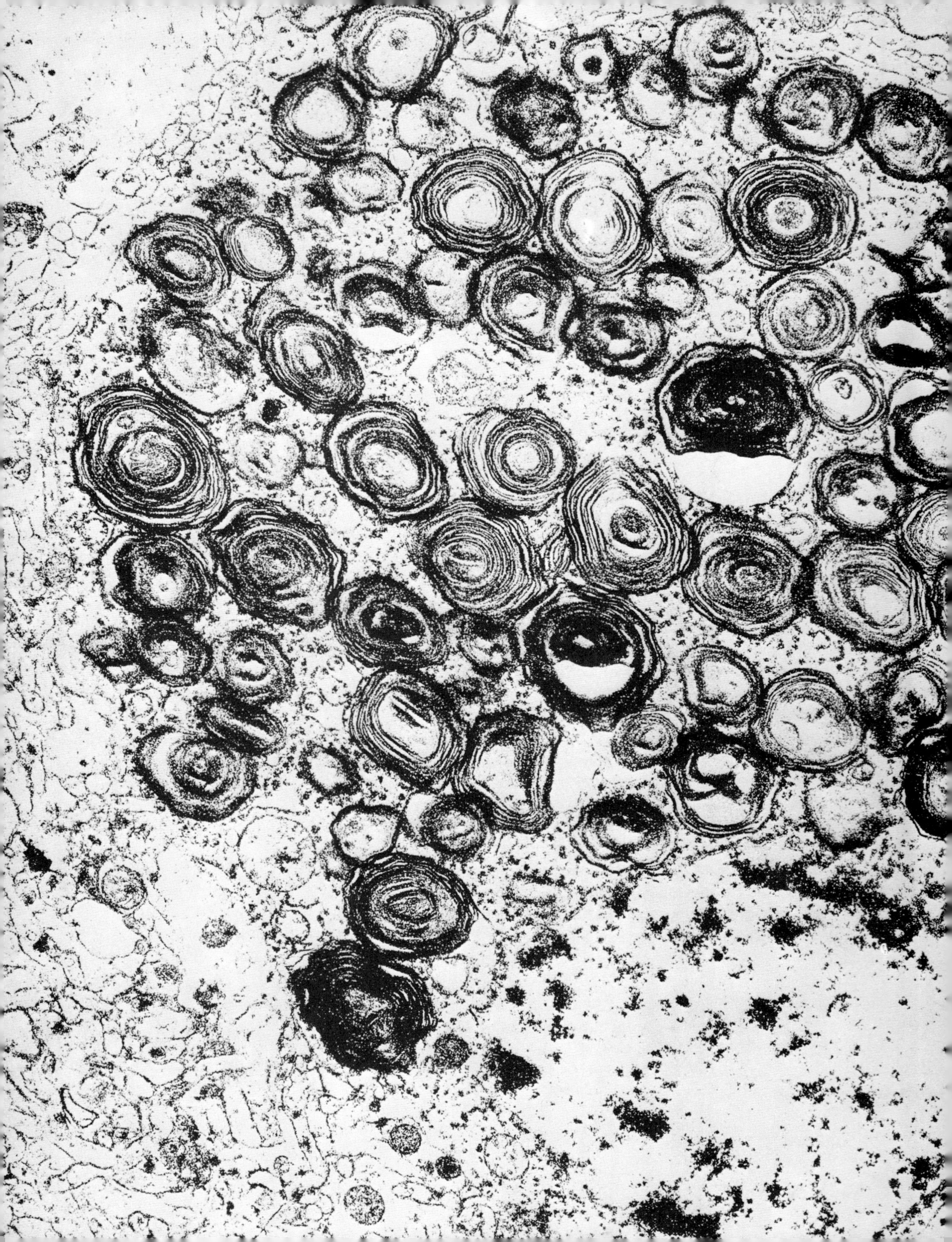

8. Lysosomes

8.1. Structure et découverte

Les lysosomes sont des compartiments cytoplasmiques qui renferment un mélange *d'hydrolases acides* (c'est-à-dire dont l'activité optimale se situe à des pH compris entre 3 et 6); la membrane qui limite chacun d'eux empêche que la cellule ne soit digérée par ces enzymes lytiques. Leur découverte par le biochimiste belge de Duve en 1951 s'est faite selon une démarche inverse de celle qui a conduit à la démonstration de l'existence des autres constituants cellulaires. En effet les organites dont nous avons parlé jusqu'ici ont d'abord été mis en évidence par des observations morphologiques qui ont permis de décrire leur structure; puis leur isolement en fractions de grande pureté a conduit à préciser leur composition chimique et leurs rôles fonctionnels. Dans le cas des lysosomes, les études biochimiques ont précédé les observations structurales.

De Duve et ses collaborateurs étudiaient dans le foie de rat l'activité de la phosphatase acide, enzyme qui catalyse l'hydrolyse d'esters monophosphoriques comme le glycérol 2-phosphate. L'activité de cette enzyme était en effet singulière : dans l'homogénat de foie réalisé dans des conditions ménagées l'activité de cette enzyme était 10 fois inférieure à celle mesurée dans l'extrait aqueux de ce même homogénat (l'extrait aqueux est le surnageant obtenu après centrifugation de l'homogénat préalablement dilué par l'eau distillée); dans l'ensemble des fractions isolées par centrifugation différentielle — fractions noyaux, mitochondries, microsomes et le surnageant — l'activité phosphatasique acide était plus élevée bien qu'encore 5 fois inférieure à celle de l'extrait de l'homogénat. Par contre en faisant les dosages après que les fractions et le surnageant aient été stockés cinq jours au congélateur la somme des activités mesurées était devenue nettement plus élevée puisqu'elle représente 85 % de celle de l'extrait aqueux. Ainsi ces expériences révélaient un phénomène de *latence* de l'activité enzymatique dans la fraction, celle-ci ne se manifestant pleinement qu'après que plusieurs jours se soient écoulés

Frontispice
Coupe d'un neurone d'enfant atteint de la maladie de Tay-Sachs.
Le cytoplasme de ce neurone du cortex cérébral est occupé par de nombreux lysosomes secondaires qui renferment un glycolipide dont les molécules sont arrangées en membranes concentriques. Les enfants atteints de cette maladie héréditaire ont une des enzymes lysosomales nécessaire à la dégradation de ce glycolipide qui est déficiente; × 17 000 (micrographie électronique J.S. O'Brien, 1973).

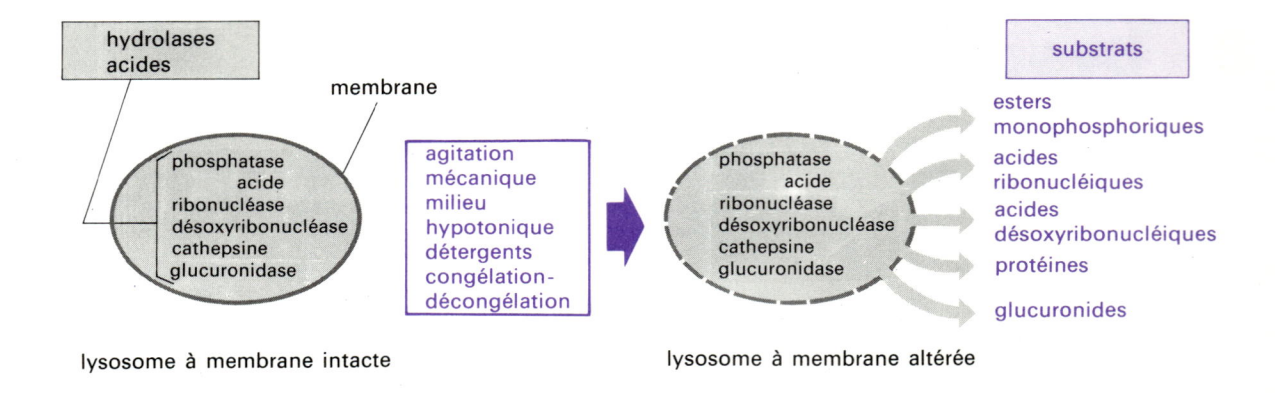

Figure 8.1
Latence de l'activité des enzymes lysosomales.
Quand l'isolement des lysosomes est réalisé dans des conditions qui préservent leur membrane, les hydrolases acides restent enfermées à l'intérieur des lysosomes et les substrats ajoutés au milieu d'isolement ne sont pas digérés. Par contre quand la membrane des lysosomes est altérée, les hydrolases acides sortent des lysosomes et catalysent la digestion des substrats. La membrane des lysosomes peut être déchirée par une agitation mécanique brutale (mixer tournant à grande vitesse) lors de la préparation de l'homogénat ou par un milieu hypotonique (eau distillée par exemple) qui fait gonfler et éclater les lysosomes. Les détergents libèrent également les hydrolases en solubilisant les constituants lipidiques de la membrane ; enfin la membrane des lysosomes peut être transpercée par les cristaux de glace qui se forment au cours d'une congélation. Les hydrolases figurant sur ce schéma sont celles qui ont été étudiées par de Duve au cours de ses premiers travaux sur les lysosomes de foie de rat (d'après de Duve, 1963).

entre la préparation des échantillons et la mesure de leur activité phosphatasique acide. De Duve et ses collaborateurs montrèrent alors que cette latence s'expliquait en admettant que les molécules d'enzyme étaient enfermées à l'intérieur de sacs clos limités par une membrane empêchant que le substrat ne vienne au contact de l'enzyme. En effet des traitements connus pour déchirer ou solubiliser les membranes cellulaires permettaient de démasquer l'activité phosphatasique, la membrane imperméable à l'enzyme et à son substrat ne formant plus alors une enceinte continue. Par la suite il fut montré que d'autres hydrolases se comportaient comme la phosphatase acide (fig. 8.1) ; les particules qui, dans le foie de rat, contenaient ce mélange d'enzymes lytiques furent isolées par centrifugation différentielle et identifiées : elles correspondaient à des inclusions limitées chacune par une membrane de 75 Å d'épaisseur, inclusions de 0,2 à 0,4 micron de diamètre que les microscopistes avaient déjà observées dans les coupes minces d'hépatocytes et qu'ils appelaient « corps denses » (leur contenu diffuse les électrons) mais sans en comprendre la signification fonctionnelle.

Grâce aux techniques cytochimiques qui révèlent *in situ* l'activité de certaines hydrolases et plus rarement grâce à l'analyse biochimique de fractions (voir plus loin) il est apparu que les cellules des eucaryotes, aussi bien animales que végétales, possèdent toutes des lysosomes ; la structure de ces organites est néanmoins extrêmement différente d'un type cellulaire à l'autre ou même à l'intérieur d'une seule cellule. Ce polymorphisme fait qu'il n'est pas possible de caractériser les lysosomes par des critères uniquement structuraux et seule la mise en évidence d'activités lytiques permet de démontrer la nature lysosomale d'une inclusion cellulaire.

Si les lysosomes sont toujours limités par une membrane de 75 Å d'épaisseur, leur nombre, leur taille, l'aspect de leur contenu ne sont pas les mêmes selon la nature de la cellule et son état physiologique. Malgré cette diversité anatomique, les lysosomes se classent en deux catégories : d'une part les *lysosomes primaires* qui ne renferment que des enzymes lytiques, d'autre part les *lysosomes secondaires* qui contiennent à la fois des hydrolases et des substrats en cours de digestion. Les lysosomes primaires sont des vésicules ou des grains de sécrétion dont le contenu est d'aspect homogène et le diamètre compris entre 250 Å et quelques dixièmes de micron ; les lysosomes secondaires sont des vacuoles souvent volumineuses (un à plusieurs microns de diamètre) dont le contenu est en général très hétérogène et très divers car il dépend de la nature des substrats et du stade de digestion dans lequel ils se trouvent. A cette dernière catégorie appartiennent entre autre les *vacuoles digestives* qui se forment par endocytose dans certaines cellules animales et les *vacuoles des cellules végétales* dont la membrane est encore appelée *tonoplaste*.

8.2. Composition chimique

8.2.1. Étude *in situ*

C'est grâce aux techniques cytochimiques permettant de localiser *in situ* certaines activités hydrolasiques acides que de nombreuses inclusions cytoplasmiques ont été reconnues comme étant des lysosomes ; sans ces techniques, développées par Novikoff depuis 1955, la présence très générale de ces organites n'aurait pu être démontrée car, comme nous l'avons déjà souligné, leur morphologie est trop disparate et de plus leur isolement en fraction de pureté convenable n'a pu être réussie que pour quelques types de cellules.

L'activité hydrolasique la plus communément mise en évidence dans le contenu des lysosomes est celle de la *phosphatase acide*

44 *Lysosomes*

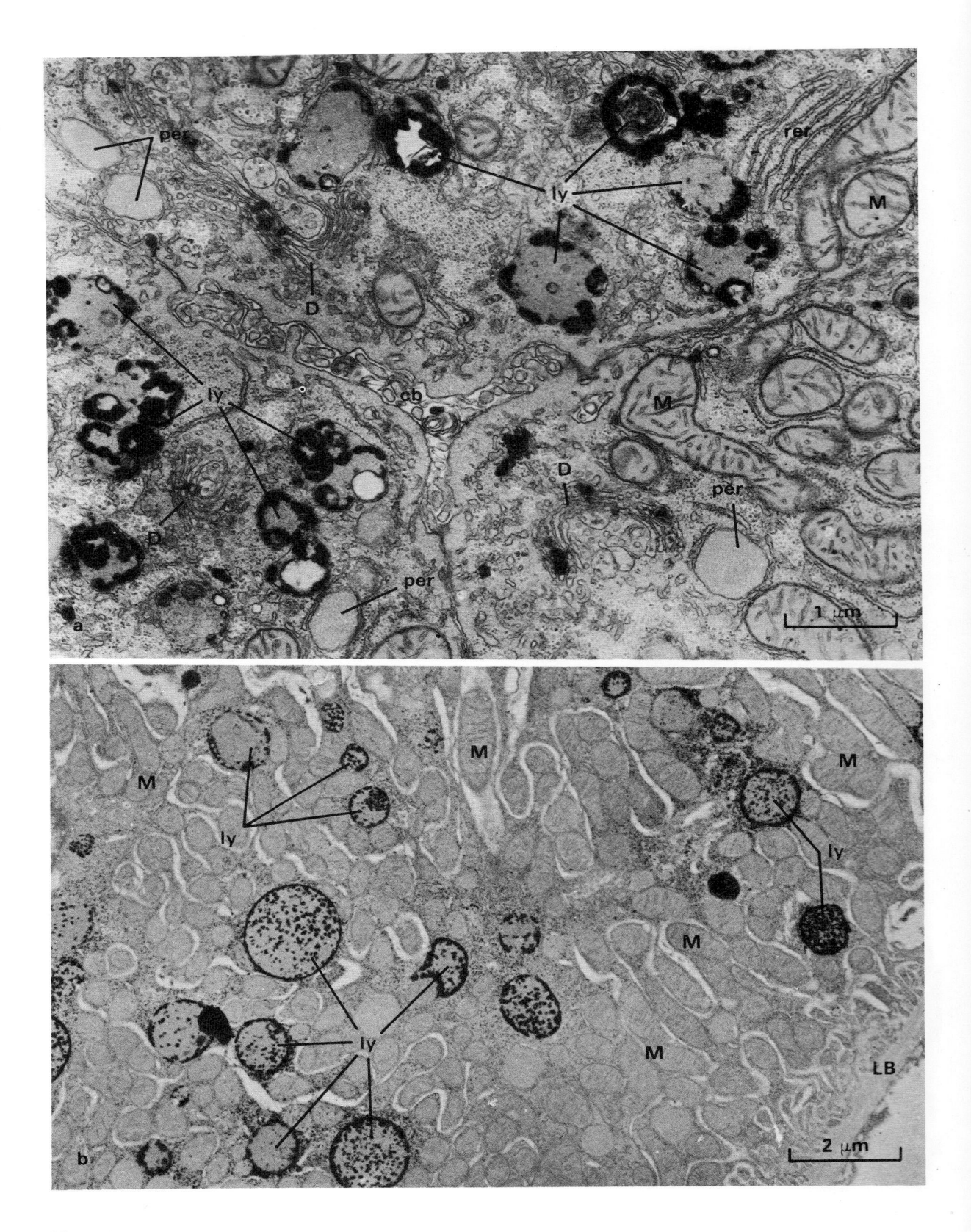

Figure 8.2
Structure et activités hydrolasiques des lysosomes.

a) Lysosomes d'hépatocytes de rat. Coupe de foie montrant des lysosomes ly au voisinage d'un canalicule biliaire cb. Il s'agit de lysosomes secondaires qui renferment des substrats en cours de digestion et des déchets non digérés si bien que leur contenu est hétérogène. Les organites, limités par une membrane et à contenu homogène sont des peroxysomes, per (voir le volume III, chapitre 12) ; D, dictyosomes de l'appareil de Golgi ; M, mitochondries ; rer, réticulum endoplasmique rugueux ; × 20 000 (micrographie électronique, P. Drochmans, 1975).

b) Mise en évidence d'activité phosphatasique acide. Après avoir été fixé au glutaraldéhyde un fragment de rein de rat est incubé dans un milieu à pH 5,0 contenant du β-glycérophosphate et du nitrate de plomb. La phosphatase acide catalysant l'hydrolyse du glycérophosphate, il y a libération d'acide phosphorique qui avec le nitrate de plomb, donne un précipité de phosphate de plomb diffusant fortement les électrons. L'observation de coupes minces révèle la présence de précipités au niveau des lysosomes ly dans les cellules du tube contourné proximal. C'est dans ces lysosomes que sont digérées les protéines du filtrat glomérulaire (voir p. 53). La région basale de ces cellules est découpée par de profondes invaginations et contient de nombreuses mitochondries M ; LB, lame basale ; × 10 000 (micrographie électronique A.B. Novikoff, 1963).

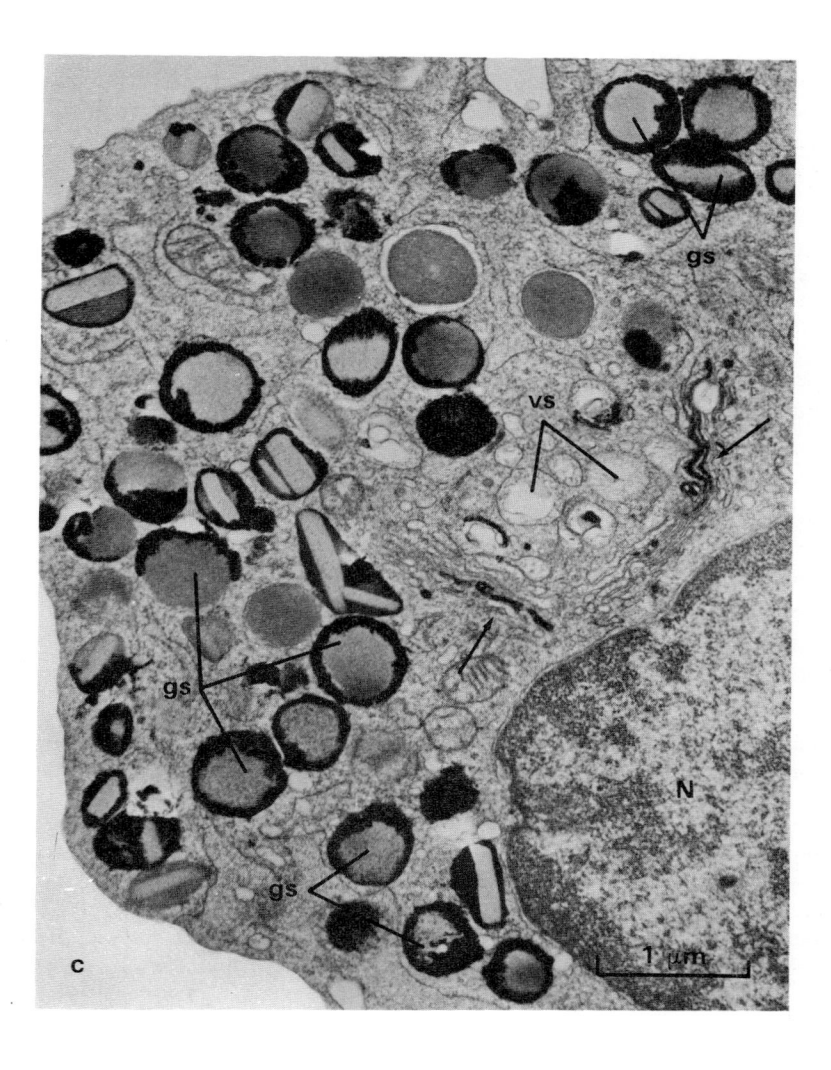

c) Mise en évidence d'activité arylsulfatasique. Après fixation aldéhydique, une suspension de cellules de la moelle osseuse du lapin est incubée dans une solution à pH 5,5 d'un sulfate organique et de nitrate de plomb. Cette coupe mince de myélocyte éosinophile montre des précipités de sulfate de plomb dans les grains de sécrétion gs appelés granules et dans certains saccules (flèches) des dictyosomes qui leur ont donné naissance. Ces granules renferment donc une arylsulfatase et sont des lysosomes primaires d'origine golgienne. Les myélocytes de ce type se différencient en granulocytes éosinophiles qui phagocytent les complexes antigène-anticorps ; N, noyau ; vs, vésicules de sécrétion ; × 20 000 (micrographie électronique D.F. Bainton et M. Farquhar, 1970).

Composition chimique

révélée par une technique au plomb* (fig. 8.2), mais d'autres activités peuvent aussi être localisées tant à l'échelle du microscope à lumière qu'à celle du microscope électronique : activités d'aryl sulfatases, de β-glcuronidase, de N-acétylglucosaminidase et d'estérases non spécifiques.

Notons enfin que les lysosomes dont le diamètre est supérieur au pouvoir séparateur du microscope à lumière peuvent être observés dans des cellules vivantes en employant des colorants vitaux (rouge neutre ou bleu de toluidine) ou des colorants fluorescents (acridine orange et certains de ses dérivés).

8.2.2. Isolement de fractions

La préparation de fractions lysosomes est difficile pour plusieurs raisons : tout d'abord leur membrane fragile se déchire facilement et il convient de réaliser l'homogénat dans les conditions les plus douces possibles ; ensuite leur densité est en général très voisine de celle des mitochondries et des peroxysomes si bien que leur séparation par centrifugation différentielle n'est pas parfaite ; enfin ils ne représentent le plus souvent qu'une faible proportion de la masse cellulaire ce qui complique encore les manipulations puisque l'on doit traiter une quantité importante de matériel (50 à 100 g de foie de rat par exemple et provenant de 10 à 20 animaux pour obtenir 5 à 10 mg de lysosomes).

Ces difficultés expliquent pourquoi l'isolement de ces organites n'a été réalisé jusqu'ici qu'à partir de quelques organes ou types cellulaires : foie ou rein de rat (fig. 8.3), granulocytes de lapin, levures de boulanger (dans ce cas on utilise des protoplastes, cellules dont on a digéré la paroi avant de faire l'homogénat et qui sont donc plus faciles à briser), tissus jeunes de végétaux supérieurs (plantules de tabac ou de maïs, pousses de pommes de terre, fronde de fougère).

La pureté des fractions obtenues est estimée par des contrôles morphologiques au microscope électronique et mieux encore par des dosages de l'activité d'enzymes « marqueurs » caractéristiques des divers organites comme cela est fait pour le contrôle de pureté d'autres fractions (voir p. 13 et 85).

La purification des lysosomes de foie de rat est grandement améliorée en profitant du fait qu'à pH 7,4 la membrane des lysosomes possède des charges négatives plus élevées que la membrane des autres organites ; par électrophorèse les lysosomes migrent rapidement vers l'anode et se séparent des microsomes, mitochondries et peroxysomes qui contaminent la fraction enrichie en lysosomes que l'on soumet à ce traitement (frontispice de ce chapitre). Une autre technique utilisée pour obtenir des fractions lysosomes de grande pureté consiste à modifier leur densité avant de les isoler : on injecte aux rats des substances qui sont capturées par endocytose par les hépatocytes et qui se concentrent dans leurs lysosomes (détergent — Triton WR 1399 — qui les rend plus légers ou complexe riche en fer qui les rend plus lourds).

* Voir *La Cellule*, chapitre sur les méthodes d'études chimiques de la cellule.

Figure 8.3
Fractions lysosomes de foie de rat.
a) Fraction préparée par centrifugation différentielle; × 25 000 (micrographie électronique P. Baudhuin et coll., 1965).
b) Fraction préparée en combinant la centrifugation différentielle et l'électrophorèse; × 25 000 (micrographie électronique K. Hanning et H.G. Heidrich, 1974).
Remarquer l'hétérogénéité du contenu des lysosomes.

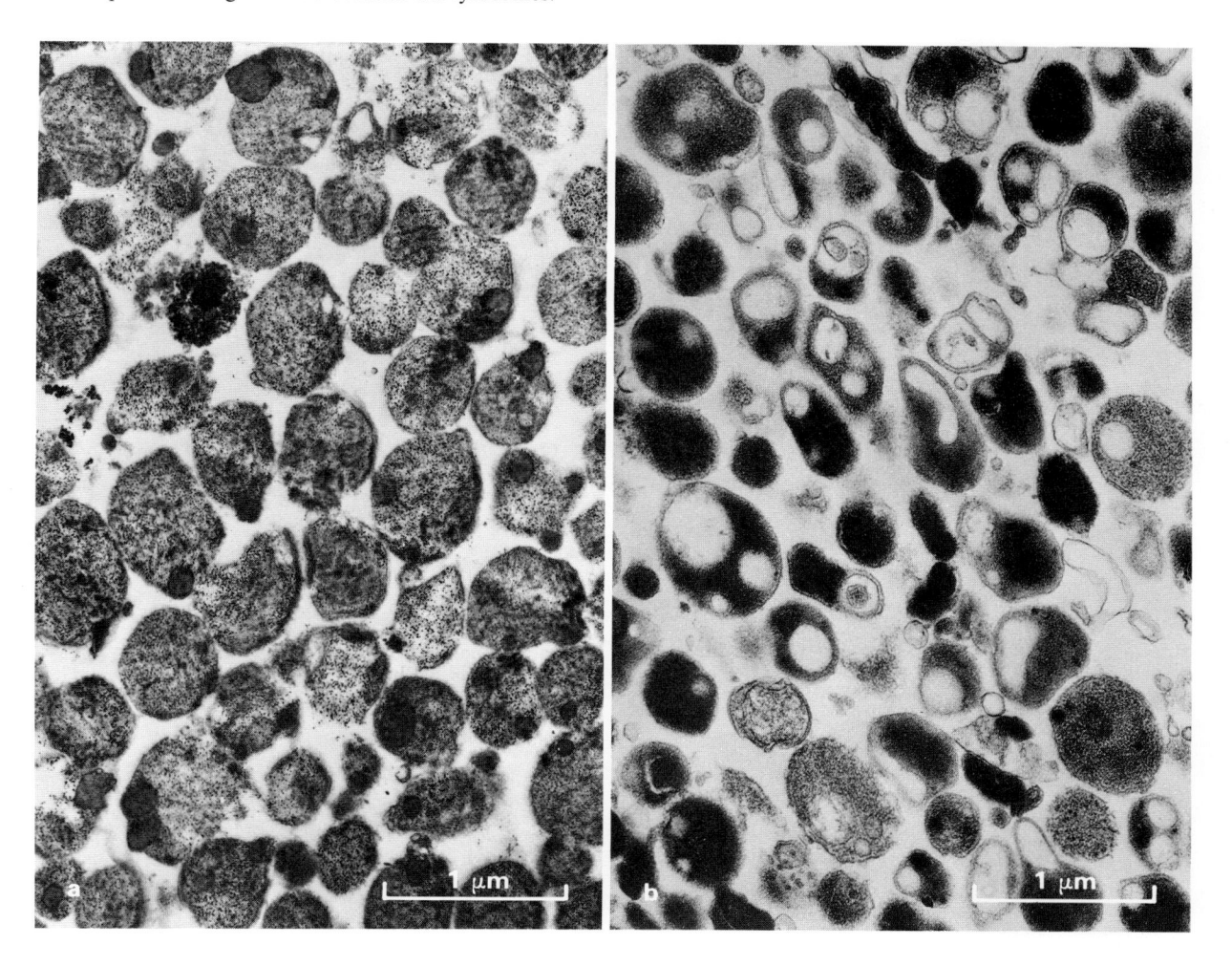

A partir de la fraction lysosomes on prépare une sous-fraction membranes lysosomales par choc osmotique qui fait éclater ces organites et les vide de leur contenu ou encore par congélation et décongélation (les cristaux de glace déchirent la membrane).

8.2.3. Analyse chimique

Le contenu des lysosomes est caractérisé par la présence de nombreuses hydrolases acides dont l'ensemble est capable de digérer la plupart des substrats naturels : protéines, peptides, ADN, ARN, polysaccharides, lipides, phosphates, sulfates. Dans les lysosomes primaires ces hydrolases sont parfois associées à d'autres enzymes comme la peroxydase et le lysozyme (c'est le cas des granulocytes); dans les lysosomes secondaires, ces hydrolases sont mêlées à des substrats divers qui sont ainsi digérés à l'intérieur de ces compartiments. Plus d'une quarantaine d'hydrolases lysosomales ont été identifiées (les analyses les plus complètes ayant été faites sur le foie de rat, tableau 8.I) et certaines de ces enzymes sont des glycoprotéines; les unes ont une spécificité assez large comme les phosphatases ou les estérases, les autres ont une spécificité très étroite comme les glycosidases qui permettent la dégradation des hétéropolysaccharides appartenant aux glycolipides ou aux glycoprotéines (ce sont en effet des exoglycosidases qui n'enlèvent que les unités glucidiques situées en bout de chaîne si bien que la dégradation est séquencée, voir p. 68).

Il convient de remarquer que les lysosomes d'un même tissu n'ont pas tous le même équipement enzymatique : certains par

Tableau 8. I
Exemples d'hydrolases lysosomales.

hydrolases	substrats	hydrolases	substrats
protéases	**protéines**	**glycosidases**	**polysaccharides glycoprotéines glycolipides**
exopeptidases		*exoglycosidases*	liaisons glycosidiques de sucres terminaux
cathepsine A	acide C-terminal	— glucosidase	glycogène
cathepsine C	acide N-terminal	— glucosidase	hétéropolysaccharides
		— galactosidase	
endopeptidases		— fucosidase	
cathepsines B et D	liaisons peptidiques internes	— acétylhexosaminidase	
		— sialidase	
nucléases	*acides nucléiques*		
ribonucléase	ARN	*endoglycosidases*	liaisons glycosidiques de sucres internes
désoxyribonucléase	ADN	hyaluronidase	acide hyaluronique
		lysozyme	polysaccharides de la paroi bactérienne
phosphatases	*phosphates*		
phosphatase acide	esters sulfatés	**lipases**	**lipides**
phosphoprotéines phosphatase	chondroïtine sulfate	lipase	triglycérides
		phospholipases	phospholipides
sulfatases	*sulfates organiques*	céramidase	céramide
arylsylfatases			
chondrolsulfatases			

exemple sont beaucoup plus riches en arylsulfatases (foie de rat, rein et cerveau de souris); de plus, selon les types cellulaires et les organismes, la nature des hydrolases peut être différente : les vacuoles des plantes (qui sont des lysosomes) renferment une phosphatase acide qui est beaucoup moins spécifique que celle des lysosomes des cellules animales; ces derniers n'ont pas de β-amylase (hydrolysant l'amidon) alors que les vacuoles des racines du maïs en contiennent.

Compte tenu des difficultés liées à l'isolement de fractions lysosomes, la composition des membranes lysosomales est moins bien connue que celle des autres membranes cellulaires. Ces membranes sont formées d'une bicouche lipidique à laquelle sont associées des protéines (en coupe mince elles ont une structure à 3 feuillets et des particules intramembranaires y sont mises en évidence par cryodécapage); lipides et protéines des membranes des lysosomes ne sont pas digérés par les hydrolases qu'elles isolent du reste de la cellule pour des raisons qui ne sont pas connues. Les membranes des lysosomes sont perméables à l'eau et aux petites molécules dont le poids moléculaire ne dépasse pas 200 (acides aminés, monosaccharides, acides gras); enfin il est probable que ces membranes possèdent des pompes à protons qui assurent le maintien d'un bas pH à l'intérieur du lysosome.

8.3. Rôles physiologiques

Grâce aux hydrolases acides qu'ils renferment, les lysosomes permettent la digestion par les cellules de substrats d'origine très variée. Le plus souvent cette *digestion* est *intracellulaire* et se déroule à l'intérieur des lysosomes secondaires qui sont de véritables estomacs à l'échelle cellulaire. Quand le matériel digéré dans la cellule est d'origine exogène, cette fonction digestive est appelée *hétérophagie*; quand le matériel digéré est d'origine endogène, c'est-à-dire quand il s'agit des propres constituants de la cellule, cette fonction est nommée *autophagie*. Hétérophagie et autophagie interviennent dans de nombreux processus biologiques comme la défense et la nutrition des organismes, la régulation de la sécrétion ou l'involution de certains tissus et organes au cours du développement. Les enzymes lysosomales peuvent également être déchargées hors de la cellule ce qui entraîne la dégradation de substrats situés à son voisinage; cette *digestion extracellulaire* existe surtout dans le tissu conjonctif et chez les champignons. Enfin nous verrons que, dans les graines, des réserves sont stockées temporairement dans les lysosomes avant d'être digérées au moment de la germination; ces lysosomes particuliers forment des inclusions décrites depuis longtemps sous le nom de *grains d'aleurone*.

8.3.1. Digestion intracellulaire

8.3.1.1. HÉTÉROPHAGIE

Les substrats exogènes qui sont digérés à l'intérieur des cellules (fig. 8.4) sont tout d'abord captés dans le milieu extracellulaire par endocytose ; puis les hydrolases contenues dans des lysosomes primaires sont déchargées à l'intérieur des vésicules ou vacuoles d'endocytose qui deviennent ainsi des lysosomes secondaires ou *phagolysosomes* puisqu'elles renferment alors des hydrolases acides et des substrats. Cette décharge se fait par fusion de la membrane de lysosomes primaires avec celle des vésicules ou vacuoles d'endocytose qui dérive de la membrane plasmique (fig. 8.5). Les petites molécules qui proviennent de l'hydrolyse des substrats exogènes par les enzymes lytiques ne restent pas à l'intérieur des lysosomes secondaires : elles traversent la membrane des lysosomes secondaires et passent dans le hyaloplasme ; grâce à cette absorption ces petites molécules peuvent être réutilisées par la cellule. En fin de digestion il ne reste plus à l'intérieur des lysosomes secondaires que les hydrolases, qui peu à peu se dénaturent, et les substrats non digestibles ; ces lysosomes secondaires où la digestion est achevée sont appelés *corps résiduels*. Dans certains cas, les déchets non digérés sont rejetés dans le milieu extracellulaire par fusion de la membrane des corps résiduels avec la membrane plasmique : cette *exocytose* (voir aussi volume I, chapitre 1)

Figure 8.4
Principales étapes de l'hétérophagie.
Après avoir été capturés par endocytose les substrats exogènes sont digérés. La décharge des hydrolases contenues dans les lysosomes primaires se fait par fusion de leur membrane avec celle des vésicules ou vacuoles d'endocytose. Il se constitue ainsi un lysosome secondaire qui se transforme peu à peu en corps résiduel. Les petites molécules produites par la digestion quittent le lysosome secondaire et sont utilisées par la cellule ; les déchets non digérés sont soit rejetés dans le milieu extracellulaire par exocytose, soit stockés dans la cellule qui conserve ainsi les corps résiduels.

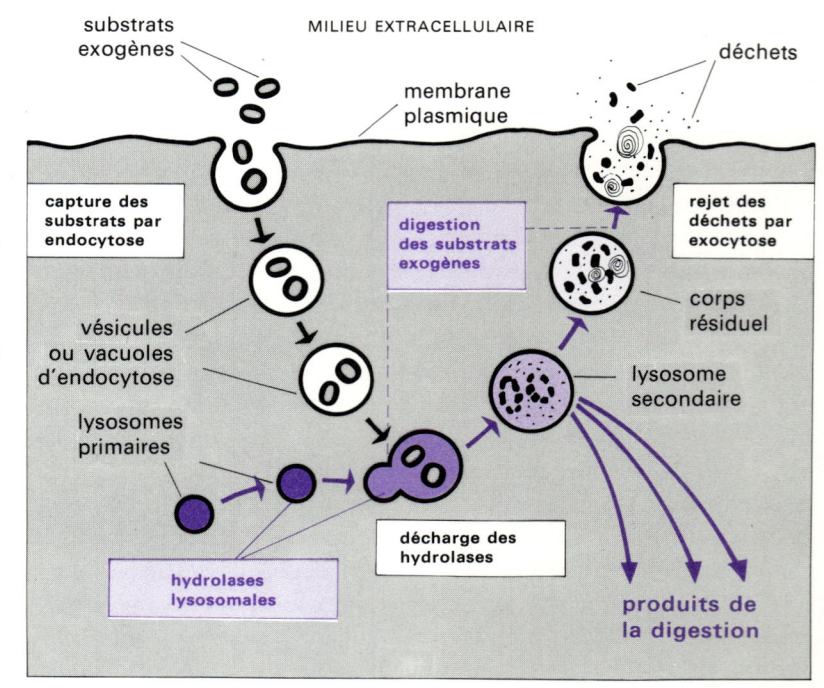

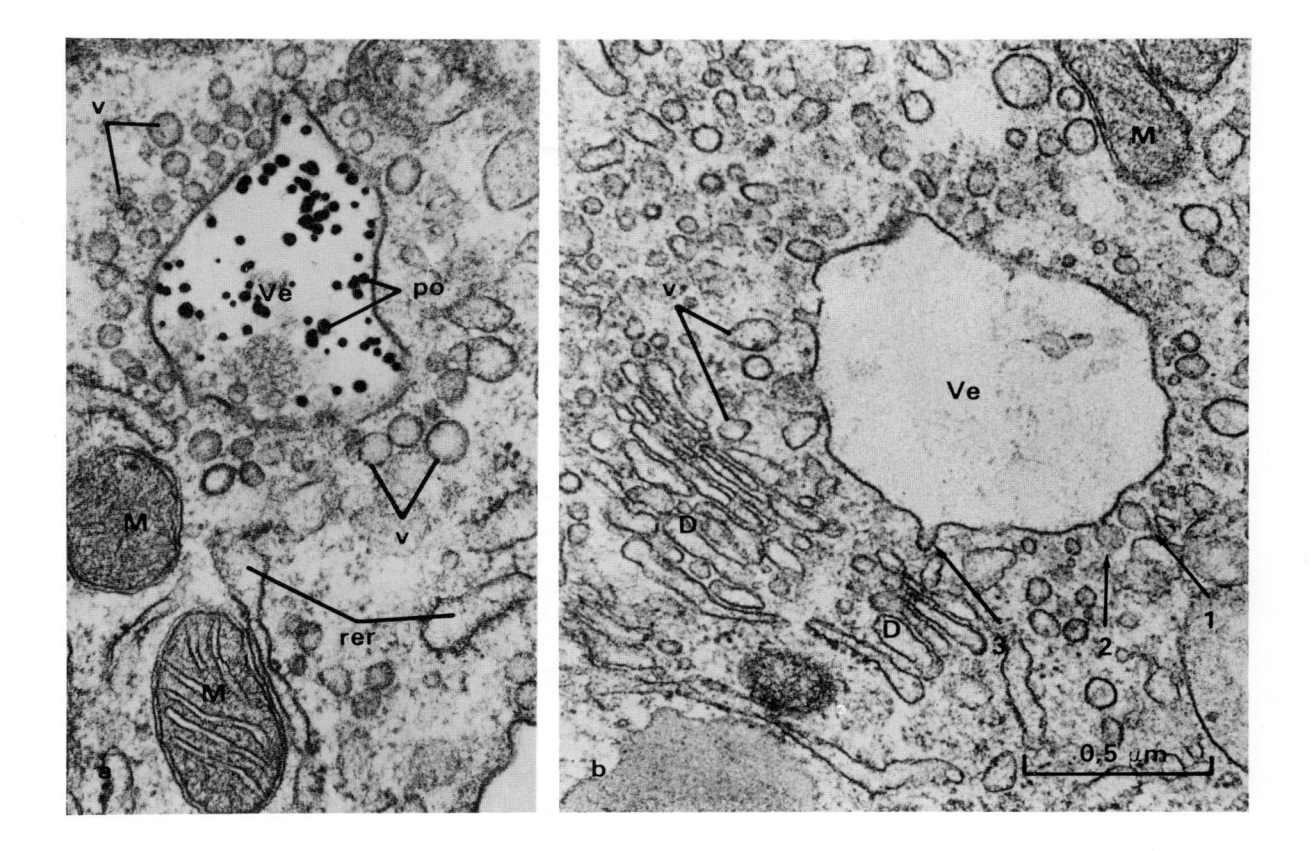

Figure 8.5
Hétérophagie dans le macrophage.
a) Mise en évidence de l'endocytose par marqueurs diffusant les électrons. Après incubation dans un milieu de culture contenant des particules d'or colloïdal, des macrophages de souris sont fixés, inclus et des coupes minces sont observées au microscope électronique. Sur cette portion de macrophage on reconnaît une vacuole d'endocytose Ve aux particules d'or po qu'elle contient ; cette vacuole est entourée de nombreuses vésicules v ; M, mitochondries × 50 000.
b) Fusion de lysosomes primaires avec une vacuole d'endocytose. Les dictyosomes D donnent naissance à des vésicules v dont la membrane fusionne avec celle de la vacuole d'endocytose Ve ; 1, 2 et 3 : stades successifs de cette fusion. Ces vésicules, qui renferment des hydrolases acides, sont des lysosomes primaires ; leur fusion avec la vacuole d'endocytose transforme celle-ci en une vacuole digestive qui est un lysosome secondaire ; M, mitochondries ; rer, réticulum endoplasmique rugueux ; × 50 000 (micrographies électroniques J.G. Hirsch et coll., 1968).

est l'équivalent d'une défécation à l'échelle cellulaire : dans d'autres cas, les corps résiduels restent à l'intérieur de la cellule et les déchets ne sont donc pas éliminés.

Ces principales étapes de l'hétérophagie sont particulièrement nettes chez les *granulocytes neutrophiles* de lapin. En effet dans ces leucocytes (qui sont aussi appelés polynucléaires neutrophiles) les lysosomes primaires sont nombreux et relativement de grande taille : ce sont des granules de 0,5 à 0,8 microns de diamètre qui donnent à ces cellules sanguines leur aspect caractéristique (granulocyte = cellule à granules). Lors de la phagocytose de bactéries, la décharge du contenu d'une partie des granules dans la vacuole entraîne une diminution de leur nombre dans la cellule; ce phénomène que l'on nomme *dégranulation* correspond donc à la fusion de lysosomes primaires avec les vacuoles d'endocytose qui deviennent ainsi des *phagolysosomes* ou *vacuoles digestives* (voir plus loin fig. 8.13, p. 66).

Dans de nombreux types cellulaires, les lysosomes primaires sont des vésicules de petite taille — 250 à 500 Å de diamètre — dont les activités hydrolasiques acides ne sont pas toujours révélées par les réactions cytochimiques et dont les images de fusion avec les vacuoles d'endocytose ne sont souvent pas observées dans les coupes de cellules étudiées au microscope électronique. Néanmoins on peut démontrer l'apport d'hydrolases acides dans les vacuoles d'endocytose de la façon suivante : on ajoute au milieu dans lequel se trouvent les cellules vivantes des particules colloïdales (or, fig. 8.5, oxyde de thorium) ou des protéines radioactives (albumine marquée à l'iode 125) qui sont captées par endocytose; les cellules sont ensuite fixées, traitées pour la mise en évidence de l'activité phosphatasique acide, incluses dans une résine époxy et débitées en coupes minces qui sont alors observées au microscope électronique. Les vacuoles d'endocytose qui se sont formées sont reconnaissables aux marqueurs qu'elles renferment (particules colloïdales qui diffusent fortement les électrons et sont donc directement reconnaissables, albumine radioactive révélée par autoradiographie); l'activité phosphatasique acide est démontrée par la présence de précipités de phosphate de plomb.

Des fonctions importantes sont assurées par hétérophagie et nous en citerons quelques exemples :

Notre *défense* contre les infections microbiennes est en partie réalisée par les granulocytes neutrophiles qui phagocytent les bactéries. Les bacilles de la tuberculose et de la lèpre ne sont pourtant pas détruits par ces leucocytes car leurs granules ne possèdent pas les lipases capables de digérer la paroi qui entoure ces bactéries.

La *nutrition* de divers organismes se fait par hétérophagie, la digestion des aliments étant catalysée par des hydrolases lysosomales : c'est le cas de nombreux protozoaires comme l'amibe ou la paramécie dont la formation des vacuoles digestives est décrite depuis longtemps.

C'est le cas également de vertébrés inférieurs comme la carpe dont le tube digestif ne comporte pas d'estomac; chez les poissons de cette famille (cyprinidés) qui ne sécrètent pas de pepsine, la trypsine pancréatique ne suffit pas à hydrolyser complètement les protéines alimentaires. Cette insuffisance est compensée par les entérocytes qui capturent les protéines par endocytose dans la lumière intestinale et les digèrent dans des lysosomes secondaires. Chez les mammifères, la prise de protéines par endocytose est quantitativement faible au niveau des entérocytes sauf chez le nouveau-né. C'est grâce à ce mécanisme que le petit cochon ou le poulain reçoivent juste après la naissance les anticorps maternels qui leur sont fournis par le lait et leur permettent de se défendre contre les infections ; chez ces jeunes animaux les anticorps pris par endocytose ne sont pas dégradés : ils transitent à travers les entérocytes et sont rejetés par exocytose à la face basale des cellules et passent ainsi dans le milieu intérieur. Lorsque cette immunité passive est acquise au cours du développement embryonnaire par transfert au fœtus des immunoglobulines maternelles à travers le placenta, comme cela se passe chez l'homme ou le lapin, les immunoglobulines du lait sont prises par endocytose et détruites dans des lysosomes secondaires. Chez ces espèces, les entérocytes ont en effet dès la naissance des capacités hétérophagiques alors que chez les précédentes ces capacités n'apparaissent qu'ultérieurement.

La *réabsorption de protéines et leur destruction* par hétérophagie est un phénomène général qui se déroule dans divers organes. Dans le rein par exemple, les molécules protéiques qui ont filtré dans l'espace urinaire au niveau du glomérule (protéines dont le poids moléculaire est inférieure à 40 000) sont reprises par les cellules des tubes contournés proximaux et digérées dans des lysosomes secondaires qui forment des vacuoles d'assez grande taille (voir fig. 8.2b). Dans le foie, des protéines sont retirées du plasma sanguin et dégradées par les hépatocytes selon un processus hétérophagique typique (cette hétérophagie est mise à profit pour modifier la densité des lysosomes en vue de les isoler plus facilement, voir plus haut p. 46).

Dans le cas de glycoprotéines plasmatiques on a pu montrer que la partie terminale des chaînes hétéropolysaccharidiques de ces macromolécules joue un rôle essentiel dans leur catabolisme par les hépatocytes. Quand on injecte à un rat des glycoprotéines plasmatiques dont on a enlevé au préalable les résidus terminaux d'acide sialique (par action d'une sialidase spécifique), on constate que 15 minutes après leur injection 90% de ces glycoprotéines dépourvues d'acides sialiques terminaux ont disparu de la circulation et sont entrées dans les hépatocytes alors qu'après injection des glycoprotéines normales, 10% seulement sont réabsorbées par les hépatocytes dans le même temps. Cette hétérophagie des glycoprotéines dépend de la présence de résidus galactose situés juste avant l'acide sialique et qui se trouvent alors en position terminale après l'excision enzymatique de l'acide sialique. En effet si on enlève les résidus galactose terminaux par action d'une β-galactosidase, on constate que ces glycoprotéines qui ne possèdent plus ni acide sialique, ni galactose en bout de chaînes polysaccharidiques ont une durée de vie dans le plasma comparable à celle des glycoprotéines normales. Ces expériences montrent l'importance de la nature des sucres terminaux dans la reconnaissance par les hépatocytes des glycoprotéines qui sont prises par endocytose. Cette reconnaissance se fait grâce à une glycoprotéine qui a été isolée des hépatocytes mais la nature des interactions mises en jeu et leur rôle dans le déclenchement de l'invagination de la surface cellulaire ne sont pas connus. *In vitro* cette glycoprotéine membranaire se lie fortement aux glycoprotéines dont on a au préalable excisé les acides sialiques terminaux ; elle provoque également l'agglutination des globules rouges : c'est la première lectine d'origine animale qui ait été isolée (voir volume I, chapitre 1 et chapitre 10, p. 200).

La *production d'hormones* par les cellules folliculeuses de la thyroïde provient également de leur activité hétérophagique. Comme

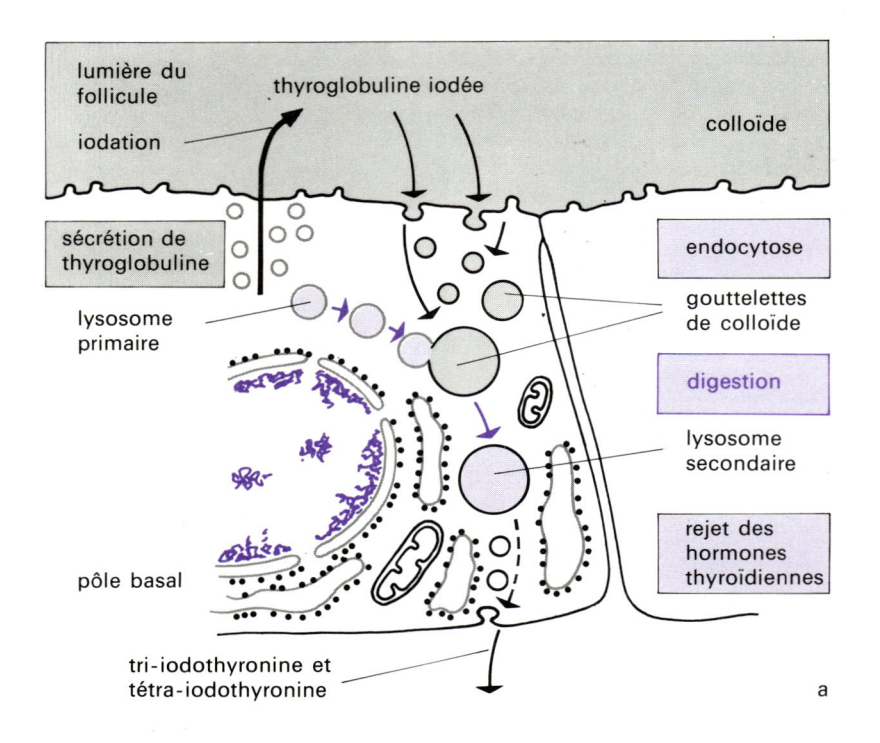

Figure 8.6
Production d'hormones thyroïdiennes à partir de la thyroglobuline.
a) La cellule folliculeuse sécrète de la thyroglobuline dans la lumière du follicule (voir fig. 7.16, p. 27). Après iodation la thyroglobuline iodée est capturée par endocytose ; les gouttelettes colloïdes qui proviennent de la fusion des vésicules d'endocytose reçoivent des hydrolases par décharge de lysosomes primaires et deviennent ainsi des lysosomes secondaires.
La digestion intracellulaire par les hydrolases lysosomales de la thyroglobuline libère les hormones thyroïdiennes qui sont sans doute transportées dans des vésicules qui se détachent des lysosomes secondaires et rejetent leur contenu par exocytose au pôle basal de la cellule.
b) Schéma de la digestion de la thyroglobuline iodée par les enzymes lysosomales

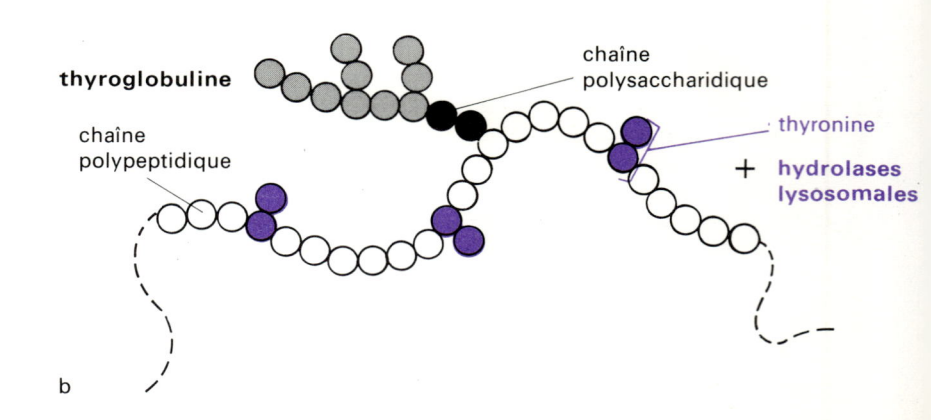

54 *Lysosomes*

nous l'avons vu dans le chapitre précédent (voir p. 26), ces cellules sécrètent dans la lumière des follicules la thyroglobuline. De plus au voisinage de leur surface apicale il y a iodation de résidus tyrosine de la thyroglobuline en mono- et di-iodotyrosines qui se condensent ensuite en tri- et tétra-iodothyronines. Le contenu des follicules thyroïdiens appelé *colloïde* renferme ainsi en solution aqueuse de la *thyroglobuline iodée*. Stimulées par l'hormone adéno-hypophysaire thyréostimulante (ou TSH), les cellules folliculeuses reprennent par endocytose des quantités plus ou moins importantes de colloïde ; par fusion des vésicules d'endocytose se forment des gouttelettes de colloïde intracytoplasmiques dans lesquelles le contenu de lysosomes primaires est alors déversé. Dans les lysosomes secondaires ainsi formés, la digestion de la colloïde libère d'une part les hormones thyroïdiennes : thyroxine (tétra-iodothyronine) et tri-iodothyronine, d'autre part les mono- et di-iodothyrosines. Les mono- et di-iodothyrosines sont désiodées sur place ; quant aux hormones thyroïdiennes elles sont transférées vers le sang sans doute par des vésicules qui bourgeonnent à partir de la membrane des lysosomes secondaires et migrent vers la face basale des cellules où elles déchargent leur contenu par exocytose. Ces vésicules emportent également de la thyroglobuline non dégradée qui est mise en évidence dans le sang (fig. 8.6).

8.3.1.2. AUTOPHAGIE

La digestion intracellulaire de substrats endogènes se fait dans des lysosomes secondaires que l'on nomme *vacuoles autophagiques* (vacuoles où sont digérées les propres substances de la cellule). La formation des vacuoles autophagiques peut se faire selon des processus différents : le plus souvent c'est une lame de réticulum endoplasmique lisse (ou plusieurs lames) qui se referme sur elle-même pour isoler une portion de cytoplasme contenant divers organites et particules (ribosomes, mitochondries, citernes de réticulum, particules de glycogène). Les hydrolases acides qui digèrent ensuite les constituants sequestrés par le réticulum proviennent soit de lysosomes

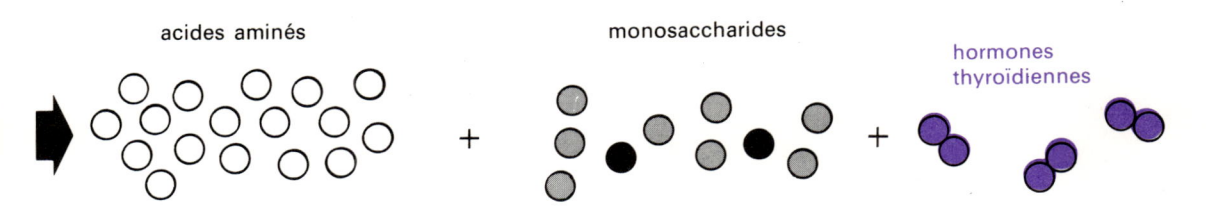

acides aminés   monosaccharides   hormones thyroïdiennes

Rôles physiologiques

primaires, soit de lysosomes secondaires renfermant déjà du matériel d'origine exogène et dont les membranes fusionnent avec celles du réticulum (fig. 8.7a). Parfois, la portion de réticulum qui a isolé du matériel cellulaire contient des hydrolases acides qui sont libérées directement dans la vacuole selon un processus qui n'est pas encore élucidé. Un autre mode de formation des vacuoles autophagiques consiste en l'invagination de la surface d'un lysosome (primaire ou secondaire) d'où se détachent des vésicules contenant du matériel cytoplasmique qui est ensuite dégradé par les enzymes lysosomales (fig. 8.7b). En fin de digestion les vacuoles autophagiques se transforment en corps résiduels dont les déchets sont ou non rejetés hors de la cellule.

L'autophagie intervient dans divers processus normaux ou pathologiques dont nous donnerons quelques exemples.

Les cellules détruisent par autophagie ceux de leurs constituants qui ne sont plus nécessaires à la réalisation de certains travaux; dans ce cas il se fait un *remodelage des structures cellulaires* qui se déroule plus rapidement — quelques heures à quelques jours — que lors de la dégradation normale des molécules dont nous avons vu que la demi-vie peut être de plusieurs dizaines de jours (protéines de faible poids moléculaire des membranes du réticulum endoplasmique ou de l'appareil de Golgi par exemple, volume I, chapitre 6 et p. 39). Cette involution de structures cellulaires a été entre autres étudiée chez des rats dont la biogenèse rapide de membranes de réticulum lisse dans les hépatocytes a été induite par l'injection quotidienne de phénobarbital, traitement qui induit également la synthèse d'enzymes de détoxification. Quand on arrête l'injection de phénobarbital, le réticulum lisse régresse et 5 jours après la fin du traitement les hépa-

Figure 8.7
Formation de vacuoles autophagiques.
a) Une lame de réticulum endoplasmique isole une portion de cytoplasme renfermant sur ce schéma des mitochondries et des particules de glycogène; selon un mécanisme qui n'est pas encore bien connu, des hydrolases lysosomales sont déversées dans le compartiment qui a été séquestré par le réticulum; ce compartiment devient alors une vacuole autophagique.
b) L'invagination de la surface d'un lysosome permet la capture d'un matériel cytoplasmique qui par cette sorte d'endocytose est entraîné à l'intérieur du lysosome; ce processus est particulièrement fréquent chez les plantes dont les lysosomes sont de grande taille et constituent les vacuoles.
c) Dans la crinophagie, des lysosomes primaires fusionnent avec des grains de sécrétion élaborés par l'appareil de Golgi; les produits de sécrétion sont ainsi digérés et ce phénomène permet de réguler la sécrétion.
Dans tous les cas, les vacuoles autophagiques se transforment en corps résiduels renfermant les déchets qui n'ont pu être digérés.

Rôles physiologiques

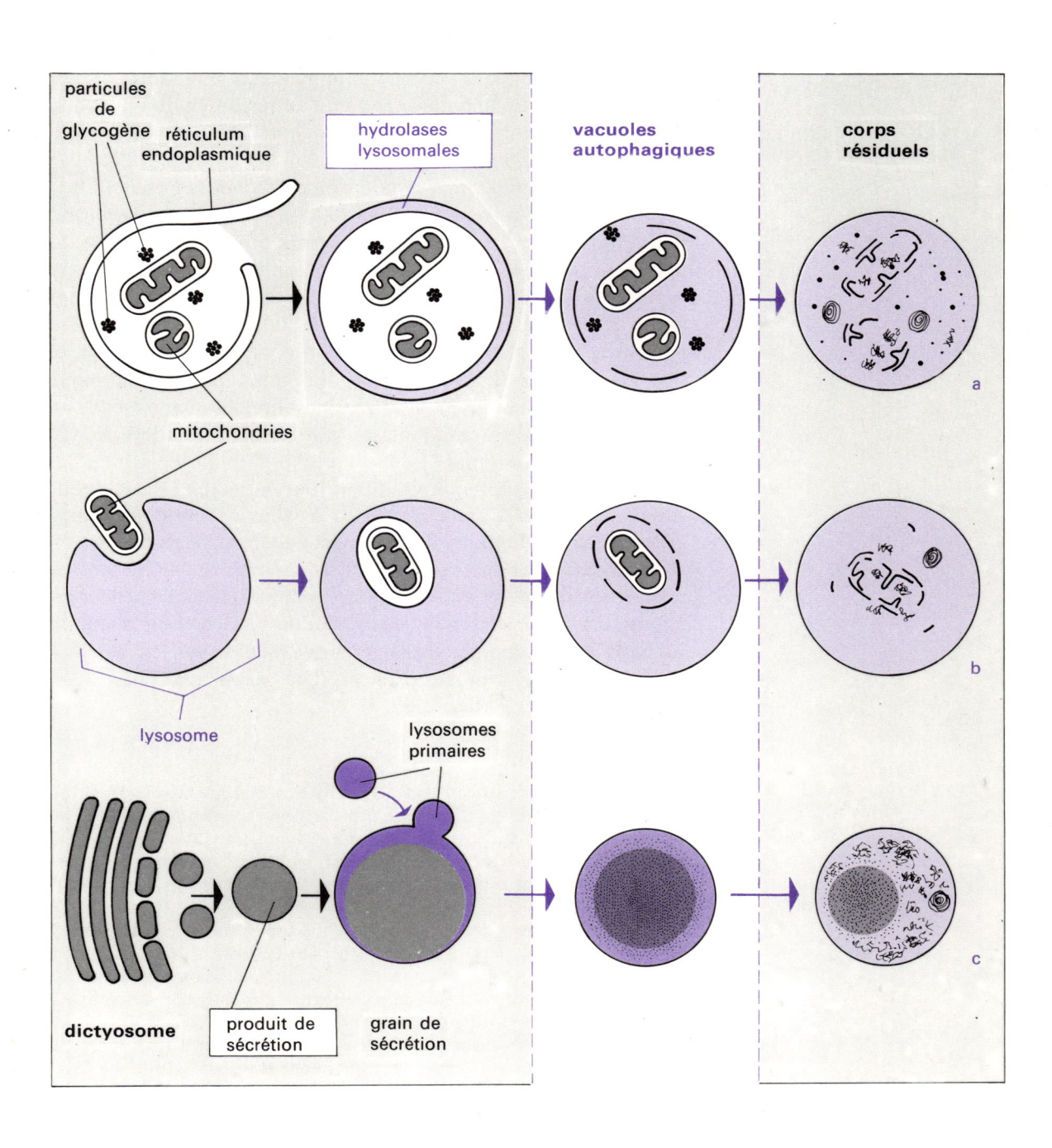

tocytes ont retrouvé une structure normale. La régression du réticulum lisse provient de sa destruction dans des vacuoles autophagiques dont augmentent le nombre (100%) et le volume global (800%) durant la période où les hépatocytes ne sont plus soumis à l'effet toxique du sédatif. Ces vacuoles autophagiques renferment surtout des citernes de réticulum lisse et peu d'autres organites (mitochondries, réticulum rugueux), ce qui montre que l'enlèvement des pièces superflues est relativement sélectif.

Dans les tissus et organes qui involuent lors de la métamorphose des insectes ou des amphibiens, les cellules commencent par digérer par autophagie une grande partie de leurs constituants; ensuite les hydrolases se répandent dans les corps cellulaires (sans doute par rupture de la membrane des vacuoles autophagiques), ce qui provoque la mort des cellules. Les débris cellulaires sont enfin digérés par des cellules phagocytaires selon un processus hétérophagique. Ces phénomènes d'histolyse sont déclenchés par des hormones (ecdysone chez les insectes, thyroxine chez les amphibiens) qui stimulent la synthèse d'hydrolases acides et la formation de lysosomes secondaires (fig. 8.8).

La régulation de la sécrétion fait souvent intervenir des processus d'autophagie. Dans des cellules à sécrétion cyclique, comme celles de l'appareil génital de nombreux animaux, l'arrêt de l'activité sécrétoire est suivi d'une diminution importante de leur volume, car une partie de leurs constituants cytoplasmiques (réticulum endoplasmique, grains de sécrétion, mitochondries) est détruite dans des vacuoles autophagiques. Dans certaines cellules, seul est digéré le contenu des grains de sécrétion et cette autophagie sélective est appelée *crinophagie* (fig. 8.7c).

La crinophagie a été particulièrement bien mise en évidence dans l'adénohypophyse du rat. Quand la sécrétion de prolactine (hormone polypeptidique qui stimule la production de lait par les glandes mammaires) est inhibée chez une rate en lui retirant les petits qu'elle allaitait, les cellules qui synthétisent cette hormone continuent pendant une douzaine d'heures à former des grains de sécrétion mais la décharge de leur contenu par exocytose est stoppée. Durant les 3 jours qui suivent, les grains de sécrétion qui se sont accumulés dans le cytoplasme sont détruits par autophagie. Les lysosomes secondaires dans lesquels l'hormone est digérée proviennent soit de la fusion directe de lysosomes primaires avec les grains de sécrétion, soit de la fusion des grains de sécrétion avec des vacuoles autophagiques contenant déjà d'autres structures cellulaires en cours de digestion. Les mêmes phénomènes se déroulent dans les cellules thyréotropes qui synthétisent l'hormone thyréostimulante ou TSH : quand la synthèse d'hormone est stoppée (par injection de thyroxine à des rats thyroïdectomisés), les grains de sécrétion sont également détruits par crinophagie. Dans les cellules à prolactine et les cellules thyréotropes de rats normaux existent également quelques vacuoles autophagiques contenant des produits de sécrétion mais elles sont beaucoup moins nombreuses qu'après l'arrêt de la synthèse d'hormone; ceci semble indiquer que la crinophagie empêche la surproduction d'hormone par ces cellules de l'hypophyse.

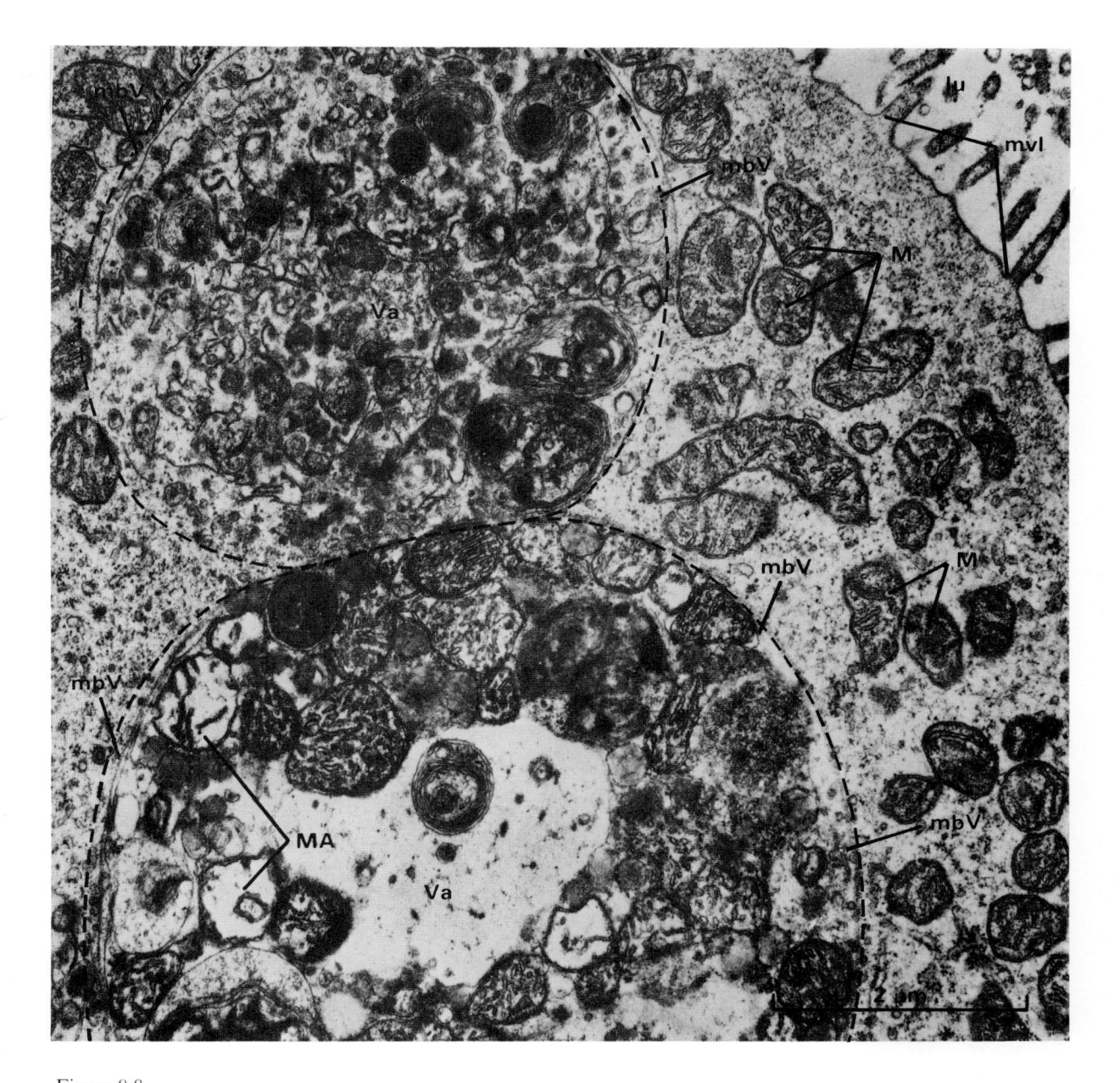

Figure 8.8
Autophagie dans l'intestin de têtard en métamorphose.
Lors de la métamorphose des amphibiens anoures (grenouilles), l'épithélium intestinal du têtard dégénère et il est remplacé par un nouvel épithélium. Cette dégénérescence correspond à une lyse des entérocytes dont une partie des constituants sont d'abord détruits par autophagie. Sur cette coupe d'entérocyte de têtard on distingue deux vacuoles autophagiques Va dont les limites sont soulignées par des tirets; elles représentent des portions de cytoplasme en cours de digestion dans lesquelles on reconnaît des mitochondries dont certaines, MA, sont altérées. Le contenu de ces vacuoles autophagiques, qui est riche en hydrolases acides, est isolé du reste de la cellule par une membrane vacuolaire mbV; dans ces conditions les structures extérieures aux vacuoles sont intactes comme c'est le cas des mitochondries M. La diffusion des hydrolases hors des vacuoles autophagiques entraîne la lyse totale des cellules dont les débris passent dans la lumière lu de l'intestin; mvl, microvillosités; × 20 000 (grenouille peinte *Discoglossus pictus,* micrographie électronique J. Hourdry, 1971).

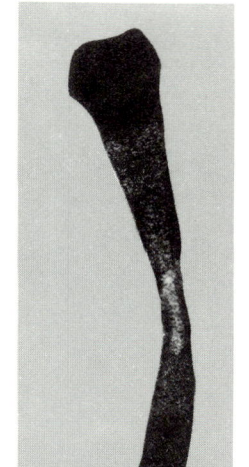

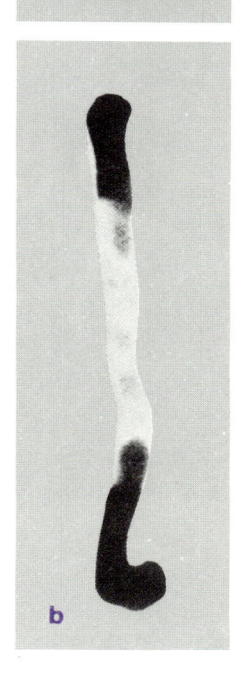

8.3.2. Digestion extracellulaire

La décharge d'hydrolases lysosomales selon un mécanisme d'exocytose (la membrane de lysosomes primaires fusionne avec la membrane plasmique) entraîne la dégradation de substrats situés dans le milieu extracellulaire. Bien que moins fréquente que la digestion intracellulaire, la digestion extracellulaire par des enzymes des lysosomes intervient par exemple dans le *remodelage de l'os et du cartilage* des vertébrés et dans la *nutrition des champignons*. Chez les vertébrés c'est la matrice extracellulaire des tissus qui est digérée; chez les champignons, ce sont les substrats situés au voisinage du mycélium qui sont dégradés en petites molécules solubles absorbables par les cellules.

La présence d'hydrolases acides dans le milieu extracellulaire a été démontrée par l'étude *in vitro* de la résorption du cartilage. Des fémurs d'embryon de poulet sont cultivés sur un milieu nutritif rendu solide par du plasma coagulé; à ce stade du développement embryonnaire les fémurs sont surtout formés de cartilage (fig. 8.9). En ajoutant au milieu de la vitamine A (ou rétinol) à dose élevée on constate après 6 jours de culture que les fémurs ont diminué de diamètre et que le milieu de culture est devenu liquide. La liquéfaction du plasma coagulé est provoquée par des hydrolases acides qui ont été libérées dans le milieu par les fémurs et plus précisément par l'action d'une protéase lysosomale : la cathepsine D. En utilisant un anticorps anti-cathepsine D marqué à la fluorescéine on voit au microscope à lumière que cette enzyme est localisée autour des cellules cartilagineuses (ou chondrocytes) des fémurs, c'est-à-dire dans la matrice extracellulaire riche en fibres glycoprotéiques. Cette matrice est en partie lysée comme l'indiquent les réactions histochimiques (coloration au bleu de toluidine) et l'apparition de glycopeptides dans le milieu de culture. Si l'anticorps est ajouté en début de culture en même temps que la vitamine A, il n'y a pas régression des fémurs ni liquéfaction du plasma coagulé car la cathepsine D libérée est inhibée par l'anticorps spécifique.

L'observation des chondrocytes au microscope électronique montre que la digestion de la matrice cartilagineuse se fait en deux temps : tout d'abord une digestion extracellulaire partielle de la matrice par les hydrolases déchargées par des lysosomes primaires

Figure 8.9
Digestion de la matrice cartilagineuse sous l'action de la vitamine A.
a) Coupe de fémur d'embryon de poulet cultivé pendant 8 jours. La matrice cartilagineuse, riche en glycoprotéines (protéines à chondroïtines sulfate), est colorée par le bleu de toluidine. Dans ces conditions le fémur apparaît constitué essentiellement de cartilage; × 10.
b) Coupe de fémur d'embryon de poulet cultivé pendant 8 jours en présence de vitamine A. Dans ces conditions seules les extrémités de fémur sont encore cartilagineuses et colorées par le bleu de toluidine. La partie centrale du fémur n'est pas colorée car la matrice cartilagineuse a été digérée par des enzymes lysosomales; × 10 (micrographies prises au microscope à lumière, J.T. Dingle et H.B. Fell, 1972).

(cette étape étant stimulée par la vitamine A); puis une digestion intracellulaire par hétérophagie, les débris de matrice étant captés par endocytose et dégradés dans des lysosomes secondaires. Les mêmes étapes se déroulent au cours de la résorption de la matrice organique de l'os par les ostéoclastes; de plus ces cellules sécrètent des ions H^+ qui en acidifiant le milieu extracellulaire provoquent la dissolution des constituants minéraux (cristaux d'hydroxyapatite).

8.3.3. Stockage temporaire de réserves

Une partie des matériaux stockés dans les graines des plantes s'accumulent à l'intérieur de vacuoles qui se transforment en grains de réserves appelés grains d'aleurone (fig. 8.10 et 8.11). Dans les tissus où débute ce stockage, les cellules possèdent une ou plusieurs vacuoles qui, comme nous l'avons vu plus haut (fig. 8.7b) sont des lysosomes secondaires correspondant à des vacuoles autophagiques. Ces vacuoles se fragmentent ensuite en vacuoles plus petites dans lesquelles se concentrent des molécules synthétisées par les cellules et qui sont principalement des protéines et des *phytates* (hexaphosphates d'un polyalcool cyclique, l'inositol).

Il se fait souvent une ségrégation des constituants à l'intérieur des vacuoles : les phytates insolubles (phytate double de calcium et de magnésium) se rassemblent en masses sphériques : les *globoïdes* qui baignent dans une matrice protéique où se trouvent également les phytates solubles (phytates de potassium). Chez certaines espèces, comme le concombre ou le lin, une des protéines de la matrice cristallise en une inclusion de forme polyédrique : le *cristalloïde*.

Dans la matrice protéique, outre les réserves, les réactions cytochimiques et les dosages biochimiques (dosages faits sur des fractions grains d'aleurone) montrent qu'il existe diverses hydrolases acides : phosphatase acide, protéases, ribonucléase, phytase. L'activité de ces enzymes est inhibée pendant toute la période de stockage des réserves mais les raisons de cette inhibition ne sont pas connues. Lors de la germination, les tissus de la graine, qui avaient perdu une grande partie de leur eau, sont réhydratés. Au cours de cette hydratation les hydrolases des grains d'aleurone sont activées et catalysent alors la digestion des réserves en petites molécules qui sont utilisées par les tissus de l'embryon en voie de développement. Pendant cette période, les grains d'aleurone augmentent de volume, car ils s'hydratent fortement, puis ils fusionnent entre eux et redeviennent des vacuoles typiques dans lesquelles des reliquats de matrice protéique et de globoïdes sont en voie de digestion. Ces observations montrent que les grains d'aleurone représentent un stade intermédiaire de la différenciation des vacuoles de certaines cellules végétales, c'est-à-dire de leurs lysosomes.

vacuoles

protéines, phytates

grains d'aleurone

matrice protéique

globoïde de phytates

a fragmentation des vacuoles

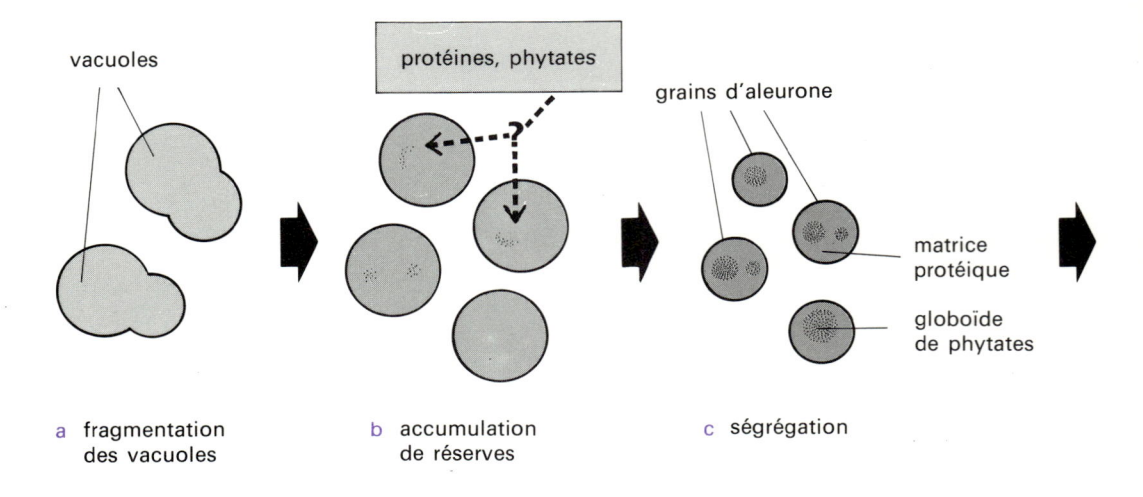

b accumulation de réserves

c ségrégation

Figure 8.10
Formation et évolution des grains d'aleurone.
Dans les graines, une partie des réserves sont stockées dans les vacuoles qui sont des lysosomes. Les vacuoles se fragmentent tout d'abord en vacuoles plus petites (a) dans lesquelles s'accumulent des réserves : protéines et phytates (b) : le mode de passage de ces réserves, élaborées par la cellule, vers l'intérieur des vacuoles n'est pas connu ; ce stockage de réserves intravacuolaires aboutit à la formation de grains d'aleurone. Il y a souvent ségrégation des constituants à l'intérieur des grains d'aleurone, les phytates

Figure 8.11
Activité hydrolasique de grains d'aleurone.
Cotylédons de graine de lin en germination : localisation de l'activité de la phosphatase acide par la méthode au plomb (décrite dans la figure 8.2b).
Grains d'aleurone après 4 heures d'hydratation de la graine. L'activité phosphatasique est intense autour des globoïdes glo comme en témoigne l'abondance des précipités de phosphate de plomb qui diffusent fortement les électrons ; la matrice protéique p présente également cette activité ; le cristalloïde cri en est dépourvu. Remarquer la taille importante des grains d'aleurone par rapport aux cellules dont les limites sont indiquées par les parois pa : Li. globules lipidiques de réserve :
$\times$ 4 000 (micrographie électronique N. Poux, 1965).

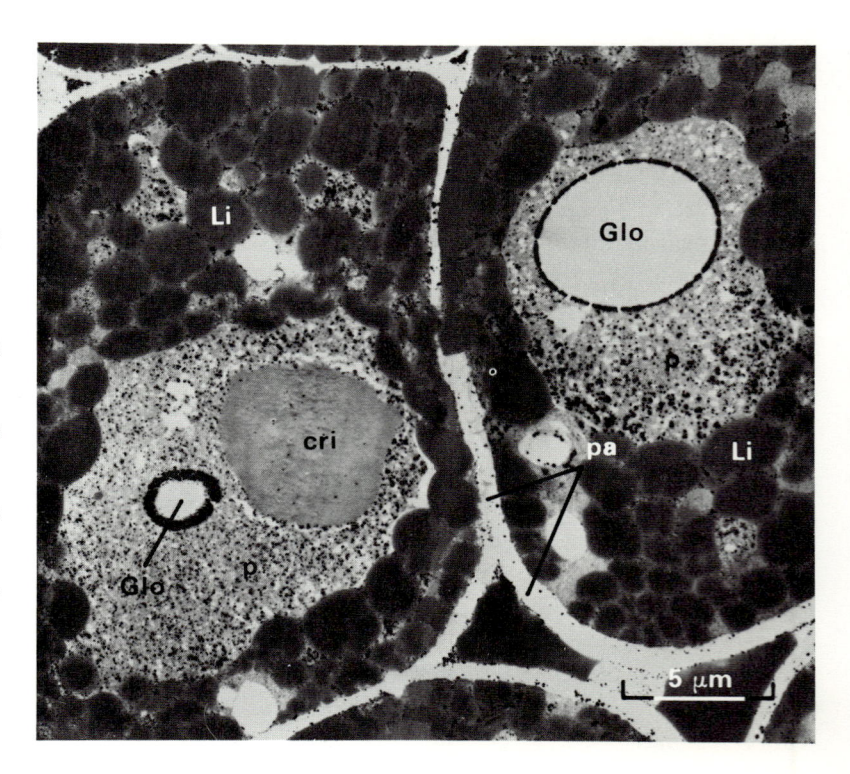

Lysosomes

d hydratation
   germinative

e fusion des
   grains hydratés

f digestion
   des réserves

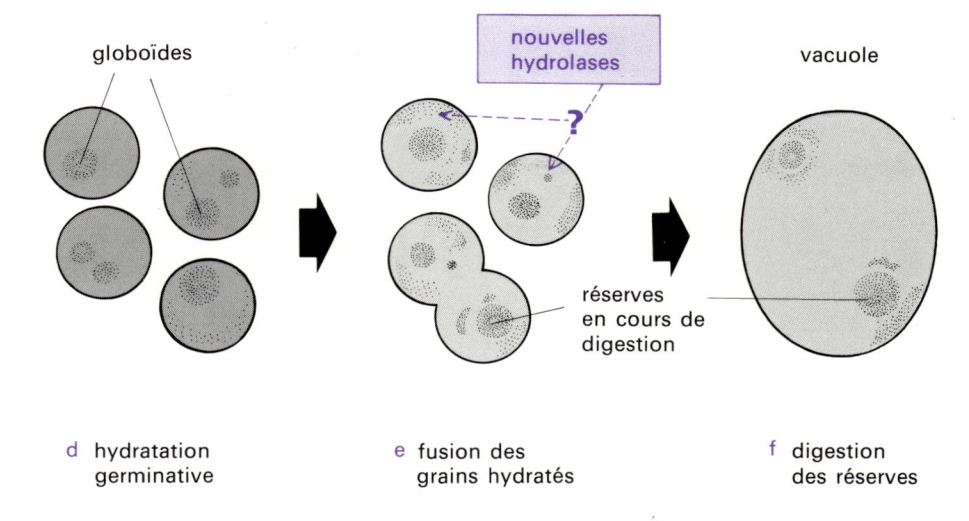

Figure 8.10 (suite)
insolubles se rassemblent en globoïdes qui baignent dans une matière protéique (c). Lors de l'hydratation germinative (d), les grains d'aleurone gonflent et les hydrolases contenues dans la matrice protéique digèrent les réserves; à ce stade du développement s'ajoutent d'autres hydrolases aux grains d'aleurone, hydrolases nouvellement synthétisées par les cellules (le mode d'entrée de ces hydrolases dans les grains d'aleurone n'est pas connu). En fusionnant les grains d'aleurone hydratés forment des vacuoles (e) dans lesquelles on reconnaît des réserves encore incomplètement dégradées (f).

8.3.4. Lysosomes et pathologie

Les lysosomes interviennent dans divers processus pathologiques et sont parfois directement à l'origine de maladies. Soumis à des *conditions défavorables* (jeûne : fig. 8.12, anoxie, irradiation aux rayons X) ou à des substances toxiques (inhibiteurs comme l'actinomycine D, la cycloheximide ou la puromycine; dose élevée d'hormone hyperglycémiante comme le glucagon) les cellules forment des vacuoles autophagiques. Dans le cas du jeûne, la digestion intracellulaire des propres constituants de la cellule fournit des aliments et compense le manque de nourriture; dans les autres cas, cette réponse correspond sans doute à la destruction de pièces cellulaires qui ont été lésées.

Au cours du *vieillissement* des mammifères, les déchets non digestibles qui ne sont pas rejetés par exocytose s'accumulent progressivement dans des corps résiduels contenant des pigments de couleur brune qu'on nomme *lipofuschines* et qui sont de nature lipidique (fig. 8.12). Avec l'âge, les granules de lipofuschines augmentent en nombre et en volume, leurs activités hydrolasiques diminuent, ce phénomène étant particulièrement net dans le péricaryon des cellules nerveuses.

A la *mort des cellules,* aussi bien animales que végétales, les

Figure 8.12
Autophagie induite par le jeûne dans les hépatocytes de carpe.
a) Vacuole autophagique chez un poisson soumis à trois mois de jeûne; elle isole une portion de cytoplasme contenant une mitochondrie M, des particules de glycogène gly et quelques éléments de réticulum endoplasmique re;
× 25 000.

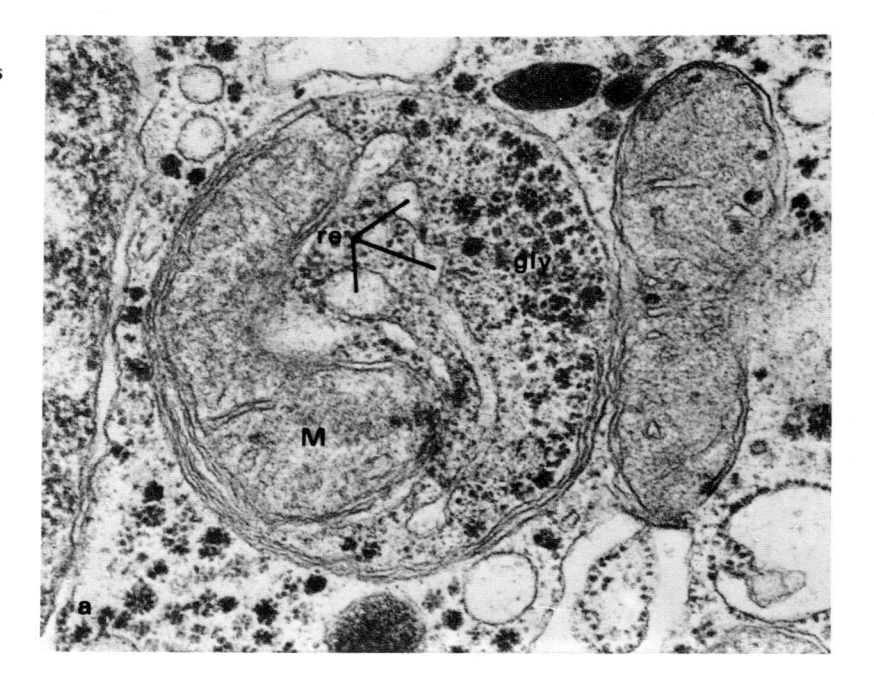

enzymes lysosomales sont libérées dans le hyaloplasme ce qui entraîne une lyse rapide des structures.

Les maladies entraînées par un mauvais fonctionnement des lysosomes proviennent pour la plupart soit d'une altération de la membrane des lysosomes qui laisse échapper les hydrolases, soit d'un équipement enzymatique défectueux du contenu des lysosomes qui, dans ces conditions, ne sont pas capables de digérer certains substrats.

Quand la membrane des lysosomes devient perméable aux grosses molécules, ceci entraîne non seulement la mort de la cellule mais aussi la digestion des substrats situés à son voisinage, car la membrane plasmique étant elle-même lysée, les hydrolases acides sont libérées dans le milieu extracellulaire. Chez l'homme, ces phénomènes pathologiques se déroulent par exemple lors de l'ingestion par les granulocytes ou les macrophages de certaines particules qui provoquent la rupture de la membrane des lysosomes secondaires dans lesquels elles ont été enfermées à la suite d'un processus hétérophagique. Les dégâts produits par la lyse des cellules phagocytaires sont responsables des troubles observés dans des maladies comme la *goutte* ou la *silicose*. La goutte est un trouble du métabolisme des purines caractérisé par une production excessive d'acide urique. Chez les malades, qui sont principalement des hommes adultes et plus rarement des femmes ménopausées, la concentration d'acide urique dans le plasma est telle que des cristaux d'urate de soude précipitent dans le liquide synovial des articulations. Ces cristaux sont phagocy-

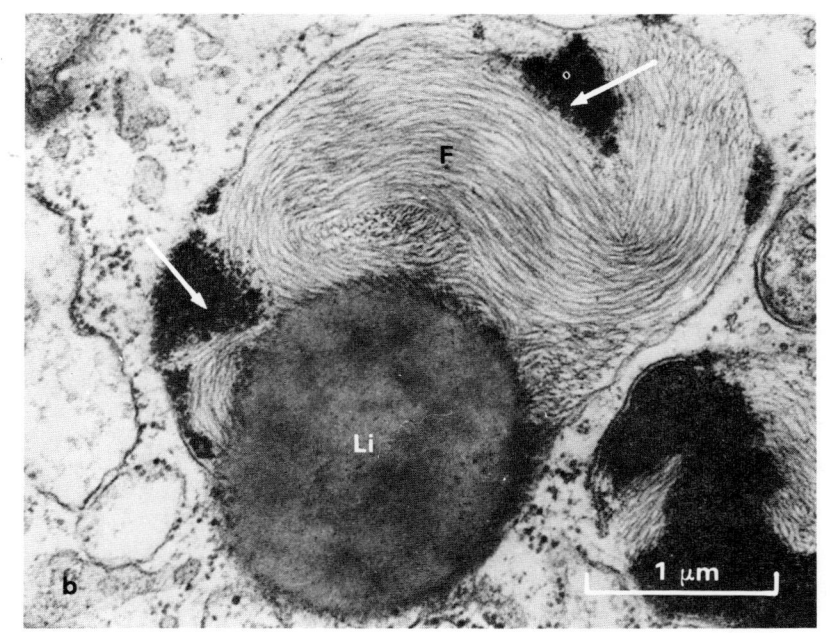

Figure 8.12 (suite)
Autophagie induite par le jeûne dans les hépatocytes de carpe.
b) Corps à lipofuschine chez un poisson soumis à dix mois de jeûne; il renferme un matériel fibreux F et un globule lipidique Li ainsi que des inclusions qui diffusent fortement les électrons (flèches) et sont riches en fer et en cuivre. Les corps à lipofuschine sont des corps résiduels qui proviennent des vacuoles autophagiques; $\times$ 25 000 (micrographies électroniques N. Gas, 1977).

tés par des granulocytes (fig. 8.13) et des enzymes lysosomales sont déversées par dégranulation dans la vacuole d'endocytose. De nombreuses liaisons hydrogène s'établissent alors entre la surface du cristal et la face luminale de la membrane de la vacuole digestive (liaisons entre groupements—OH de l'urate et atomes d'oxygène des pôles hydrophiles des phospholipides). Attachée en plusieurs points le long du cristal rigide, la membrane de la vacuole ne peut plus se déformer librement et elle est rompue par les courants cytoplasmiques. La lyse des granulocytes qui ont fait ce repas « empoisonné » libère dans le liquide synovial des hydrolases acides qui déclenchent une réaction inflammatoire des articulations ou arthrite, signe clinique bien connu de cette maladie.

La silicose, maladie professionnelle des mineurs et des carriers, est provoquée par l'inhalation de particules de silice. Ces particules, entraînées par l'air dans les poumons, sont phagocytées par des macrophages (appelés aussi : cellules à poussières) qui assurent non seulement une défense antibactérienne mais aussi le nettoyage de l'intérieur des alvéoles. Les particules de silice ingérées s'attachent à la membrane des lysosomes secondaires qui est rompue selon un mécanisme semblable à celui que nous venons de décrire pour les cristaux d'urate. La destruction des macrophages qui en résulte a pour effet de larguer dans le milieu extracellulaire un facteur (non encore isolé) qui stimule la synthèse de collagène par les fibroblastes voisins. Il s'établit ainsi localement une fibrose du tissu pulmonaire dont les fonctions sont altérées.

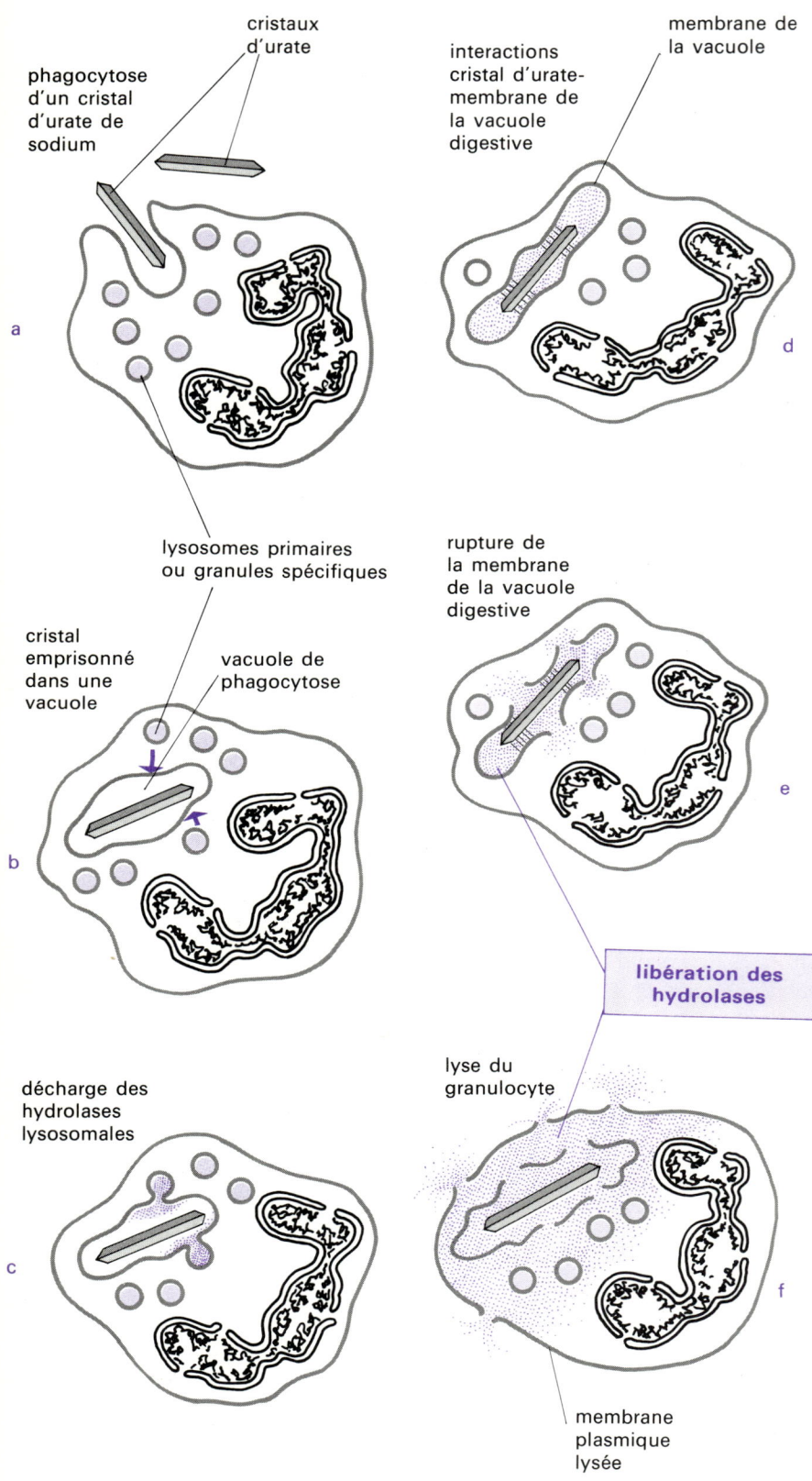

Figure 8.13
Destruction des granulocytes par les cristaux d'urate de sodium dans la maladie de la goutte.
Après avoir été phagocyté par un granulocyte (a et b) un cristal d'urate est emprisonné dans une vacuole digestive. Les hydrolases acides de certains lysosomes primaires (appelés aussi granules spécifiques) sont déchargées dans la vacuole (c), c'est le phénomène de *dégranulation*. La digestion du contenu vacuolaire « nettoie » le cristal d'urate qui forme alors des ponts hydrogène avec la membrane de la vacuole digestive (d) ; ces points d'attache entre le cristal et la membrane vacuolaire empêchent cette dernière de se déformer librement. Les mouvements du granulocyte provoquent une rupture de la membrane de la vacuole digestive (e) et les hydrolases lysosomales sont libérées dans le hyaloplasme de la cellule (f) qui est ainsi lysée (d'après G. Weissmann, 1975).

66   *Lysosomes*

La lésion des membranes par des cristaux d'urate ou des particules de silice dépend de leur composition lipidique comme le montrent des expériences faites *in vitro* avec des liposomes (voir volume I, chapitre 1) contenant un marqueur (glucose ou chromate). Après avoir ajouté à une suspension de liposomes, dont la composition des membranes est connue, des cristaux d'urate ou des particules de silice on sédimente les liposomes par centrifugation; si la membrane des liposomes a été lésée, le marqueur se retrouve dans le surnageant. On constate ainsi que les membranes de liposomes constitués uniquement de phospholipides restent intactes alors que celles qui comportent en plus du cholestérol sont perméabilisées par les cristaux ou les particules. La membrane des lysosomes secondaires formés par hétérophagie est effectivement assez riches en cholestérol puisqu'elle provient en partie de la membrane plasmique qui est le type de membrane ayant le pourcentage le plus élevé en ce lipide (voir tableau 7.I, p. 14). Des liposomes dont les membranes renferment 0,1 % d'œstradiol sont beaucoup moins sensibles à l'action de cristaux d'urate que des liposomes renfermant la même proportion de testostérone; ceci pourrait expliquer le fait que la goutte se manifeste surtout chez l'homme et rarement chez la femme.

Quand une hydrolase lysosomale est inactive ou absente à la suite d'une mutation, la dégradation du ou des substrats correspondants ne se fait pas et ces matériaux non digestibles s'accumulent à l'intérieur de corps résiduels. Au cours du temps, les lysosomes secondaires s'hypertrophient, car ils se chargent de plus en plus de substrats non dégradés : les cellules s'encombrent ainsi d'inclusions nombreuses ou de grande taille ce qui entraîne souvent des perturbations graves de leur fonctionnement (fig. 8.14). Ces phénomènes caractérisent une vingtaine de maladies humaines congénitales appe-

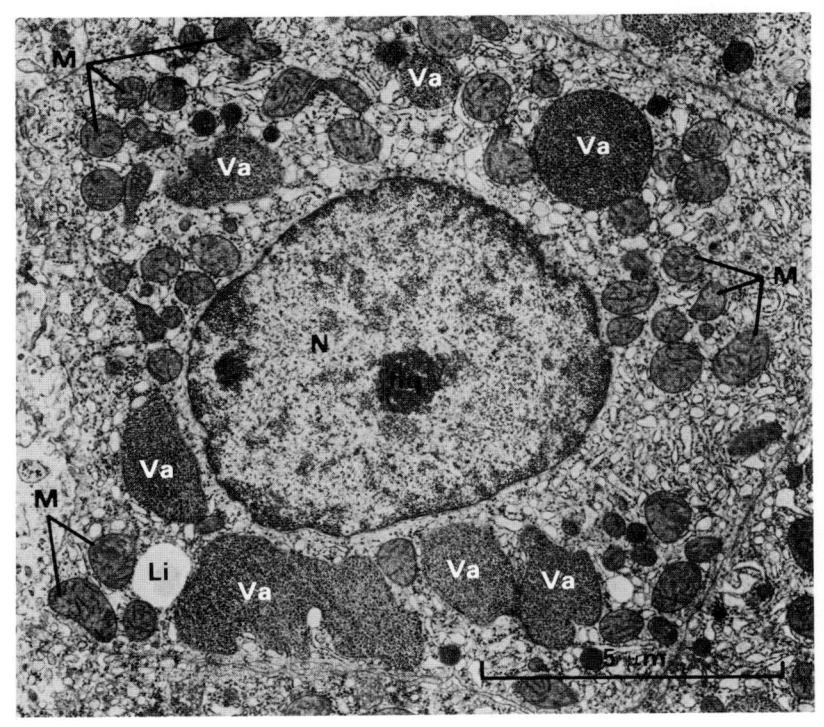

Figure 8.14
Hépatocyte d'enfant atteint de glycogénose de type II.
Cette maladie héréditaire — autosomique récessive — est aussi appelée maladie de Pompe du nom du pathologiste hollandais qui la décrivit en 1932; elle est due à la déficience d'une α-1,4 glucosidase lysosomale, enzyme également connue sous le nom de maltase acide. Dans la plupart des cellules des malades s'accumulent des particules de glycogène à l'intérieur de vacuoles; ces vacuoles sont des corps résiduels dans lesquels le glycogène ne peut être dégradé. Cette micrographie montre dans un hépatocyte d'enfant atteint de cette maladie, de telles vacuoles Va remplies de glycogène particulaire. L'accumulation de glycogène intravacuolaire dans les cellules musculaires entraîne une altération progressive de leurs myofibrilles, et en général, les enfants meurent d'insuffisance cardio-respiratoire au cours de leur première année. Il existe d'autres glycogénoses héréditaires qui correspondent chacune à la déficience d'une enzyme hyaloplasmique impliquée dans le métabolisme du glycogène, enzyme qui n'est pas lysosomale; Li, globule lipidique; M, mitochondries; N, noyau; nu, nucléole; × 8 000 (micrographie électronique F. van Hoof et H.G. Hers, 1976).

lées *maladies de surcharge* (ou encore thésaurismoses); les causes de ces maladies, qui portent le nom des cliniciens qui les ont décrites depuis longtemps, n'ont été comprises que récemment quand a été reconnue l'importance des lysosomes et de leurs hydrolases. En effet on pensait que ces maladies étaient dues à une synthèse excessive du substrat s'accumulant dans les cellules alors qu'en fait il s'agit d'une absence de dégradation. D'après ce que nous avons dit plus haut, on comprend que les syndromes de ces maladies n'apparaissent que progressivement au cours du développement post-natal et que ceux-ci dépendent des types de cellules dans lesquelles sont stockés peu à peu les substrats non digérés.

A titre d'exemple, nous décrirons la *maladie de Tay-Sachs* qui est particulièrement fréquente dans une communauté juive des États-Unis. Les bébés atteints de cette maladie sont tout à fait normaux à la naissance mais progressivement le fonctionnement de leur système nerveux est lésé par l'accumulation d'un glycolipide, le ganglioside GM_2, dans les lysosomes de leurs neurones (frontispice de ce chapitre). Entre le 8e et le 12e mois, les détériorations motrices et mentales apparaissent : il faut aider l'enfant qui n'est pas capable de marcher seul et qui de surcroît devient insensible aux stimuli extérieurs. A 18 mois l'enfant est paralysé et aveugle, il meurt entre 3 et 5 ans.

Figure 8.15
Dégradation séquencée du ganglioside GM_2 par les hydrolases lysosomales.
Le ganglioside GM_2 est un glycolipide relativement abondant dans le tissu nerveux; il appartient à la famille des sphingolipides caractérisés par un constituant commun la sphingosine à laquelle est attachée une longue chaîne d'acide gras; au céramide ainsi formé est liée une petite chaîne hétéropolysaccharidique. L'hydrolyse de cette molécule par les enzymes lysosomales se fait par étapes. La première est catalysée par une N-acétyl β-hexosaminidase (1) qui détache la N-acétylgalactosamine terminale (Gal NAc); cette enzyme n'existe pas chez les enfants atteints de la maladie congénitale de Tay-Sachs. Puis interviennent successivement une sialidase (2), une β-galactosidase (3) et une β-glucosidase (4) qui décrochent l'acide sialique (NAN), le galactose (Gal) et le glucose (Glc). Enfin une céraminidase (5) hydrolyse le céramide en sphingosine et acide gras (d'après J.S. O'Brien, 1973).

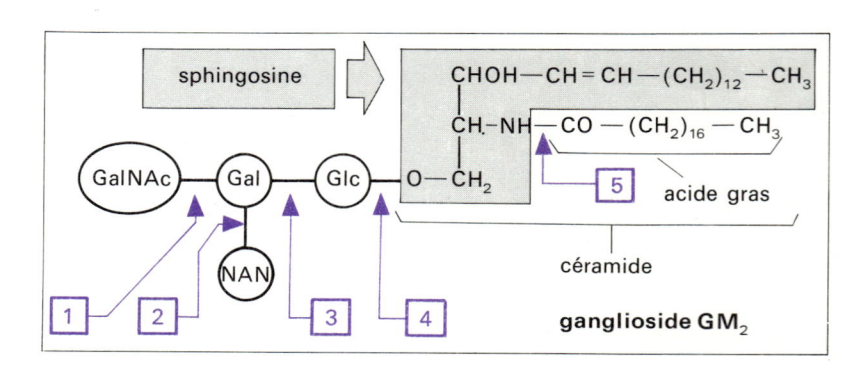

Le dosage des lipides totaux du cerveau révèle une concentration en ganglioside GM_2, 100 à 300 fois supérieure à la normale.

Les péricaryons des neurones sont remplis de lysosomes secondaires dont le contenu est constitué de structures myéliniques, les molécules de ganglioside formant des membranes concentriques (frontispice de ce chapitre). L'étude des activités enzymatiques révèle que les malades ne possèdent pas celle d'une enzyme lysosomale qui intervient au début de la dégradation séquencée de la chaîne hétéropolysaccharidique du cérébroside : il s'agit d'une N-acétylhexosaminidase qui catalyse l'hydrolyse de la liaison O-glycosidique qui attache la N-acétylgalactosamine terminale au galactose. Les autres hydrolases acides nécessaires à la dégradation du ganglioside GM_2 sont présentes mais à part la sialidase qui sépare l'acide sialique du galactose, celles-ci ne peuvent agir tant que la N-acétylgalactosamine terminale est en place. Les gangliosides sont particulièrement abondants dans la membrane plasmique des cellules nerveuses ce qui explique que dans la maladie de Tay-Sachs ce sont les neurones qui sont atteints ; on ne sait pas encore si ces lipides membranaires sont dégradés selon un processus autophagique ou hétérophagique.

On peut faire le diagnostic de cette maladie héréditaire avant la naissance de l'enfant par dosage des activités enzymatiques des cellules prélevées dans le liquide amniotique qui baigne le fœtus. S'il n'y a pas l'activité de l'hexosaminidase on sait que l'enfant sera anormal et il est ainsi possible de décider en toute connaissance de la poursuite ou non de la grossesse.

8.4. Biogenèse

Les lysosomes primaires prennent naissance soit à partir de l'appareil de Golgi soit à partir du réticulum endoplasmique lisse. Dans le premier cas, les lysosomes primaires sont des vésicules ou des grains de sécrétion dont la membrane est d'origine golgienne et dont le contenu, riche en hydrolases acides, a suivi des voies de cheminement que nous avons décrites dans le chapitre précédent : réticulum endoplasmique-vésicules de transition-saccules golgiens. Les chaînes polypeptidiques des enzymes lysosomales sont synthétisées par les ribosomes attachés aux membranes du réticulum rugueux, transférées dans les cavités au cours de leur élongation et certaines d'entre elles sont glycosylées au cours de leur migration (p. 25 et suiv.). Ce type de formation s'observe entre autres dans les granulocytes, les macrophages ou diverses cellules glandulaires. Dans le second cas, les lysosomes primaires se forment par bourgeonnement de vésicules plus ou moins volumineuses qui se détachent ensuite de lames aplaties et fenestrées du réticulum lisse (fig. 8.16). Ces régions spécialisées du réticulum lisse sont particulièrement développées dans les péricaryons des neurones des mammifères ; Novikoff qui les a décrites pour la première fois les a appelées GERL (Golgi Endoplasmic Reticulum Lysosomes), ce sigle indiquant que ces régions de réticulum sont situées entre la face de maturation des dictyosomes et les lysosomes primaires nouvellement formés. Dans les neurones, la membrane des lysosomes primaires provient donc de la membrane limitant des cavités particulières de réticulum lisse ; après avoir été synthétisées au niveau du réticulum rugueux, les hydrolases acides migrent vers le GERL, où elles se rassemblent avant de quitter ce compartiment.

Chez de nombreux organismes ou types cellulaires (plantes, protozoaires ciliés par exemple), l'origine des lysosomes primaires n'a pas encore été précisée, car les observations morphologiques et cytochimiques faites au microscope électronique ne permettent pas de choisir sans ambiguïté entre l'un ou l'autre mode de formation que nous venons de décrire.

Comme nous l'avons déjà signalé (voir volume I, chapitre 6), les chaînes polypeptidiques qui sont transférées dans les membranes ou les cavités du réticulum rugueux ne suivent pas toutes

Figure 8.16
Biogenèse des lysosomes primaires.
Les lysosomes primaires se forment soit à partir de l'appareil de Golgi (a) soit à partir du réticulum endoplasmique (b). Dans le premier cas les hydrolases lysosomales synthétisées par les ribosomes attachés aux membranes du réticulum endoplasmique transitent par des dictyosomes et les lysosomes primaires sont des grains de sécrétion golgiens. Dans le second cas, une portion de réticulum endoplasmique lisse située au voisinage de la face de maturation des dictyosomes et appelée GERL (on prononce « guerl ») bourgeonne des vésicules qui forment les lysosomes primaires. Les hydrolases lysosomales cheminent dans le réticulum rugueux jusqu'au GERL en court-circuitant l'appareil de Golgi qui par ailleurs donne naissance à des grains de sécrétion qui ne renferment pas d'enzymes lysosomales.

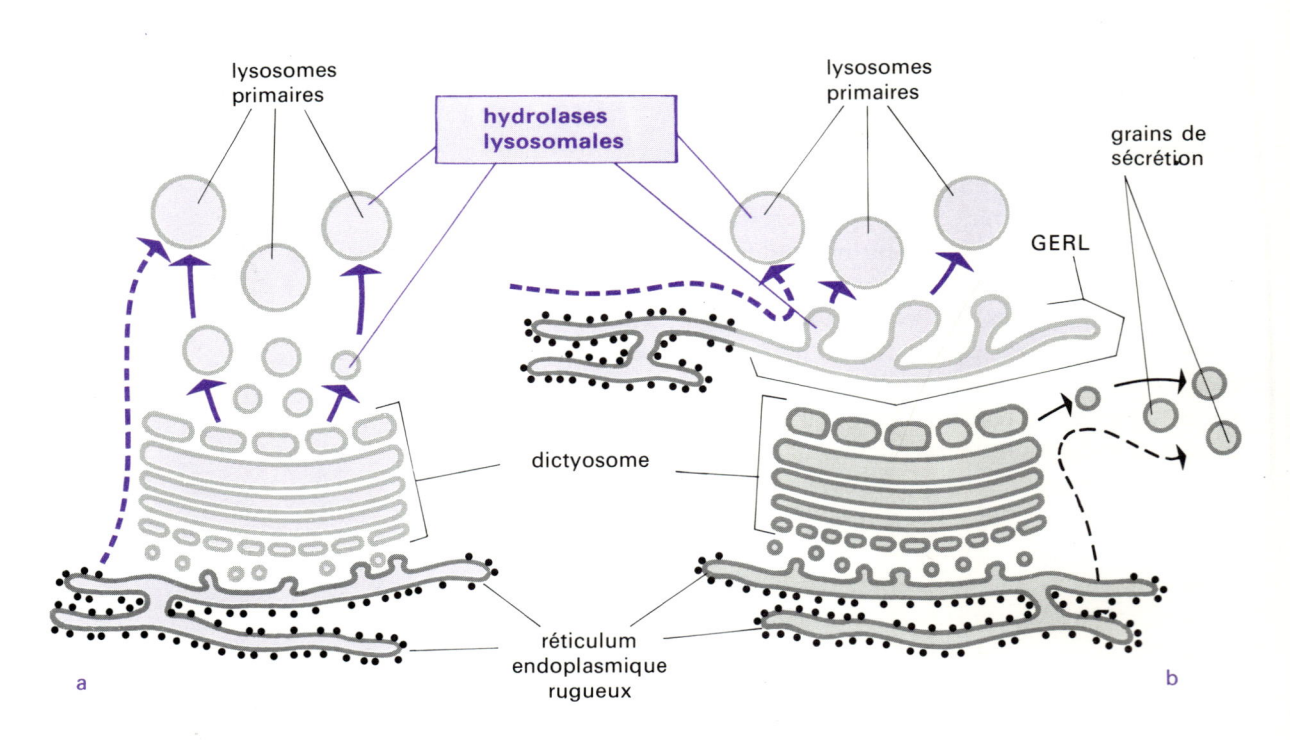

les mêmes voies de cheminement intracellulaire : les hydrolases lysosomales ne passent pas obligatoirement par l'appareil de Golgi où transitent néanmoins les glycoprotéines destinées à l'exportation dans le milieu extracellulaire ou au renouvellement du revêtement fibreux (coat de la membrane plasmique). Il existe donc dans la cellule des mécanismes qui permettent d'« aiguiller » les chaînes polypeptidiques selon leur nature; ces mécanismes sont pour l'heure totalement inconnus.

Les lysosomes secondaires se forment par fusion de la membrane de lysosomes primaires avec la membrane limitant un compartiment rempli de substrats, substrats qui sont alors digérés par les hydrolases acides contenues dans les lysosomes primaires. Des courants cytoplasmiques amènent en contact lysosomes primaires et compartiment renfermant les substrats à dégrader; si les microfilaments responsables de ces mouvements ou les microtubules qui les orientent sont lésés expérimentalement (par action de cytochalasine, de colchicine ou de vinblastine, voir volume I, chapitre 3 et 4) il n'y a pas formation de lysosomes secondaires. Dans les phénomènes d'hétérophagie, la membrane qui emprisonne des substrats d'origine exogène provient de la membrane plasmique qui s'est invaginée et séparée de la surface cellulaire par endocytose; c'est pourquoi les analyses biochimiques des membranes de phagolysosomes montrent que leur composition est très voisine de celle de la membrane plasmique.

Certaines des protéines de la membrane plasmique sont dégradées par les hydrolases lysosomales quand celles-ci sont déversées dans les vacuoles d'endocytose comme le montre l'expérience suivante faite sur des fibroblastes de souris en culture. Les cellules sont tout d'abord incubées dans un milieu contenant de l'iode radioactif et de la lactoperoxydase; les protéines de la membrane plasmique accessibles du côté extracellulaire sont ainsi marquée à l'iode *in vivo* (voir volume I, chapitre 1). Puis des billes de polystyrène de 1 micron de diamètre sont ajoutées au milieu de culture; celles-ci sont intensément phagocytées par les fibroblastes et au bout d'une heure 15 à 30% de la surface de la membrane plasmique s'est invaginé et forme la membrane de lysosomes secondaires. Les lysosomes qui contiennent chacun une bille de polystyrène sont ensuite isolés après que les cellules aient été replacées dans un milieu normal pendant des temps compris entre une et vingt heures. Les protéines membranaires des lysosomes sont enfin séparées par électrophorèse et leur radioactivité comparée à celle des protéines de la membrane plasmique de cellules témoins. On constate que les protéines qui ont été marquées à l'iode, c'est-à-dire celles qui étaient en contact avec le milieu extracellulaire et qui après l'endocytose ont été mises en présence des hydrolases lysosomales, ces protéines sont dégradées à des vitesses différentes : 70% ont une demi-vie de 1 à 2 heures, les autres ont une demi-vie plus longue de 20 heures environ.

Dans les phénomènes d'autophagie, la membrane qui isole les substrats d'origine endogène a pour origine soit une membrane de réticulum, soit une membrane de grain de sécrétion quand il s'agit de crinophagie, soit encore la membrane d'un lysosome secondaire.

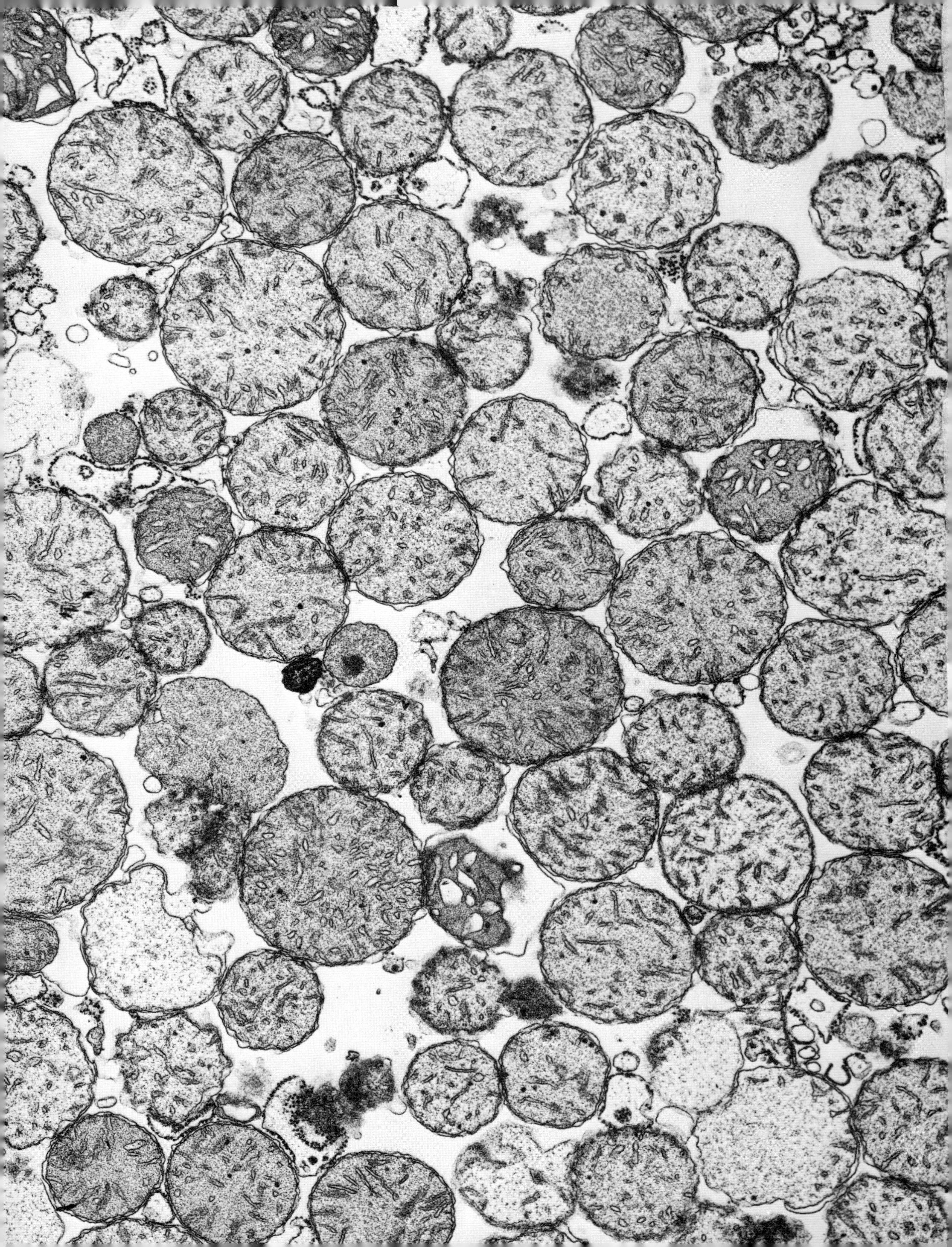

9. Mitochondries

9.1. Structure

Les mitochondries sont des organites qui existent dans le cytoplasme des cellules de tous les eucaryotes aérobies ; elles ont généralement la forme de bâtonnets aux extrémités arrondies, leur diamètre mesurant 0,5 micron et leur longueur étant comprise entre un et quelques microns. Le plus souvent les mitochondries sont dispersées dans le hyaloplasme et leur nombre dépend de la taille des cellules : quelques-unes dans une levure, un millier dans un hépatocyte de rat.

L'observation au microscope électronique de coupes minces de cellules fixées chimiquement ou congelées révèle que chaque mitochondrie est séparée du hyaloplasme par une membrane continue de 60 Å d'épaisseur qui est la *membrane mitochondriale externe*. Cette membrane externe est doublée intérieurement par une seconde membrane, également continue et de 60 Å d'épaisseur, qui est la *membrane mitochondriale interne*. La membrane interne forme des replis orientés vers l'intérieur de la mitochondrie qui sont appelés les *crêtes mitochondriales*. Les deux membranes mitochondriales emboîtées limitent deux compartiments différents : un premier compartiment situé entre la membrane mitochondriale externe et la membrane mitochondriale interne qui est l'*espace intermembranaire* ; un second compartiment limité par la membrane mitochondriale interne qui est la *matrice* (fig. 9.1).

9.1.1. Membrane externe et membrane interne

Après fixation au tétroxyde d'osmium, les deux membranes de la mitochondrie apparaissent en coupe mince constituées chacune de deux feuillets denses séparés par un feuillet clair (fig. 9.2). L'épaisseur de ces deux types de membranes étant la même, la seule différence anatomique que l'on peut distinguer par cette technique d'observa-

Frontispice
Coupe d'un culot de mitochondries isolées à partir de foie de rat. L'étude de mitochondries isolées permet non seulement d'analyser leur composition chimique mais aussi d'étudier leur fonctionnement ; × 35 000 (micrographie électronique C.R. Hackenbrock, 1968).

Figure 9.1
Structure de la mitochondrie.
En haut le bloc diagramme représente la disposition des deux membranes mitochondriales et les crêtes que forme la membrane interne. En bas, le schéma montre la structure mitochondriale telle qu'on l'observe en coupe mince; les membranes externe et interne délimitent deux compartiments : l'espace intermembranaire et la matrice. Sur la face située en regard de la matrice sont attachés à la membrane interne des mitoribosomes; la matrice renferme des chaînes d'ADN mitochondrial et des grains denses.

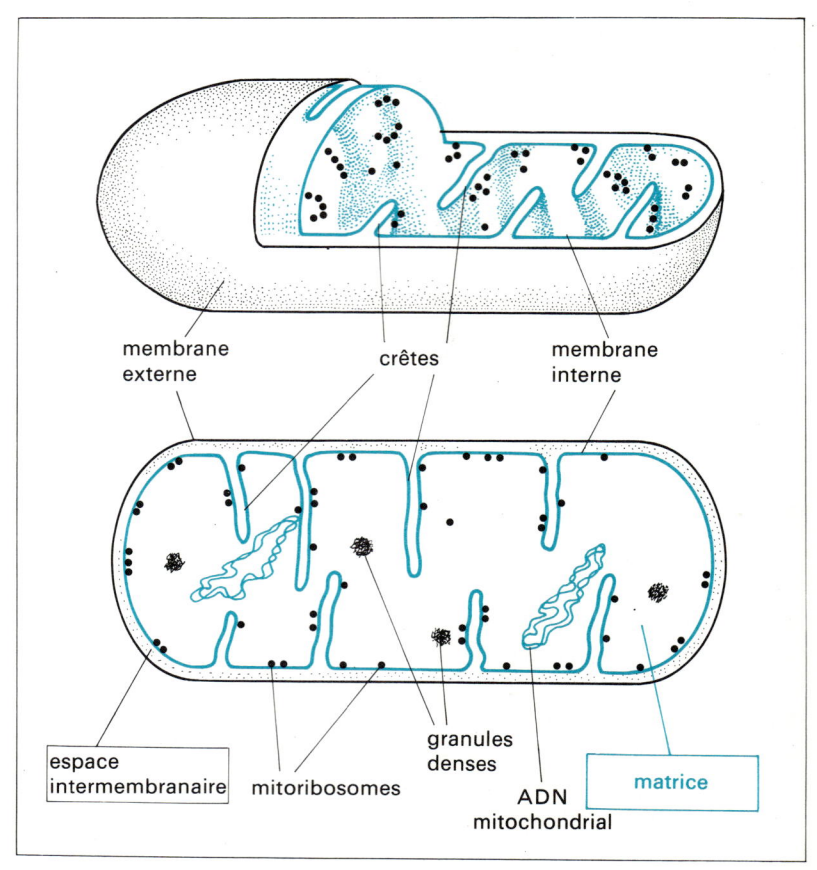

tion est que la membrane interne avec ses crêtes possède une surface plus grande que la membrane externe (5 fois plus en moyenne).

Après congélation des cellules, l'observation de répliques obtenues par la technique de cryodécapage montre que les membranes mitochondriales renferment des particules intramembranaires de 50 à 100 Å de diamètre; tout comme les autres membranes cellulaires, les membranes des mitochondries sont asymétriques : en effet le nombre de particules qui restent attachées à chacune des faces des membranes clivées (externe et interne) est différent; de plus par cette technique on voit que les deux membranes sont différentes : le nombre total des particules par unité de surface est presque deux fois plus élevé dans la membrane interne que dans la membrane externe (6 300 particules/μm^2 dans la membrane interne contre 3 500 dans la membrane externe).

L'étude des membranes mitochondriales par la technique de coloration négative (après isolement et éclatement des mitochondries, voir le paragraphe suivant) confirme cette différence structurale entre les deux membranes. La membrane interne montre une asymétrie très nette : en effet sa face matricielle, c'est-à-dire celle qui est en regard de la matrice, porte des *sphères* de 90 Å de diamètre qui sont chacune attachées à la membrane par un *pédoncule* cylindrique

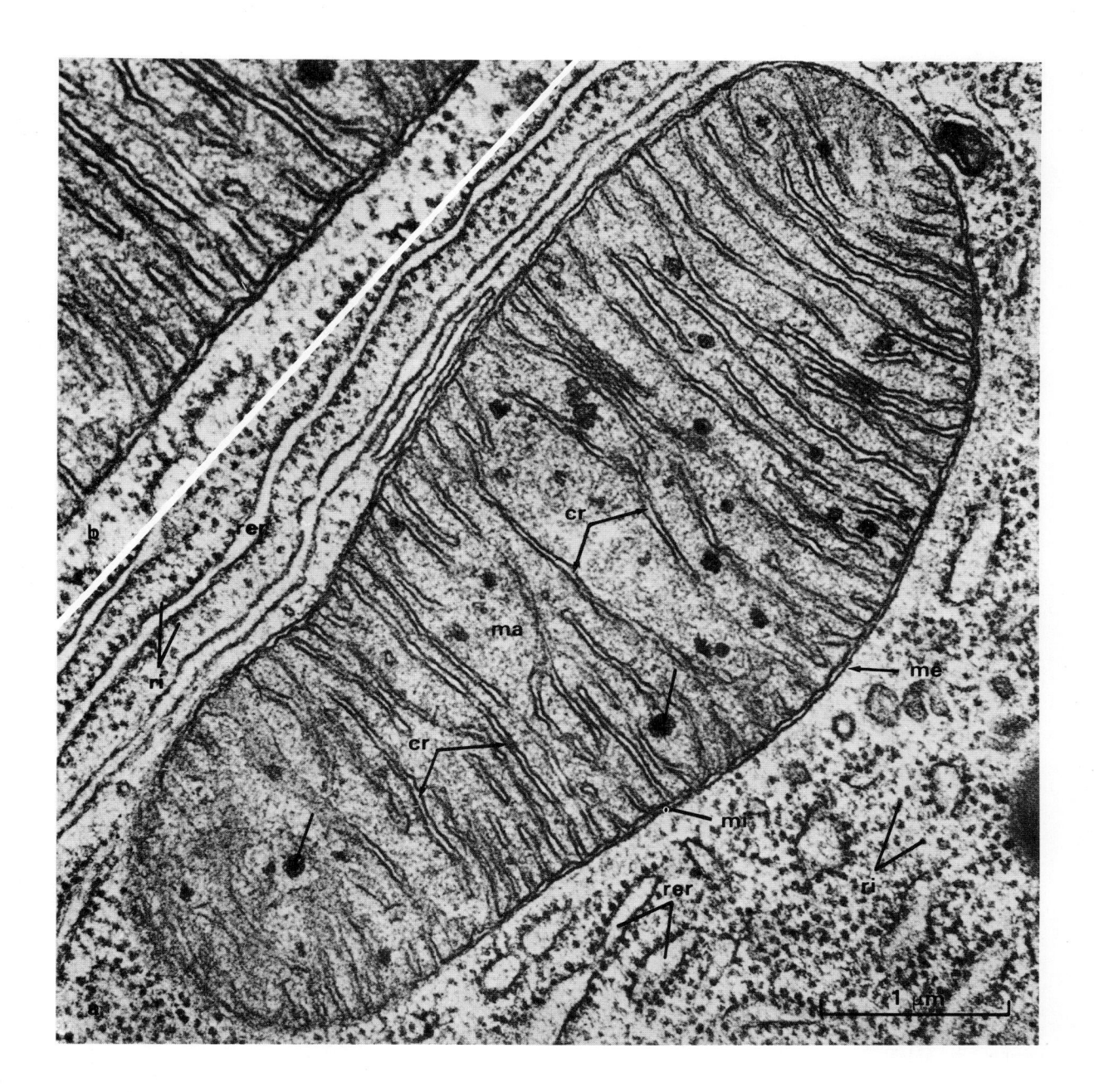

Figure 9.2
Coupe mince de mitochondrie observée au microscope électronique.
On distingue les principaux constituants mitochondriaux : la membrane
externe me, la membrane interne mi dont les replis forment des crêtes cr
(voir l'encart b) et la matrice ma qui renferme des granules denses (flèches).
Dans cette portion de cellule acineuse de pancréas fixée au tétroxyde
d'osmium les ribosomes ri sont nombreux : ils sont soit dispersés dans
le hyaloplasme, soit attachés aux membranes du réticulum endoplasmique
rugueux rer ; a, × 30 000 ; b, × 100 000 (pancréas de chauve-souris, micrographies électroniques K.R. Porter et S. Badenhausen, 1965).

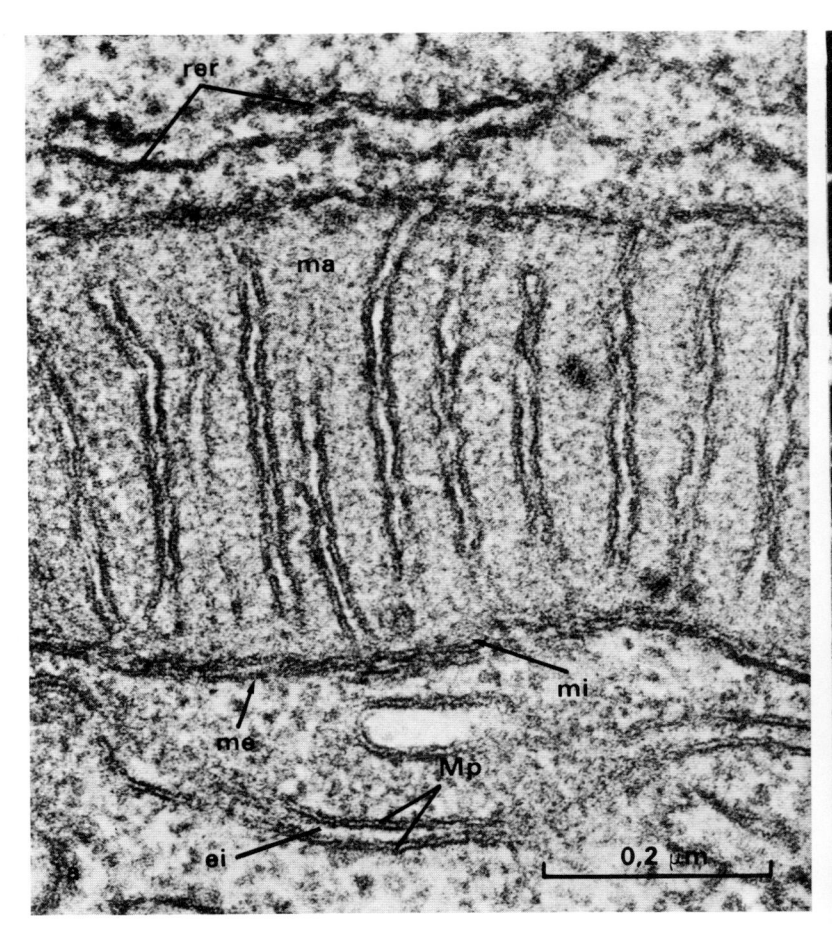

Figure 9.3
Structure des membranes mitochondriales.
a) Observation en coupe mince. Les membranes mitochondriales externe me et interne mi sont constituées de trois feuillets : deux feuillets denses séparés par un feuillet clair. Les membranes du réticulum endoplasmique rugueux rer et les membranes plasmiques Mp de deux cellules voisines ont également le même type de structure; cellules acineuses de pancréas fixées successivement par des aldéhydes et OsO_4 puis colorées par un acide tannique de faible poids moléculaire; ei, espace intercellulaire; ma, matrice; × 150 000 (pancréas de rat, micrographie électronique N. et M. Simionescu, 1976).
b) Observation en coloration négative. Après avoir été isolées dans un milieu contenant 0,5 M de saccharose, des mitochondries de cœur de bœuf sont mises en suspension dans une solution à 2% de phosphotungstate de potassium qui les fait éclater; une goutte de cette suspension est déposée sur une membrane support de formvar et on laisse la préparation se dessécher. Le tungstène diffusant les électrons fortement, les structures mitochondriales qui sont peu diffusantes apparaissent en clair sur un fond sombre quand la préparation est observée au microscope électronique. A fort grandissement on voit les sphères sph qui sont attachées sur la membrane interne mi; × 500 000 (micrographie électronique H. Fernandez-Moran et coll., 1964).

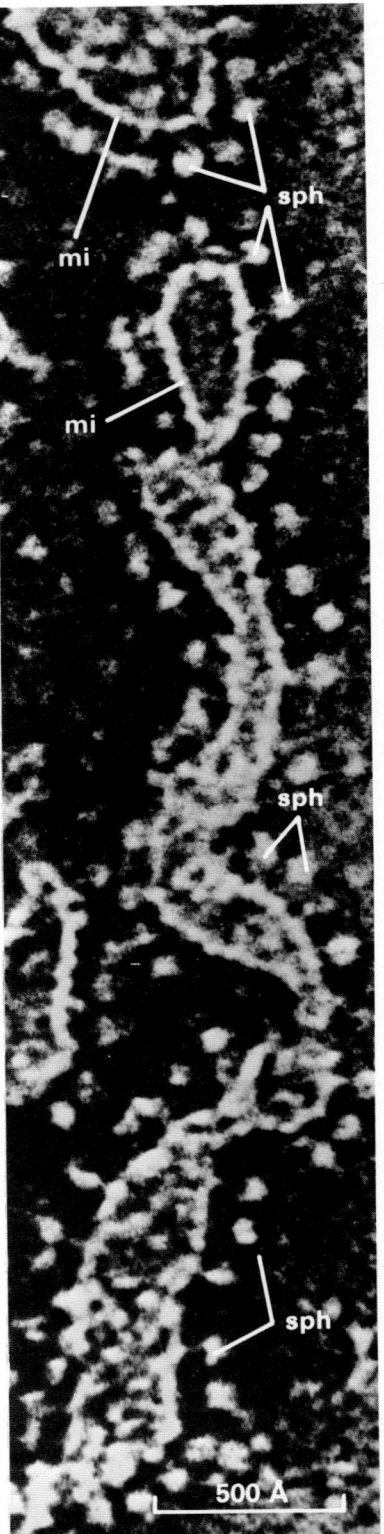

Mitochondries

de 45 Å de haut et de 30 Å de diamètre (fig. 9.3). Ces sphères sont au nombre de 2 000 à 4 000 par micron carré de surface de membrane interne (lors de leur découverte les sphères avaient été appelées « particules élémentaires »; cette nomenclature n'est plus utilisée). Observée dans les mêmes conditions, la membrane externe est lisse et toujours dépourvue de sphères.

9.1.2. Espace intermembranaire et matrice

Lorsque les mitochondries sont observées *in situ* dans des coupes minces de cellules fixées, l'espace intermembranaire est en général de faible épaisseur (100 Å environ) aussi bien dans les régions périphériques où la membrane externe et la membrane interne sont parallèles que dans les replis de la membrane interne qui forment les crêtes. Par contre lorsque les mitochondries sont isolées en fraction, l'espace intermembranaire est plus ou moins dilaté selon l'état fonctionnel de ces organites (voir le frontispice de ce chapitre et plus loin p. 137).

La matrice est constituée d'une substance fondamentale finement granulaire qui après fixation osmique des cellules diffuse beaucoup plus les électrons que l'espace intermembranaire. Dans cette substance fondamentale baignent diverses inclusions et en particulier des granules très contrastés de 250 à 500 Å de diamètre. De plus dans certaines conditions de fixation et de coloration il est possible de mettre en évidence dans la matrice des *fibrilles d'ADN* (fibrilles de 20 à 30 Å) et des ribosomes (150 Å de diamètre) appelés *mitoribosomes*.

9.1.3. Diversité et changements de la structure des mitochondries

Les deux membranes emboîtées qui délimitent deux compartiments sont très caractéristiques de la structure des mitochondries de la plupart des types cellulaires. Néanmoins il existe des variations sur ce thème d'organisation, en particulier en ce qui concerne la forme, la disposition et le nombre des crêtes de la membrane interne. En général les crêtes ont la forme de lames aplaties et sont orientées à peu près perpendiculairement au grand axe de la mitochondrie; exceptionnellement elles sont disposées parallèlement au grand axe. Le nombre de crêtes dépend du type de cellule : faible par exemple dans les mitochondries des cellules végétales, élevé dans les mitochondries des fibres musculaires striées (fig. 9.4a). Les replis de la membrane interne forment parfois des invaginations en doigts de gant de 500 Å de diamètre que l'on appelle des *crêtes tubulaires;* les protozoaires ciliés, certaines algues et champignons, les cellules des glandes surrénales et plus généralement des tissus sécrétant des hormones stéroïdes possèdent exclusivement des mitochondries à crêtes tubulaires (fig. 9.4b et c).

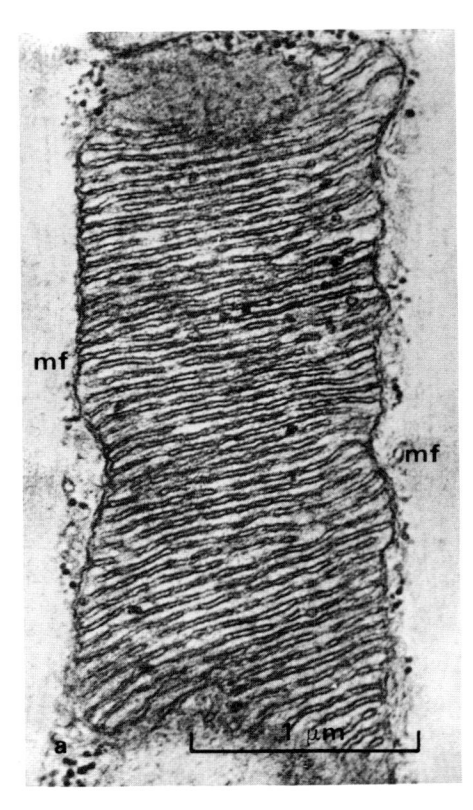

Figure 9.4
Diversité de la structure des mitochondries.

a) Mitochondrie à crêtes nombreuses. Dans les cellules des muscles squelettiques les mitochondries, appelées aussi sarcosomes, ont de nombreuses crêtes parallèles; mf, myofibrilles entourant la mitochondrie; × 30 000 (muscle cricothyroïde de chauve-souris; micrographie électronique D.W. Fawcett, 1966).

b et c) Mitochondries à crêtes tubulaires de protozoaires ciliés. La membrane mitochondriale interne mi forme des tubes contournés; ma, matrice; me, membrane externe.

b) Mitochondrie *in situ*; × 60 000 (*Épistylis*; micrographie électronique E. Fauré-Fremiet et coll., 1962).

c) Mitochondrie isolée; au centre de la matrice se trouvent des fibrilles d'ADN mitochondrial ADNmt; × 60 000 (*Tetrahymena*; micrographie électronique R. Charret, 1970).

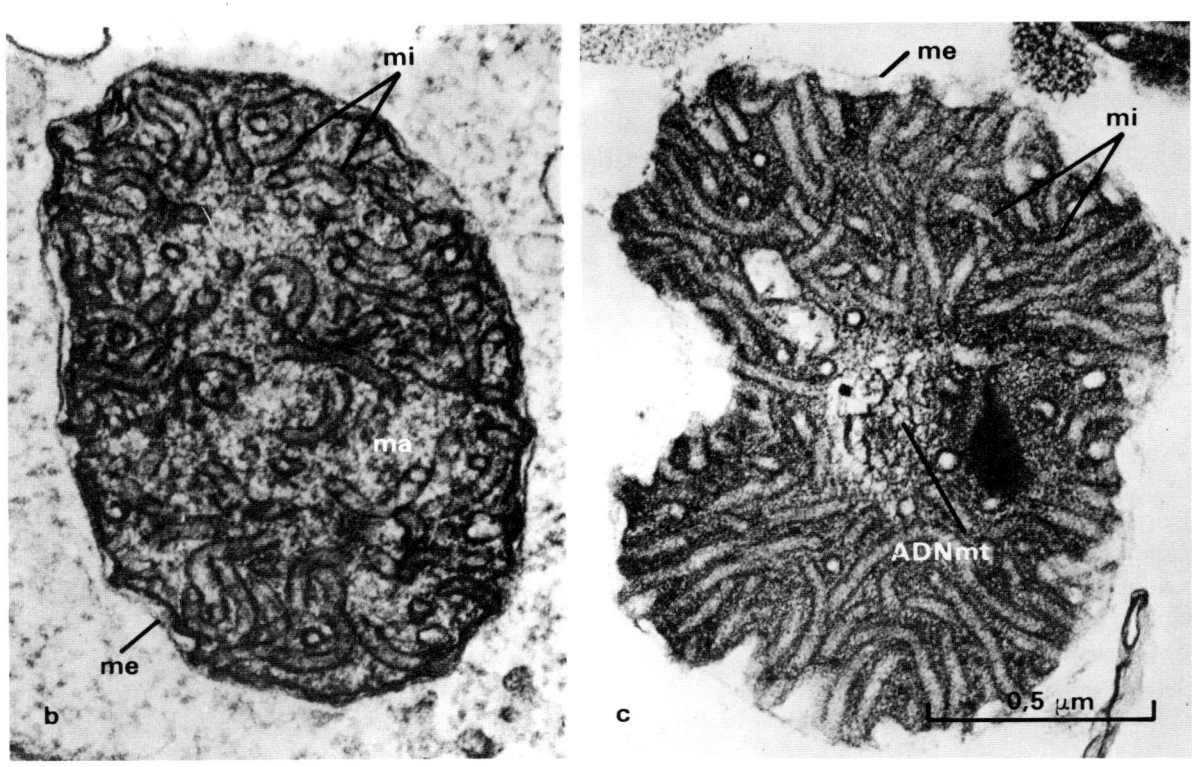

L'espace intermembranaire ou la matrice renferment parfois des particules de glycogène (spermatozoïdes d'echinodermes et de gastéropodes) ou des cristaux de nature protéique (ovocytes d'amphibiens ou de mollusques en vitellogenèse). Bien d'autres inclusions granulaires ou filamenteuses existent dans les mitochondries de vertébrés comme d'invertébrés mais leur nature n'est pas connue.

Comme le révèle l'observation de cellules entières au microscope à lumière, les mitochondries d'une même cellule sont habituellement de formes très diverses : sphères, bâtonnets plus ou moins longs, flexueux et même ramifiés, anneaux, disques aplatis et concaves.

Ce polymorphisme mitochondrial ne peut être mis en évidence en étudiant des coupes minces au microscope électronique; en effet l'épaisseur des coupes (0,05 micron) ne donne qu'une image en deux dimensions des structures. Pour comprendre à l'échelle ultrastructurale l'arrangement spatial d'organites comme les mitochondries il faut soit faire des reconstitutions à partir de coupes sériées, soit observer des coupes de quelques microns d'épaisseur avec un microscope électronique à haute tension (fig. 9.5).

L'étude de cellules vivantes (fibroblastes en culture, poils épidermiques de cellules végétales) par microcinématographie en contraste de phase montre de plus que les mitochondries changent rapidement de forme : non seulement elles sont déformées par les courants cytoplasmiques qui les entraînent dans la cellule, mais elles peuvent augmenter ou diminuer de volume, fusionner en donnant de longues mitochondries qui se fragmentent ensuite en mitochondries globuleuses, tous ces changements se faisant en moins d'une minute. C'est pourquoi il est vain de décrire avec précision la forme des mitochondries tout comme il est illusoire de chercher à compter exactement le nombre des mitochondries d'une cellule. Les paramètres qui permettent le mieux d'apprécier l'importance relative des mitochondries d'une cellule sont le volume total occupé par l'ensemble de ces organites, la surface totale de leurs membranes externes ainsi que celle de leurs membranes internes. Selon les types cellulaires, ces valeurs sont très différentes (tableau 9.I); en première approximation on peut dire que le volume total des mitochondries et la surface de leurs mem-

Figure 9.5
Polymorphisme des mitochondries.
Coupe de 2 microns d'épaisseur d'une cellule dont les membranes mitochondriales ont été contrastées par imprégnation osmique. On voit que certaines mitochondries sont relativement très longues et sont ramifiées (flèches). Ce polymorphisme ne peut être mis en évidence en observant des coupes minces (0,05 micron d'épaisseur); cellule d'une glande muqueuse d'escargot; mvl, microvillosités; lu, lumière de la glande; × 12 500 (observation sous une tension de 2,5 millions de volts, micrographie électronique P. Favard et N. Favard-Carasso, 1976).

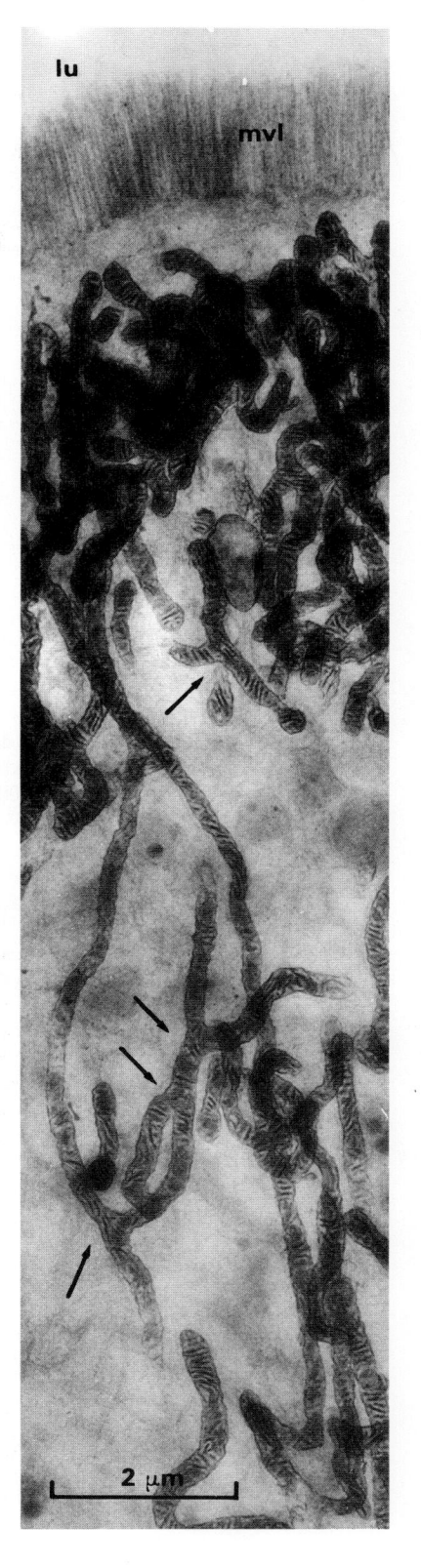

Tableau 9. I
Importance relative des mitochondries dans divers types cellulaires.

	$\dfrac{\text{volume mitochondrial}}{\text{volume cellulaire}}$ en %	$\dfrac{\text{surface membranes internes}}{\text{surface membrane plasmique}}$
cellule acineuse de pancréas de cobaye	9	4
hépatocyte de rat	22	20
fibre striée de muscle d'aile de mouche	40	100

branes internes sont d'autant plus grands que la cellule a un métabolisme plus élevé (tableau 9.II).

L'importance relative du volume mitochondrial, la forme et la disposition des mitochondries se modifient également au cours de la vie des cellules et selon leur état physiologique. Ces changements, plus lents que ceux que nous avons décrits plus haut, se déroulent par exemple pendant la spermiogenèse : d'abord dispersées dans le cytoplasme des jeunes spermatides, les mitochondries se rassemblent autour de l'axonème du flagelle et chez certaines espèces fusionnent

Tableau 9. II
Estimation des surfaces de divers types de membranes cellulaires.
Les cellules acineuses du pancréas de cobaye ont un volume d'environ 1 000 μm3, les hépatocytes du foie de rat, plus gros, ont un volume d'environ 5 000 μm3. Ces cellules représentent 80 % du volume de l'organe (d'après R.P. Bolender, 1974 et E.R. Weibel et coll., 1969).

type de membrane	cellules acineuses du pancréas de cobaye		hépatocytes de foie de rat	
	par cellule en μm³	par cm³ de pancréas en m²	par cellule en μm²	par cm³ de foie en m²
membrane plasmique	600	0,5	1 700	0,3
réticulum rugueux	8 000	6,2	38 000	6,4
réticulum lisse et appareil de Golgi	1 000	1,0	25 000	4,2
membrane mitochondriale externe	500	0,4	7 500	1,3
membrane mitochondriale interne	2 500	1,8	35 000	6,0
total	12 600	9,9	107 200	18,2

même en une ou deux grosses mitochondries dont la structure se métamorphose profondément (spermatozoïdes de papillon, de mouche ou d'escargot). Le régime alimentaire peut également modifier la structure des mitochondries : des souris carencées pendant 6 semaines en riboflavine ont des mitochondries géantes et peu nombreuses dans leurs hépatocytes; l'injection de riboflavine à ces animaux entraîne en 3 jours une restauration des mitochondries qui reprennent une taille normale en même temps qu'elles redeviennent plus nombreuses (nous verrons plus loin p. 148, l'intérêt de ce modèle expérimental pour l'étude de la division des mitochondries).

9.2. Composition chimique

9.2.1. Étude *in situ*

La coloration des mitochondries dans les cellules vivantes par le vert-Janus montre qu'elles possèdent une activité oxydasique; en effet cette activité maintient le réactif sous sa forme oxydée de couleur verte alors que dans le reste de la cellule il est réduit en un composé incolore. Quand les mitochondries sont rassemblées ou fusionnées en amas de taille relativement grande (c'est le cas dans des spermatozoïdes vivants de certaines espèces : escargot par exemple) on met en évidence par microspectrophotométrie les bandes d'absorption caractéristiques de divers cytochromes.

Les méthodes cytochimiques permettent de révéler à l'échelle ultrastructurale des activités des cytochrome oxydase et succino-deshydrogénase : les produits des réactions qui diffusent les électrons sont localisés dans l'espace intermembranaire; cependant la résolution de ces techniques est insuffisante pour savoir si ces activités enzymatiques doivent être attribuées à des enzymes localisées dans l'espace intermembranaire ou dans l'une ou l'autre membrane qui limitent ce compartiment.

Dans les trypanosomes il est exceptionnellement possible de mettre en évidence *in situ* l'ADN intramitochondrial en observant à un certain stade de leur cycle ces hémoflagellés au microscope à lumière après coloration par la méthode de Feulgen*. Ces parasites unicellulaires n'ont qu'une seule mitochondrie de forme complexe (fig. 9.6) et dont la partie située au voisinage des centrioles est appelée *kinétoplaste;* cette région du kinétoplaste a la forme d'un disque (2 microns de diamètre et 0,3 micron d'épaisseur) d'où partent des ramifications de la mitochondrie. Le kinétoplaste est fortement colorable par le réactif de Schiff après hydrolyse chlorhydrique* et on peut voir dans des coupes minces de trypanosomes observées au microscope électronique que la matrice du kinétoplaste est bourrée de fibrilles de 30 Å de diamètre. Dans les autres cellules dont les

* Le principe de cette coloration est décrit dans *La Cellule,* M. Durand et P. Favard, Hermann 1974.

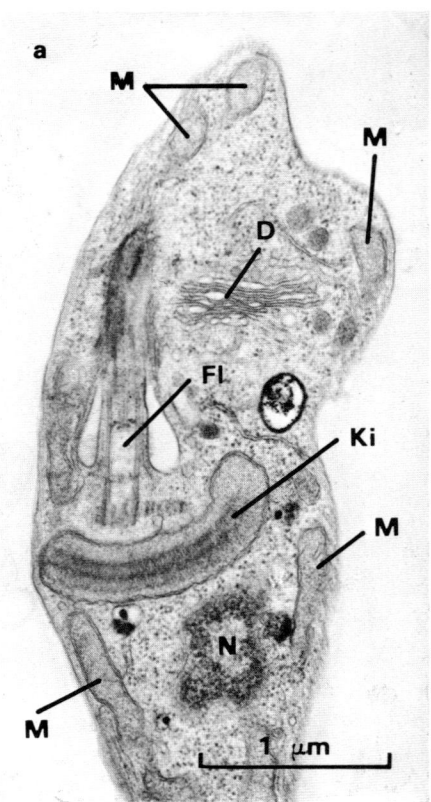

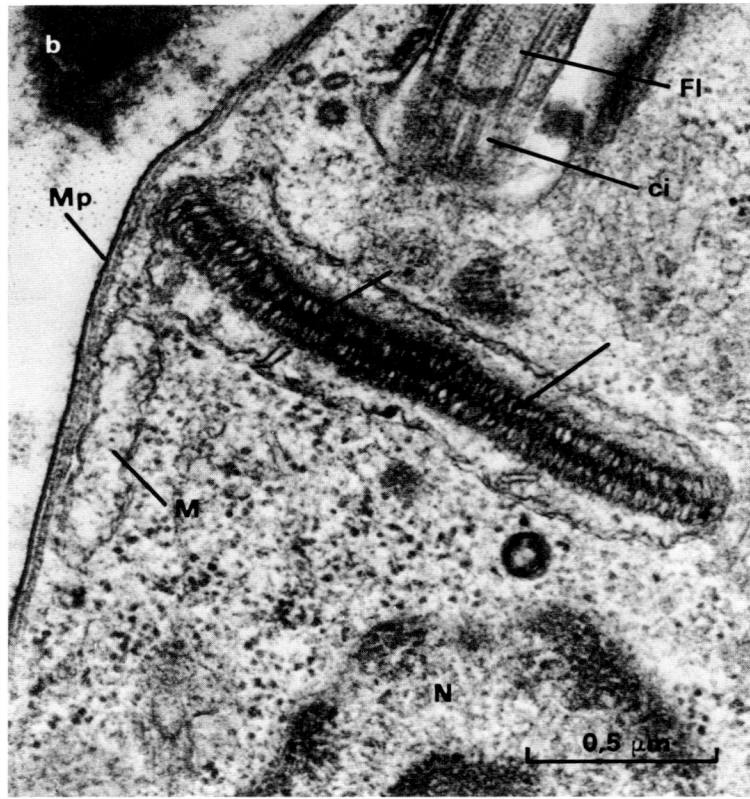

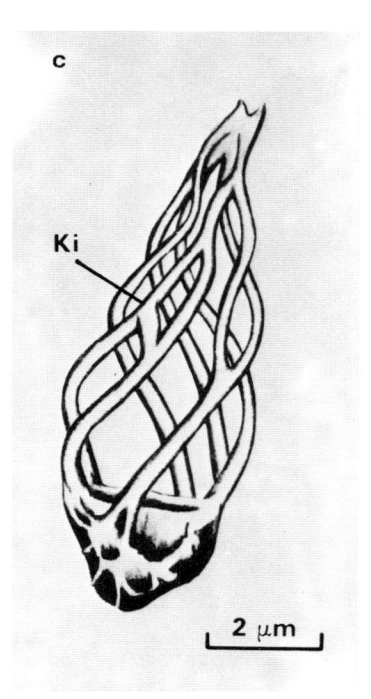

Figure 9.6
Kinétoplaste de trypanosome.

a et b) Kinétoplaste de *Trypanosoma cruzi,* agent de la maladie de Chagas.

a) Vue d'ensemble. Le kinétoplaste Ki, situé au voisinage de la zone d'insertion du flagelle Fl, est une région particulière de la mitochondrie unique de ce protozoaire, mitochondrie dont on voit des sections M de place en place ; D, dictyosome × 25 000.

b) Vue à plus fort grandissement. Le kinétoplaste est rempli de fibrilles d'ADN (flèches). Les deux membranes mitochondriales sont visibles au niveau du kinétoplaste ainsi qu'une autre partie M de la mitochondrie : ci, cinétosome de l'axonème du flagelle Fl ; Mp, membrane plasmique ; N, noyau ; × 50 000 (micrographies électroniques E. Delain, 1970).

c) Reconstitution tridimensionnelle de l'unique mitochondrie de *Trypanosoma culicis* qui est un parasite d'insectes. La mitochondrie est constituée de six branches qui se réunissent à leurs extrémités ; le kinétoplaste Ki est situé entre deux des branches. Cette reconstitution est faite à partir de coupes sériées de 0,5 micron d'épaisseur observées au microscope électronique sous 1 million de volts ; × 8 500 (dessin J. Paulin, 1975).

mitochondries renferment beaucoup moins d'ADN que celle des trypanosomes, la présence d'ADN dans les fibrilles de 30 Å de la matrice est démontrée par le fait qu'elles sont digérées par la DNase.

9.2.2. Isolement de fractions et sous-fractions mitochondries

Les mitochondries de foie de rat sont les premiers organites à avoir été isolés grâce aux recherches de Claude (1940-1946) et aux perfectionnements techniques apportés ensuite par Hogeboom, Schneider et Palade (1948). Des fractions mitochondries ont été préparées à partir de cellules d'origines très variées, tant animales que végétales; outre le foie de rat (voir le frontispice de ce chapitre), ce sont surtout le cœur de bœuf et quelques microorganismes (levure de boulanger, *Neurospora, Tetrahymena*) qui sont les sources des fractions mitochondries les plus étudiées.

L'isolement d'une fraction mitochondries est relativement simple et rapide; l'homogénat cellulaire réalisé dans un milieu contenant du saccharose (0,25 M à 0,88 M) est d'abord débarrassé des débris de cellules et des noyaux qu'il contient par une centrifugation de 15 minutes à 500 g; puis le surnageant est centrifugé 15 minutes à 700 g; le culot obtenu est la fraction mitochondries. Dans le cas de microorganismes dont les cellules sont entourées d'une paroi (levures, neurospora) il est difficile de rompre mécaniquement cette enveloppe cytosquelettique sans abîmer les structures intracellulaires lors de la réalisation de l'homogénat; c'est pourquoi on commence par digérer la paroi par des hydrolases (extraites de la salive ou de l'hépatopancréas de l'escargot) et les cellules sans paroi ainsi obtenues ou *protoplastes* sont ensuite homogénéisées.
Si la fraction mitochondries est contaminée par une quantité importante de lysosomes ou de peroxysomes, elle est purifiée par une nouvelle centrifugation sur gradient de saccharose.

Compte tenu de la structure complexe des mitochondries, il est nécessaire de préparer des sous-fractions correspondant à chaque type de membranes et au contenu de chacun des deux compartiments qu'elles délimitent pour connaître avec précision la composition chimique des constituants mitochondriaux. Les sous-fractions sont obtenues à partir des fractions mitochondries. La membrane mitochondriale externe est séparée de l'ensemble — membrane interne matrice — soit en plaçant les mitochondries isolées dans un milieu de faible pression osmotique soit en ajoutant au milieu un détergent : le choc osmotique fait gonfler l'espace intermembranaire ce qui rompt la membrane externe; le détergent faiblement concentré provoque une fragmentation de la membrane externe en vésicules closes. Ces deux procédés n'altèrent pas la membrane interne ce qui indique déjà, avant toute analyse que les deux membranes d'une mitochondrie sont différentes. Les mitochondries débarrassées de leur membrane externe (on les appelle aussi *mitoplastes*) sont ensuite

Figure 9.7
Isolement de sous-fractions mitochondries.
Après avoir été isolées, les mitochondries sont traitées par un détergent — la digitonine — qui fragmente la membrane externe en vésicules; le contenu de l'espace intermembranaire se dilue dans le milieu d'isolement. Par centrifugation on sépare un culot de mitoplastes d'un surnageant renfermant en suspension les vésicules de membrane externe; en centrifugeant ce surnageant on obtient un culot qui est la sous-fraction membrane externe et un nouveau surnageant qui est une dilution du contenu de l'espace intermembranaire. Le traitement des mitoplastes par un autre détergent — le lubrol — permet après centrifugation de séparer une sous-fraction membrane interne du contenu dilué de la matrice.

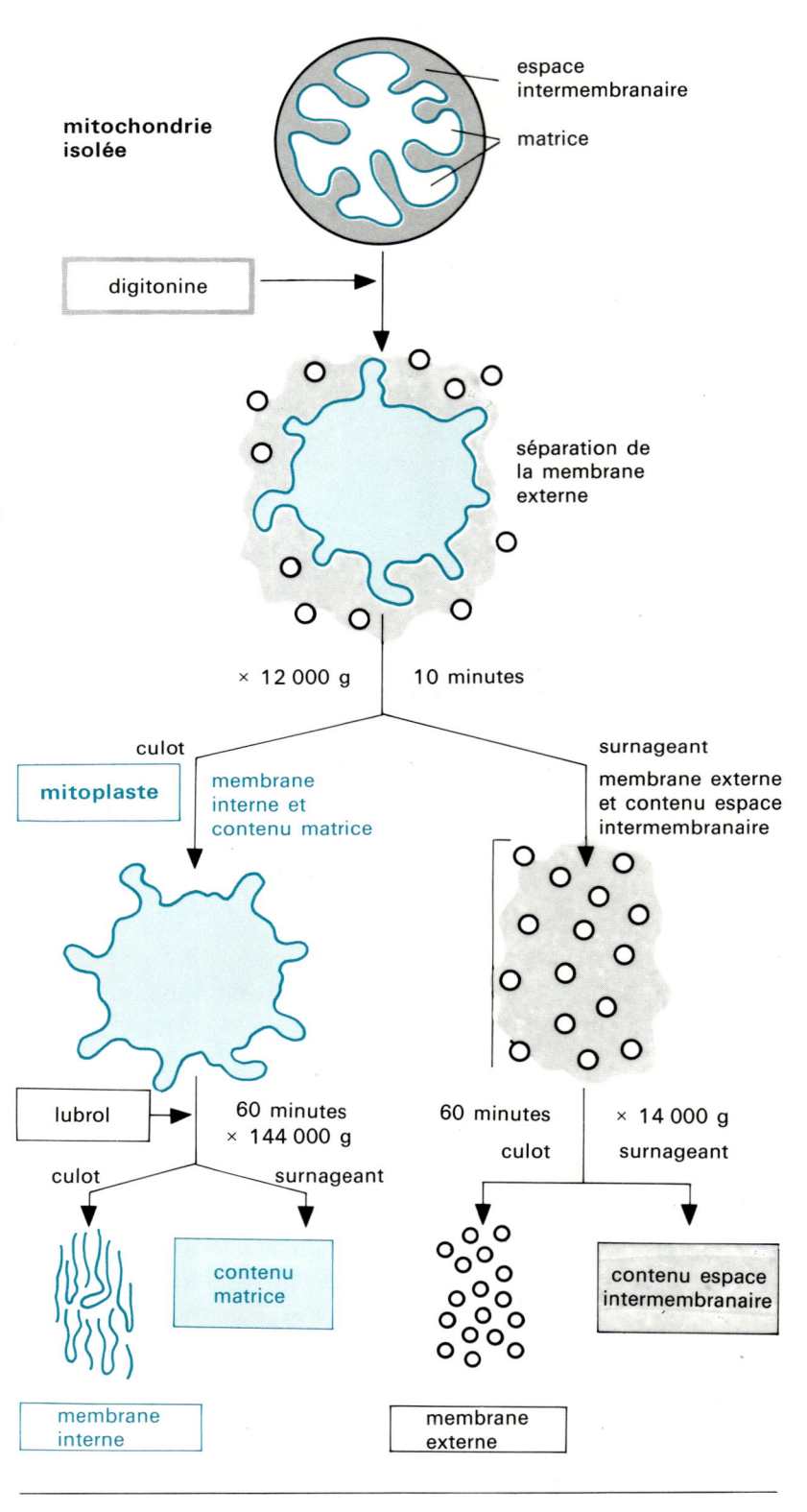

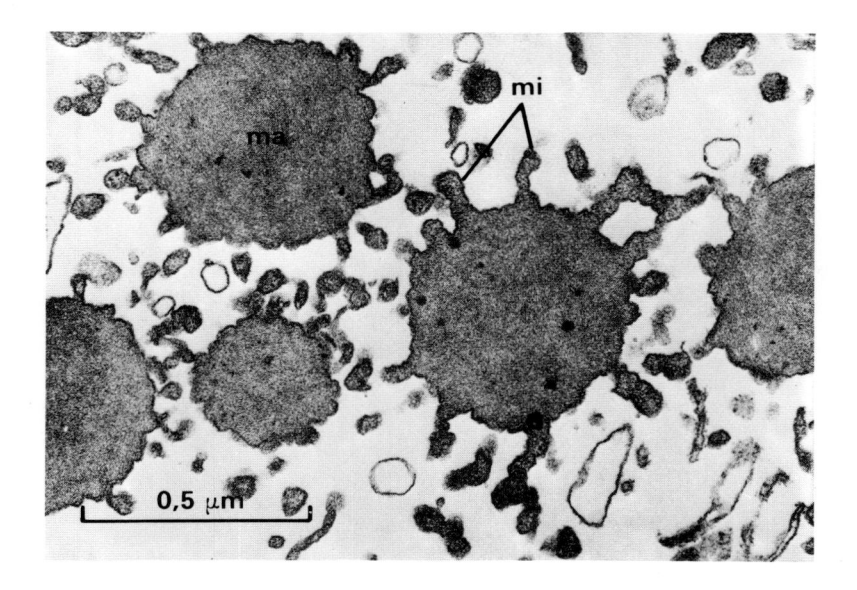

Figure 9.8
Mitoplastes préparés à partir de foie de rat.
Cette préparation est obtenue par action de digitonine sur des mitochondries isolées. La membrane interne mi, restée intacte, est évaginée en de nombreuses digitations et limite la matrice ma; × 60 000 (micrographie électronique C. Schnaitman et J.W. Greenawalt, 1968).

rompues par un second détergent; après ce traitement des mitoplastes on obtient par centrifugation un culot de membranes internes et le contenu de la matrice se trouve dilué dans le surnageant (fig. 9.7 et 9.8).

Une autre façon de préparer des sous-fractions mitochondriales consiste à soumettre les mitochondries isolées à l'action d'ultrasons (sonication) dont les vibrations de haute fréquence cassent les membranes. Surtout employée sur des mitochondries de cœur de bœuf, cette technique fragmente les membranes en vésicules closes de 0,1 micron de diamètre environ et que l'on nomme *particules submitochondriales* (fig. 9.9). Les mitochondries des fibres musculaires cardiaques ayant de très nombreuses crêtes, les particules provenant de la membrane interne sont très largement les plus nombreuses. L'examen en coloration négative des particules submitochondriales montre que les sphères attachées à la membrane interne sont situées vers l'extérieur des vésicules et en contact avec le milieu d'isolement; au cours de la sonication il y a donc un retournement de la membrane interne.

La pureté des fractions et sous-fractions est contrôlée soit morphologiquement par examen au microscope électronique, soit biochimiquement en mesurant les activités d'enzymes localisées dans d'autres constituants et qui n'existent pas dans les mitochondries (hydrolases lysosomales, glucose-6-phosphatase du réticulum, catalase des peroxysomes); on estime ainsi le taux de contamination des préparations.

Figure 9.9
Isolement de particules submitochondriales.
Après avoir été isolées, les mitochondries sont soumises à l'action des ultrasons qui fragmentent les crêtes de la membrane interne en vésicules closes appelées particules submitochondriales. Dans cette sous-fraction, la membrane interne est retournée puisque les sphères sont en contact avec le milieu d'isolement alors que dans les mitochondries entières, ces sphères sont en contact avec la matrice.

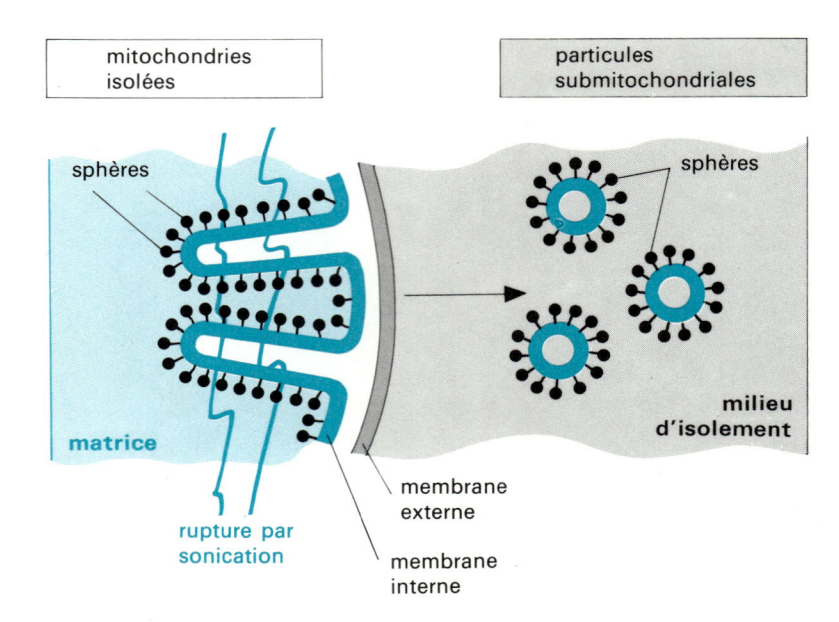

9.2.3. Analyse chimique

Les mitochondries de foie de rat et de cœur de bœuf sont celles dont la composition est la mieux connue et c'est d'elles que nous parlerons essentiellement. Les analyses biochimiques des fractions et sous-fractions isolées à partir d'autres types cellulaires conduisent aux mêmes conclusions générales.

La membrane externe et la membrane interne sont très différentes tant par leur composition en lipides que par leur composition en protéines; en particulier la membrane interne possède une chaîne de transport d'électrons jusqu'à l'oxygène appelée *chaîne respiratoire* et une *ATPase* qui récupère une partie de l'énergie libérée par le transport d'électrons en catalysant la phosphorylation de l'ADP en ATP. Ce couplage de réactions de phosphorylation avec des réactions d'oxydation qui se déroule au niveau de la membrane interne est la *phosphorylation oxydative*.

L'espace intermembranaire ne renferme que quelques enzymes alors que la matrice contient un équipement enzymatique très riche catalysant *l'oxydation de nombreuses molécules de combustibles :* glucides, acides gras, acides aminés, en CO_2 et H_2O. Enfin la mitochondrie possède dans sa matrice une *information* propre, l'ADN mitochondrial, les enzymes de sa réplication, et les constituants nécessaires à la *synthèse de protéines* comme les mitoribosomes qui sont d'un autre type que ceux du cytoplasme de la cellule.

9.2.3.1. MEMBRANE EXTERNE

La membrane mitochondriale externe contient 40 % de lipides et 60 % de protéines. Les lipides sont surtout des phospholipides à chaînes d'acides gras très insaturés (les principaux étant la phosphatidylcholine et la phophatidyléthanolamine), le cholestérol étant en faible proportion. L'analyse par électrophorèse révèle 14 chaînes polypeptidiques majeures dont la plupart sont hydrophobes et qui correspondent à des enzymes et à une chaîne de transport d'électrons.

Les enzymes sont principalement des enzymes qui interviennent dans le métabolisme des lipides comme l'acyl-CoA-synthétase (ou thiokinase) qui active les acides gras avant leur oxydation. La chaîne de transport d'électrons comporte le cytochrome b_5 et une NADH-déshydrogénase : la NADH-cytochrome b_5 - réductase.

La membrane externe présente donc certaines analogies de composition avec les membranes du réticulum endoplasmique : elles ont toutes deux des enzymes du métabolisme des lipides, le cytochrome b_5 et la réductase correspondante mais les analogies s'arrêtent là ; si les phospholipides sont de mêmes types leurs proportions sont différentes. Les membranes du réticulum sont plus riches en cholestérol et ont des enzymes plus nombreuses. Dans le foie, la membrane mitochondriale externe ne possède ni glucose-6-phosphatase, ni la chaîne de transport d'électrons à cytochrome P 450.

La membrane externe des mitochondries possède une monoamine oxydase flavoprotéique qui oxyde les monoamines en aldéhydes (oxydation par exemple de la noradrénaline par les mitochondries des fibres nerveuses au niveau de leurs terminaisons (voir volume I, chapitre 1). Cette enzyme est intéressante car elle n'existe pas dans les autres parties de la cellule ; la mise en évidence de son activité dans une fraction signale la présence de membranes externes : on dit que cette enzyme est un « marqueur » de ce constituant mitochondrial. La recherche de l'activité de la monoamine oxydase permet donc de savoir si des fractions sont contaminées par des mitochondries ou si des sous-fractions membrane interne renferment ou non des fragments de membrane externe. Il faut remarquer que cette enzyme n'existe pas dans la membrane externe des mitochondries de levure et de *Tetrahymena*.

9.2.3.2. MEMBRANE INTERNE

La membrane interne des mitochondries est beaucoup plus riche en protéines que les autres membranes de la cellule puisque celles-ci représentent 80 % de ses constituants, les 20 % restants étant des lipides.

La composition en lipides est originale : il n'y a pas de cholestérol, 20 % des phospholipides sont des *cardiolipides* (diphosphatidyl-glycérols à quatre chaînes d'acides gras, fig. 9.10 ; ils ont été d'abord trouvés dans le cœur où les mitochondries sont nombreuses et possèdent de multiples crêtes) ; les autres phospholipides sont surtout la phosphatidylcholine et la phosphatidyléthanolamine qui sont en même quantité. Notons que l'absence de cholestérol et la présence de cardiolipides sont également des caractères de la composition lipidique de la membrane plasmique des bactéries et des lamelles des chloroplastes. Après solubilisation des membranes internes par le SDS (dodécyl sulfate de sodium qui est un détergent) l'électrophorèse montre 24 chaînes polypeptidiques majeures dont les poids molécu-

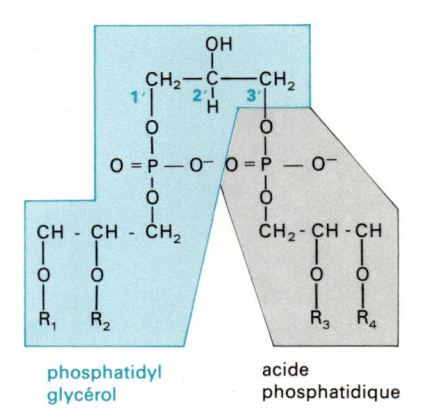

Figure 9.10
Structure des cardiolipides.
Ce sont des phosphoglycérides à quatre chaînes d'acides gras ; ils sont constitués d'une molécule de phosphatidylglycérol dont le groupement hydroxyle situé en 3′ est estérifié par une molécule d'acide phosphatidique ; R_1, R_2, R_3, R_4, chaînes d'acides gras.

laires s'échelonnent entre 10 000 et 90 000, certaines d'entre elles étant glycosylées. En fait il existe au moins 60 protéines différentes dont l'identification est loin d'être achevée; celles qui sont les plus diverses et aussi celles qui quantitativement sont les plus abondantes sont des protéines hydrophobes qui correspondent à 65% des protéines membranaires.

Les protéines les mieux connues de la membrane interne peuvent se classer en trois groupes selon leurs rôles physiologiques : les constituants de la chaîne respiratoire et des enzymes annexes, l'ATPase qui permet le couplage des oxydations à la phosphorylation de l'ADP, des transporteurs spécifiques.

Constituants de la chaîne respiratoire et enzymes associées.

Ce sont des transporteurs d'électrons qui catalysent des réactions d'oxydoréduction et correspondent à des catégories différentes de molécules : les uns transportent simultanément électrons et protons, ce sont des transporteurs d'hydrogène auxquels appartiennent les déshydrogénases flavoprotéiques et l'hydroquinone; les autres ne transportent que des électrons et sont des métalloprotéines : cytochromes, protéines fer-soufre en particulier.

La principale *déshydrogénase flavoprotéique* est la NADH-déshydrogénase dont le groupement prosthétique est le flavine mononucléotide ou FMN; elle catalyse le transfert de deux électrons du NADH à un accepteur qui est ainsi réduit; cet accepteur est une quinone, l'ubiquinone.

L'ubiquinone ou coenzyme Q est un dérivé benzoquinonique ayant une longue chaîne hydrophobe formée d'unités isoprène (10 unités chez les animaux ou CoQ_{10}, 6 chez les levures ou CoQ_6). L'ubiquinone peut également recevoir des électrons d'autres déshydrogénases flaviniques dont le groupement prosthétique est le FAD; certaines de ces déshydrogénases sont en solution dans la matrice mitochondriale (voir plus loin); d'autres comme la succinodéshydrogénase ou la glycérol-3-phosphate déshydrogénase sont liées à la membrane interne.

Les *cytochromes* sont des protéines dont le groupement prosthétique est l'hème (porphyrine-fer) tout comme dans la myoglobine ou l'hémoglobine; des résidus d'acides aminés situés au voisinage de l'atome de fer de l'hème empêchent que l'oxygène vienne se fixer si bien que les cytochromes ne sont pas des transporteurs d'oxygène comme l'hémoglobine. Par contre le fer pouvant passer de l'état ferreux réduit (Fe^{2+}) à l'état ferrique oxydé (Fe^{3+}) par perte d'un électron ou réciproquement de l'état ferrique à l'état ferreux par gain d'un électron, les cytochromes sont des transporteurs d'électrons. A la différence du FMN de la NADH-déshydrogénase qui peut échanger deux électrons, les cytochromes ne peuvent en échanger qu'un seul.

La chaîne respiratoire de la membrane mitochondriale interne comprend cinq cytochromes que l'on peut classer dans l'ordre croissant des valeurs de leur potentiel d'oxydoréduction standard et qui sont respectivement les cytochromes b, c_1, c, a et a_3. A l'exception du cytochrome c que l'on peut détacher de la membrane par action d'une solution saline concentrée, tous sont hydrophobes et fortement liés à la membrane interne. Ils se distinguent les uns des autres par leur poids moléculaire, la nature de leur partie peptidique (plusieurs chaînes polypeptidiques pour les cytochromes a et a_3, une seule pour les autres), celle de leur groupement porphyrine et son type de liaison à la partie protéique (covalente pour les cytochromes c et c_1, non covalente pour les autres), enfin par leur spectre d'absorption. Les cytochromes a et a_3 sont intimement associés l'un à l'autre en un complexe appelé aussi *cytochrome oxydase* qui contient de plus deux atomes de cuivre et qui peut transférer ses électrons à l'oxygène moléculaire.

Les *protéines fer-soufre* sont au moins de sept types différents; le fer et le soufre qu'elles contiennent sont en proportion équimoléculaire et le fer n'est pas lié à un noyau porphyrine mais comme dans les cytochromes peut changer de valence et donc permettre le transport d'électrons. Ces protéines jouent certainement un rôle très important mais celui-ci n'est pas encore bien compris. Notons que la NADH-déshydrogénase et la succinodéshydrogénase sont également des protéines fer-soufre, mais ce sont les seules dont la fonction soit connue.

Dans les cellules qui synthétisent les hormones stéroïdes, la membrane interne des mitochondries, qui sont à crêtes tubulaires, possède en plus de la chaîne respiratoire, une chaîne de transport d'électrons à cytochrome P450; cette chaîne avec celle du réticulum endoplasmique lisse participe à certaines des étapes de la stéroïdogenèse (voir volume I, chapitre 6).

ATPase mitochondriale.

L'ATPase responsable de la phosphorylation couplée au transport d'électrons et qu'il conviendrait mieux d'appeler ATP synthétase est un ensemble macromoléculaire complexe comportant au moins 15 chaînes polypeptidiques (PM de l'ensemble 470 000 environ; PM des chaînes compris entre 7 500 et 53 000). L'activité de cette enzyme est inhibée spécifiquement par un antibiotique, l'oligomycine. Les études biochimiques associées aux observations morphologiques ont montré que les sphères de 90 Å attachées à la face matricielle de la membrane interne représentent chacune la partie catalytique du complexe; le pédoncule qui relie la sphère à la membrane est le constituant responsable de la sensibilité à l'oligomycine de l'ATPase; enfin, le complexe comporte une *base hydrophobe* intégrée à la membrane alors que la sphère et son pédoncule sont solubles dans l'eau (fig. 9.11).

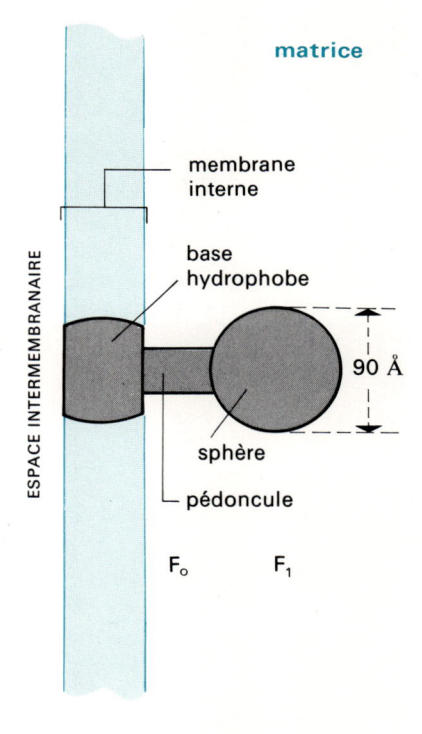

Figure 9.11
Schéma de l'organisation de l'ATPase mitochondriale.
Ce complexe est constitué de trois parties : une sphère à 90 Å de diamètre qui est la partie catalytique du complexe et qui est appelée facteur F_1; un pédoncule ou facteur F_0 qui confère à F_1 sa sensibilité à l'oligomycine; une base hydrophobe qui est intégrée à la membrane interne. La sphère et le pédoncule baignent dans la matrice.

90   Mitochondries

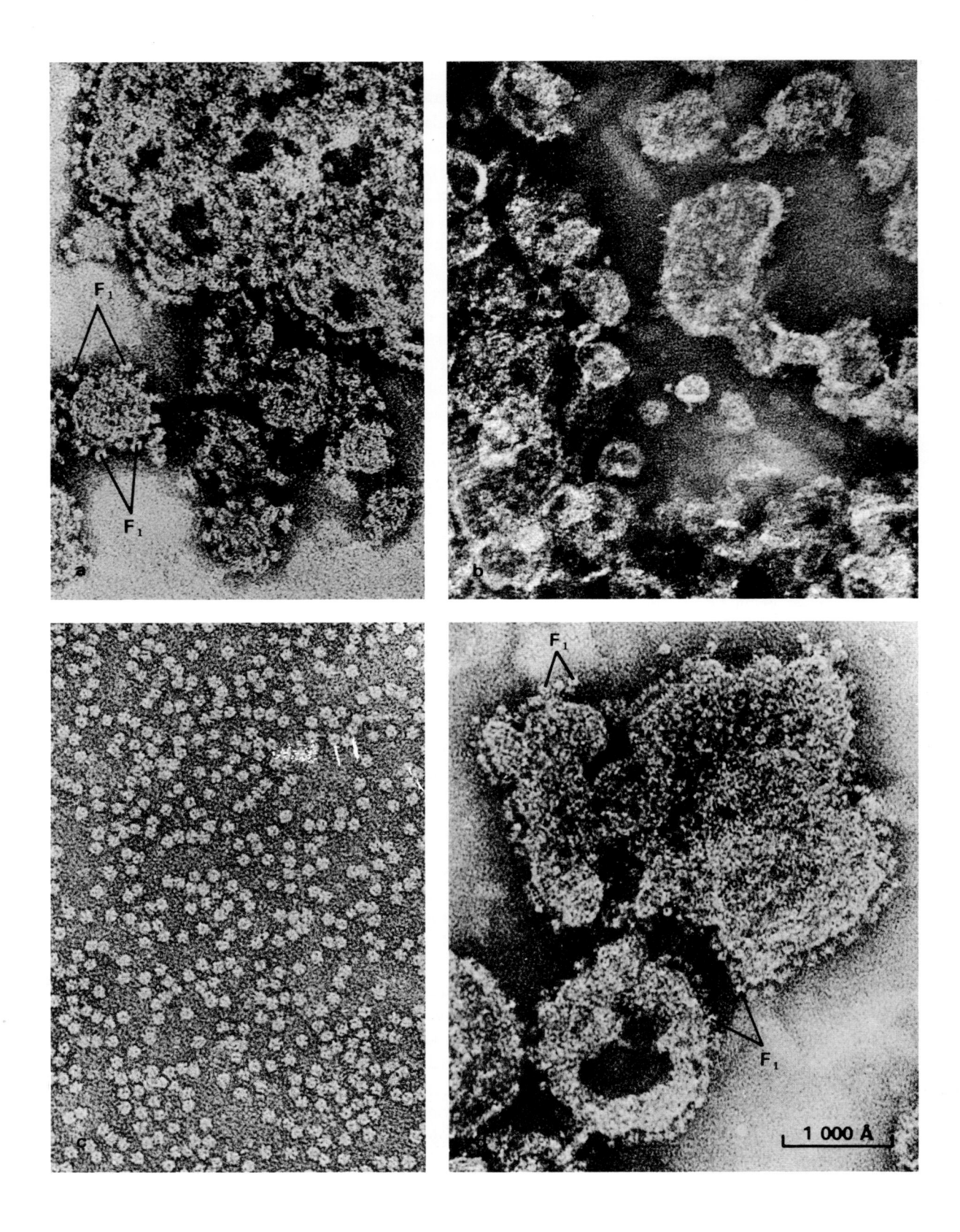

Ces résultats ont été obtenus par Racker et son école sur des particules submitochondriales préparées à partir de cœur de bœuf; ils ont été confirmés depuis dans les mitochondries de foie de rat et de levures. En soumettant ces particules submitochondriales (ce sont des vésicules de membranes internes dont la face matricielle est en contact avec le milieu d'isolement des mitochondries, voir fig. 9.9) à l'action de la trypsine ou de l'urée ou encore à une sonication prolongée, on détache les sphères de leur pédoncule. Les particules dénudées ainsi obtenues transportent encore les électrons mais ne peuvent plus phosphoryler l'ADP. En solution les sphères ont une activité ATPasique qui est détruite à zéro degré et qui n'est pas inhibée par l'oligomycine. En ajoutant à des particules dénudées une solution contenant des sphères celles-ci se réassocient spontanément aux membranes des particules (fig. 9.12). Les particules complètes ainsi reconstituées réalisent la phosphorylation oxydative et de plus la phosphorylation est inhibée par l'oligomycine. Les sphères sont donc bien responsables du couplage de la phosphorylation à l'oxydation; elles correspondent à une ATPase que Racker a appelé *facteur de couplage* F_1 et que l'on nomme encore ATPase F_1. Ces expériences de dissociation et de reconstitution faites *in vitro* montrent que la partie catalytique de l'ATPase mitochondriale peut non seulement s'associer au pédoncule par un processus d'autoassemblage mais que ses propriétés sont différentes quand elle est en solution ou attachée à la membrane : en solution l'ATPase F_1 est dénaturée par le froid et n'est pas sensible à l'oligomycine; attachée à la membrane elle est conservée par le froid et inhibée par l'antibiotique. Nous retrouvons là un phénomène fondamental : l'environnement dans lequel est placé un édifice protéique détermine certaines de ses propriétés. Par une méthodologie semblable on a aussi démontré que le pédoncule est responsable de la sensibilité à l'oligomycine de l'ATPase, on l'appelle encore facteur F_o ou OSCP (oligomycin-sensibility conferring protein).

Figure 9.12
Dissociation et reconstitution in vitro de particules submitochondriales.

a) Particules submitochondriales préparées par sonication de mitochondries isolées à partir de cœur de bœuf. Les sphères ou facteur F_1 sont attachées par un pédoncule à des vésicules de membrane interne retournée; ces particules réalisent simultanément le transport des électrons à l'oxygène et la phosphorylation de l'ADP en ATP.

b) Particules submitochondriales dont les sphères F_1 ont été détachées par action de l'urée; ces particules dénudées transportent les électrons à l'oxygène mais ne phosphorylent pas l'ADP.

c) Facteurs F_1 isolés; ce sont les sphères qui ont été détachées par action de l'urée.

d) Particules submitochondriales reconstituées par addition de facteurs F_1 à des particules dénudées comme celles de la préparation b. Ces particules portent des sphères F_1; elles transportent les électrons à l'oxygène et phosphorylent l'ADP. Comme les particules de la préparation a, elles réalisent *in vitro* la phosphorylation oxydative.
Échantillons observés en coloration négative; $\times$ 200 000 (micrographies électroniques E. Racker, 1968).

Transporteurs spécifiques

Alors que la membrane externe est perméable à la plupart des solutés de faible poids moléculaire, la membrane interne est très imperméable ; les transports passifs ou actifs qui se font à travers cette membrane sont contrôlés par des canaux ou des transporteurs spécifiques de nature protéique ou glycoprotéique encore mal connus. Certains transporteurs permettent des échanges passifs équimoléculaires de part et d'autre de la membrane par un phénomène d'échange-diffusion (voir volume I, chapitre 1). Le plus étudié est le transporteur ADP-ATP, protéine hydrophobe, qui couple les mouvements de ces deux nucléotides : une molécule d'ADP entre dans la matrice en même temps que sort une molécule d'ATP ; ce transporteur possède très certainement deux sites de fixation situés chacun sur une des faces de la membrane interne, l'un pour l'ADP, l'autre pour l'ATP ; il a une étroite spécificité puisqu'il ne peut transporter aucun nucléotide — mono, di ou triphosphate — autre que l'ADP, l'ATP, le d ADP et le d ATP (nucléotides à désoxyribose). Enfin, ce transporteur ADP-ATP est inhibé par un alcaloïde extrait d'un chardon méditerranéen : *l'atractyloside*.

D'autres transporteurs sont responsables de phénomènes d'échange-diffusion pour divers solutés : transporteur de phosphate ($H_2PO_4^-$ échangé avec OH^-), transporteurs d'acides dicarboxyliques (échange d'acides malique, succinique ou fumarique entre eux ou avec du phosphate), transporteurs d'acides tricarboxyliques (citrique-isocitrique) ou encore transporteurs d'acides aminés (acide glutamique — acide aspartique). A ces transporteurs de nature protéique il faut ajouter une petite molécule à 7 carbones : la *carnitine* qui permet le transport passif des acides gras, ceux-ci étant liés à la carnitine grâce à une enzyme de la membrane interne, la carnitine-acyltransférase (voir plus loin fig. 9.31). Il existe également dans la membrane interne des mitochondries des transporteurs permettant des échanges actifs se faisant contre les gradients de concentration ; dans ces cas, l'énergie nécessaire provient du transport d'électrons le long de la chaîne respiratoire. On peut citer parmi ces transporteurs actifs, un transporteur de phosphate (qui est sans doute le même que celui qui permet aussi l'échange passif du phosphate) et un transporteur de cations grâce auquel des ions calcium Ca^{2+} peuvent s'accumuler dans la matrice. Nous reviendrons plus loin sur l'importance de ces transporteurs dans le fonctionnement des mitochondries et sa régulation (voir p. 131 et suiv.).

Architecture moléculaire

Comme dans toute membrane cellulaire, les lipides de la membrane mitochondriale interne sont arrangés en une bicouche sur les bords de laquelle sont disposées les protéines périphériques hydrosolubles ; les protéines intégrées hydrophobes sont enchâssées entre les

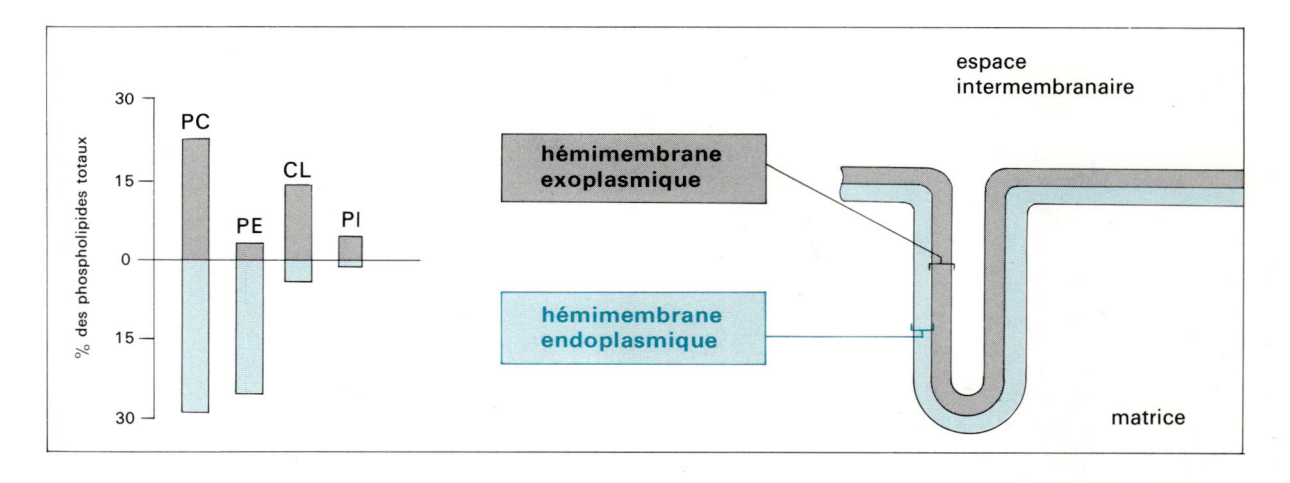

Figure 9.13
Asymétrie de la distribution des phospholipides dans la membrane mitochondriale interne.
Le pourcentage des principaux phospholipides n'est pas le même dans chacune des deux hémimembranes. L'hémimembrane exoplasmique en regard de l'espace intermembranaire, est riche en cardiolipides CL et en phosphatidylinositol PI alors que l'hémimembrane endoplasmique, en regard de la matrice, est riche en phosphatidyléthanolamine PE. Le pourcentage de phosphatidylcholine PC est voisin dans les deux hémimembranes ; mitochondries de foie de rat (d'après J.W. De Pierre et L. Ernster, 1977).

chaînes d'acides gras et ces interactions lipides-chaînes polypeptidiques sont essentielles pour que se manifestent les propriétés biologiques de ces protéines.

L'édifice moléculaire de la membrane interne est asymétrique : les proportions des divers phospholipides ne sont pas les mêmes dans les deux hémimembranes (fig. 9.13) et les protéines ont chacune une disposition particulière dans la bicouche lipidique. Comme nous l'avons déjà décrit, les sphères de 90 Å qui sont la portion catalytique de l'ATPase mitochondriale sont attachées uniquement à la face matricielle. Parmi les protéines dont on connaît la localisation citons le cytochrome c, la glycérol-3-phosphate déshydrogénase et la carnitine acyltransférase qui sont situées sur la face extérieure de la membrane, donc en contact avec le contenu de l'espace intramembranaire. Par contre la succinodéshydrogénase est attachée à la face matricielle. Le complexe formé par les cytochromes a et a_3 est intégré dans la membrane interne qu'il traverse de part en part, le cytochrome a affleurant du côté de l'espace intermembranaire, le cytochrome a_3 du côté matriciel (voir aussi fig. 9.21 p. 114).

La position de ces protéines membranaires a été déterminée en comparant l'effet de certains traitements sur les mitochondries isolées dont la membrane externe est soit déchirée soit totalement enlevée (mitoplastes) et sur des particules submitochondriales préparées à partir du même organe. En incubant de telles fractions dans des solutions salines ou d'urée, on détache les protéines périphériques : celles qui sont détachées des mitoplastes proviennent de la face extérieure de la membrane interne, celles qui sont détachées des particules submitochondriales proviennent de sa face matricielle. De même, en faisant agir des anticorps spécifiques de protéines membranaires (anti-cytochrome c, anti-cytochrome a_3, anti-ATPase F_1) on détermine sur quelle face de la membrane la protéine est accessible à l'anticorps. On mesure, selon la nature de la protéine étudiée si la phosphorylation ou le transport d'électron se font encore ou plus directement on utilise des anticorps marqués à la ferritine et on observe les fractions au microscope électronique (fig. 9.14).

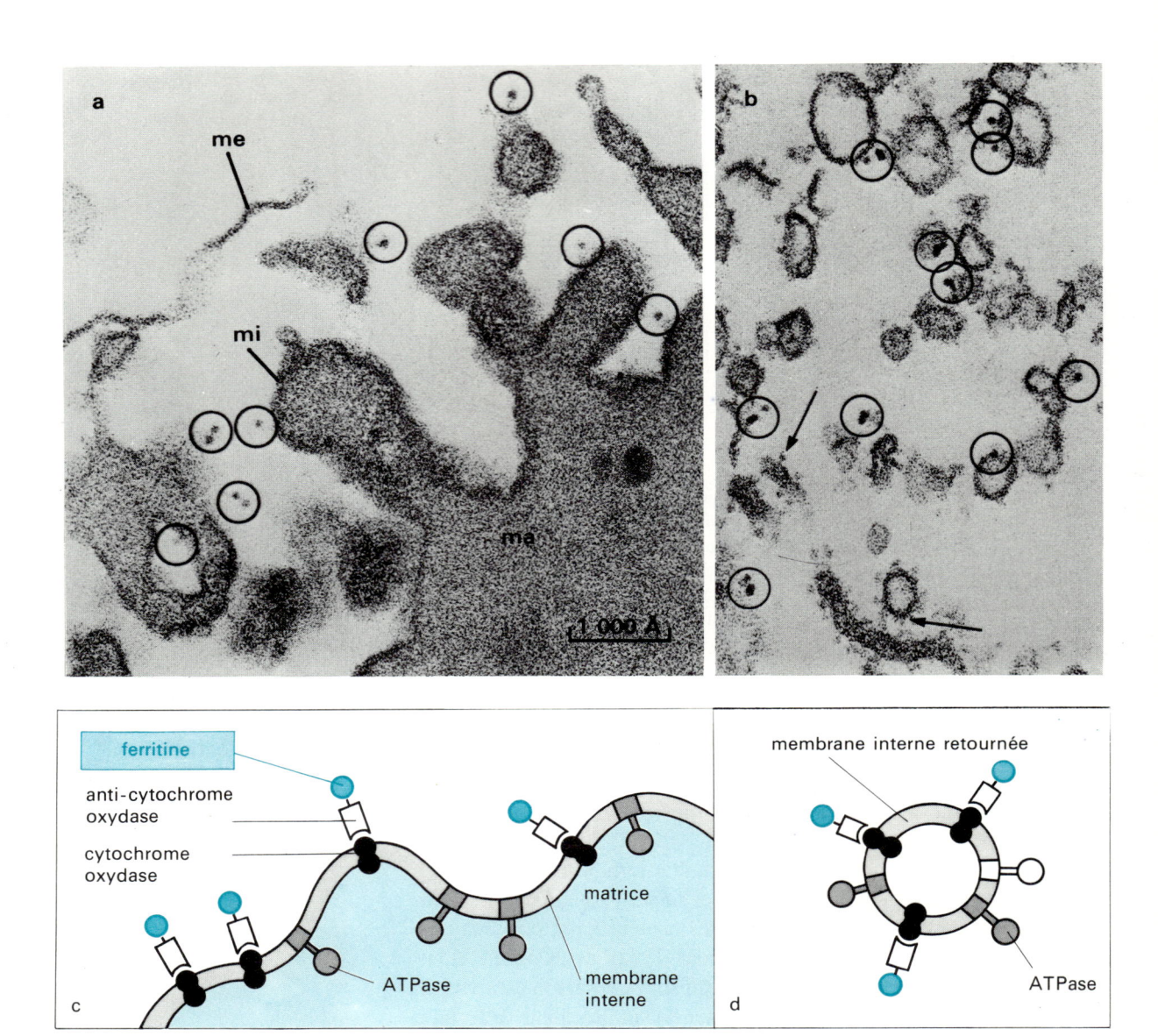

Figure 9.14
Caractère transmembranaire de la cytochrome oxydase.

Mise en évidence par anticorps anti-cytochrome oxydase marquée à la ferritine. La ferritine est une protéine globulaire riche en fer qui diffuse les électrons et peut donc être repérée dans les coupes minces observées au microscope électronique.

a) Coupe de mitochondrie isolée dont la membrane externe me a été partiellement rompue par action de la digitonine et qui a été incubée en présence d'anti-cytochrome oxydase marquée. Les particules de ferritine (entourées d'un cercle) sont visibles le long de la face externe de la membrane interne mi. La cytochrome oxydase est donc accessible à l'anticorps sur la face de la membrane interne qui est en regard de l'espace intermembranaire ; ma, matrice, $\times$ 150 000.

b) Coupe de particules submitochondriales obtenues par sonication et incubées en présence d'anti-cytochrome oxydase. Les particules de ferritine (entourées d'un cercle) sont visibles à la surface de certaines particules. La membrane de ces particules correspondant à la membrane interne retournée (voir fig. 9.9), ceci montre que la cytochrome oxydase est également accessible à l'anticorps sur la face matricielle de la membrane interne, celle qui est en regard de la matrice. Les flèches indiquent les sphères de l'ATPase mitochondriale. Ces observations montrent que la cytochrome oxydase — ensemble des cytochromes a et a_3 — traverse complètement la membrane interne $\times$ 150 000 (micrographies électroniques C.R. Hackenbrock et K.M. Hammon, 1975).

c et d) Schémas interprétatifs des aspects observés sur les micrographies a et b.

Nous verrons (p. 115) que cette asymétrie de l'architecture moléculaire de la membrane interne des mitochondries est essentielle pour son fonctionnement, et que, de plus, on peut reconstituer *in vitro* des vésicules dont la membrane effectue certaines étapes du transport d'électrons auxquelles sont couplées des phosphorylations de l'ADP.

9.2.3.3. CONTENU DE L'ESPACE INTERMEMBRANAIRE

L'espace intermembranaire renferme quelques enzymes dont la plus intéressante est l'adénylkinase qui convertit les molécules d'AMP en molécules d'ATP selon la réaction :

$$\text{AMP} + \text{ATP} \rightarrow 2\,\text{ADP}$$

Les molécules d'ADP ainsi formées peuvent traverser la membrane interne par échange-diffusion grâce au transporteur sensible à l'atractyloside et être ensuite phosphorylées en molécules d'ATP. Sans l'adénylkinase les molécules d'AMP produites à l'extérieur de la mitochondrie ne pourraient plus être utilisées pour la régénération de l'ATP.

9.2.3.4. CONTENU DE LA MATRICE

La matrice contient de nombreux ions et molécules en solution, en particulier des ions calcium et phosphate, des nucléotides (ADP, ATP), du coenzyme A, des métabolites et de très nombreuses enzymes. Enfin la matrice renferme de l'ADN, des ARN et des ribosomes.

Enzymes

Les nombreuses enzymes de la matrice font que cette partie de la mitochondrie est la plus riche en protéines (dans le foie, 67% des protéines mitochondriales totales, celles de la membrane externe, de la membrane interne et de l'espace intermembranaire représentant respectivement 6%, 21% et 6%). On peut classer ces enzymes en deux ensembles : celles qui participent à l'oxydation de nombreux combustibles et celles qui interviennent dans la réplication, la transcription et la traduction de l'information mitochondriale. L'activité de ces enzymes ne peut être mise en évidence *in vitro,* que si les membranes des mitochondries ont été rompues (comme les hydrolases lysosomales, les enzymes de la matrice montrent un phénomène de latence, voir plus haut, p. 41).

Les enzymes de la matrice qui interviennent dans l'oxydation des combustibles sont tout d'abord celles qui transforment en acétyl-CoA l'acide pyruvique, les acides gras et certains acides aminés. Ce sont ensuite les enzymes qui catalysent l'oxydation de l'acétyl-CoA en CO_2 et atomes d'hydrogène par une série de réactions qui constituent le *cycle des acides tricarboxyliques* ou *cycle de Krebs;* cette oxydation met en jeu en particulier des déshydrogénases pyrimidiques à NAD situées dans la matrice et une déshydrogénase flavoprotéique localisée dans la membrane interne : la succinodéshydrogénase.

Les enzymes qui interviennent dans l'exploitation et la copie de l'information mitochondriale sont comparables à celles qui participent à la transcription, à la traduction et à la réplication de l'information du noyau mais elles en sont néanmoins différentes; par exemple, l'ARN polymérase mitochondriale qui catalyse la transcription de l'ADN des mitochondries n'est constituée que d'une seule sous-unité (PM 64 000 dans les mitochondries d'une moisissure, le *Neurospora* ou dans celles du foie de rat : PM 45 000 dans celles des ovocytes d'un amphibien, le xénope); par contre les ARN polymérases du noyau des eucaryotes comme celles des procaryotes comportent plusieurs sous-unités et sont de gros édifices moléculaires (PM compris entre 400 000 et 500 000, voir volume III, chapitre 14).

ADN mitochondrial

L'ADN mitochondrial ou ADNmt est isolé à partir de fractions mitochondries; c'est un ADN circulaire à deux chaînes polynucléoti-

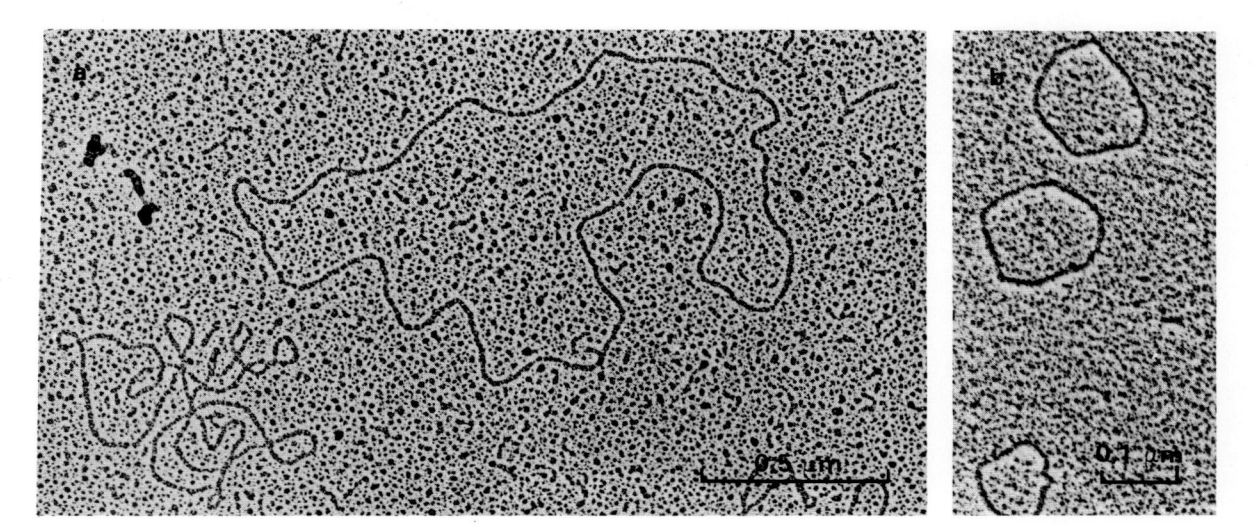

Figure 9.15
ADN mitochondrial.
Molécules isolées observées au microscope électronique; le contraste est obtenu par ombrage métallique.
a) ADN de mitochondries de foie de rat; c'est une molécule circulaire dont la circonférence mesure 5 microns; l'une des molécules (à gauche) est torsadée sur elle-même; × 50 000 (micrographie électronique B.J. Stevens, 1974).
b) ADN de kinétoplaste de trypanosome. La circonférence de ces « mini-cercles » mesure 0,45 micron; × 100 000 (micrographie électronique E. Delain et G. Riou, 1969).

diques dont les séquences de bases sont complémentaires; c'est un ADN de petite taille puisque la longueur de la molécule qui se referme sur elle-même est au plus d'une trentaine de microns (fig. 9.15). Chez les animaux l'ADNmt mesure 5 microns, chez les microorganismes et les plantes supérieures il est 3 à 5 fois plus long (*Tetrahymena*, 17 microns; *Neurospora*, haricot : 20 microns; levure : 25 microns ce qui correspond à des poids moléculaires compris entre 10 et 50 millions. L'ADNmt des trypanosomes est de deux types : 1- un ADNmt très petit puisqu'il s'agit de « mini-cercles » de 0,3 à 0,8 micron de circonférence selon les espèces; ces mini-cercles sont rassemblés au niveau du kinétoplaste et constituent 95 à 97 % de l'ADN mitochondrial total; leur poids moléculaire est compris entre 560 000 et 1,5 millions de daltons. 2- un ADNmt beaucoup plus grand qui forme des « maxi-cercles » de 10 microns de circonférence et qui représente 3 à 5 % de l'ADNmt total.

L'ADNmt et l'ADN nucléaire extraits des mêmes cellules sont différents par leur composition en bases, leur densité et ils ne s'hybrident pas. Les ADNmt provenant de tissus différents d'un même organisme sont semblables : les ADNmt du foie et du rein de rat s'hybrident à 100 %; par contre l'ADNmt de rat ne s'hybride qu'à 80 % avec celui des mitochondries de souris, et qu'à 20 % avec celui des mitochondries de poulet. Les différences entre ADNmt sont d'autant plus grandes que les ADNmt proviennent d'espèces plus éloignées du point de vue systématique.

La quantité d'ADNmt contenue dans une cellule représente une proportion plus ou moins importante de l'ADN total de la cellule (ADNmt + nucléaire) : moins de 1 % dans les cellules somatiques animales, 15 % chez les levures, 28 % chez les trypanosomes. Dans les cellules qui ont un grand nombre de mitochondries comme les ovocytes d'amphibiens, la quantité d'ADNmt est relativement énorme puisqu'elle est 300 à 500 fois plus élevée que celle de l'ADN du noyau. Même lorsque cette proportion est faible, la quantité totale d'ADNmt correspond à un nombre plus ou moins grand de molécules d'ADNmt : 50 dans une levure haploïde, 2 000 au moins dans un hépatocyte de rat, plus de 10 000 dans le kinétoplaste d'un trypanosome, 200 000 dans un ovocyte d'amphibien. Étant donné que dans une cellule vivante les mitochondries fusionnent et se fragmentent sans cesse, il est difficile de connaître avec précision le nombre de molécules d'ADNmt par mitochondrie; néanmoins on peut estimer qu'en général une mitochondrie possède plusieurs molécules d'ADNmt dans sa matrice (7 à 25 dans une mitochondrie de levure haploïde; 3 à 5 dans celle d'un hépatocyte de rat; 8 chez un *Tetrahymena*; 10 000 ou plus dans la mitochondrie unique d'un trypanosome); chaque molécule d'ADNmt est probablement attachée à la membrane interne par une petite région de sa chaîne.

Comme nous le verrons, l'ADN mitochondrial porte une information génétique codant pour quelques protéines et ARN mitochondriaux; cet ADNmt représente donc un génome qui est distinct du génome nucléaire de la cellule eucaryote. La quantité d'information portée par l'ADNmt est environ 100 000 fois inférieure à celle portée par l'ADN du noyau (ADNmt humain : $1,2.10^4$ paires de bases; ADN nucléaire humain : $5,6.10^9$ paires de base) mais il existe de nombreuses copies de cette information mitochondriale. Il y a donc amplification du génome mitochondrial alors que le génome nucléaire n'est représenté en général, que par une ou deux copies (une dans les cellules haploïdes, deux dans les diploïdes, exceptionnellement plus dans les cellules polyploïdes).

Ribosomes mitochondriaux

Les ribosomes mitochondriaux ou *mitoribosomes* sont différents de ceux du cytoplasme non seulement par leur constante de sédimentation et celles des deux sous-unités, grosse et petite, qui les composent mais aussi par le poids moléculaire de leurs ARN et leur taille (taille mesurée sur des mitoribosomes isolés et observés au microscope électronique en coloration négative; fig.9.16 et tableau 9.III). Selon les groupes systématiques les mitoribosomes n'ont pas les mêmes caractères : ceux des cellules animales ont la plus faible constante de sédimentation : 55 à 60 S mais ce ne sont pas pour autant des « mini-ribosomes »; les deux sous-unités des ribosomes mitochon-

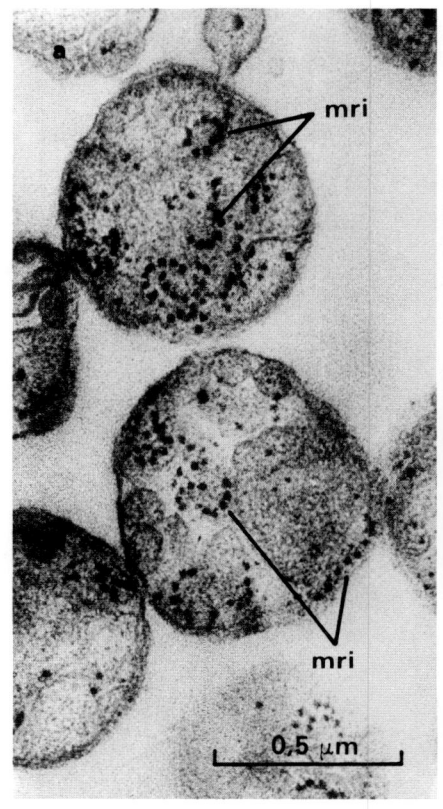

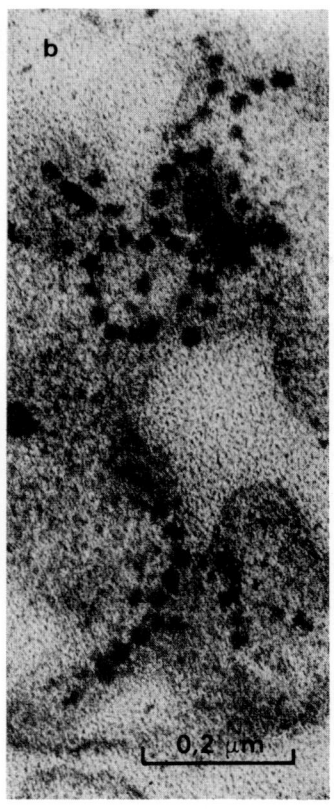

Figure 9.16
Mitoribosomes.
a et b) Coupes de mitochondries isolées à partir de levures montrant de nombreux mitoribosomes mri; leur disposition en chapelet suggère qu'il s'agit de polysomes, c'est-à-dire de mitoribosomes qui traduisent simultanément le même ARN messager; a × 50 000; b × 100 000 (levure *Candida utilis,* micrographies électroniques P.V. Vignais et coll., 1972).
c et d) Mitoribosomes observés en coloration négative. Les flèches indiquent les limites entre les deux sous-unités; a) mitoribosomes de foie de rat; b) mitoribosomes du protozoaire cilié *Tetrahymena;* × 200 000 (micrographies électroniques B.J. Stevens, 1974).

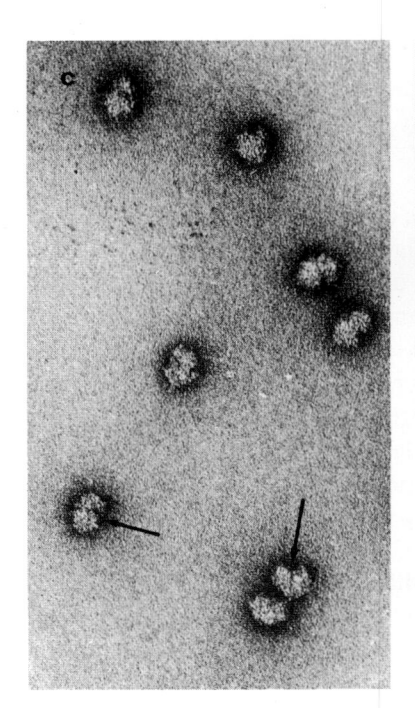

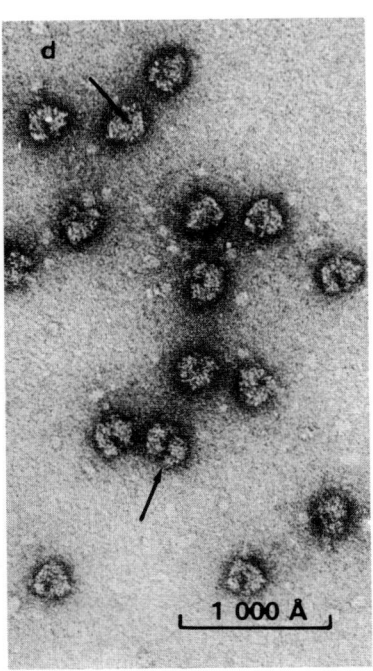

Composition chimique 99

Tableau 9. III
Propriétés des ribosomes bactériens comparés à celles des mitoribosomes et des ribosomes cytoplasmiques de cellules eucaryotes.
Levure : *Candida utilis* (d'après P.V. Vignais, B.J. Stevens, J. Huet et J. André, 1972) ; cilié : *Tetrahymena pyrifomis* (d'après J.J. Curgy, G. Ledoigt, B.J. Stevens et J. André, 1974) ; insecte : *Locusta migratoria* ou criquet migrateur (d'après W. Kleinow, W. Neupert et F. Miller, 1974).

constante de sédimentation (S)	ribosomes colibacille	mitoribosomes			ribosomes cytoplasmiques		
		levure	cilié	insecte	levure	cilié	insecte
particules	70	72	80	60	80		
grosse sous unité	50	50	55	40	60		
petite sous unité	30	36	55	25	40		
PM ARN grosse sous unité × 10^6	1,1	1,2	0,8	0,5	1,6	1,3	1,5
PM ARN petite sous unité × 10^6	0,5	0,7	0,5	0,3	0,8	0,7	0,7
taille des ribosomes (Å)	200 × 160	260 × 210	370 × 240	270 × 210	260 × 220	275 × 230	290 × 250

driaux de *Tetrahymena* ont la même constante de sédimentation mais se distinguent l'une de l'autre par la taille de leur ARN.

En plus d'une longue chaîne d'ARN la grosse sous unité des mitoribosomes possède une petite molécule d'ARN 4 S qui est peut-être l'équivalent de l'ARN 5 S des autres ribosomes. Les mitoribosomes se distinguent également des ribosomes des procaryotes et des eucaryotes par une plus forte proportion de protéines. Contrairement à ce que l'on pensait initialement, les mitoribosomes ne sont pas de type bactérien bien que leur fonctionnement soit inhibé par le chloramphénicol ; d'ailleurs leurs sous-unités ne s'hybrident pas avec celles des ribosomes du colibacille alors que c'est le cas entre les sous-unités de bactéries d'espèces différentes.

Notons enfin que, quand ils synthétisent des chaînes polypeptidiques, les ribosomes mitochondriaux sont attachés à la face matricielle de la membrane interne (voir plus haut fig. 9.1, p. 74).

9.3. Rôles physiologiques

Comme nous venons de le voir, les deux compartiments mitochondriaux — matrice et espace intermembranaire — et les membranes qui les délimitent — membrane externe et membrane interne — ont des compositions chimiques et des équipements enzymatiques différents. A cette compartimentation morphologique et biochimique correspond une compartimentation fonctionnelle : chacun des compartiments et chacune des membranes remplissent des rôles physiologiques particuliers et coordonnés dont les principaux reviennent à la matrice et à la membrane interne. Les fonctions des mitochondries peuvent se classer en trois ensembles : oxydations respiratoires, échanges d'électrons, d'ions et de molécules avec le hyaloplasme, ces phénomènes étant très importants dans le métabolisme des cellules aérobies, enfin synthèse de constituants mitochondriaux.

Ces résultats ont été acquis principalement en étudiant *in vitro* le fonctionnement de fractions et sous-fractions mitochondries incubées dans des milieux de composition appropriée et grâce aux efforts de Chance, Green, Lehninger, Racker et leurs écoles.

9.3.1. Oxydations respiratoires

Les oxydations respiratoires qui se déroulent dans les mitochondries se font en trois étapes successives : la première est l'oxydation en acétate actif ou acétyl-CoA de l'acide pyruvique et des acides gras provenant respectivement de la glycolyse et de la dégradation de certains acides aminés et de l'hydrolyse des lipides, réactions qui se déroulent dans la matrice ; la seconde étape est la dégradation complète de l'acétyle en CO_2 et atomes d'hydrogène grâce aux décarboxylations et aux déshydrogénations du cycle de Krebs. La troisième étape est la phosphorylation oxydative : les électrons provenant des atomes d'hydrogène enlevés aux substrats lors de leur oxydation pendant les étapes précédentes, ces électrons sont transportés jusqu'à l'oxygène moléculaire par la chaîne respiratoire. L'oxygène moléculaire devient alors un anion superoxyde O_2^- qui, grâce à l'action d'enzymes, est immédiatement combiné à des protons pour donner de l'eau. Au cours du transport des électrons à l'oxygène, l'énergie perdue par les électrons est en partie récupérée pour la phosphorylation de molécules d'ADP en ATP. L'oxydation des combustibles en acétyl-CoA et la dégradation de ce dernier dans le cycle de Krebs se font dans la matrice, la phosphorylation oxydative s'effectue au niveau de la membrane mitochondriale interne.

9.3.1.1. FORMATION D'ACÉTYL-CoA DANS LA MATRICE

C'est par oxydation de l'acide pyruvique ou des acides gras activés en acyl-CoA que se forme l'acétyl-CoA dans la matrice.

Décarboxylation oxydative de l'acide pyruvique

L'*acide pyruvique* provient essentiellement de la glycolyse (voir le volume I, chapitre 2) et en faible quantité de la dégradation de quelques acides aminés (alanine, cystéine, glycine et sérine); il subit dans la matrice une décarboxylation oxydative en présence de coenzyme A et de NAD^+. La réaction globale est la suivante :

$$CH_3 - CO - COOH + CoASH + NAD^+ \rightarrow CH_3 - CO - SCoA + CO_2 + NADH + H^+$$

Cette formation d'acétyl-CoA à partir de l'acide pyruvique se fait par étapes catalysées par 3 enzymes différentes associées en un complexe plurienzymatique de grande taille (400 Å de diamètre).

Interviennent successivement : une pyruvate déshydrogénase E_1, une dihydrolipoyl transacétylase E_2 et une dihydrolipoyl déshydrogénase E_3 dont les groupes prosthétiques sont respectivement : le thiamine pyrophosphate, l'acide lipoïque (acide organique à groupe disulfure réactif sur lequel est transféré le groupe acétyle avant de l'être ensuite au coenzyme A) et le FAD (le FAD de la déshydrogénase E_3 qui est réduit en $FADH_2$ lors de l'avant dernière étape est réoxydé par le NAD^+ à la dernière étape, fig. 9.17).

Les 3 enzymes E_1, E_2 et E_3 sont associées en un complexe plurienzymatique : le *complexe pyruvate déshydrogénasique* qui a été isolé des mitochondries de rein et de cœur de mammifères. Ce complexe a un poids moléculaire supérieur à 7 millions et comporte environ 90 chaînes polypeptidiques associées en un polyèdre régulier (icosaèdre à 20 faces). Le centre de l'édifice est occupé par 60 chaînes polypeptidiques correspondant à 20 molécules de transacétylase E_2, les déshydrogénases étant situées en périphérie, 20 molécules de E_1 et 5 à 6 de E_3. A ces sous-unités catalytiques sont associées quelques molécules d'enzymes qui activent ou inactivent la pyruvate déshydrogénase; nous verrons plus loin (p. 108) l'importance de ces sous-unités régulatrices. Après avoir été dissociées, les sous-unités du complexe se réassocient spontanément par autoassemblage en un complexe fonctionnel E_2 pouvant se lier indifféremment à E_1 ou à E_3, mais E_1 ne pouvant s'associer directement à E_3, ce qui montre bien que la transacétylase E_2 occupe le centre du complexe.

β-oxydation des acides gras

Les *acides gras saturés* dont la molécule comporte un nombre pair d'atomes de carbone sont dégradés en acétyl-CoA dans la matrice après avoir été activés au niveau des membranes mitochondriales. Cette dégradation se fait par l'amputation séquentielle de fragments à 2 carbones à l'extrémité carboxyle de la molécule et elle correspond à l'oxydation du carbone situé en position β, d'où le nom de *β-oxydation* donné à ce phénomène.

Chaque β-oxydation aboutit au détachement d'un acétyl-CoA et il reste un acide gras raccourci de 2 carbones et déjà activé par le

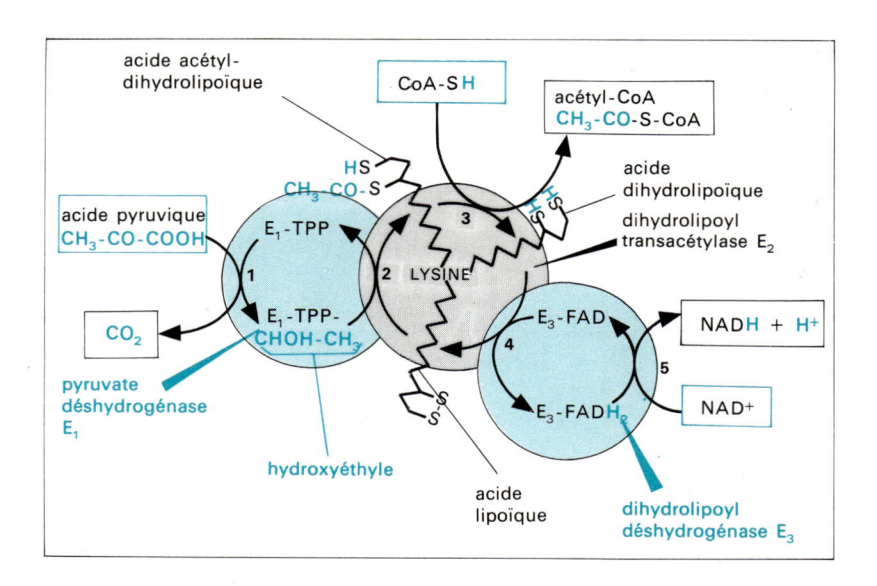

Figure 9.17
Décarboxylation oxydative de l'acide pyruvique par le complexe pyruvate déshydrogénase.
Elle se fait en 5 étapes successives. 1) Cette réaction est catalysée par la pyruvate déshydrogénase E_1 dont le coenzyme est le thiamine pyrophosphate TPP ; l'acide pyruvique est décarboxylé en hydroxyéthyle qui est alors lié au TPP. 2) Le groupe hydroxyéthyle est déshydrogéné en acétyle qui est transféré sur un atome de soufre de l'acide dihydrolipoïque, coenzyme de la dihydrolipoyl transacétylase E_2 qui catalyse cette réaction. 3) Le radical acétyle est ensuite transféré de l'acide acétyl-dihydrolipoïque au coenzyme A ; l'acétyl-CoA ainsi formé se détache du complexe enzymatique ; cette réaction, comme la précédente, est catalysée par la transacétylase E_2. 4) L'acide dihydrolipoïque est réoxydé grâce à la dihydrolipoyl déshydrogénase E_3 dont le groupement prosthétique est le FAD. 5) Le $FADH_2$ est enfin réoxydé par NAD^+. L'acide lipoïque est une chaîne à 8 carbones qui est attachée de façon covalente à un résidu lysine de la transacétylase E_2 ; cette chaîne est flexible et on pense qu'elle peut ainsi amener le groupe hydroxyéthyle du site actif de la déshydrogénase E_1 au site actif de la transacétylase E_2 où ce groupe est oxydé ; de même cette chaîne flexible amènerait le radical acétyle de ce premier site actif de E_2 à celui où est catalysée la transacétylation ; enfin grâce à cette flexibilité, l'extrémité réduite de l'acide dihydrolipoïque viendrait se placer sur le site actif de la déshydrogénase E_3. Dans le complexe, les molécules de transacétylase E_2 sont situées au centre, celles des déshydrogénases E_1 et E_3 en périphérie (d'après A.L. Lehninger, 1976).

coenzyme A qui devient le substrat d'une nouvelle β-oxydation. Chaque cycle oxydatif met en jeu quatre réactions successives (fig. 9.18) dont deux sont des oxydations catalysées respectivement par une deshydrogénase à FAD et une déshydrogénase à NAD. On peut, comme l'a proposé le biochimiste Lynen (1955), représenter

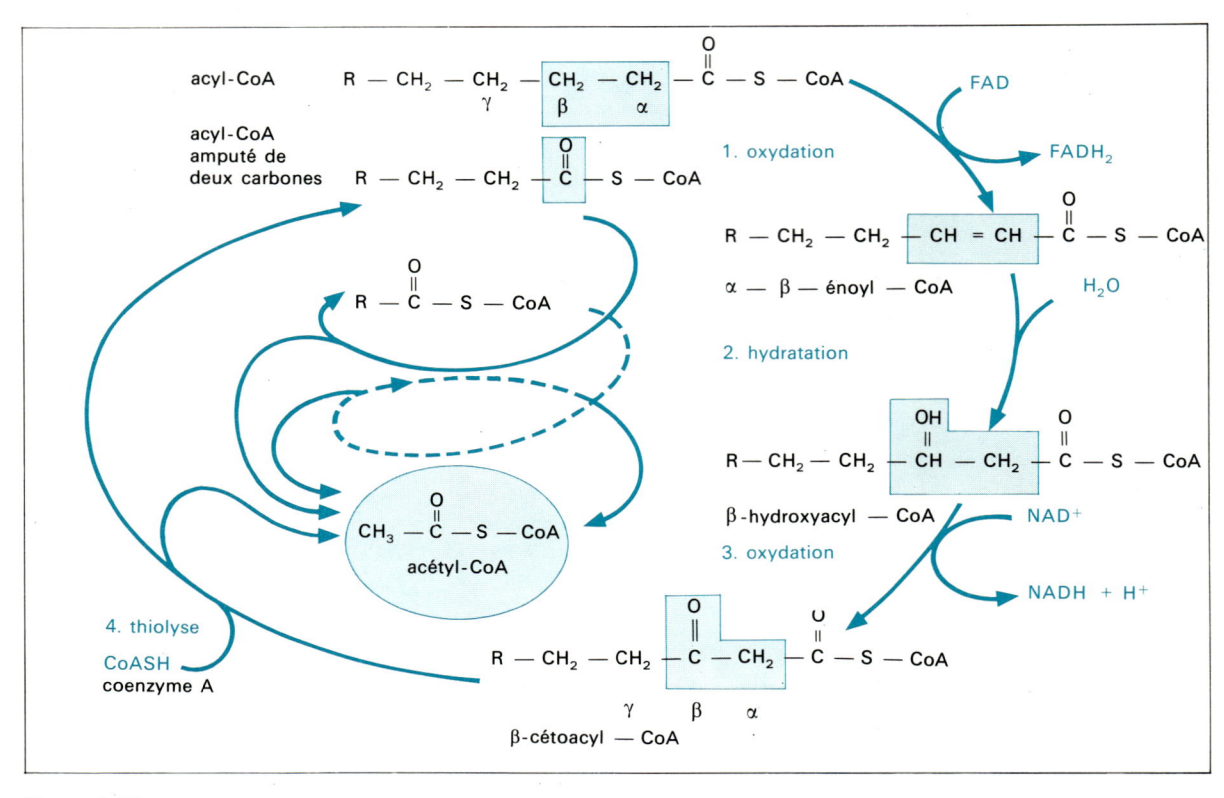

Figure 9.18
β-oxydation des acides gras saturés activés en acyl-CoA.
Elle se déroule en quatre étapes : 1) Oxydation par déshydrogénation en α-β catalysée par une acyl-CoA déshydrogénase à FAD (il existe quatre acyl-CoA déshydrogénases différentes, chacune étant spécifique d'une certaine longueur de chaîne d'acides gras). 2) Hydratation de l'α-énoyl-CoA obtenu en β-hydroxyacyl-CoA catalysée par une énoyl-CoA hydratase.
3) Oxydation du groupe alcool en -β par déshydrogénation catalysée par une hydroxyacyl-CoA déshydrogénase à NAD (cette enzyme est peu spécifique de la longueur de la chaîne) ; il se forme un β-cétoacyl-CoA. 4) Clivage de la liaison β-γ du cétoacyl-CoA par le groupe thiol d'une nouvelle molécule de coenzyme A ; cette thiolyse catalysée par une β-cétothiolase libère une molécule d'acétyl-CoA et il reste un acétyl-CoA amputé de deux carbones qui peut alors subir une nouvelle β-oxydation. Les chaînes d'acides gras à nombre pair de carbones sont ainsi complètement oxydées en molécules d'acétate actif.

schématiquement la séquence des β-oxydations par une hélice dont chaque spire correspond à la consommation d'une molécule de coenzyme A et au départ de quatre atomes d'hydrogène qui sont captés par les groupes prosthétiques, FAD et NAD, déshydrogénases spécifiques. Les acides gras non saturés sont également oxydés dans la matrice selon un mécanisme analogue à celui de l'oxydation des acides saturés ; néanmoins des réactions supplémentaires sont nécessaires pour amener les doubles liaisons en des positions convenables pour la β-oxydation de la chaîne.

La matrice des mitochondries ne contient qu'une faible quantité de coenzyme A; aussi pour que se poursuive l'oxydation de l'acide pyruvique et des acides gras activés est-il nécessaire que le CoA engagé dans l'acétyl-CoA soit libéré. Cette régénération du CoA intramitochondrial est réalisée, comme nous le verrons, quand l'acétyl-CoA se combine à l'acide oxaloacétique lors de son oxydation dans le cycle de Krebs.

9.3.1.2. OXYDATION DE L'ACÉTYL-CoA DANS LA MATRICE : LE CYCLE DE KREBS

L'acétate actif produit par l'oxydation de l'acide pyruvique et des acides gras est lui-même oxydé dans la matrice au cours de réactions qui font intervenir des di-et des triacides à quatre, cinq et six atomes de carbone. Comme l'a démontré Krebs (1938), la succession de ces réactions constitue un cycle qu'il a appelé *cycle de l'acide citrique* et que l'on désigne habituellement sous le nom de cycle des *acides tricarboxyliques* ou cycle de Krebs (fig. 9.19).

Le cycle débute par la condensation de l'acétyl-CoA avec l'acide oxaloacétique à 4 carbones; cette première réaction libère le coensyme A (il peut alors être réutilisé pour la formation de nouvelles molécules d'acétate actif) et donne l'acide citrique à 6 carbones. Puis il y a isomérisation de l'acide citrique en acide isocitrique qui subit alors une décarboxylation oxydative. L'acide α-cétoglutarique à 5 carbones ainsi obtenu est ensuite transformé en succinyl-CoA par une décarboxylation oxydative dont le mécanisme ressemble à celle de l'acide pyruvique. Par clivage de la liaison thioester il se forme de l'acide succinique à 4 carbones et l'énergie libérée par cette réaction permet la phosphorylation d'une molécule de GDP en GTP (GTP qui est ensuite utilisé pour phosphoryler une molécule d'ADP en ATP). L'acide succinique est oxydé en acide fumarique et ce dernier est hydraté en acide malique. Enfin par oxydation de l'acide malique est régénéré l'acide oxaloacétique sur lequel se condense un acétyl-CoA et un nouveau cycle peut ainsi recommencer.

Le cycle de Krebs constitue non seulement la voie finale de l'oxydation des chaînes carbonées des glucides et des acides gras mais aussi celle des chaînes carbonées des acides aminés. En effet, le catabolisme des acides aminés, qui se déroule pour l'essentiel dans le hyaloplasme, conduit selon leur nature à la formation d'acide pyruvique et d'acétyl-CoA et également à la formation d'acides oxaloacétique, α-cétoglutarique, fumarique et de succinyl-CoA; tous ces composés entrent dans le cycle de Krebs où ils sont dégradés par déshydrogénation et décarboxylation.

Quant à l'ammoniaque provenant des acides aminés, il est soit éliminé directement (nombreux vertébrés et invertébrés aquatiques) soit éliminé sous forme d'acide urique (oiseaux et reptiles) ou d'urée (amphibiens adultes et mammifères); dans ce dernier cas la transformation de l'ammoniaque en urée se fait au cours d'un cycle de réactions auquel prennent part les mitochondries (voir plus loin p. 127).

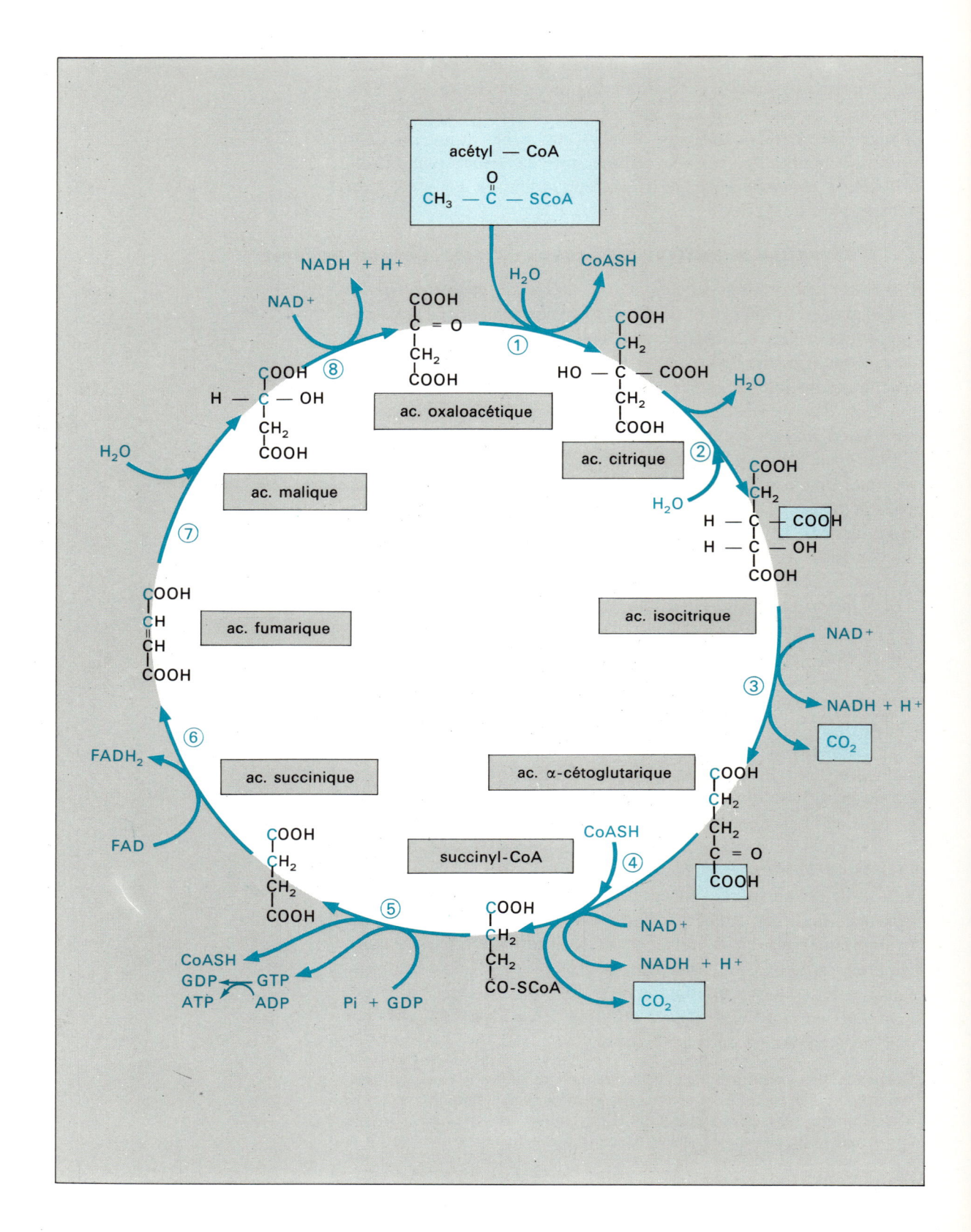

Cycle de Krebs

- acétyl — CoA : $CH_3-\underset{\underset{O}{\|}}{C}-SCoA$
- ac. oxaloacétique
- ac. citrique
- ac. isocitrique
- ac. α-cétoglutarique
- succinyl-CoA
- ac. succinique
- ac. fumarique
- ac. malique

Étapes ① à ⑧

Entrées/sorties :
- ① H_2O, CoASH
- ② H_2O, H_2O
- ③ NAD^+ → $NADH + H^+$, CO_2
- ④ CoASH, NAD^+ → $NADH + H^+$, CO_2
- ⑤ $Pi + GDP$ → GTP → GDP ; ADP → ATP ; CoASH
- ⑥ FAD → $FADH_2$
- ⑦ H_2O
- ⑧ NAD^+ → $NADH + H^+$

Mitochondries

Figure 9.19
Oxydation de l'acétyl-CoA : le cycle de Krebs.
Dans la matrice ce cycle débute par la formation d'acide citrique, l'acétyl-CoA se condensant avec l'acide oxaloacétique (1) ; puis l'acide citrique est isomérisé en acide isocitrique (2) qui est alors oxydé et décarboxylé en acide α-cétoglutarique (3) ; une décarboxylation oxydative en présence de coenzyme A donne le succinyl-CoA (4). Une liaison riche en énergie (1 GTP) est produite lors du clivage du succinyl-CoA en acide succinique (5) ; l'oxydation de l'acide succinique donne l'acide fumarique (6) qui est ensuite hydraté en acide malique (7). L'oxydation de l'acide malique redonne l'acide oxaloacétique (8). Au cours du cycle 3 NAD$^+$ et 1 FAD ont été réduits ; ils sont ensuite réoxydés au niveau de la chaîne respiratoire. Les diverses réactions du cycle sont catalysées par les enzymes suivantes :
1) citrate synthétase ; 2) aconitase ; 3) isocitrate déshydrogénase ; 4) complexe α-cétoglutarate déshydrogénase ; 5) succinyl-CoA synthétase ;
6) succinodéshydrogénase ; 7) fumarase ; 8) malatedéshydrogénase.

Le bilan global des réactions du cycle de Krebs montre que 2 atomes de carbone sont entrés dans le cycle, ce sont ceux de l'acétate actif, et que 2 atomes de carbone ont été éliminés sous forme de gaz carbonique. De plus lors des quatre réactions d'oxydation par déshydrogénation il y a eu réduction de coenzymes, ce qui correspond au transfert de 3 paires d'électrons à 3 NAD$^+$ et d'une paire à un FAD donnant respectivement 3 NADH et 1 FADH$_2$.

Toutes ces réactions sont catalysées par des enzymes qui sont en solution dans la matrice à l'exception de la succinodéshydrogénase qui est intégrée à la membrane interne (son site actif est en regard de la matrice et c'est une protéine fer-soufre).

Seules sont organisées en complexe plurienzymatique les enzymes qui catalysent la décarboxylation oxydative de l'acide α-cétoglutarique en succinyl-CoA ; la réaction globale est la suivante :

acide α-cétoglutarique + CoASH + NAD$^+$ → succinyl-CoA + CO$_2$ + NADH + H$^+$

Ce complexe est très comparable au complexe pyruvate déshydrogénasique : il est constitué par l'association de 3 enzymes une α-cétoglutarate déshydrogénase, une transsuccinylase et une dihydrolipoyl déshydrogénase dont les groupes prosthétiques sont les mêmes que dans le complexe précédent. La dihydrolipoyl déshydrogénase est identique à celle qui participe à la décarboxylation oxydative de l'acide pyruvique ; en effet après avoir dissocié les 3 enzymes il est possible de reconstituer *in vitro* un complexe actif en remplaçant la déhydrolipoyl déshydrogénase par celle du complexe pyruvate déshydrogénasique.

Du point de vue énergétique le bilan est faible puisque l'oxydation de l'acétyl-CoA dans le cycle ne permet la formation que d'une seule liaison riche en énergie par phosphorylation d'1 GDP en 1 GTP (au cours de la réaction succinyl-CoA → acide succinique), GTP qui en réagissant avec l'ADP donne une molécule d'ATP.

Cette production d'ATP couplée au clivage de la liaison thioester du succinyl-CoA est dite *phosphorylation au niveau du substrat*; nous avons vu précédemment un autre cas d'une telle phosphorylation : lors de l'oxydation du glycéraldéhyde-3-phosphate pendant la glycolyse (volume I, chapitre 2).

Pour que le cycle continue à fonctionner, il faut que les coenzymes réduits soient réoxydés, cette réoxydation se faisant par transport d'électrons à l'oxygène moléculaire et c'est ce que nous étudierons dans le paragraphe suivant.

La régulation du cycle de Krebs est tout d'abord assurée par l'apport en acétyl-CoA dont la plus grande partie provient en général de la décarboxylation oxydative de l'acide pyruvique. L'activité du complexe pyruvate déshydrogénase qui catalyse cette réaction est inhibée par les produits de la réaction acétyl-CoA et NADH, ainsi que par l'ATP; par contre cette activité est stimulée par le coenzyme A, le NAD^+ et le calcium.

L'acétyl-CoA inhibe la dihydrolipoyl transacétylase du complexe (voir p. 102), le NADH et la dihydrolypoyl déshydrogénase. L'activité de la pyruvate déshydrogénase du complexe est contrôlée par des enzymes régulatrices qui sont elles-mêmes associées au complexe : la pyruvate déshydrogénase kinase et la pyruvate déshydrogénase phosphatase; la première inactive la déshydrogénase en phosphorylant à partir de l'ATP un de ses résidus sérine, la seconde réactive l'enzyme en déphosphorylant la sérine, réaction qui est favorisée par le calcium.

La régulation se fait également au niveau des enzymes du cycle grâce à divers effecteurs allostériques dont certains sont des intermédiaires du cycle lui-même. Par exemple, la citrate synthétase qui catalyse la condensation de l'acétyl-CoA avec l'acide oxaloacétique est inhibée par l'ATP et le succinyl-CoA; l'isocitrate déshydrogénase qui permet la transformation de l'acide isocitrique en acide α-cétoglutarique est inhibée par l'ATP et le NADH mais stimulée par l'ADP; la succinodéshydrogénase est inhibée par l'acide oxaloacétique et stimulée par le phosphate. De plus pour que le cycle continue à fonctionner il faut que les coenzymes réduits NADH et $FADH_2$ soient réoxydés par transport de leurs électrons à l'oxygène; l'énergie libérée par ce transport d'électrons permet la régénération de molécules d'ATP (voir plus loin) qui comme nous venons de l'indiquer sont des inhibiteurs allostériques de diverses enzymes du cycle de Krebs. Dans ces conditions il se fait un contrôle par rétroinhibition de l'oxydation de l'acétyl-CoA par la phosphorylation oxydative.

9.3.1.3. TRANSPORT D'ÉLECTRONS A L'OXYGÈNE PAR LA CHAîNE RESPIRATOIRE DE LA MEMBRANE INTERNE ET TRANSLOCATION SIMULTANÉE DE PROTONS DE LA MATRICE VERS L'ESPACE INTER-MEMBRANAIRE

Transport des électrons

Le transport des électrons jusqu'à l'oxygène depuis les coenzymes réduits NADH et $FADH_2$ se fait par une suite de réactions d'oxydo-réduction qui se déroulent dans la membrane interne et mettent en jeu les constituants de la chaîne respiratoire : déshydrogénases flavoprotéiques, ubiquinone, cytochromes et protéines fer-soufre (les constituants de cette chaîne représentent 25 % des protéines de la membrane interne). Chaque réaction fait intervenir deux des constituants de la chaîne dont les potentiels d'oxydoréduction dont différents : le constituant ayant le plus haut potentiel oxyde celui qui a le plus bas potentiel.

Le NADH, coenzyme de nombreuses déshydrogénases est réoxydé grâce à la NADH-déshydrogénase dont le groupe prosthétique flavinique FMN est ainsi réduit en $FMNH_2$; puis le $FMNH_2$ de la NADH-déshydrogénase est réoxydé par le coenzyme Q. Le $FADH_2$ est lui-même réoxydé par le coenzyme Q qui reçoit donc des électrons de diverses enzymes flavoprotéiques (NADH-déshydrogénase, succinodéshydrogénase, acyl-CoA déshydrogénase, glycérol-3-phosphate déshydrogénase). Les électrons du coenzyme Q réduit sont ensuite transférés aux cinq cytochromes de la chaîne dans l'ordre :

$$\text{cyt } b \rightarrow \text{cyt } c_1 \rightarrow \text{cyt } c \rightarrow \text{cyt } a \rightarrow \text{cyt } a_3$$

c'est-à-dire depuis le cytochrome qui a le plus bas potentiel d'oxydo-réduction, le cytochrome b jusqu'à celui qui a le potentiel le plus élevé, le cytochrome a_3. Entre les cytochromes s'intercalent des protéines fer-soufre mais leur nombre et leur position dans la chaîne sont encore mal connus (fig. 9.20).

Le transport d'électrons est inhibé spécifiquement par certaines substances qui agissent en des points précis de la chaîne; les plus connues sont la roténone (puissant insecticide) et l'*amytal* (barbiturique), qui bloquent le transport entre le NAD^+ et le coenzyme Q; l'*antimycine A* (antibiotique extrait d'un *Streptomyces*) qui bloque le transport entre le cytochrome b et le cytochrome c_1, enfin le transport entre les cytochromes $a + a_3$ et l'oxygène est inhibé par le *cyanure* et l'*oxyde de carbone*.

L'emploi de ces inhibiteurs montre également que la chaîne respiratoire peut être plus complexe que celle que nous avons décrite. Par exemple les mitochondries de l'inflorescence d'arum n'ont pas leur transport d'électrons à l'oxygène inhibé par le cyanure. Il semble que cette plante, comme bien d'autres, possède un cytochrome b particulier (cytochrome b_7) qui peut court-circuiter la partie de la chaîne comprise entre le cytochrome c et l'oxygène; dans ce cas, la chaîne

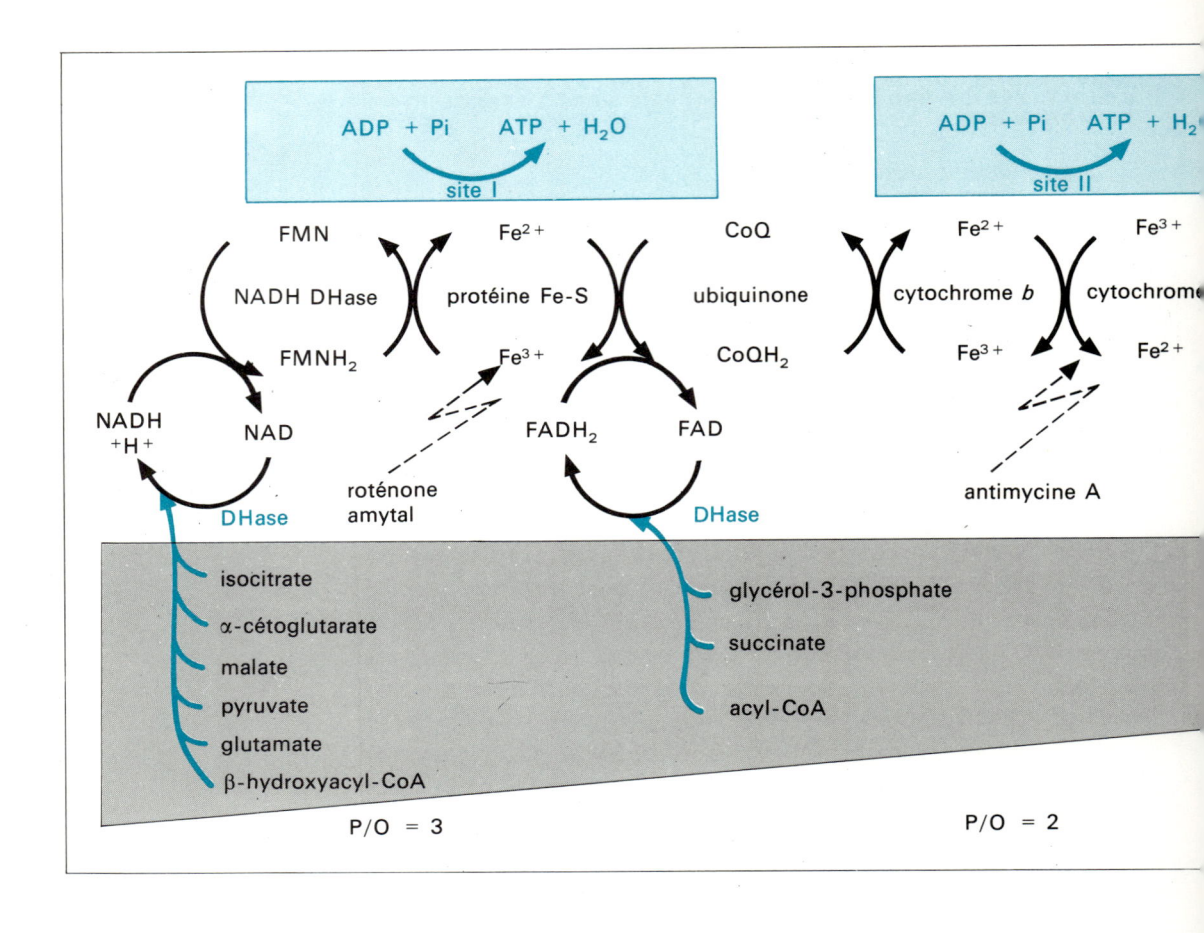

Figure 9.20
Principales oxydo-réductions de la chaîne respiratoire et sites de couplage.
Les électrons provenant des substrats oxydés grâce à des déshydrogénases à NAD entrent dans la chaîne au niveau de la NADH déshydrogénase (NADH DHase dont le groupement prosthétique est le flavine mononucléotide FMN). Les électrons provenant des substrats oxydés grâce à des déshydrogénases à FAD entrent dans la chaîne au niveau de l'ubiquinone ou CoQ. Du coenzyme Q les électrons passent successivement par les cytochromes b, c_1, c et a dont les atomes de fer de l'hème sont réduits en Fe^{2+} puis oxydés en Fe^{3+}. Le cytochrome a_3, qui possède des atomes de cuivre, transfère les électrons à l'oxygène moléculaire qui est ainsi réduit en ion superoxyde O_2^-, ion qui est lui-même transformé en eau grâce à une dismutase et une peroxydase. Le transport des électrons peut être inhibé en certains points de la chaîne par diverses substances : roténone, amytal, antimycine A, cyanure, oxyde de carbone. L'énergie libérée progressivement le long de la chaîne respiratoire est en partie récupérée pour régénérer de l'ATP par phosphorylation de l'ADP. Trois régions de la chaîne présentent des conditions thermodynamiques compatibles avec la phosphorylation de l'ADP, ce sont les sites de couplage I, II et III. Selon le substrat, l'index de phosphorylation oxydative P/O est égal à 3,2 ou 1, ces valeurs dépendant de l'endroit où les électrons venant des substrats entrent dans la chaîne respiratoire.

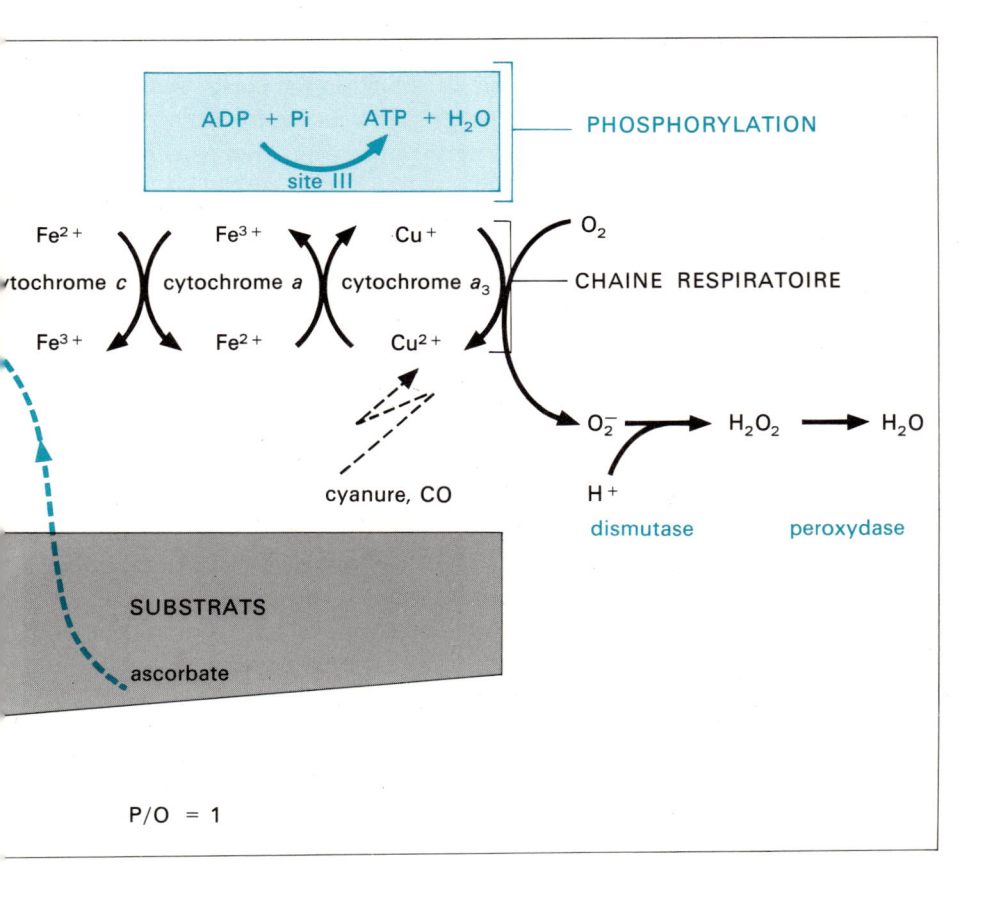

se partagerait en deux branches à partir du cytochrome b, l'une sensible au cyanure, l'autre insensible et débutant par le cytochrome b_7 et se poursuivant par des transporteurs qui ne sont pas encore connus. La séquence des transporteurs d'électrons serait donc la suivante :

$$CoQ - cyt\ b \begin{array}{l} \nearrow cyt\ b_7 \longrightarrow O_2 \\ \searrow cyt\ c_1 \rightarrow cyt\ c \rightarrow cyt\ a \rightarrow cyt\ a_3 \rightarrow O_2 \end{array}$$

L'endroit de la chaîne où le transport d'électrons est stoppé par un inhibiteur a été déterminé par spectrophotométrie d'une suspension de mitochondries isolées. On compare les spectres d'absorption des transporteurs d'une suspension de mitochondries en anaérobiose et d'une suspension en aérobiose et traitée par un inhibiteur ; cette technique mise au point par Chance est dite méthode des spectres de différence. En anaérobiose les transporteurs sont tous à l'état réduit alors qu'en présence d'oxygène et d'un inhibiteur les transporteurs situés en amont du point d'action de l'inhibiteur sont réduits et ceux situés en aval sont oxydés. Par exemple avec l'antimycine les cytochromes c et $a + a_3$ sont oxydés tandis que NAD, FMN et le cytochrome b restent à l'état réduit, ce qui montre que le transport des électrons est inhibé par cet antibiotique entre les cytochromes b et c.

Bien que le mécanisme de la réduction de l'oxygène par la cytochrome oxydase (formée par l'association des deux cytochromes a et

a_3) ne soit pas bien élucidé on pense que les électrons sont transférés du cytochrome a_3 à l'oxygène qui est réduit en ion superoxyde O_2^-. Grâce à des superoxyde dismutases présentes en forte concentration dans la matrice et dans l'espace intermembranaire, l'ion superoxyde qui est très réactif et très toxique, est transformé en eau oxygénée selon la réaction :

$$2 O_2^- + 2 H^+ \rightarrow H_2O_2 + O_2$$

l'eau oxygénée est enfin décomposée en eau par une catalase, enzyme qui catalyse la réaction :

$$H_2O_2 \rightarrow H_2O + \frac{1}{2} O_2$$

Les constituants de la chaîne respiratoire ne sont pas en proportions équimoléculaires (selon la provenance des mitochondries — tissus — organismes — ces proportions sont différentes) et ne sont pas non plus associés en complexes plurienzymatiques ni disposés de façon régulière dans la membrane interne (voir plus haut fig. 9.15). Les interactions entre les transporteurs d'électrons se font grâce à leur mobilité dans la bicouche lipidique de la membrane, le plus mobile des transporteurs étant la petite molécule de coenzyme Q qui est le constituant de la chaîne le plus abondant (5 à 10 fois plus de molécules de CoQ que de molécules de chacun des cytochromes).

Les constituants de la chaîne respiratoire ayant des solubilités différentes dans les divers lipides de la membrane interne, il est possible d'isoler des ensembles lipoprotéiques ne contenant qu'une partie de ceux-ci. Quatre ensembles ou *complexes* ont été isolés par Green à partir de mitochondries de cœur de bœuf traitées par le désoxycholate ou l'alcool amylique : les complexes I, II, III et IV.

Le complexe I, appelé NADH-coenzyme Q réductase, renferme la NADH-déshydrogénase; le complexe II, ou succinate-coenzyme Q réductase renferme la succinodéshydrogénase et le cytochrome b; le complexe III, ou coenzyme Q-cytochrome c réductase contient les cytochromes b et c_1 et le coenzyme Q; enfin le complexe IV, ou cytochrome oxydase, contient les cytochromes a et a_3. Tous ces complexes lipoprotéiques ont 20 à 30 % de lipides et c'est leur analyse qui a révélé dans les trois premiers la présence de protéines à fer non hémique (protéines fer-soufre et d'autres sans soufre) qui sont nécessaires au transport des électrons. *In vitro* ces complexes transportent les électrons sur la partie de la chaîne qui correspond à leurs constituants : par exemple le complexe I transporte les électrons entre le NADH et le coenzyme Q; le complexe IV entre le cytochrome c et l'oxygène.

L'énergie perdue par une paire d'électrons passant du NADH à l'oxygène moléculaire est importante; en effet la variation d'énergie libre standard $\Delta G^{o'}$ correspondant à l'oxydation du NADH par l'oxygène est d'environ — 52 000 calories et cette étape des oxydations respiratoires est donc celle qui libère le plus d'énergie (comme nous l'avons signalé plus haut, les étapes conduisant à l'acétyl-CoA et à son oxydation dans le cycle de Krebs ne produisent que très peu d'énergie).

Cette valeur se déduit de la formule :

$$\Delta G^{o\prime} = - n \mathcal{F} \Delta E'_o$$

n : nombre d'électrons transportés, soit 2 dans ce cas ;
$\mathcal{F}$: équivalent calorifique du Faraday, soit 23 062 calories ;
$\Delta E_o'$: différence de potentiel standard d'oxydoréduction ;
pour le système $NAD^+ + H^+ + 2e^- \rightleftarrows NADH$ $\Delta E_o' = -0,32$ volt
pour le système $\frac{1}{2} O_2 + 2H^+ + 2e^- \rightleftarrows H_2O$ $\Delta E_o' = +0,82$ volt
d'où :
$$\Delta G^{o\prime} = -2 \times 23\,062 \times [0,82 - (-0,32)] = -52\,700 \text{ calories.}$$

Il faut souligner que cette énergie est libérée progressivement au cours des oxydoréductions qui se succèdent le long de la chaîne respiratoire et qu'elle n'est pas entièrement dissipée sous forme de chaleur : elle est au contraire récupérée en partie pour phosphoryler des molécules d'ADP en ATP.

Translocation de protons

La chaîne respiratoire est, comme nous l'avons vu (p. 88) constituée de transporteurs d'hydrogène — déshydrogénases flavoprotéiques et coenzyme Q — et de transporteurs d'électrons — cytochromes et protéines fer-soufre. Lorsqu'un transporteur d'hydrogène est oxydé par un transporteur d'électrons il y a séparation des protons et des électrons et de plus les protons sont rejetés dans l'espace intermembranaire. Comme ces protons proviennent de la matrice (protons enlevés aux substrats par des déshydrogénases et protons de la phase aqueuse de la matrice) le transport des électrons à l'oxygène s'accompagne donc d'une translocation simultanée de protons depuis la matrice vers l'espace intermembranaire.

La translocation des protons se fait en trois sites de la chaîne respiratoire : 1) entre la NADH-déshydrogénase et le coenzyme Q ; 2) entre le cytochrome b et le cytochrome c_1 ; 3) entre le cytochrome a et le cytochrome a_3. Dans ces translocations interviennent sans doute des métalloprotéines encore mal connues comme les protéines fer-soufre (fig. 9.21). La membrane mitochondriale interne étant imperméable aux ions (voir plus loin p. 131) et en particulier aux protons, l'inégalité de concentration en ions H^+ qui s'établit de part et d'autre de la membrane interne par translocation de protons, provoque l'apparition d'un gradient de pH (de l'ordre de 1) et l'espace intermembranaire devient plus acide que la matrice. Cette inégalité de concentration en H^+ entraîne aussi la formation d'un gradient de charges électriques correspondant à un potentiel de membrane de 150 mV environ. L'énergie libérée par le transport

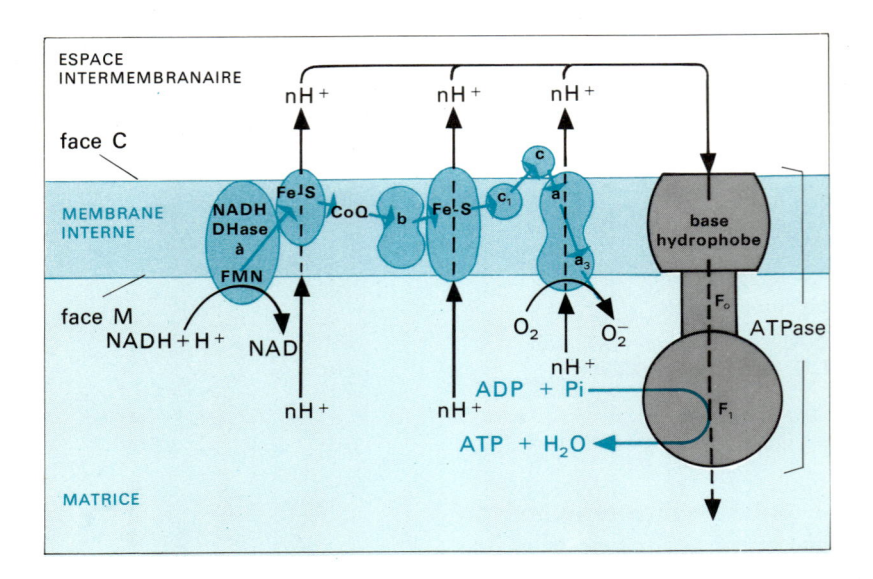

Figure 9.21
Translocation des protons et phosphorylation de l'ADP.
Au cours du transport des électrons à l'oxygène il y a translocation de protons de la matrice vers l'espace intermembranaire. Cette translocation se fait en trois sites et fait intervenir en particulier des protéines fer-soufre de la chaîne respiratoire. Le cytochrome a_3 ayant son site actif en regard de la matrice, c'est au niveau de la face matricielle — face M — de la membrane que l'oxygène est réduit en ion superoxyde O^-_2. Compte tenu de l'emplacement des molécules dans la membrane interne, il faut remarquer qu'au cours de leur transport à l'oxygène les électrons se déplacent dans l'épaisseur de la membrane et vont d'une face à l'autre de celle-ci ; de la face M à la face C — face où se trouve le cytochrome c, puis de la face C à la face M. La translocation des protons de la matrice vers l'espace intermembranaire engendre un gradient électrochimique ; le retour des protons dans la matrice à travers la base hydrophobe des ATPases et leur pédoncule F_0 serait responsable de la phosphorylation de l'ADP catalysée par la sphère F_1 des ATPases (d'après J.W. De Pierre et L. Ernster, 1977).

des électrons est ainsi convertie pour une part en un gradient électrochimique qui est sans doute responsable de la phosphorylation de l'ADP (voir plus loin p. 120).

La translocation de protons liée au transport d'électrons peut être montrée expérimentalement sur des mitochondries isolées ou sur des particules submitochondriales. Dans le premier cas, le rejet de protons entraîne une baisse du pH du milieu d'incubation ; dans le second comme les particules ont une membrane retournée (fig. 9.22), les protons sont rejetés à l'intérieur des vésicules et il y a augmentation du pH du milieu d'incubation. La position des sites des translocation de protons a été précisée en utilisant des vésicules submitochondriales reconstituées *in vitro* (liposomes dans lesquels sont insérés certains des constituants de la chaîne respiratoire, voir plus loin p. 117).

Figure 9.22
Translocation de protons liée au transport des électrons à l'oxygène.
Avec des mitochondries isolées, la sortie de protons de la matrice entraîne un abaissement du pH du milieu d'isolement; après avoir été transférés dans l'espace intermembranaire les protons diffusent dans le milieu d'isolement car la membrane externe est très perméable. Avec des particules submitochondriales dont la membrane est une membrane interne retournée (les sphères F_1 des ATPases sont en contact avec le milieu d'isolement) les protons passent du milieu d'isolement à l'intérieur des vésicules : cette translocation entraîne une augmentation du pH du milieu d'isolement. Ces changements de pH ne s'observent dans les deux cas que lorsqu'il y a oxydation de substrats en présence d'oxygène c'est-à-dire lorsqu'il y a transport d'électrons par la chaîne respiratoire.

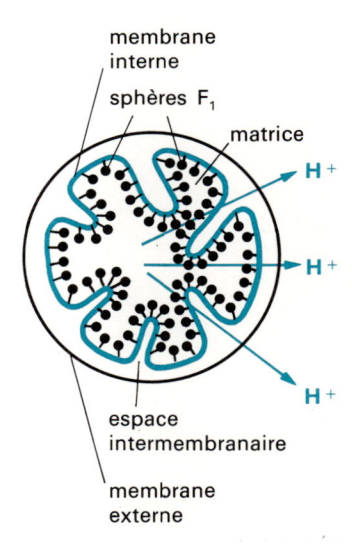

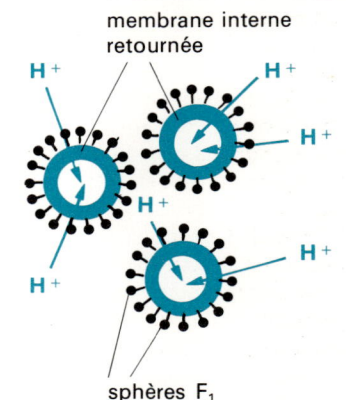

Le rejet des protons vers l'espace intermembranaire implique que les sites catalytiques des transporteurs de la chaîne respiratoire aient une orientation spécifique dans la membrane interne. Nos connaissances sur l'architecture moléculaire de cette membrane (p. 93) montrent qu'il en est bien ainsi pour quelques transporteurs : NADH-déshydrogénase, succinodéshydrogénase, cytochrome a_3 dont les sites actifs sont localisés sur la face matricielle; cytochrome c et cytochrome a sur la face externe de la membrane interne; il en est très certainement de même pour les autres transporteurs. Ce positionnement très précis des transporteurs dans la membrane interne est sans doute déterminé par la nature des lipides qui ne sont pas en proportions semblables ni éventuellement les mêmes dans chacune des bicouches.

9.3.1.4. PHOSPHORYLATION DE L'ADP PAR L'ATPASE DE LA MEMBRANE INTERNE ET SON COUPLAGE AVEC LE TRANSPORT DES ÉLECTRONS : LA PHOSPHORYLATION OXYDATIVE

L'énergie produite par le transport des électrons enlevés aux substrats oxydés permet la régénération de molécules d'ATP : en incubant des mitochondries isolées ou des mitoplastes dans un milieu aérobie contenant de l'ADP, du phosphate et un substrat oxydable on constate qu'il y a non seulement oxydation du substrat et consommation d'oxygène mais aussi diminution de la quantité de phosphate qui est utilisé pour former des molécules d'ATP à partir de l'ADP. Si le transport des électrons est inhibé, il n'y a pas phosphorylation de l'ADP ce qui montre qu'il se fait un *couplage énergétique* entre les oxydations respiratoires et la phosphorylation de l'ADP. Comme le montrent les expériences faites *in vitro* avec des particules submitochondriales (voir plus haut p. 91 et fig. 9.12), la phosphorylation de l'ADP est catalysée par l'ATPase de la membrane interne; rappelons que cette ATPase est constituée : d'une base hydrophobe intégrée à la membrane interne; d'un pédoncule qui confère la sensibilité de

Rôles physiologiques

l'ATPase à l'oligomycine (facteur F_o); enfin d'une sphère de 90 Å de diamètre attachée au pédoncule qui est la partie catalytique de l'ATPase (facteur de couplage F_1, voir les fig. 9.11 et 9.21).

Le nombre de molécules d'ATP formées par atome d'oxygène consommé dépend de la nature du substrat qui est oxydé : 3 molécules d'ATP par molécule de NADH ou de substrat oxydé par une déshydrogénase à NAD^+ (acides pyruvique, isocitrique ou malique par exemple); 2 molécules d'ATP par molécule de substrat oxydé par une déshydrogénase à FAD (acide succinique, acyl-CoA); 1 molécule d'ATP par molécule d'acide ascorbique (ce n'est pas un substrat naturel des mitochondries *in situ*, mais il est oxydé *in vitro* par les mitochondries isolées). On définit un *index de la phosphorylation oxydative* qui est la valeur du rapport :

$$\frac{P}{O} = \frac{\text{nombre de molécules de phosphate utilisées pour phosphoryler l'ADP}}{\text{nombre d'atomes d'oxygène consommés.}}$$

Selon les substrats la valeur de l'index P/O est de 3,2 ou 1; elle dépend de l'endroit où les électrons du substrat entrent dans la chaîne respiratoire, endroit qui n'est pas le même pour tous les substrats (fig. 9.20).

L'énergie produite par le transport d'une paire d'électrons du NADH à l'oxygène étant de 52 000 calories et le couplage énergé-

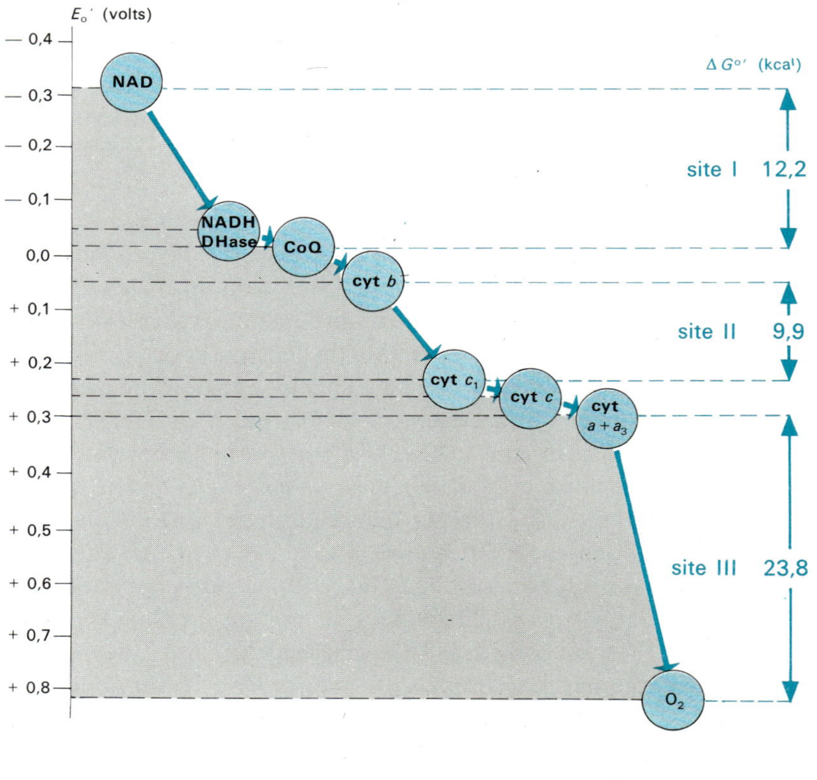

Figure 9.23
Transport d'électrons, variations d'énergie libre et phosphorylation.
Le long de la chaîne respiratoire les électrons vont du constituant ayant le plus haut potentiel standard d'oxydo-réduction E'_o à celui qui a le plus bas, c'est-à-dire du NAD à l'oxygène qui a le plus bas potentiel. La variation d'énergie libre standard $\Delta G^{o'}$ de certaines oxydo-réductions est suffisante pour permettre la phosphorylation de l'ADP en ATP ($\Delta G^{o'} = +7\,300$ cal.); les régions de la chaîne respiratoire où ces conditions sont réalisées sont les sites de couplage I, II et III. Toutes ces valeurs correspondent au transport d'une paire d'électrons.

tique permettant la formation de 3 molécules d'ATP nous pouvons calculer le rendement énergétique de la phosphorylation oxydative. La variation d'énergie libre standard de la réaction :

$$ADP + Pi \rightarrow ATP + H_2O$$

est $\Delta G^{0'} = + 7\,300$ calories
soit pour 3 ATP
$$+ 7\,300 \times 3 = + 21\,900 \text{ calories.}$$

Le rendement énergétique est donc : $21\,900/52\,000 \times 100$ soit environ 42 % ce qui est bien supérieur au rendement des machines thermiques que nous savons construire (10 % au mieux). La membrane mitochondriale interne apparaît donc comme un système convertisseur d'énergie exceptionnellement efficace.

Nous avons signalé plus haut que l'énergie fournie par le transport des électrons à l'oxygène n'est pas libérée en une fois mais de manière fractionnée à chacune des oxydoréductions. Certaines de ces oxydoréductions ont un $G^{0'}$ suffisant pour permettre la phosphorylation de l'ADP (fig. 9.23). Les parties de la chaîne respiratoire où les conditions thermodynamiques sont compatibles avec la formation d'ATP, ces parties où la phosphorylation peut donc être couplée à l'oxydation sont dites *sites de couplage*. Ces sites sont au nombre de trois et leurs positions respectives sont les suivantes :

site I, entre le NADH et le coenzyme Q,
site II, entre le cytochrome b et le cytochrome c_1,
site III, entre les cytochromes $a + a_3$ et l'oxygène.

La localisation des sites de couplage peut être précisée expérimentalement en utilisant par exemple des inhibiteurs du transport d'électrons agissant sur des mitochondries isolées et en mesurant dans ces conditions l'index P/O.

La roténone qui bloque le passage des électrons entre le NADH et le coenzyme Q inhibe toute production d'ATP à partir de NADH ; l'acide succinique est néanmoins oxydé en acide fumarique en présence de roténone et il y a phosphorylation oxydative avec un index P/O = 2. La portion de la chaîne respiratoire située en amont du coenzyme Q a été court-circuitée puisque les électrons du succinate entrent au niveau du coenzyme Q. Comme, en absence de roténone l'index de phosphorylation oxydative du NADH est P/O = 3, on en déduit que l'un des sites de couplage est localisé entre le NADH et le coenzyme Q.

Les sites I et III du couplage ont même été reconstitués *in vitro* à partir de leurs constituants par Racker et ses collaborateurs selon une méthode dont nous avons déjà parlé à propos de la reconstitution de membranes fonctionnelles du réticulum sarcoplasmique (voir volume I, chapitre 6). On réalise des liposomes avec des phospholipides, certains des constituants de la chaîne respiratoire, de l'ATPase mitochondriale isolés à partir de fraction mitochondries ; les membranes ainsi obtenues et qui délimitent des vésicules closes effectuent la phosphorylation oxydative. Ces vésicules reconstituées sont néanmoins très différentes des particules submitochondriales ; non seulement elles ne comportent qu'une partie de la chaîne respiratoire mais de plus les molécules de transporteurs d'électrons et l'ATPase sont disposées au hasard dans la bicouche lipidique : les unes ont leur site catalytique orienté du côté externe de la membrane, les autres du côté interne (fig. 9.24).

Pratiquement des phospholipides extraits de soja ou de mitochondries sont solubilisés en présence d'un détergent : le cholate de potassium ; puis on ajoute

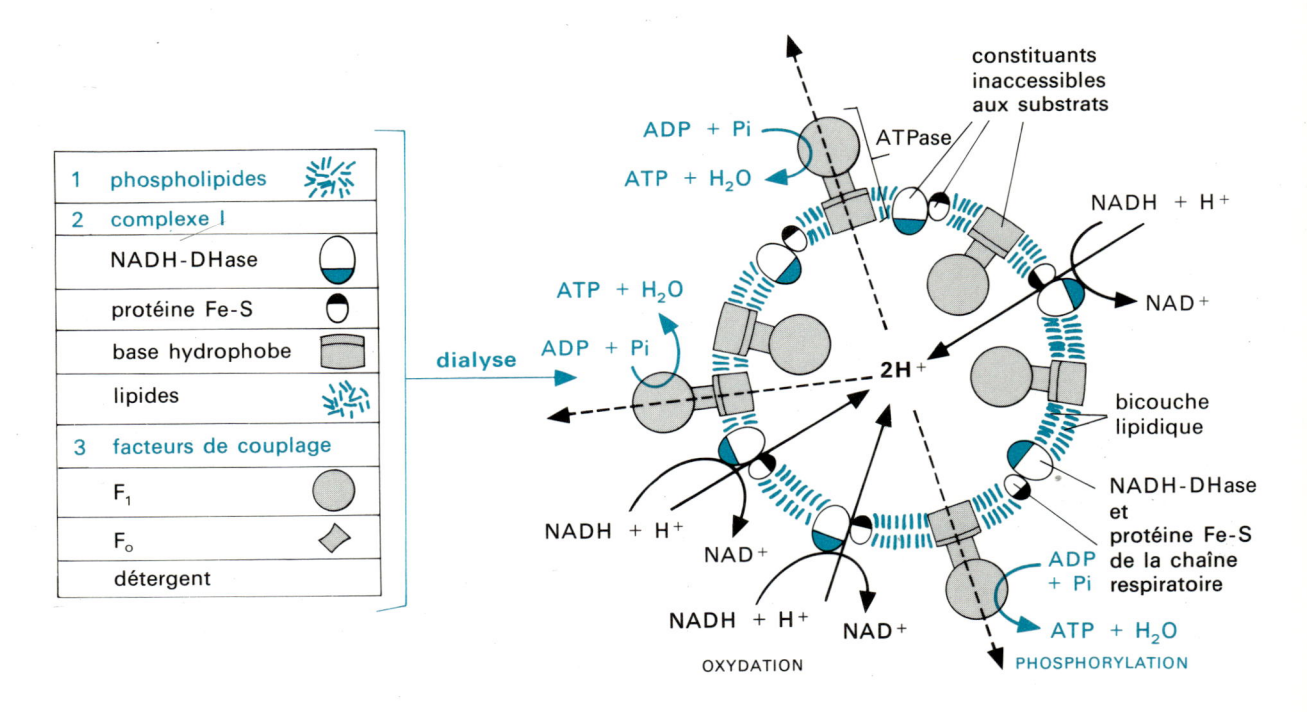

Figure 9.24
Reconstitution in vitro du site I de couplage.
En présence d'un détergent on prépare une solution contenant : 1) des phospholipides ; 2) les constituants du complexe I isolés à partir de membranes internes : NADH-déshydrogénase, protéine fer-soufre, base hydrophobe de l'ATPase mitochondriale, lipides de la membrane interne et coenzyme Q ; 3) les facteurs de couplage F_1 et F_0. En retirant de la solution le détergent par dialyse, il s'assemble des liposomes, vésicules closes dont la membrane est une bicouche lipidique renfermant les divers constituants hydrophobes de la solution. Ces vésicules oxydent le NADH et phosphorylent simultanément l'ADP en ATP. Seuls participent aux réactions les constituants de la chaîne respiratoire et les ATPases qui sont orientés convenablement dans la membrane des liposomes. La translocation de protons vers l'intérieur des vésicules et leurs sortie par les ATPases ont été indiquées (d'après E. Racker, 1976).

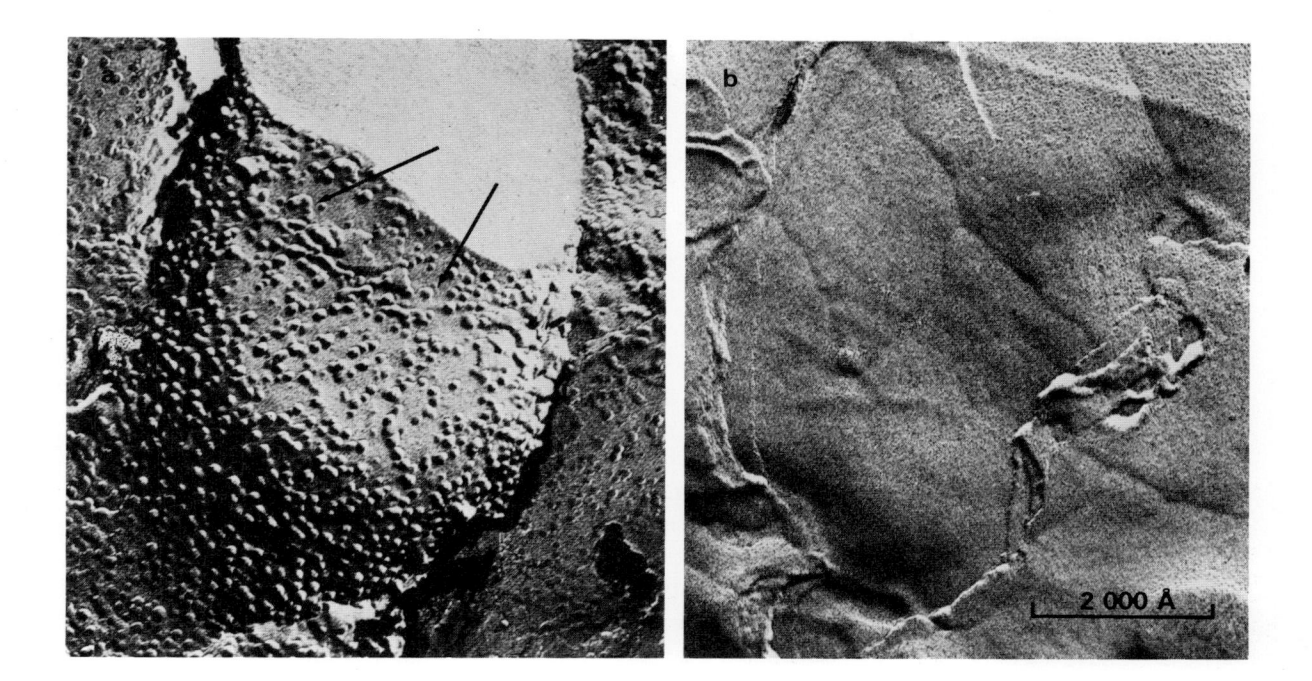

Figure 9.25
Reconstitution in vitro du site III de couplage.
a) Vésicules reconstituées par dialyse d'une solution contenant en présence d'un détergent les constituants suivants : 1) des phospholipides extraits du soja ; 2) les constituants du complexe III, isolés à partir de membranes internes de mitochondries de cœur de bœuf, dont la cytochrome oxydase, c'est-à-dire les cytochromes $a + a_3$; 3) les facteurs de couplage $F_1 + F_0$
En présence de cytochrome c ces vésicules oxydent l'ascorbate (voir fig. 9.20, p. 110) et phosphorylent l'ADP en ATP. L'observation de répliques de la membrane fracturée de ces vésicules montre la présence de particules intramembranaires (flèches) qui correspondent à la cytochrome oxydase ; ces particules traversent de part en part la bicouche lipidique ce qui confirme les résultats obtenus par l'emploi d'anticorps anti-cytochrome oxydase (voir fig. 9.14, p. 94).
b) Liposomes reconstitués par dialyse d'une solution de phospholipides de soja. L'observation de répliques de ces membranes fracturées montre qu'elles ne contiennent pas de particules intramembranaires.
Répliques obtenues par la méthode de cryodécapage ; × 120 000
(micrographies électroniques G.C. Ruben et coll., 1976).

à cette solution les constituants d'une partie de la chaîne respiratoire, par exemple le complexe I contenant la NADH- déshydrogénase, des protéines fer-soufre et des lipides (ce complexe est extrait de mitochondries de cœur de bœuf) ; enfin, on ajoute les facteurs de couplage, c'est-à-dire l'ATPase mitochondriale. Puis ce mélange est dialysé pendant 18 heures afin d'en retirer le détergent. Par autoassemblage se forment alors des liposomes dont les membranes délimitent des vésicules closes ; au niveau de ces membranes il y a oxydation du NADH avec réduction du coenzyme Q et simultanément formation d'ATP quand celles-ci sont incubées en présence d'ADP et de phosphate. Cette phosphorylation de l'ADP est inhibée par la roténone ce qui confirme qu'il existe un site de couplage entre le NADH et le coenzyme. Le site de couplage qui a été ainsi reconstitué est donc le site I. De la même manière la reconstitution du site III est obtenue en remplaçant le complexe I par le complexe IV qui contient la cytochrome oxydase et en ajoutant du cytochrome *c* (fig. 9.25).

Comme nous l'avons vu, l'énergie libérée par les réactions d'oxydation le long de la chaîne respiratoire est convertie en un gradient électrochimique par la translocation des protons qui sont rejetés hors de la matrice. Ce gradient électrochimique est probablement la source d'énergie responsable de la phosphorylation de l'ADP. En effet quand ce gradient ne peut s'établir ou lorsqu'il est aboli, il n'y a plus phosphorylation de l'ADP couplée au transport d'électrons; on dit qu'il y a *découplage de la phosphorylation*. Pour qu'il y ait couplage énergétique il faut que la membrane interne soit continue et délimite un compartiment entièrement clos et que de plus elle soit imperméable aux protons ce qui se vérifie expérimentalement.

Si la membrane interne de mitochondries isolées ou de particules submitochondriales est rompue mécaniquement le transport des électrons n'est plus couplé à la phosphorylation; de même en traitant ces fractions ou sous-fractions par le dinitrophénol ou DNP qui perméabilise la membrane interne aux protons, on provoque le découplage (ce découplage par le DNP est également obtenu sur des vésicules reconstituées contenant les sites I ou III).

L'importance du gradient électrochimique est également soulignée par l'expérience suivante : la phosphorylation de l'ADP par des particules submitochondriales est obtenue en créant artificiellement un gradient électrochimique non plus avec des ions H^+ mais avec des ions K^+; ce gradient est réalisé en incubant les particules dans un milieu contenant un ionophore du potassium : la valinomycine (voir volume I, chapitre 1).

Il existe un cas où l'ATPase mitochondriale est naturellement court-circuitée et où se fait donc un découplage physiologique de la phosphorylation. Ceci se produit dans les mitochondries du *corps adipeux brun* chez les mammifères hibernants (marmotte, loir, chauve-souris, etc.); les cellules de ce tissu sont riches en gouttelettes de triglycérides et renferment de nombreuses mitochondries (fig. 9.26). La membrane interne de ces mitochondries possède des canaux à protons à travers lesquels les ions H^+ peuvent passer librement. Dans ces conditions lors des oxydations de la chaîne respiratoire les protons qui ont été expulsés vers l'espace intermembranaire retournent vers la matrice en passant par ces canaux et il ne s'établit pas de gradient électrochimique. Toute l'énergie provenant de l'oxydation des réserves lipidiques est transformée en chaleur puisqu'en absence de gradient il y a découplage de la phosphorylation. Grâce aux calories fournies par le tissu adipeux brun les mammifères hibernants ne se congèlent pas, leur température s'abaisse mais la thermogenèse du tissu brun n'est pas pour autant diminuée car dans ces mitochondries particulières la vitesse des réactions d'oxydation est peu modifiée même à 4 °C. Cette *thermogenèse par découplage physiologique* de la phosphorylation existe sans doute chez tous les mammifères nouveaux-nés qui à leur naissance ont à lutter contre le froid; les canaux à protons responsables du découplage disparaissent chez le jeune de la plupart des espèces; ils demeurent pendant toute la vie des hibernants.

On ne sait actuellement comment le gradient électrochimique lié à la translocation de protons agit sur l'ATPase et l'amène à catalyser la synthèse d'ATP. Une des hypothèses de travail est la suivante : les protons qui, lors du transport des électrons, ont été expulsés dans l'espace intermembranaire, ces protons retournent dans la matrice en passant à travers la base hydrophobe et le pédoncule F_o de l'ATPase ; l'arrivée de protons dans la partie F_1 du complexe change la conformation des protéines de cette région qui devient ainsi capable de phosphoryler l'ADP ; cette phosphorylation permet aux protons de quitter la sphère F_1 et de repasser dans la matrice.

Des particules submitochondriales dont on a détaché les sphères F_1 sont beaucoup plus perméables aux protons que des particules normales ; cette augmentation de perméabilité aux ions H^+ est abolie si on traite ces vésicules sans sphères mais possèdent des pédoncules F_o par l'oligomycine. Ce résultat expérimental suggère fortement que les pédoncules F_o sont des canaux à protons.

Dans cette hypothèse, l'ATPase de la membrane interne se comporte comme une pompe à protons qui compense le gradient

Figure 9.26
Mitochondries du corps adipeux brun. Les mitochondries M des cellules de ce tissu sont volumineuses (2 à 3 microns de diamètre) et possèdent de nombreuses crêtes. Corps adipeux brun de la région interscapulaire d'une chauve-souris en fin d'hibernation ; à cette période les cellules ne renferment plus de globules lipidiques car ces réserves ont été « brûlées » pendant l'hibernation de l'animal ; N, noyau ; × 15 000 (micrographie électronique D.W. Fawcett, 1966).

d'ions H$^+$ établi lors du transport d'électrons mais qui ne peut fonctionner que s'il y a phosphorylation de l'ADP en ATP. Cette pompe à protons semble bien différente d'autres pompes membranaires dont nous avons parlé précédemment et qui sont également des ATPases : l'ATPase Na$^+$ K$^+$ dépendante de la membrane plasmique qui est responsable de l'expulsion du sodium et de l'entrée du potassium dans la cellule (voir volume I, chapitre 1) et l'ATPase Ca^{2+} du réticulum sarcoplasmique qui fait entrer les ions calcium (voir volume I, chapitre 6) ; en effet la translocation des ions effectuée par ces pompes nécessite une hydrolyse d'ATP et non une synthèse d'ATP comme dans le cas de l'ATPase mitochondriale. En fait cette différence n'est qu'apparente puisque si l'on fait fonctionner ces pompes à l'envers en inversant les gradients de concentration, la translocation inverse des ions s'accompagne d'une synthèse d'ATP à partir d'ADP et de Pi ; néanmoins il faut noter qu'il ne semble pas y avoir phosphorylation transitoire de l'ATPase mitochondriale comme c'est le cas pour les deux ATPases précédentes.

Du point de vue énergétique, la phosphorylation oxydative est le mécanisme cellulaire qui permet de régénérer la plus grande quantité d'ATP grâce à l'oxydation de substrats dont le principal est l'acétyl-CoA. Alors que la dégradation en CO_2 du radical acétyle dans le cycle de Krebs ne fournit qu'une seule molécule d'ATP (par phosphorylation au niveau du substrat lors de la formation de l'acide succinique) l'oxydation par la chaîne respiratoire des coenzymes réduits au cours des quatre déshydrogénations du cycle — à savoir 3 NADH et 1 $FADH_2$ — cette oxydation fournit 11 molécules d'ATP (3 à partir de chaque NADH et 2 à partir du $FADH_2$, soit au total 9 + 2 = 11). La production de molécules d'ATP par mitochondrie est d'autant plus importante que le nombre d'ATPases et de molécules de la chaîne respiratoire est plus élevé : c'est ce qui est réalisé dans les mitochondries dont la membrane interne est très développée et forme de nombreuses crêtes comme par exemple dans les fibres musculaires striées ou les fibres du myocarde.

Le bilan global de l'oxydation d'un acétyl-CoA est donc la formation de 12 ATP, 1 ATP par phosphorylation au niveau du substrat dans le cycle de Krebs, 11 ATP par phosphorylation oxydative. Ce bilan est en fait assez théorique : en effet, comme nous allons le voir, la cellule prélève en général une partie des molécules provenant de la dégradation intramitochondriale des substrats pour réaliser la biosynthèse de nouvelles molécules, et utilise une partie de l'énergie convertie en gradient de protons pour effectuer des transports d'ions et de métabolites à travers la membrane interne, ce qui diminue évidemment d'autant la production d'ATP.

9.3.2. Production de précurseurs pour diverses biosynthèses

Le cycle de Krebs qui se déroule dans la matrice des mitochondries intervient non seulement dans la dégradation de nombreuses chaînes carbonées en CO_2 et H_2O, mais il est de plus la source de précurseurs qui sont utilisés pour diverses biosynthèses. Les réactions de ce cycle sont donc importantes à la fois dans le catabolisme et l'anabolisme cellulaires : cette dualité de fonctions s'exprime en disant que le cycle de Krebs est *amphibolique* (du grec amphi : deux).

Les précurseurs prélevés pour des biosynthèses sont des di- ou tri-acides du cycle dont les principaux sont les acides oxaloacétique, malique et α-cétoglutarique (fig. 9.27). Pour que le cycle de Krebs puisse continuer à fonctionner, ces précurseurs doivent être remplacés ; ce remplacement est réalisé grâce à des réactions qui, à partir de l'acide pyruvique, rechargent le cycle en diacides, réactions qualifiées d'*anaplérotiques* (du grec anapléroo : remplir).

La plus importante des réactions anaplérotiques est la carboxylation de l'acide pyruvique catalysée par la pyruvate carboxylase, enzyme de la matrice mitochondriale ; la réaction globale est la suivante :

$$\text{acide pyruvique} + CO_2 + ATP + H_2O \longrightarrow \text{acide oxaloacétique} + ADP + Pi$$

Les biosynthèses se déroulent pour l'essentiel dans le hyaloplasme, mais seuls peuvent être utilisés comme précurseurs ceux qui peuvent sortir de la matrice c'est-à-dire les précurseurs pour lesquels existent des transporteurs spécifiques dans la membrane interne.

9.3.2.1. PRÉCURSEURS DE LA NÉOGLUCOGENÈSE

La production de glucose à partir de précurseurs qui ne sont pas des hydrates de carbone ou *néoglucogenèse* se fait par une suite de réactions qui dans le hyaloplasme conduisent de l'acide phosphoénolpyruvique au glucose. Certaines de ces réactions sont les mêmes que celles de la glycolyse mais se déroulent dans le sens inverse ; les autres, irréversibles, sont particulières à cette voie anabolique (voir plus loin fig. 9.37, p. 143).

La néoglucogenèse, qui chez les vertébrés se déroule surtout dans le foie (et à un moindre degré dans le rein), débute dans le hyaloplasme par la formation d'acide phosphoénolpyruvique à partir d'*acide oxaloacétique* fourni par les mitochondries (et pour une faible proportion par la dégradation hyaloplasmique de deux acides aminés : l'acide aspartique et l'asparagine). La membrane mitochondriale interne étant imperméable à l'acide oxaloacétique, celui-ci ne peut être exporté directement par la mitochondrie ; il est d'abord réduit en acide malique par une malate déshydrogénase de la matrice,

MATRICE

ac. pyruvique
ATP   CO₂
ADP + Pi
ac. oxaloacétique
NADH
NAD⁺
ac. malique
KREBS
ac. α-cétoglutarique
acétyl-CoA
CoA
ac. citrique

MEMBRANE INTERNE
MEMBRANE EXTERNE

HYALOPLASME

ac. pyruvique
NADH + H⁺
NAD⁺
ac. lactique

ac. malique
NAD⁺
NADH + H⁺
ac. oxaloacétique
GTP
CO₂   GDP
ac. phosphoénolpyruvique

NÉOGLUCOGENÈSE

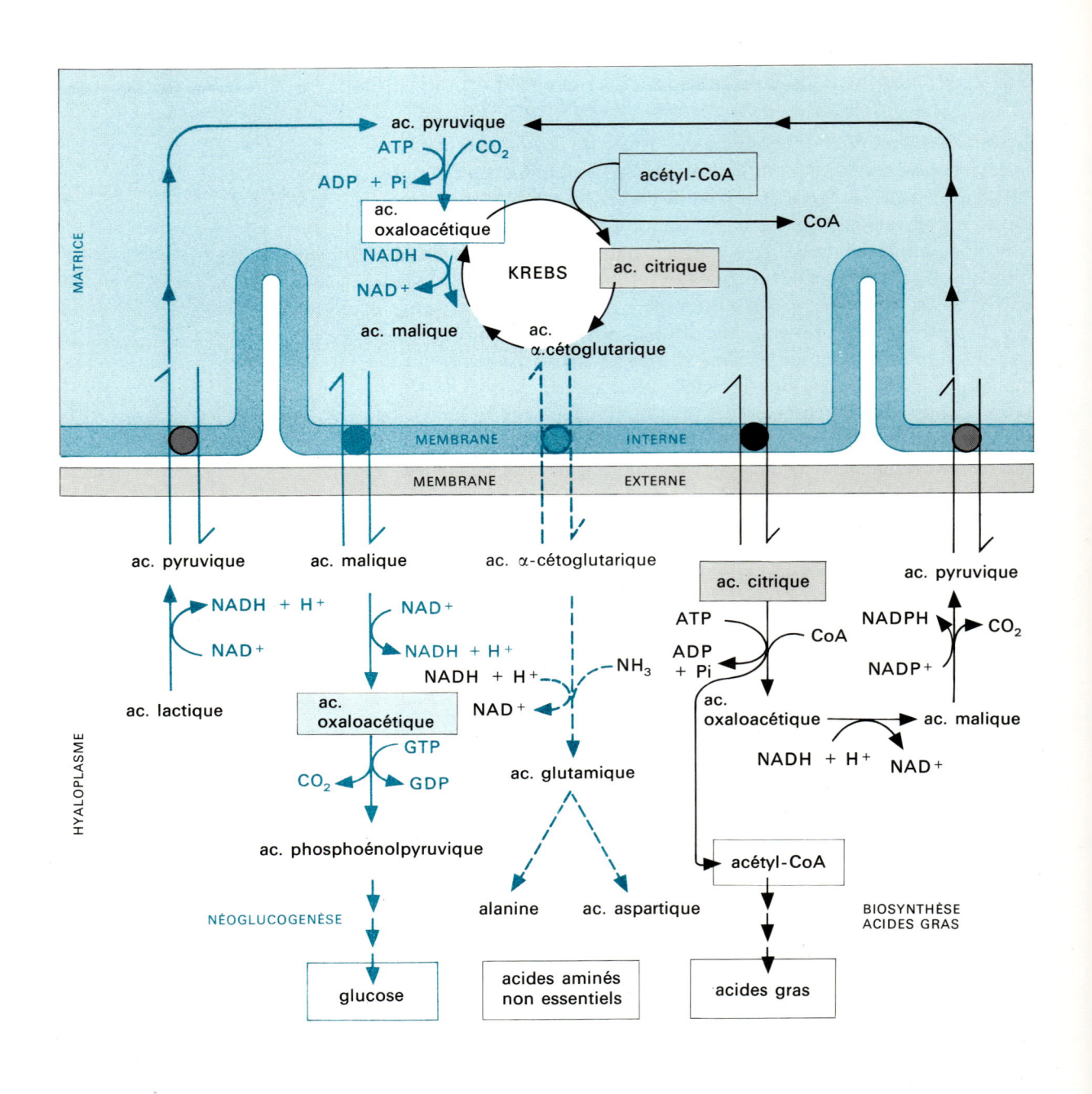

glucose

ac. α-cétoglutarique
NADH + H⁺   NH₃
NAD⁺
ac. glutamique

alanine   ac. aspartique

acides aminés non essentiels

ac. citrique
ATP   CoA
ADP + Pi
ac. oxaloacétique → ac. malique
NADH + H⁺   NAD⁺

acétyl-CoA

BIOSYNTHÈSE ACIDES GRAS

acides gras

ac. pyruvique
NADPH   CO₂
NADP⁺

● ● ● ● transporteurs

Figure 9.27
Production de précurseurs pour diverses biosynthèses.
Le cycle de Krebs qui se déroule dans la matrice est la source de précurseurs utilisés pour diverses synthèses qui se font dans le hyaloplasme. La néoglucogenèse se fait à partir de l'acide oxaloacétique, diacide du cycle qui est produit directement dans la matrice par décarboxylation de l'acide pyruvique; l'acide oxaloacétique quitte la matrice par la navette malate et dans le hyaloplasme l'acide oxaloacétique est transformé en acide phosphoénolpyruvique par décarboxylation phosphorylante en présence de GTP. Dans les hépatocytes, l'acide lactique provenant de la glycolyse des cellules musculaires est déshydrogéné dans le hyaloplasme en acide pyruvique; celui-ci rentre dans la matrice grâce à un transporteur spécifique de la membrane interne et par carboxylation donne de l'acide oxaloacétique à l'origine de glucose par néoglucogenèse. La synthèse des acides gras se fait à partir de l'acétyl-CoA qui quitte la matrice par la navette citrate. Dans le hyaloplasme l'acétyl-CoA est régénéré à partir de l'acide citrique; au cours de cette réaction se forme de l'acide oxaloacétique qui retourne dans la matrice après avoir été transformé en acide pyruvique. L'acide α-cétoglutarique du cycle de Krebs est lui-même à l'origine de divers acides aminés non essentiels; il sort directement de la matrice grâce à un transporteur d'acides décarboxyliques de la membrane interne. Comme il n'existe pas dans la membrane interne de transporteurs de l'acide oxaloloacétique, ce précurseur emprunte la navette malate. L'acétyl-CoA traverse la membrane interne soit par la navette citrate soit en se liant à la carnitine (voir p. 134 et suiv.).

acide malique qu'un transporteur spécifique de la membrane interne fait passer dans l'espace intermembranaire. Puis l'acide malique diffuse vers le hyaloplasme à travers la membrane mitochondriale externe, membrane que nous savons être très perméable à la plupart des ions et des petites molécules (voir p. 131). Dans le hyaloplasme l'acide malique est enfin réoxydé en acide oxaloacétique par une malate déshydrogénase différente de celle de la matrice.

L'acide oxaloacétique, précurseur de la néoglucogenèse, est formé dans la matrice soit par oxydation de divers intermédiaires du cycle de Krebs soit par décarboxylation de l'acide pyruvique (fig. 9.27). C'est pourquoi les chaînes carbonées des acides aminés qui sont dégradés en acide pyruvique ou en intermédiaires du cycle de Krebs peuvent servir pour la néoglucogenèse : ces acides aminés sont dits *glucoformateurs*.

L'*acide lactique* produit par les cellules musculaires lors de leur contraction peut également être converti en glucose après avoir été transporté par le sang jusqu'au foie; l'acide lactique est d'abord retransformé en acide pyruvique par des lacticodéshydrogénases hyaloplasmiques dont le coenzyme est NAD^+, selon la réaction :

$$CH_3 - CHOH - COOH + NAD^+ \longrightarrow CH_3 - CO - COOH + NADH + H^+$$

Puis l'acide pyruvique pénètre dans la matrice grâce à un transporteur spécifique de la membrane interne où il est carboxylé en acide oxaloacétique, précurseur de la néoglucogenèse.

Chez les animaux, l'acétyl-CoA provenant de la dégradation des acides gras ne peut être converti en glucose; par contre chez les plantes et en particulier dans les graines riches en réserves lipidiques, la néoglucogenèse peut se faire à partir de l'acétyl-CoA. Dans ce cas interviennent successivement deux organites : les glyoxysomes (voir volume III, chapitre 12) qui convertissent l'acétyl-CoA en acide succinique puis les mitochondries qui convertissent l'acide succinique en acide oxaloacétique.

Chez les mammifères quand le glucose n'est pas disponible soit par carence (jeûne) soit parce qu'il est mal utilisé (diabètes), la néoglucogenèse consomme l'acide oxaloacétique si bien que l'acétyl-CoA provenant de la β-oxydation des acides gras ne peut se condenser avec l'acide oxaloacétique et donner de l'acide citrique. Dans ces conditions l'acétyl-CoA est converti en corps cétoniques : acide acétoacétique, acide β-hydroxybutyrique et acétone (la réduction de l'acide acétoacétique en acide β-hydroxybutyrique est catalysée par une déshydrogénase à NAD^+ qui est intégrée à la membrane mitochondriale interne). Produits essentiellement par les mitochondries des hépatocytes, les corps cétoniques sont transportés par le sang et utilisés comme substrats oxydables par les mitochondries des autres tissus, parfois même préférentiellement au glucose (c'est le cas du myocarde et du cortex rénal).

9.3.2.2. PRÉCURSEURS DE LA BIOSYNTHÈSE DES ACIDES GRAS

La synthèse des acides gras, qui se déroule dans le hyaloplasme, se fait à partir d'acétyl-CoA, précurseur fourni par les mitochondries et produit dans la matrice grâce à l'oxydation de divers substrats : décarboxylation oxydative de l'acide pyruvique, β-oxydation des acides gras et dégradations oxydative de certains acides aminés (réactions que nous avons décrites plus haut p. 102 et suivantes). La membrane interne étant imperméable à l'acétyl-CoA, le groupe acétyle est transporté de la matrice vers le hyaloplasme sous forme d'acide citrique, acide tricarboxylique pour lequel existe un transporteur spécifique (fig. 9.27). L'exportation du groupe acétyle débute par la condensation de l'acétyl-CoA avec l'acide oxaloacétique (c'est la première réaction du cycle de Krebs); l'acide citrique ainsi formé est transporté dans l'espace intermembranaire d'où il diffuse vers le hyaloplasme à travers la membrane mitochondriale externe. Dans le hyaloplasme, l'acétyl-CoA est régénéré à partir de CoA hyaloplasmique par une réaction qui nécessite de l'ATP :

acide citrique + CoA + ATP ⟶ acétyl-CoA + acide oxaloacétique + ADP + Pi

L'acide oxaloacétique, qui comme nous le savons, ne peut franchir la membrane interne, ne peut donc retourner directement dans la matrice. Dans le hyaloplasme, l'acide oxaloacétique est d'abord réduit en acide malique qui est lui-même décarboxylé en acide pyruvique. En définitive, la chaîne carbonée de l'acide oxaloacétique retourne dans la matrice sous forme d'acide pyruvique grâce à un autre transporteur spécifique. La pyruvate carboxylase de la matrice, régénère l'acide oxaloacétique qui peut se condenser à nouveau avec de l'acétyl-CoA (fig. 9.27).

9.3.2.3. PRÉCURSEURS DE L'URÉOGENÈSE

Chez les animaux uréotéliques — mammifères et amphibiens adultes — l'ammoniaque provenant de la dégradation des acides aminés est transformée en urée dans les hépatocytes selon un cycle de réactions qui se déroulent successivement dans la matrice mitochondriale et dans le hyaloplasme; ces réactions constituent le cycle de l'urée. Le premier groupe aminé qui entre dans le cycle provient de la désamination oxydative de l'acide glutamique qui se fait dans la matrice; le NH_3 ainsi libéré donne avec CO_2 du carbamyl phosphate qui avec l'ornithine conduit à la citrulline (fig. 9.28). Le second groupe aminé nécessaire à la synthèse de l'urée provient de l'acide aspartique qui dans le hyaloplasme se combine à la citrulline venue des mitochondries; l'acide arginosuccinique formé est clivé en acide fumarique et arginine. Enfin l'hydrolyse de l'arginine donne de l'urée et reforme de l'ornithine qui retourne alors dans les mitochondries où recommence le cycle.

Cycle de l'urée, cycle de Krebs et phosphorylation oxydative sont étroitement liés : en effet l'acide fumarique formé dans le hyaloplasme entre dans la matrice où il est transformé en acide malique et s'intègre ainsi au cycle de Krebs; le clivage de l'acide arginosuccinique est donc une réaction anaplérotique. De plus, la synthèse de l'urée nécessite l'hydrolyse de molécules d'ATP qui ne peuvent être régénérées que si le transport des électrons à l'oxygène est couplé à la phosphorylation de l'ADP; d'ailleurs quand la phosphorylation oxydative est inhibée, il n'y a pas synthèse d'urée.

9.3.2.4. PRÉCURSEURS DE LA BIOSYNTHÈSE D'ACIDES AMINÉS ET DES PORPHYRINES

Certains intermédiaires du cycle de Krebs, dont nous avons signalé qu'ils pouvaient provenir de la dégradation d'acides aminés, sont également des précurseurs de la synthèse de nouveaux acides aminés; ces acides aminés sont qualifiés de non essentiels puisqu'il n'est pas nécessaire qu'ils soient fournis par la nourriture (chez l'homme et le rat, 10 acides aminés sont indispensables, les 10 autres ne sont pas essentiels). L'acide α-cétoglutarique en réagissant avec l'ammoniaque est à l'origine de l'acide glutamique, de la glutamine et de la proline; par transamination avec l'acide glutamique, l'acide pyruvique et

128 *Mitochondries*

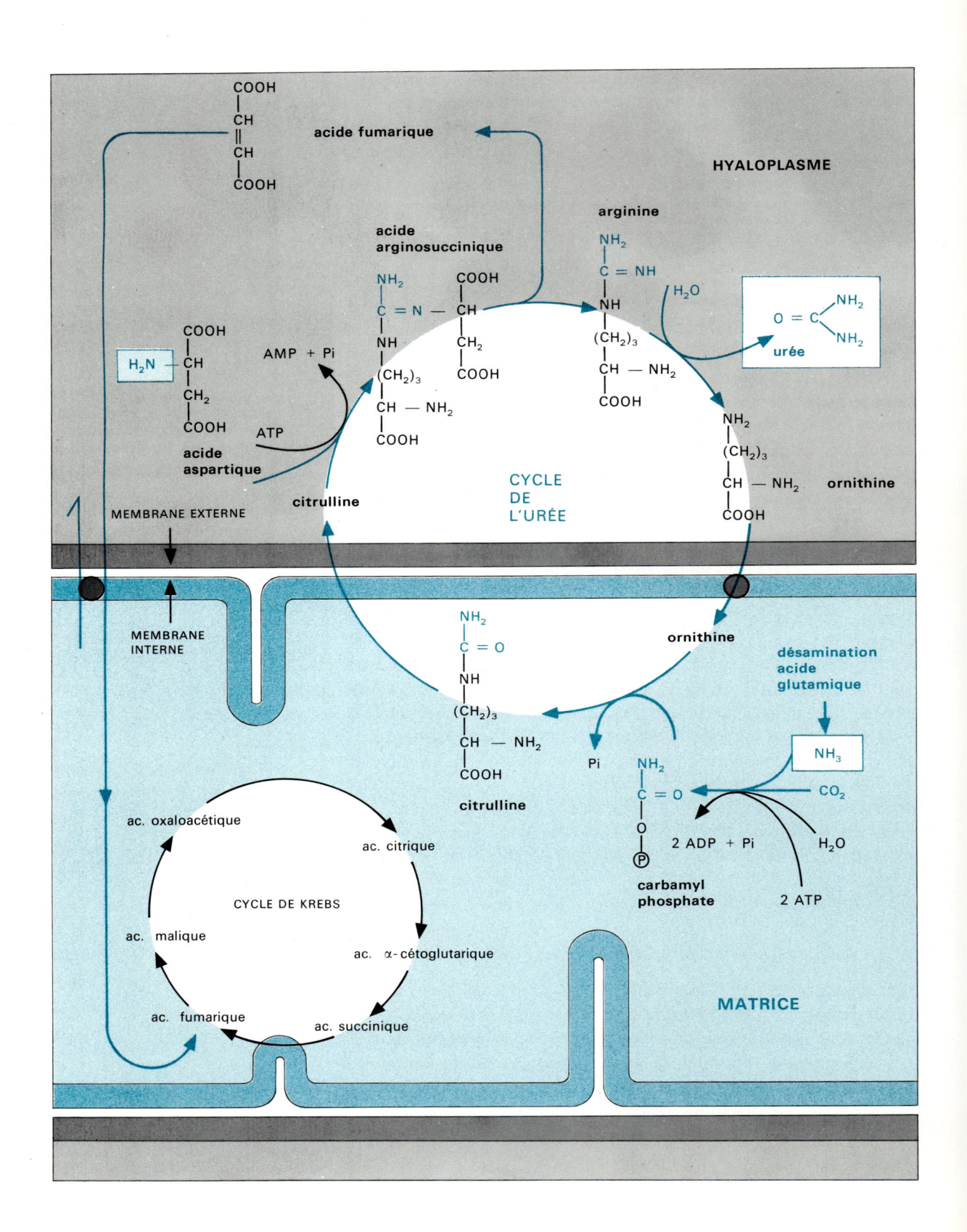

Figure 9.28
Participation des mitochondries hépatiques à l'uréogenèse.
Dans les hépatocytes des animaux uréotéliques, l'un des deux groupes aminés de l'urée provient de la désamination intramitochondriale de l'acide glutamique. Le NH_3 ainsi formé donne avec CO_2 le carbamyl phosphate, cette réaction est catalysée par la carbamyl phosphate synthétase et nécessite deux ATP. Le carbamyl phosphate réagit avec l'ornithine et donne la citrulline. Le second groupe aminé de l'urée vient de l'acide aspartique qui dans le hyaloplasme se condense avec la citrulline en acide arginosuccinique ; ce dernier est clivé en acide fumarique et arginine. L'hydrolyse de l'arginine donne l'urée et l'ornithine qui est ainsi régénérée (le cycle de l'urée est aussi appelé cycle de l'ornithine). L'ornithine retourne alors dans la matrice où un nouveau cycle commence. L'entrée de l'ornithine se fait grâce à un transporteur spécifique de la membrane interne et de plus l'entrée d'une molécule d'ornithine n'est possible que s'il y a simultanément sortie d'une molécule de citrulline. Cycle de l'urée et cycle de Krebs sont étroitement liés puisqu'au cours du cycle de l'urée il y a production d'acide fumarique à partir de l'acide arginosuccinique, réaction anaplérotique qui alimente le cycle de Krebs ; de plus l'acide oxaloacétique et l'acide α-cétoglutarique sont des précurseurs de l'acide aspartique et de l'acide glutamique qui alimentent le cycle de l'urée en groupes aminés. La compartimentation du cycle de l'urée dans les hépatocytes empêche que l'ammoniac libéré dans la matrice par la désamination de l'acide glutamique ne passe dans le sang, car il est immédiatement incorporé dans le carbamy phosphate. S'il n'en était pas ainsi l'ammoniaque quitterait les hépatocytes et serait apportée par le sang aux autres cellules ; dans ces cellules, dont les mitochondries n'ont pas de carbamyl phosphate synthétase, NH_3 se combinerait dans la matrice avec l'acide α-cétoglutarique en donnant de l'acide glutamique. Dans ces conditions il y aurait un déficit en acide α-cétoglutarique et donc une inhibition du cycle de Krebs, ce qui serait évidemment très toxique pour ces cellules (d'après A.L. Lehninger, 1976).

l'acide oxaloacétique donnent respectivement l'alanine et l'acide aspartique (fig. 9.27). Ces synthèses se font dans le hyaloplasme après que les précurseurs aient été exportés de la matrice soit directement par des transporteurs (acide α-cétoglutarique, acide pyruvique) soit indirectement (acide oxaloacétique par l'intermédiaire de l'acide citrique).

Le succinyl-CoA en se condensant avec la sérine donne l'acide δ-aminolévulinique, étape par où commence la synthèse des porphyrines et qui est catalysée par une enzyme de la matrice, les autres réactions se faisant dans le hyaloplasme. L'insertion du fer dans le noyau porphyrine pour former l'hème est catalysée par une ferrochélatase située dans la membrane mitochondriale interne. La mitochondrie participe donc à la première et à la dernière étape de la biosynthèse de l'hème, groupement prosthétique de diverses protéines dont les cytochromes de la chaîne respiratoire. Nous allons voir d'autres exemples de cette participation de la mitochondrie à la synthèse de certains de ses constituants, en particulier sa participation à la synthèse de protéines.

9.3.3. Synthèse de protéines

La synthèse de protéines par les mitochondries est démontrée par des expériences d'incorporation d'acides aminés radioactifs faites *in vitro* et *in vivo*. Cette synthèse est réalisée par les mitoribosomes et la matrice selon des mécanismes semblables à ceux de la synthèse protéique effectuée par les ribosomes des procaryotes bactériens (voir volume I, chapitre 5). Néanmoins la traduction intramitochondriale met en jeu des ARNt, des aminoacyl-ARNt synthétases, des facteurs d'élongation différents de ceux nécessaires à la synthèse des protéines par les ribosomes cytoplasmiques. Dans les mitochondries, la traduction est inhibée par le chloramphénicol mais est insensible à la cycloheximide; ceci permet de distinguer expérimentalement la synthèse protéique mitochondriale de la synthèse cytoplasmique puisque les ribosomes cytoplasmiques des eucaryotes sont sensibles à la cycloheximide et insensibles au chloramphénicol.

Les expériences d'incorporation *in vitro* sont faites sur des mitochondries isolées dont il convient de s'assurer qu'elles ne sont pas contaminées par des bactéries; en effet au cours de la préparation de fractions par centrifugation, mitochondries et bactéries sédimentent en même temps. L'incorporation d'acides aminés par les mitochondries isolées est lente et de plus les chaînes polypeptidiques synthétisées sont rapidement dégradées, ce qui n'est pas le cas quand les mitochondries sont en place dans la cellule. C'est pourquoi la synthèse protéique mitochondriale est essentiellement étudiée *in vivo,* les organismes les plus utilisés étant des champignons : *Neurospora crassa* (une moisissure très employée en génétique) et *Saccharomyces cerevisiae* (la levure du boulanger); la croissance rapide de ces organismes en culture fait que la dégradation des acides aminés est négligeable par rapport à leur incorporation dans des protéines, l'anabolisme l'emporte et de loin sur le catabolisme.

Pratiquement de la leucine radioactive, ^{-3}H ou ^{-14}C, est ajoutée au milieu de culture du champignon en présence de cycloheximide; après un temps d'incorporation de 2 à 4 heures, les mitochondries sont isolées, les constituants solubles de la matrice sont séparés des membranes et la radioactivité des protéines de ces sous-fractions est mesurée. On vérifie que les protéines radioactives ont bien été synthétisées par les mitoribosomes en faisant la même expérience, mais cette fois en présence de chloramphénicol. Enfin par l'emploi d'anticorps spécifiques (anticytochromes par exemple) on détermine sans ambiguïté la nature exacte des produits de la synthèse.

Les mitoribosomes synthétisent 5 à 10 % des protéines mitochondriales ce qui est quantitativement faible mais qualitativement essentiel; en effet la plupart des chaînes polypeptidiques synthétisées dans les mitochondries et qui ont été identifiées, sont des constituants de la chaîne respiratoire et de l'ATPase : 3 des 7 chaînes de la cytochrome oxydase (cytochromes $a + a_3$); la ou les deux chaînes du cytochrome *b* (le cytochrome *b* comporte 2 chaînes polypeptidiques de même poids moléculaire, mais on ne sait si elles sont ou non différentes); une chaîne polypeptidique nécessaire à l'assemblage des deux chaînes du cytochrome c_1; 4 chaînes de la base hydrophobe de l'ATPase. Enfin il semble que le transporteur ADP-ATP sensible à l'atractyloside soit également synthétisé par les mitoribosomes.

Les mitochondries synthétisent donc des constituants protéiques de la membrane interne : il s'agit de chaînes polypeptidiques très hydrophobes qui sont enchassées dans la bicouche lipidique de cette membrane ; ce sont probablement les mitoribosomes attachés à la face matricielle de la membrane interne qui font cette synthèse, les chaînes hydrophobes s'intégrant à la membrane au cours de leur élongation. En plus de ces constituants membranaires, il y a synthèse de quelques autres chaînes polypeptidiques dont la nature et la fonction ne sont pas connues. Les ARN messagers qui sont traduits lors de la synthèse protéique mitochondriale par les mitoribosomes sont sans doute transcrits sur l'ADNmt ; nous reviendrons sur cette question en étudiant la biogenèse des mitochondries.

9.3.4. Échanges entre la mitochondrie et le hyaloplasme

Les oxydations respiratoires, la production de précurseurs pour des biosynthèses, la synthèse de protéines ne peuvent s'effectuer dans les mitochondries que si des échanges se font entre la matrice et le hyaloplasme, dans un sens comme dans l'autre : entrée dans la matrice de combustibles qui sont oxydés en CO_2 et H_2O, d'ADP qui est phosphorylé en ATP, d'acides aminés qui sont assemblés en protéines par les mitoribosomes ; sortie dans le hyaloplasme d'intermédiaires du cycle de Krebs dont les chaînes carbonées servent à la synthèse de nombreuses molécules, sortie d'ATP dont l'hydrolyse libère l'énergie nécessaire aux activités cellulaires. Tous ces échanges qui sont essentiels au métabolisme des cellules aérobies et à sa régulation, sont contrôlés par la membrane interne des mitochondries.

9.3.4.1. CONTRÔLE DES ÉCHANGES PAR LA MEMBRANE INTERNE

Comme nous l'avons déjà souligné la membrane externe est très perméable alors que la membrane interne n'est perméable qu'à un nombre limité d'ions et de métabolites. Cette perméabilité sélective de la membrane interne est assurée par des transporteurs spécifiques qui sont de deux types : les uns ne transportent qu'un ion (K^+, Ca^{2+}) ou qu'un métabolite (acides aminés, ornithine) ; les autres, par échange-diffusion transportent simultanément et dans deux sens opposés, soit deux ions de petite taille ($H_2PO_4^-$ et OH^- ; Na^+ et H^+), soit deux métabolites sous forme ionisée (α-cétoglutarate et malate ; malate et citrate ; glutamate et aspartate ; ADP-ATP) soit encore un ion et un métabolite (pyruvate et OH^- ; HPO_4^{2-} et malate).

Quand il n'y a pas d'oxydations respiratoires, ces transporteurs font traverser passivement les ions et les métabolites selon un sens imposé par les gradients de concentration existant entre la matrice et le hyaloplasme (transport du compartiment le plus concentré vers le compartiment le moins concentré). Par contre, ces transporteurs peuvent faire passer à travers la membrane interne des ions et des métabolites contre les gradients de concentration, l'énergie nécessaire à ces transports étant fournie par les oxydoréductions de la chaîne respiratoire.

Le couplage du transport d'ions et de métabolites au transport d'électrons est assuré par le gradient de pH qui s'établit lors de la translocation de protons. Le gradient de pH permet au transporteur phosphate-hydroxyle de faire sortir dans l'espace intermembranaire

Figure 9.29
Transport d'ions et de métabolites par la membrane interne.
Ces transports sont effectués par des protéines spécifiques : les transporteurs. L'énergie nécessaire à ces transports est fournie par les oxydations de la chaîne respiratoire qui provoquent la formation d'un gradient de potentiel par translocation de protons. Le transporteur phosphate-hydroxyle occupe un rôle central dans les échanges transmembranaires; il fait sortir de la matrice des ions hydroxyle OH^- qui neutralisent les protons H^+ et simultanément il fait entrer des ions phosphate $H_2PO_4^-$. Cette entrée d'ions phosphate crée un gradient de potentiel négatif du côté de la matrice, gradient qui permet le fonctionnement en cascade d'autres transporteurs : dicarboxylate et tricarboxylate par exemple. L'entrée d'ions phosphate peut également faire fonctionner le transporteur calcium. Dans des mitochondries de foie isolées, on montre que le transport de 2 électrons du NADH à l'oxygène permet l'entrée de 6 Ca^{2+} (d'après A.L. Lehninger, 1975).

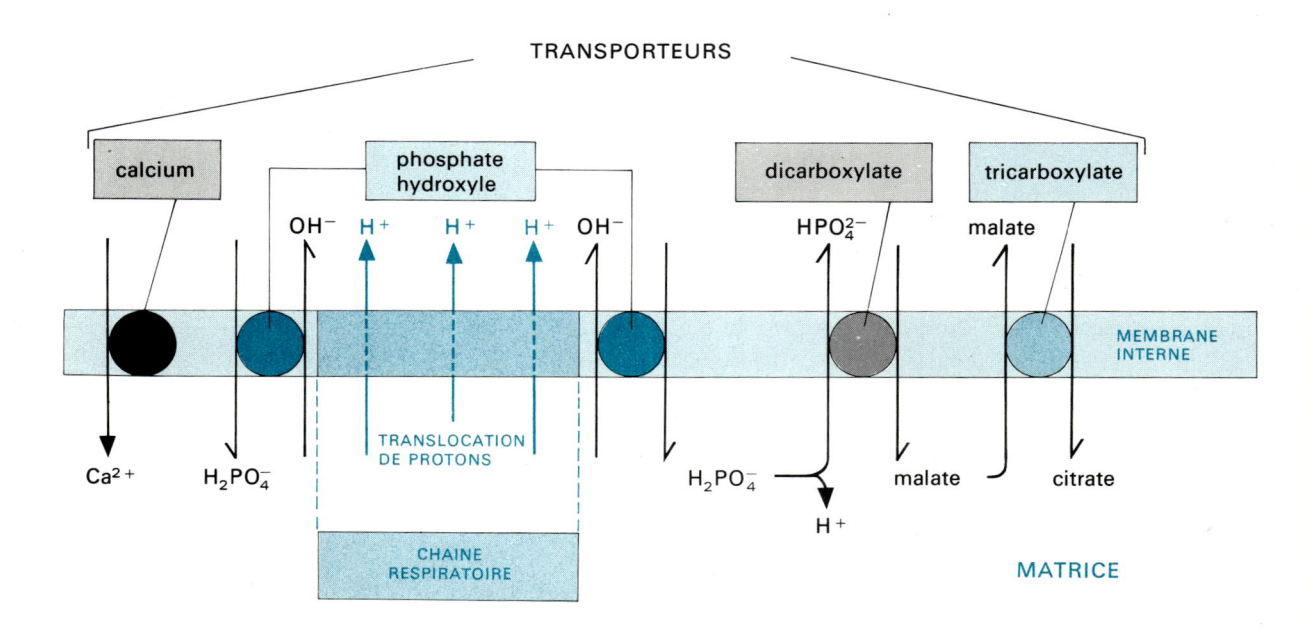

des ions OH⁻ qui neutralisent les charges positives des protons et en échange des ions phosphate $H_2PO_4^-$ entrent dans la matrice contre le gradient de concentration. La concentration de phosphate dans la matrice permet alors l'entrée d'autres ions ou métabolites grâce à d'autres transporteurs spécifiques agissant parfois en cascade : par exemple l'accumulation de phosphate dans la matrice permet de faire rentrer du malate grâce au transporteur HPO_4^{2-}-malate, le malate permettant à son tour de faire entrer le citrate grâce au transporteur malate-citrate (fig. 9.29).

L'énergie libérée par le transport d'électrons et qui est convertie en gradient de protons permet donc non seulement la phosphorylation de l'ADP mais aussi le transport d'ions et de métabolites à travers la membrane interne contre les gradients de concentration (ces transports sont différents des transports actifs habituels puisque l'énergie nécessaire ne provient pas de l'hydrolyse d'ATP). Dans le cas du calcium, le transporteur ayant une très grande affinité pour ce cation la concentration en Ca^{2+} de la matrice peut être maintenue à une valeur de 10^{-3} M alors que celle du hyaloplasme est de 10^{-7} M, soit un gradient de 10 000 fois. L'entrée de cation Ca^{2+} accompagne celle de l'anion phosphate et dans la matrice se font des dépôts de phosphate de calcium (fig. 9.30) ; ces dépôts débutent souvent au niveau des granules denses et contrastés de la matrice, granules qui sont probablement des régions où se fait la ségrégation de cations bivalents : calcium mais aussi baryum et strontium. L'étude *in vivo* sur des mitochondries isolées montre que toute l'énergie libérée par le transport d'électrons est alors utilisée pour faire entrer le phosphate et le calcium puisqu'il n'y a plus phosphorylation de l'ADP : nous avons là un découplage de la phosphorylation selon un processus différent de ceux dont nous avons parlé précédemment (voir p. 120).

L'entrée des chaînes d'acides gras dans la matrice met en jeu un mécanisme complexe dans lequel interviennent à la fois la membrane externe et la membrane interne (fig. 9.31). Les chaînes sont tout

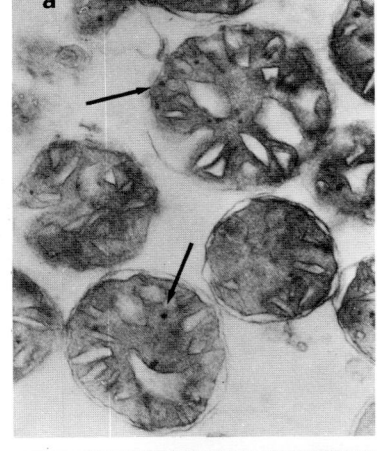

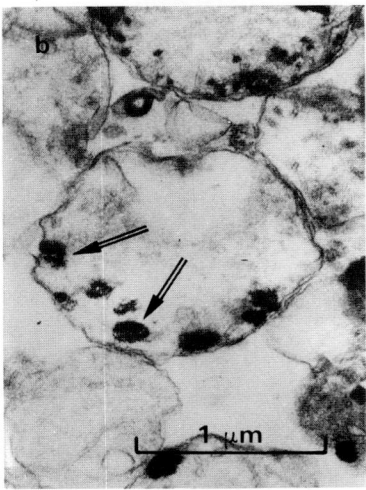

Figure 9.30
Concentration d'ions calcium et phosphate dans la matrice mitochondriale.
Mitochondries de foie de rat isolées et incubées dans un milieu contenant du $CaCl_2$ (marqué au $^{45}Ca^{2+}$), de l'ATP, du phosphate de sodium et un substrat oxydable : du succinate. a) Au temps zéro de l'incubation, les mitochondries renferment dans leur matrice des granules denses de petite taille (flèches simples) qui diffusent relativement peu les électrons. b) Après 20 minutes d'incubation la concentration en $^{45}Ca^{2+}$ a diminué ; les mitochondries ont pompé dans le milieu du calcium et du phosphate ; elles ont augmenté de volume et leur matrice contient des granules denses (doubles flèches) qui diffusent fortement les électrons. Ces granules sont riches en phosphate de calcium amorphe ; × 25 000 (micrographies électroniques J.W. Greenawalt et coll., 1964).

Figure 9.31
Entrée des chaînes d'acides gras dans la matrice.
La membrane externe et la membrane interne interviennent successivement dans ce processus. Les acyl-CoA synthétases de la membrane externe transforment les acides gras en acyl-CoA qui passent alors dans l'espace intermembranaire. Une carnitine acyltransférase de la membrane interne catalyse le transfert de l'acyl-CoA à la carnitine donnant l'acyl carnitine qui traverse la membrane interne grâce à un transporteur spécifique. Dans la matrice, l'acyl carnitine est scindée en carnitine et acyl-CoA grâce à une autre carnitine acyltransférase de la membrane interne. La carnitine retourne dans l'espace intermembranaire sans doute à l'aide d'un transporteur spécifique de la membrane interne. Dans la matrice l'acyl-CoA subit la β-oxydation. La membrane interne étant imperméable à l'acyl-CoA, son entrée dans la matrice se fait grâce à la navette carnitine.

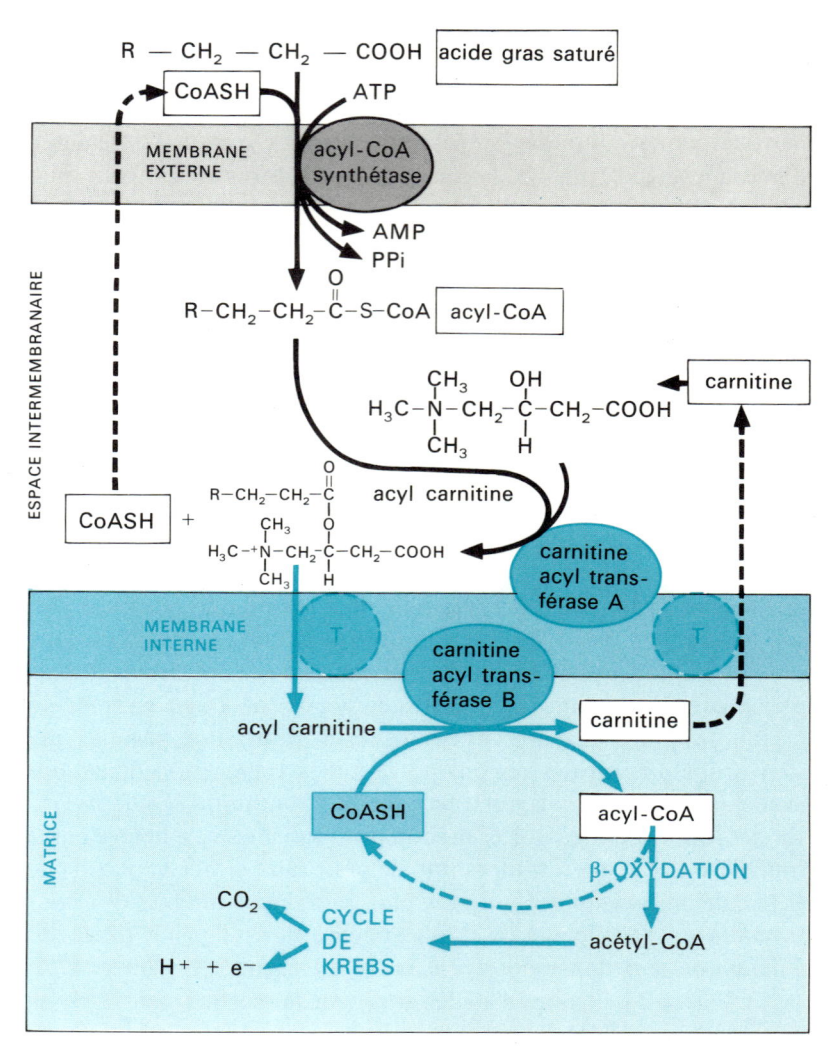

d'abord activées en acyl-CoA par des enzymes de la membrane externe : les acyl-CoA synthétases ou thiokinases (il existe 3 enzymes différentes selon la longueur des chaînes d'acides gras). Dans l'espace intermembranaire le groupe acyl est transféré à la carnitine, acide alcool azoté à 9 carbones ; cette réaction est catalysée par une carnitine acyltransférase, enzyme de la membrane interne dont le site actif est situé en regard de l'espace intermembranaire. L'acyl carnitine formée passe dans la matrice, sans doute grâce à un transporteur spécifique ; là se fait un nouveau transfert du groupe acyl, de la carnitine au coenzyme A mitochondrial, réaction catalysée par une autre carnitine acyl transférase de la membrane interne dont le site actif est cette fois localisé en regard de la matrice. Ainsi reformé dans la matrice, l'acyl-CoA subit enfin la β-oxydation qui le dégrade en acétyl-CoA.

La carnitine permet également le passage du radical acétyl à travers la membrane interne sous forme d'acétyl carnitine, le transporteur étant sans doute le même que celui de l'acyl carnitine ; dans ce cas le passage du radical acétyle de la matrice vers le hyaloplasme se fait sans l'intervention du transporteur citrate (voir plus haut p. 125).

Bien que la membrane mitochondriale interne soit imperméable au NADH, celui-ci peut être réoxydé en NAD^+ par la chaîne respiratoire. Cette réoxydation est fondamentale dans le métabolisme cellulaire puisque de nombreuses réactions qui se déroulent dans le hyaloplasme sont catalysées par des déshydrogénases à NAD et que la poursuite de ces réactions nécessite une régénération du NAD^+. Par exemple, la glycolyse ne peut être entretenue que si le NADH provenant de l'oxydation du glycéraldéhyde 3-phosphate est régénéré en NAD^+ ; en anaérobiose cette régénération est assurée par un processus fermentaire (voir volume I, chapitre 2) ; en aérobiose elle l'est par la respiration mitochondriale.

En fait les électrons du NADH hyaloplasmique sont transférés à la chaîne respiratoire par des voies indirectes que l'on nomme *navettes* ; l'une de ces navettes met en jeu une déshydrogénase flavinique de la membrane interne : c'est la *navette glycérol phosphate* (fig. 9.32) ; l'autre fait intervenir deux transporteurs de cette membrane, le transporteur α-cétoglutarate-malate et le transporteur glutamate-aspartate : c'est la *navette malate-aspartate*.

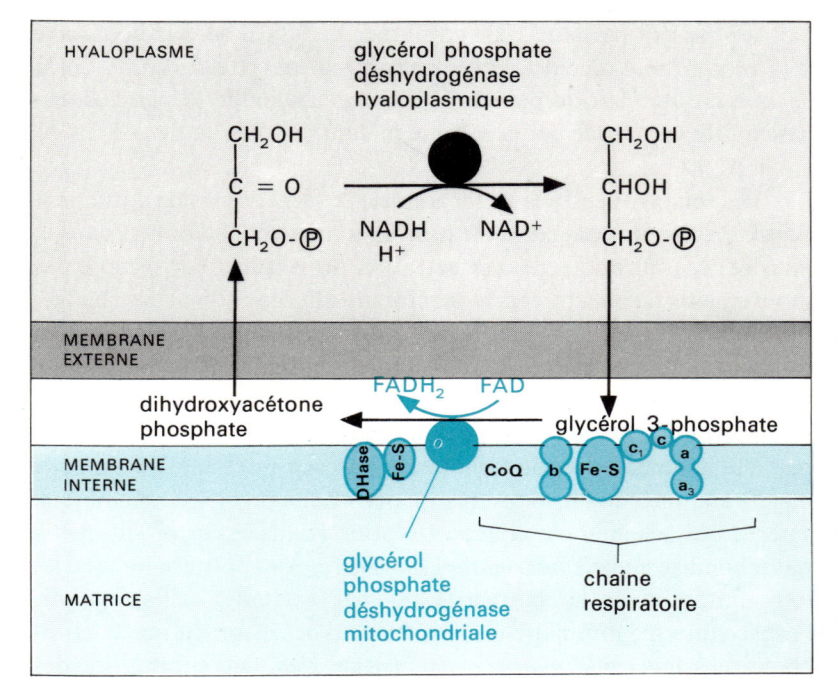

Figure 9.32
Navette glycérol phosphate.
La membrane interne étant imperméable au NADH ses électrons sont transférés à la chaîne respiratoire par la navette glycérol phosphate. Une glycérol phosphate déshydrogénase du hyaloplasme catalyse la réduction du dihydroxyacétone phosphate en glycérol 3-phosphate et le NAD^+ nécessaire à la glycolyse est ainsi régénéré. Le glycérol 3-phosphate est réoxydé par une glycérol phosphate déshydrogénase à FAD de la membrane interne, enzyme dont le site actif est en regard de l'espace intermembranaire. Cette réoxydation en dihydroxyacétone phosphate est couplée à la réduction du FAD en $FADH_2$. Le $FADH_2$ cède enfin les électrons provenant du NADH au coenzyme Q de la chaîne respiratoire dont les principaux constituants sont représentés sur ce schéma.

Rôles physiologiques

Dans les cellules musculaires et nerveuses, les électrons du NADH hyaloplasmique sont d'abord transférés au dihydroxyacétone phosphate, intermédiaire de la glycolyse qui est ainsi réduit en glycérol 3-phosphate ; cette réaction est catalysée dans le hyaloplasme par une glycérol phosphate déshydrogénase à NAD. Le glycérol 3-phosphate diffuse librement à travers la membrane mitochondriale externe ; dans l'espace intermembranaire il est alors oxydé en dihydroxyacétone phosphate par une glycérol phosphate déshydrogénase de la membrane interne, enzyme dont le site actif est en regard de l'espace intermembranaire et qui est une flavoprotéine à FAD. L'oxydation du glycérol 3-phosphate est couplée à la réduction du FAD en $FADH_2$ qui transfère ensuite une paire d'électrons et de protons au coenzyme Q de la chaîne respiratoire. Le transport de cette paire d'électrons dans la chaîne se fait au niveau du coenzyme Q, ce qui court-circuite le premier site de couplage.

Dans les cellules du foie et du cœur la navette malate-aspartate transfère les électrons du NADH hyaloplasmique au NAD^+ de la matrice ; le NADH de la matrice ainsi formé transfère ensuite une paire d'électrons à la NADH déshydrogénase de la chaîne respiratoire ce qui permet la régénération de 3 ATP. A la différence de la navette glycérol phosphate qui ne fonctionne que dans un sens, la navette malate-aspartate permet également le transfert des électrons du NADH de la matrice (NADH provenant des oxydations respiratoires) au NAD^+ du hyaloplasme. Le NADH ainsi formé est utilisé pour des synthèses hyaloplasmiques : par exemple lors de la néoglucogenèse pour la réduction de l'acide 1,3-diphosphoglycérique en glycéraldéhyde 3-phosphate.

Il existe d'autres navettes permettant des échanges entre la matrice et le hyaloplasme ; ces voies indirectes, dont nous avons déjà parlé, rendent possible le passage de métabolites — combustibles ou précurseurs de biosynthèse — bien que la membrane mitochondriale interne ne possède pas de transporteurs spécifiques pour ces métabolites : les chaînes d'acides gras destinées à être oxydées dans la matrice passent par la navette carnitine ; le radical acétyle nécessaire à la biosynthèse d'acides gras emprunte la navette carnitine ou la navette citrate ; l'acide oxaloacétique précurseur de la néoglucogenèse quitte la matrice par la navette malate (fig. 9.27 et fig. 9.37, voir aussi p. 123).

Les échanges entre la mitochondrie et le hyaloplasme entraînent des changements de la concentration en ions et en métabolites dans la matrice ; ces variations de concentration provoquent par osmose des mouvements d'eau à travers la membrane interne et donc des changements du volume de la matrice, changements qui sont bien mis en évidence dans des suspensions de mitochondries isolées.

La sortie d'ions (Na^+ et K^+ en particulier) entraîne une diminution du volume matriciel qui peut atteindre 50 % et qui est compensée par une augmentation du volume de l'espace intermembranaire ; la membrane interne est alors très plissée et éloignée de la membrane externe qui, elle, n'a pas changé de forme : dans ce cas on dit que la mitochondrie a une *conformation condensée*. Au contraire lorsque les ions entrent dans la matrice (Ca^{2+} par exemple) celle-ci gonfle, l'espace intermembranaire est réduit : dans ce cas on dit que la mitochondrie a une *conformation orthodoxe* car c'est la conformation des

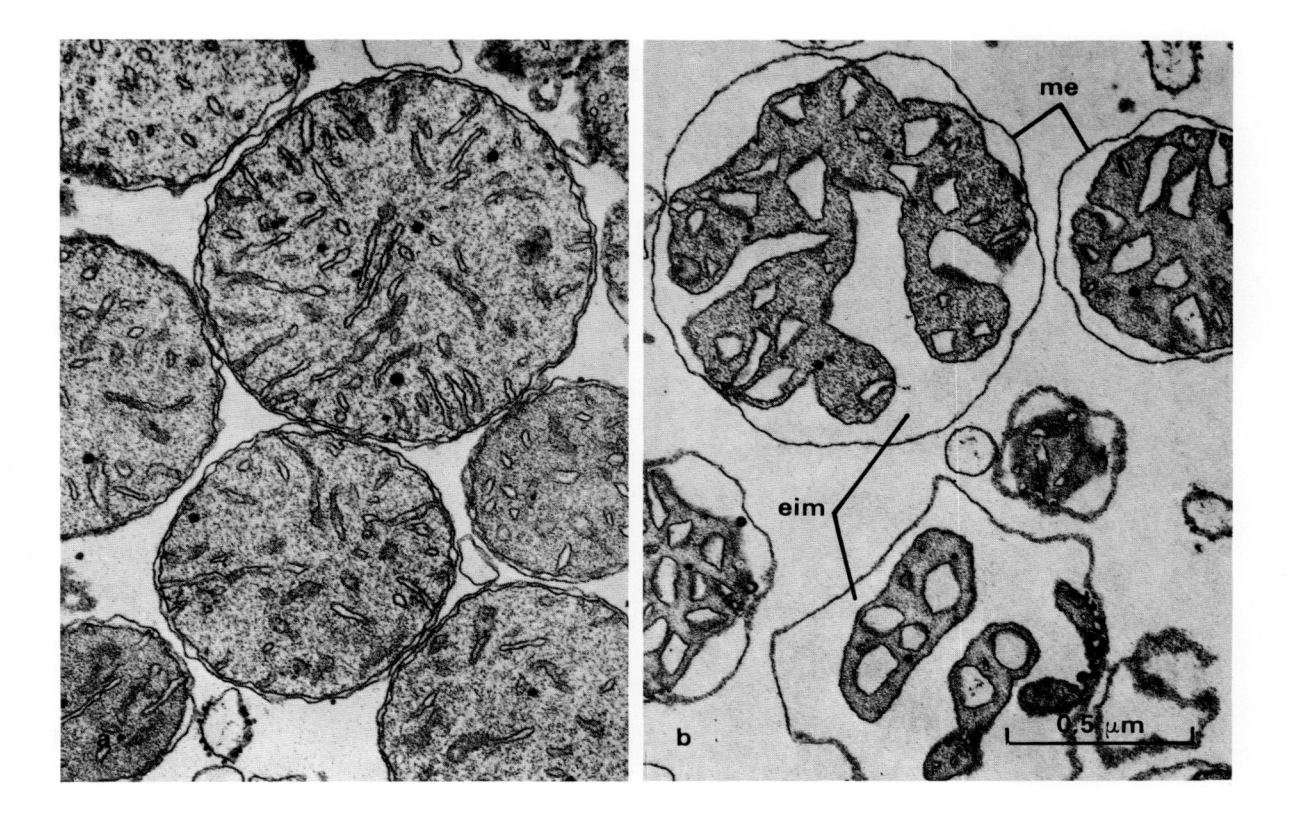

Figure 9.33
Changements de conformation de la structure mitochondriale.
Mitochondries isolées de foie de rat. a) Conformation orthodoxe : la membrane interne forme des crêtes et l'espace intermembranaire est réduit. b) Conformation condensée : le volume de la matrice est la moitié de celui occupé dans la conformation orthodoxe ; cette diminution de volume matriciel est compensée par une augmentation de volume de l'espace intermembranaire eim. Le volume global de la mitochondrie défini par la membrane mitochondriale externe me n'est pas modifié. Ces changements de conformation sont obtenus dans des conditions variées. Par exemple, des mitochondries placées dans un milieu sans ADP et qui ne réalisent plus la phosphorylation oxydative ont une conformation orthodoxe. L'addition d'ADP au milieu d'incubation leur permet de phosphoryler l'ADP en ATP et elles prennent une conformation condensée. Ce sont de telles conditions qui correspondent à ces clichés. × 50 000 (micrographies électroniques C.R. Hackenbrock, 1968).

mitochondries observée *in situ* au microscope électronique dans les coupes de cellules fixées chimiquement (fig. 9.33).

Les échanges à travers la membrane interne dépendant de l'énergie fournie par le transport d'électrons, la conformation des mitochondries varie selon l'utilisation qui est faite de cette énergie par les mitochondries mais les corrélations entre ces phénomènes sont encore difficiles à interpréter.

9.3.4.2. IMPORTANCE DES ÉCHANGES DANS LE MÉTABOLISME CELLULAIRE ET SA RÉGULATION

Les échanges qui se font entre la matrice et le hyaloplasme sont essentiels dans le métabolisme des cellules eucaryotes et sa régulation. Tout comme le hyaloplasme, la matrice des mitochondries est le carrefour de nombreuses voies métaboliques : c'est là que les oxydations respiratoires achèvent la dégradation des combustibles et que certains produits intermédiaires de cette dégradation sont le point de départ de diverses biosynthèses ; nous avons déjà parlé de ces aspects dans les chapitres précédents. On peut remarquer que lorsque les combustibles oxydables sont hydrosolubles (glucose, acides aminés) ceux-ci sont répartis uniformément dans le hyaloplasme et que les mitochondries sont dispersées dans le cytoplasme. Au contraire quand la cellule n'a plus à sa disposition que des combustibles insolubles dans l'eau (c'est le cas chez un animal en jeûne prolongé qui mobilise ses réserves lipidiques) les mitochondries sont accolées aux globules de triglycérides, ce qui facilite l'entrée des acides gras dans la matrice (fig. 9.34).

Régulation des échanges phosphate-ADP-ATP

Les échanges de phosphate et de nucléotides à adénine — ATP et ADP — sont d'une importance primordiale dans l'énergétique des cellules aérobies : en effet, lors de l'oxydation d'un même combustible la quantité d'ATP qui est régénérée est bien plus importante quand cette oxydation se fait en aérobiose que quand elle se limite à

Figure 9.34
Mitochondrie et globule lipidique.
Portion de cellule acineuse de pancréas, chez un cobaye à jeun montrant une mitochondrie accolée à un globule lipidique Li. Au cours du jeûne, les réserves de tissu adipeux (triglycérides) sont mobilisées et transportées par le sang jusqu'aux cellules où elles forment des globules lipidiques. Les mitochondries s'accolent alors à ces globules ; cette disposition favorise les échanges entre la source de combustibles, les acides gras du globule lipidique, et la mitochondrie où ils sont oxydés ; $\times$ 30 000 (micrographie électronique G.E. Palade, 1960).

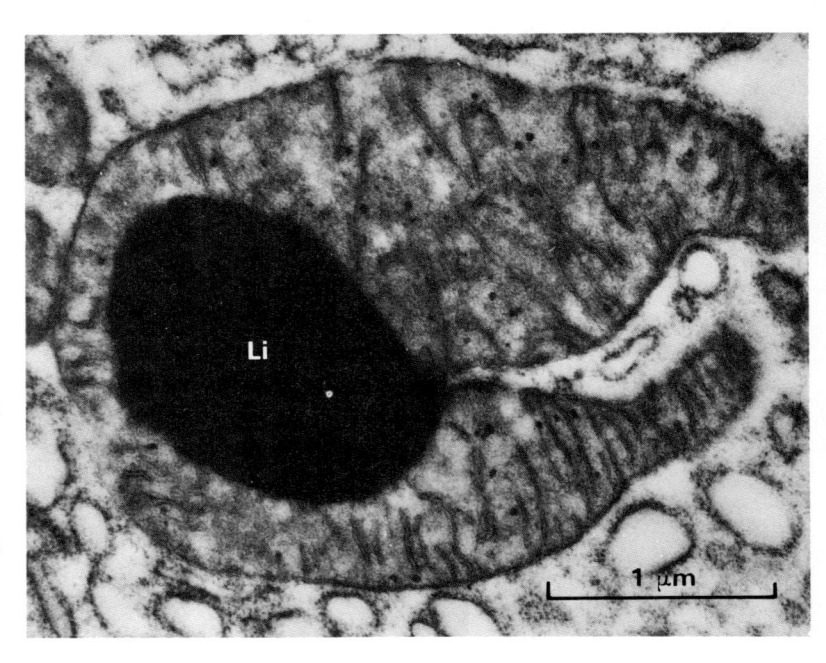

Tableau 9. IV
Bilan énergétique de l'oxydation complète d'une molécule de glucose.
Si les électrons provenant de la glycolyse entrent dans la chaîne respiratoire par la navette malate-aspartate, le bilan est de 2 ATP en plus, soit en tout 38 ATP.

réactions biochimiques	nombre de molécules d'ATP consommées ou régénérées
glycolyse dans le hyaloplasme	
phosphorylation du glucose	− 1
phosphorylation du fructose 6-phosphate	− 1
déphosphorylation de 2 molécules d'acide 1,3-diphosphoglycérique	+ 2
déphosphorylation de 2 molécules d'acide phosphoénolpyruvique	+ 2
formation de 2 NADH	
oxydation de l'acide pyruvique dans la matrice	
décarboxylation oxydative de 2 molécules d'acide pyruvique	
formation de 2 NADH	
oxydation de 2 molécules d'acétyl-CoA dans le cycle de Krebs	
phosphorylation au niveau du substrat	+ 2
formation de 6 NADH	
formation de 2 FADH$_2$	
phosphorylation oxydative au niveau de la membrane interne	
2 NADH provenant de la glycolyse (entrée par la navelle glycérolphosphate)	+ 4
2 NADH provenant de la décarboxylation de 2 molécules d'acide pyruvique	+ 6
6 NADH provenant du cycle de Krebs	+ 18
2 FADH$_2$ provenant du cycle de Krebs	+ 4
nombre de molécules d'ATP régénérées par la molécule de glucose	36

une dégradation anaérobie. Par exemple en aérobiose le nombre de molécules d'ATP régénérées par molécule de glucose complètement oxydée en CO_2 et H_2O est de 36, alors qu'en anaérobiose l'oxydation du glucose en acide pyruvique par la glycolyse permet de régénérer 2 molécules d'ATP seulement. Comme le montre le tableau 9. IV la majorité des molécules d'ATP qui sont régénérées en aérobiose au niveau des mitochondries le sont par phosphorylation oxydative. Dans ces conditions, pour remplir les mêmes fonctions et accomplir les mêmes travaux, les cellules doivent oxyder beaucoup moins de combustibles quand elles disposent d'oxygène que quand elles n'en ont pas. Ainsi des cellules qui comme les levures ou les fibres musculaires peuvent utiliser le glucose soit en aérobiose soit en anaérobiose, consomment 18 fois moins de glucose en aérobiose pour régénérer la même quantité d'ATP qu'en anaérobiose.

L'ATP produit au niveau des mitochondries est exporté de la matrice vers le hyaloplasme (en échange de l'entrée d'ADP et de phosphate en quantité équimoléculaire) où l'énergie libérée par l'hydrolyse d'une de ses liaisons pyrophosphate est utilisée pour de nombreuses biosynthèses, pour des transports actifs contre des

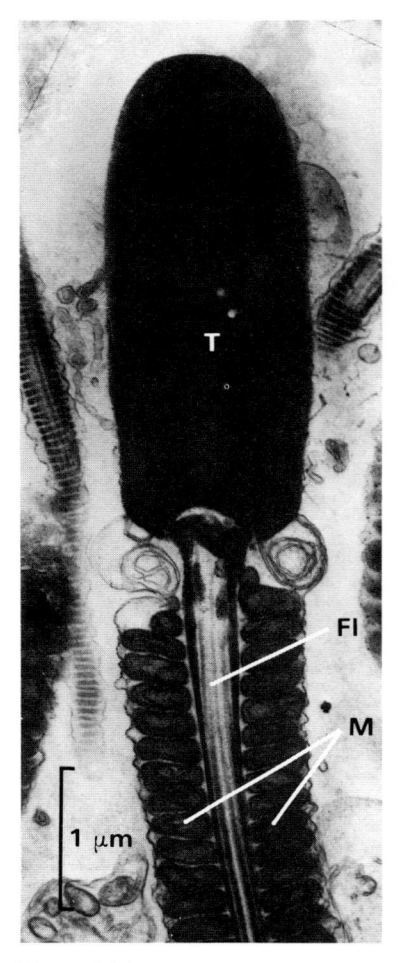

Figure 9.35
Mitochondries et axonème du flagelle.
Au niveau de la pièce intermédiaire de ce spermatozoïde, les mitochondries M sont groupées autour de l'axonème du flagelle Fl. Cette disposition des organites est favorable au fonctionnement du gamète puisque sont côte à côte : les mitochondries qui exportent l'ATP qu'elles ont régénéré et l'axonème qui consomme cet ATP pour ses mouvements ; × 20 000 (spermatozoïde de chauve-souris, micrographie électronique D. W. Fawcett, 1965).

gradients de concentration, ou encore pour des mouvements variés. C'est pourquoi dans des cellules spécialisées pour certains travaux particuliers, les mitochondries sont parfois situées au voisinage des structures qui consomment le plus d'ATP : myofibrilles des fibres musculaires striées (voir volume I, chapitre 3) axonème du flagelle de spermatozoïdes (fig. 9.35), membrane plasmique de cellules ayant des échanges importants avec le milieu extracellulaire (cellules des tubules rénaux chez les mammifères, cellules des tubes de Malpighi chez les insectes).

Les échanges matrice-hyaloplasme sont également importants pour la régulation des réactions qui se déroulent au niveau de la membrane mitochondriale interne et dans chacun de ces compartiments.

Régulation de la respiration par l'ADP

La vitesse de transport des électrons du NADH à l'oxygène le long de la chaîne respiratoire dépend de la concentration en ADP et phosphate inorganique Pi dans le hyaloplasme. Cette vitesse de transport peut être estimée en mesurant la quantité d'oxygène consommée par unité de temps et pour un même poids de tissu ou de mitochondries isolées c'est-à-dire en mesurant l'intensité respiratoire. Le substrat oxydable étant disponible en abondance, si la concentration du milieu extramitochondrial en ADP et Pi est élevée, la consommation d'oxygène est forte ; si la concentration en ADP est faible, la consommation d'oxygène est très diminuée. Cette régulation de la respiration par l'accepteur de phosphate qu'est l'ADP est appelée *contrôle respiratoire* ou mieux *contrôle par l'accepteur*.

Un exemple de ce contrôle par l'accepteur est fourni par les fibres musculaires striées (voir volume I, chapitre 3) ; quand les cellules sont au repos elles contiennent peu d'ADP et beaucoup d'ATP : elles consomment peu d'oxygène, elles respirent peu ; quand les fibres sont excitées et qu'elles se contractent, l'hydrolyse de l'ATP entraîne une augmentation de la concentration hyaloplasmique en ADP : le transport des électrons provenant de l'oxydation du glucose est stimulé et la consommation d'oxygène est multipliée par un facteur pouvant atteindre 100 ; quand les fibres ne se contractent plus, la concentration en ADP diminue puisqu'il est phosphorylé en ATP et les cellules respirent peu, elles consomment alors peu d'oxygène.

L'ATP, l'ADP et certains métabolites provenant de l'activité des mitochondries sont de plus des effecteurs allostériques qui modulent l'activité d'enzymes du hyaloplasme et de la matrice.

Régulation de la glycolyse et de la respiration

Voyons un exemple particulièrement bien connu de ces mécanismes régulateurs : celui de la régulation de la glycolyse et de la respiration. Quand de l'oxygène est fourni à des levures en anaérobiose, leur consommation de glucose diminue brutalement en même temps que cesse leur production d'alcool éthylique; ce phénomène découvert par Pasteur est appelé *effet Pasteur;* il montre que la respiration inhibe la glycolyse. Cette inhibition se fait au niveau de la phosphofructokinase, enzyme de la glycolyse qui catalyse la phosphorylation du fructose 6-phosphate en fructose 1, 6-disphosphate. En effet en aérobiose les mitochondries régénèrent de nombreuses molécules d'ATP qui sont exportées vers le hyaloplasme; dans ces conditions la concentration en ATP augmente dans le hyaloplasme en même temps qu'y diminue celle d'ADP. Or, l'ATP est un inhibiteur allostérique de la phosphofructokinase, si bien qu'en aérobiose la production de fructose diphosphate est diminuée ce qui se traduit par un ralentissement de la glycolyse (de plus l'acide citrique qui est produit par le cycle de Krebs et qui peut passer dans le hyaloplasme est également un inhibiteur de cette enzyme). Inversement l'absence d'oxygène qui stoppe les oxydations respiratoires augmente la glycolyse : dans ce cas la concentration en ADP augmente dans le hyaloplasme et l'ADP qui est aussi un effecteur allostérique de la fructokinase stimule au contraire l'activité de cette enzyme (fig. 9.36).

Régulation de la néoglucogenèse et de la glycolyse

De même la régulation de la néoglucogenèse et de la glycolyse met en jeu des effecteurs allostériques produits par les mitochondries et exportés dans le hyaloplasme. Lorsque la glycolyse fournit plus d'acétyl-CoA et d'acide citrique qui ne peut en dégrader le cycle de Krebs, la néoglucogenèse est stimulée. En effet l'acétyl-CoA active la pyruvate carboxylase, enzyme qui catalyse la carboxylation de l'acide pyruvique en acide oxaloacétique (p. 123). Après être passé dans le hyaloplasme par la navette malate (p. 136) l'acide oxaloacétique est transformé en acide phosphoénolpyruvique par une enzyme qui est elle-même activée par l'acétyl-CoA (acétyl-CoA qui quitte la matrice par la navette citrate ou la navette carnitine). La fructose 1, 6-diphosphatase, enzyme particulière de la néoglucogenèse est stimulée par l'acide citrique qui de plus inhibe comme l'ATP et le NADH la phosphofructokinase de la glycolyse. Dans ces conditions, la stimulation de la néoglucogenèse s'accompagne simultanément d'une inhibition de la glycolyse (fig. 9.37).

La régulation entre les réactions de dégradation et les réactions de synthèse dépend non seulement de l'*état de phosphorylation* de la cellule, c'est-à-dire des concentrations relatives en ATP, ADP et Pi mais aussi de son *état d'oxydoréduction,* c'est-à-dire des concentrations relatives en NAD^+ — NADH, $NADP^+$ — NADPH. Là encore interviennent les transporteurs membranaires et les navettes qui permettent le passage d'électrons de la matrice au hyaloplasme et vice versa. Notons enfin que la concentration en calcium dans le hyaloplasme est régulée par le transport de Ca^{2+} à travers la membrane interne; ces échanges sont également importants puisque ce cation

Figure 9.36
Régulation de la glycolyse et de la respiration.
Cette régulation se fait grâce à des effecteurs allostériques. Quand les cellules respirent, l'ATP qui est produit en grande quantité inhibe la phosphofructokinase (1) et la pyruvate kinase (2) ce qui ralentit la glycolyse; l'activité de ces enzymes est également inhibée par l'acide citrique. L'ATP ralentit également la production d'acétyl-CoA entrant dans le cycle de Krebs : l'ATP inhibe l'acivité du complexe pyruvate déshydrogénase (3) grâce à la kinase associée au complexe (voir p. 108). En anaérobiose la quantité d'ATP diminue, celle d'ADP augmente; l'inhibition des activités enzymatiques par l'ATP est levée et de plus l'ADP stimule la phosphofructokinase ce qui favorise la glycolyse.

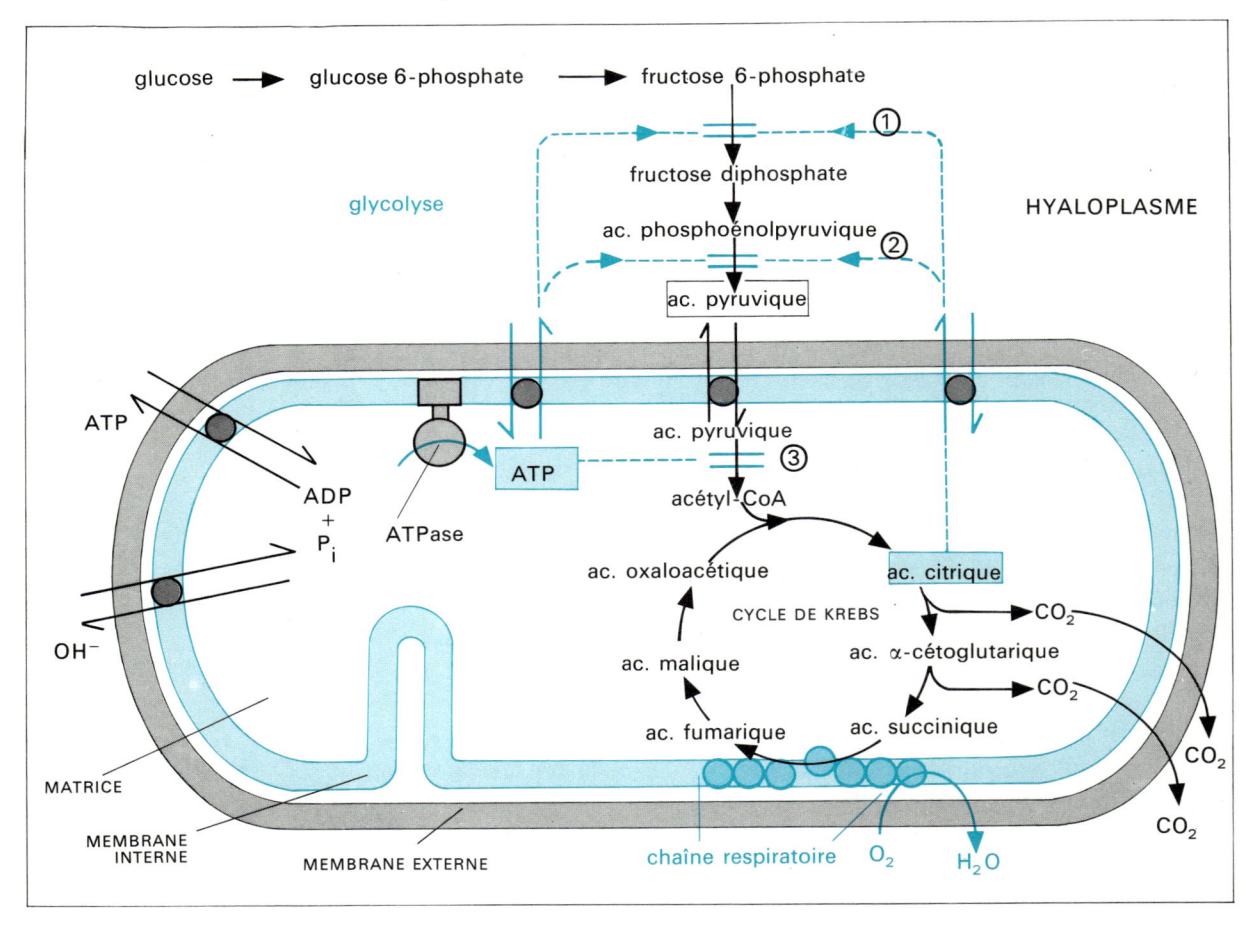

intervient dans de nombreuses activités cellulaires : activation ou inactivation d'enzymes; polymérisation des microtubules (volume I, chapitre 4); dans les fibres musculaires striées, la concentration en Ca^{2+} est régulée par le réticulum sarcoplasmique, etc. La concentration en Ca^{2+} demeure toujours faible dans le hyaloplasme à la fois grâce aux transporteurs de la membrane mitochondriale interne qui font rentrer le calcium dans la matrice et grâce aux

Figure 9.37
Régulation de la néoglucogenèse.
Quand la glycolyse est intense, la néoglucogenèse est augmentée grâce à l'acétyl-CoA et à l'acide citrique qui se comportent comme des effecteurs allostériques. L'acétyl-CoA favorise la production d'acide oxaloacétique dans la matrice et dans le hyaloplasme en stimulant l'activité de la pyruvate carboxylase et de la phosphoénolpyruvate carboxylase; l'acide citrique stimule l'activité de la 1,6 diphosphatase. Certaines de ces réactions de la néoglucogenèse sont communes à la glycolyse, ce sont des réactions réversibles; les autres réactions sont irréversibles et les enzymes qui les catalysent sont indiquées. L'acétyl-CoA quitte la matrice par la navette malate ou la navette carnitine; l'acide citrique traverse la membrane interne par un transporteur spécifique.

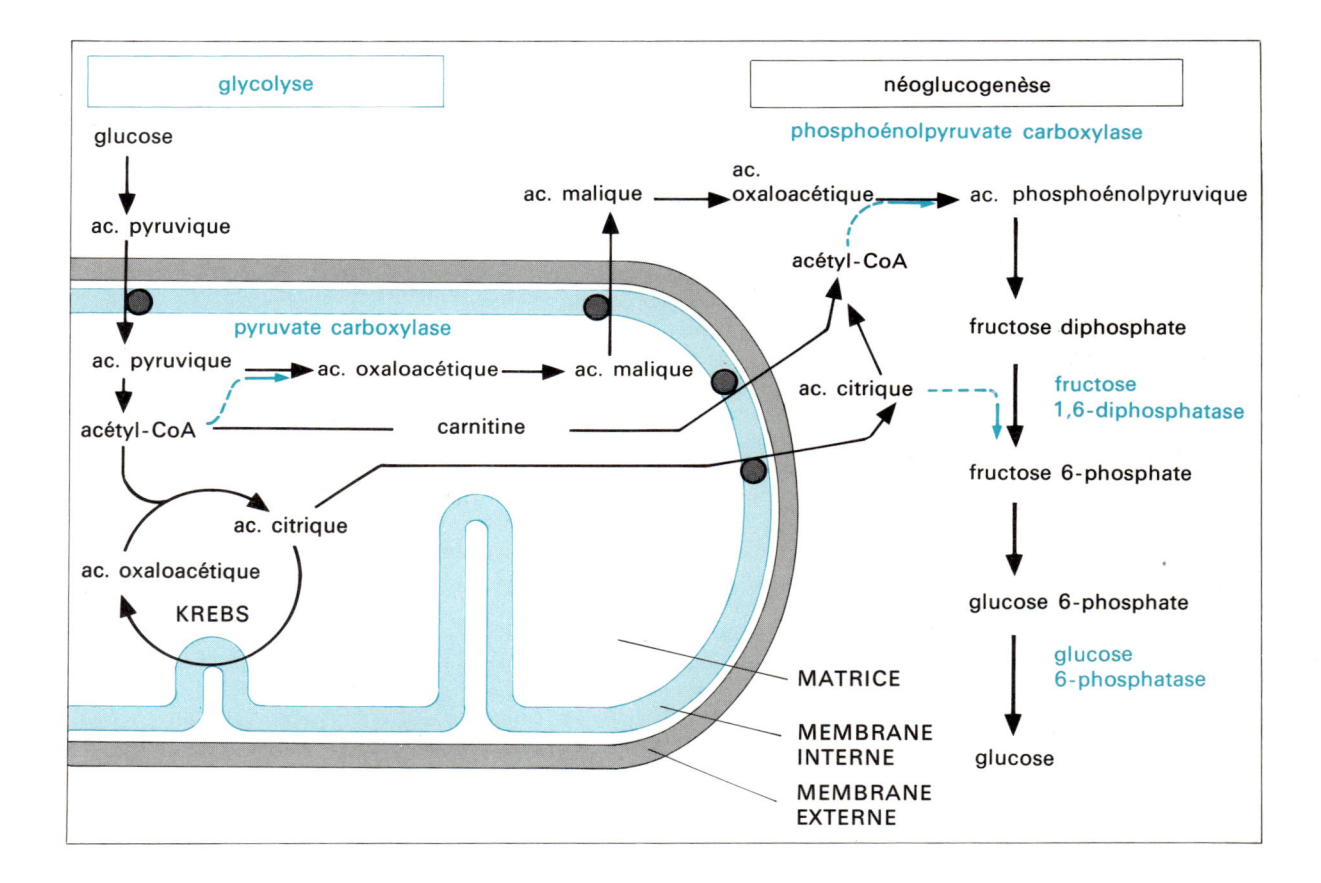

pompes de la membrane plasmique qui expulsent le calcium dans l'espace extracellulaire.

Entre la mitochondrie et le hyaloplasme ne se font pas seulement des échanges d'ions et de métabolites; des macromolécules protéiques traversent également les membranes mitochondriales et comme nous allons l'étudier, ces importations et exportations de protéines sont nécessaires à la biogenèse des mitochondries.

9.4. Biogenèse

9.4.1. Continuité mitochondriale

Les nouvelles mitochondries apparaissant dans une cellule se forment par division de mitochondries préexistantes qui après avoir augmenté de taille se scindent en mitochondries plus petites. Cette continuité mitochondriale est démontrée expérimentalement dans des cellules en culture dont le rythme des divisions est élevé (fig. 9.38).

Cette démonstration a été faite par autoradiographie quantitative chez un mutant de la moisissure *Neurospora* qui exige pour sa croissance un milieu de culture contenant de la choline (la choline est une base azotée caractéristique du phospholipide le plus abondant dans les deux membranes mitochondriales : la phosphatidylcholine appelée aussi lécithine).

Après un pulse de 10 minutes dans un milieu contenant de la choline tritiée on réalise un homogénat des filaments de *Neurospora* et on isole les mitochondries par centrifugation différentielle sur gradient de saccharose; on mesure alors la radioactivité totale de cette fraction. De plus, par autoradiographie faite sur des frottis de mitochondries isolées on constate au microscope à lumière que toutes les mitochondries sont radioactives; pendant le pulse la choline radioactive a été incorporée par le champignon qui a utilisé ce précurseur pour la synthèse de phosphatidylcholine dont les molécules se sont intégrées aux membranes de toutes les mitochondries.

Dans une seconde expérience, après un pulse de 10 minutes dans le milieu « chaud », les filaments de *Neurospora* sont transférés dans un milieu « froid » contenant de la choline non radioactive dont la concentration est plus forte que dans le milieu « chaud »; on fait ainsi une chasse (voir p. 19) dont la durée est de deux heures et pendant laquelle le volume du champignon a doublé ainsi que le nombre de ses mitochondries. On isole alors les mitochondries dont on mesure la radioactivité selon les mêmes techniques que dans l'expérience précédente. On constate que la radioactivité totale de la fraction mitochondriale n'a pas changé et par autoradiographie, on voit que toutes les mitochondries sont radioactives mais que par mitochondrie la radioactivité est la moitié de celle mesurée dans la première expérience.

L'interprétation de ces résultats est la suivante : pendant la chasse de deux heures est apparu un nombre de mitochondries égal à celui des mitochondries présentes à la fin du pulse de 10 minutes. Ces nouvelles mitochondries se sont formées alors que le *Neurospora* ne disposait dans son milieu de culture que de choline non radioactive. Comme toutes les mitochondries sont radioactives après la chasse, cela signifie que les membranes des nouvelles mitochondries correspondent aux membranes des mitochondries présentes à la fin du pulse et renfermant de la phosphatidylcholine radioactive, membranes auxquelles se sont ajoutées pendant la chasse des molécules de phosphatidylcholine non radioactive. La radioactivité par mitochondrie ayant diminué de moitié ceci indique qu'il y a croissance des mitochondries et bipartition de celles-ci pendant les deux heures de chasse. Cette interprétation est confirmée par une troisième expérience dans laquelle la chasse qui suit le pulse de 10 minutes est de quatre heures; pendant ces quatre heures le volume du champignon et le nombre de ses mitochondries ont quadruplé. La radioactivité totale de la fraction mitochondriale n'a toujours pas changé mais l'autoradiographie montre que la radioactivité de chaque mitochondrie n'est plus que le quart de la radioactivité mesurée par mitochondrie lors de la première expérience.

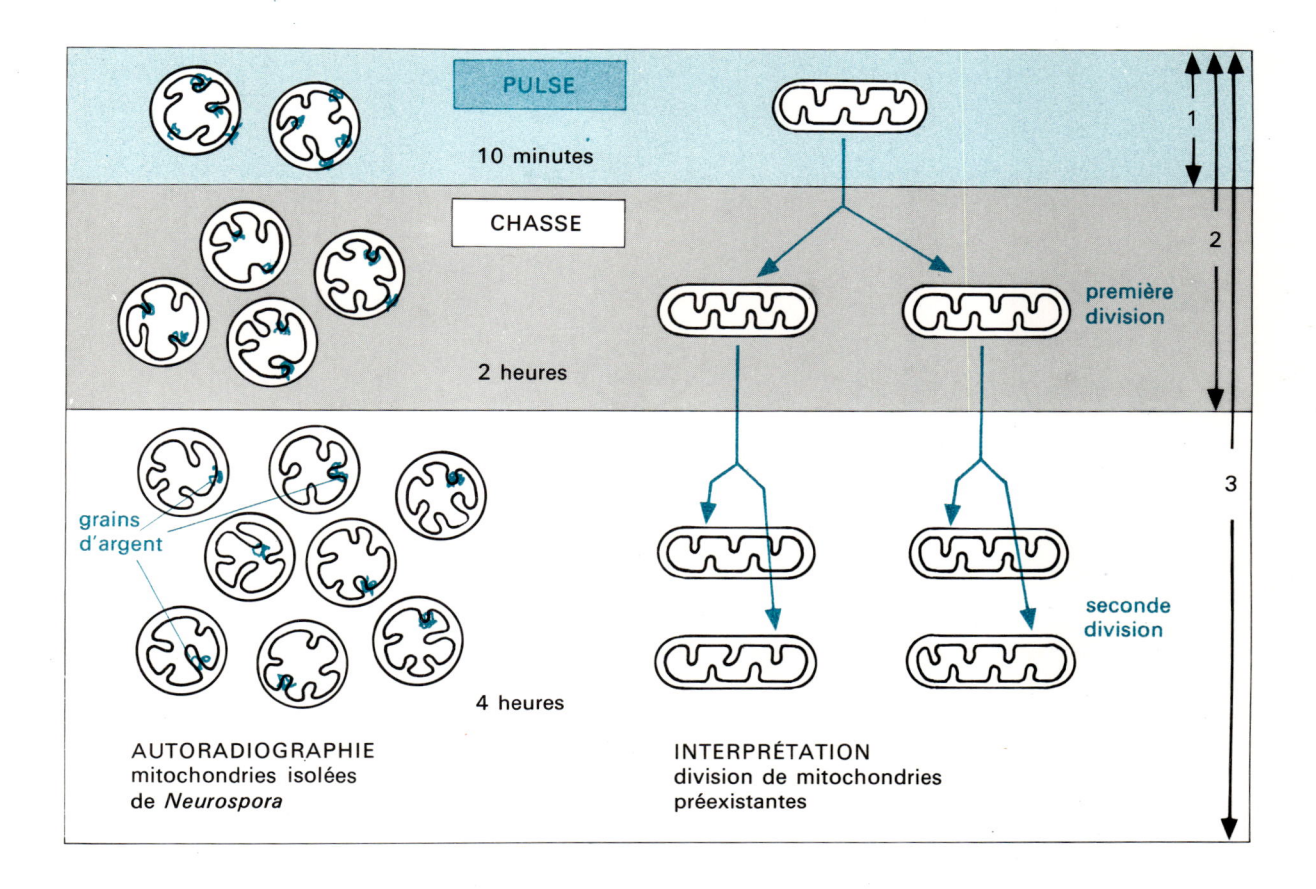

Figure 9.38
Mise en évidence de la continuité mitochondriale.
Les mitochondries sont isolées à partir de filaments de *Neurospora* nécessitant de la choline dans son milieu de culture. Par autoradiographie quantitative on mesure la radioactivité des mitochondries. 1) Après un pulse de 10 minutes en présence de choline tritiée; 2) Après un pulse de 10 minutes et une chasse de 2 heures; 3) Après un pulse de 10 minutes et une chasse de 4 heures. Le comptage des grains d'argent dans des frottis de mitochondries isolées montre qu'au cours de la croissance de la moisissure les mitochondries restent radioactives après avoir incorporé la choline pendant le pulse. Après 2 heures de chasse leur radioactivité est la moitié de ce qu'elle était immédiatement à la fin du pulse; après 4 heures de chasse elle n'est plus que le quart. Le nombre des mitochondries ayant doublé pendant les 2 heures de chasse et quadruplé pendant les 4 heures de chasse on déduit de ces expériences qu'il y a eu division de mitochondries préexistantes (d'après D.J.L. Lucke, 1963).

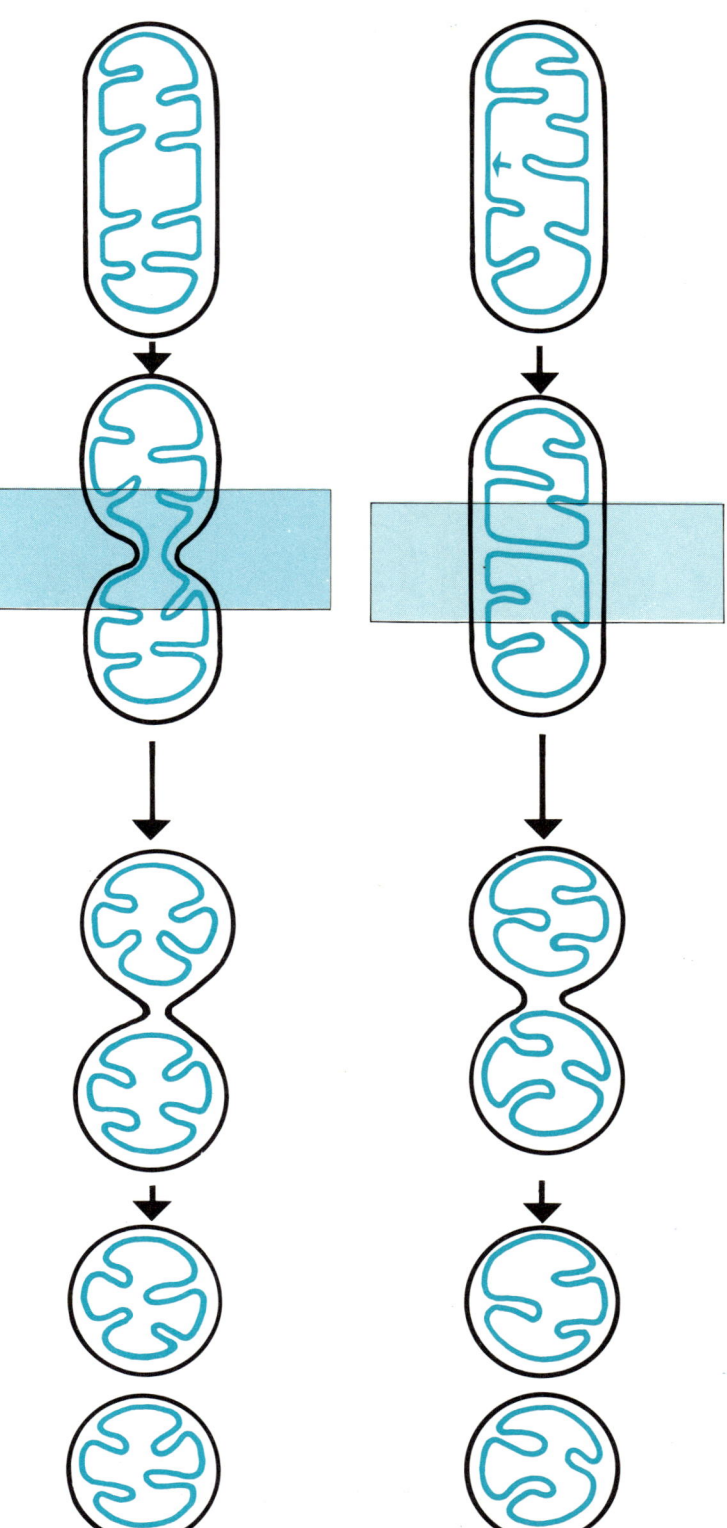

a. partition   b. segmentation

Figure 9.39
Morphologie de la division des mitochondries.
La partition débute par la croissance d'une crête qui partage la matrice en deux compartiments distincts ; la segmentation se fait par étranglement de la mitochondrie.

146   *Mitochondries*

Du point de vue morphologique la division des mitochondries semble pouvoir se dérouler selon deux mécanismes différents : la *segmentation* et la *partition*. Lors de la division par segmentation il y a étranglement progressif d'une région de la mitochondrie puis fusion des membranes au fond de cet étranglement. La partition débute par la croissance d'une crête qui, après avoir fusionné avec la membrane interne sur toute sa périphérie, partage la matrice en deux compartiments distincts ; puis la membrane externe s'invagine au niveau de cette crête particulière et forme une constriction de plus en plus profonde qui finit par séparer en deux la mitochondrie (fig. 9.39 et 9.40).

Comme le montrent les observations de cellules vivantes au microscope à contraste de phase, la division des mitochondries est un phénomène rapide — inférieur à la minute — si bien que dans des coupes minces de cellules fixées il y a peu de chances de saisir au microscope électronique les étapes de ce phénomène. De plus, ainsi que nous l'avons déjà souligné (voir plus haut p. 79) les observations faites *in vivo* au microscope à contraste de phase révèlent que

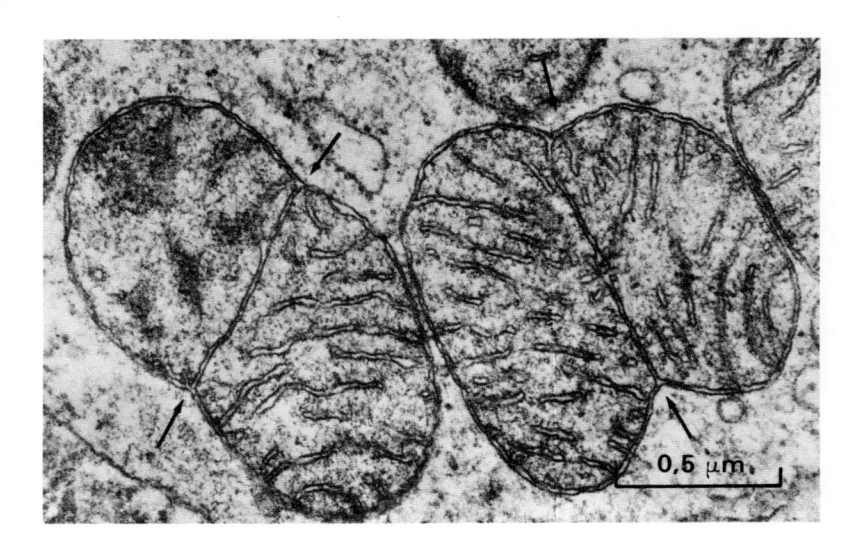

Figure 9.40
Division des mitochondries par partition.
Chacune des deux mitochondries a sa matrice qui est séparée en deux compartiments par une crête médiane (flèches) ; la division est plus avancée dans la mitochondrie de droite, une constriction s'étant formée au niveau de sa crête médiane. Ces figures de division par partition sont observées ici dans une cellule de corps gras d'un papillon un jour après son éclosion ; ce tissu est particulièrement favorable pour de telles observations, à la fin du premier jour de la vie du papillon, le nombre des mitochondries du corps gras étant multiplié par 7 en quelques heures ; × 45 000 (micrographie électronique J.W. Larsen, 1970).

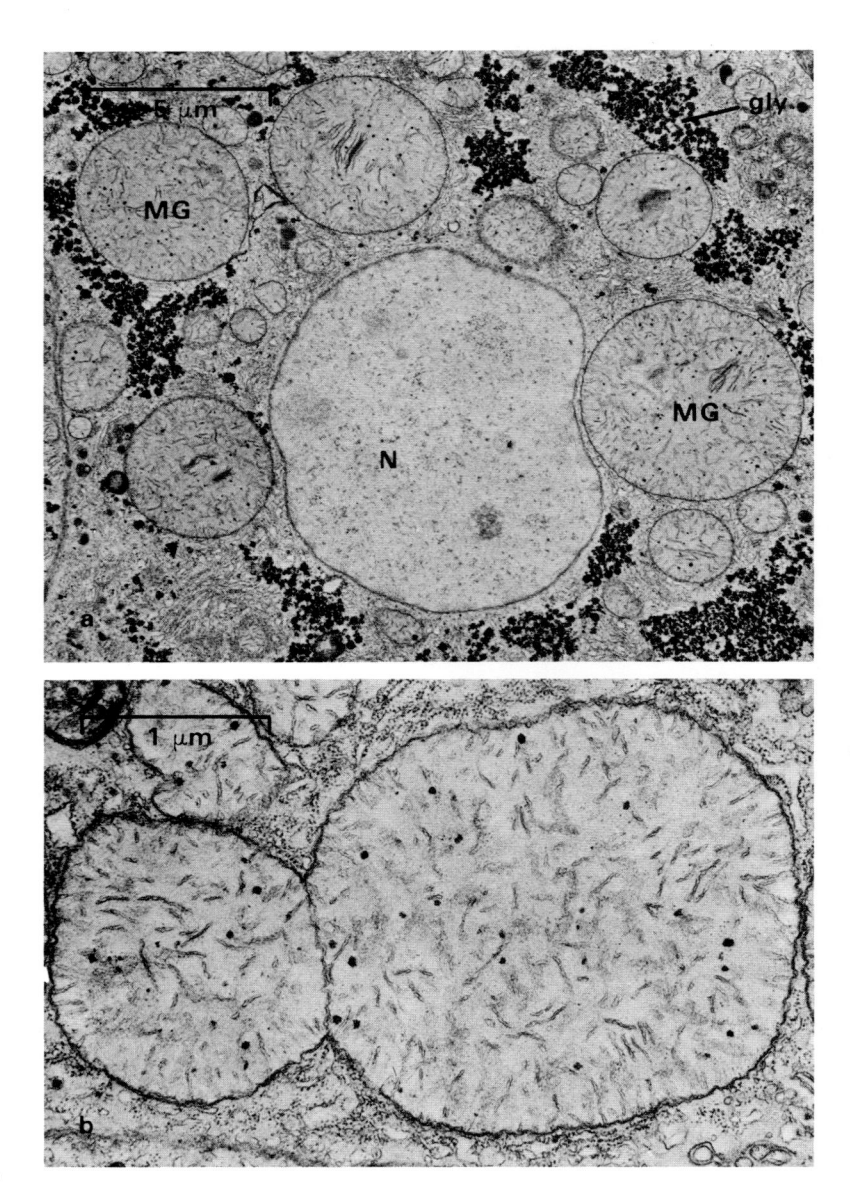

Figure 9.41
Morphologie de la division mitochondriale, étude expérimentale.
Ces figures de division sont observées dans des hépatocytes de souris qui ont été soumises à des régimes carencés qui provoquent la formation de mitochondries géantes L'arrêt de la carence entraîne un retour à une taille normale des mitochondries par division de celles-ci.

a et b) Division par partition. a) Hépatocyte d'un animal soumis pendant 6 semaines à un régime carencé en riboflavine (vitamine B_2); cette cellule renferme des mitochondries géantes MG; gly, particules de glycogène; N, noyau; × 5 000. b) Mitochondrie géante en cours de partition chez un animal carencé depuis 6 semaines et auquel on a injecté depuis 6 heures 30 de la riboflavine; × 25 000 (micrographies électroniques B. Tandler et coll., 1969).

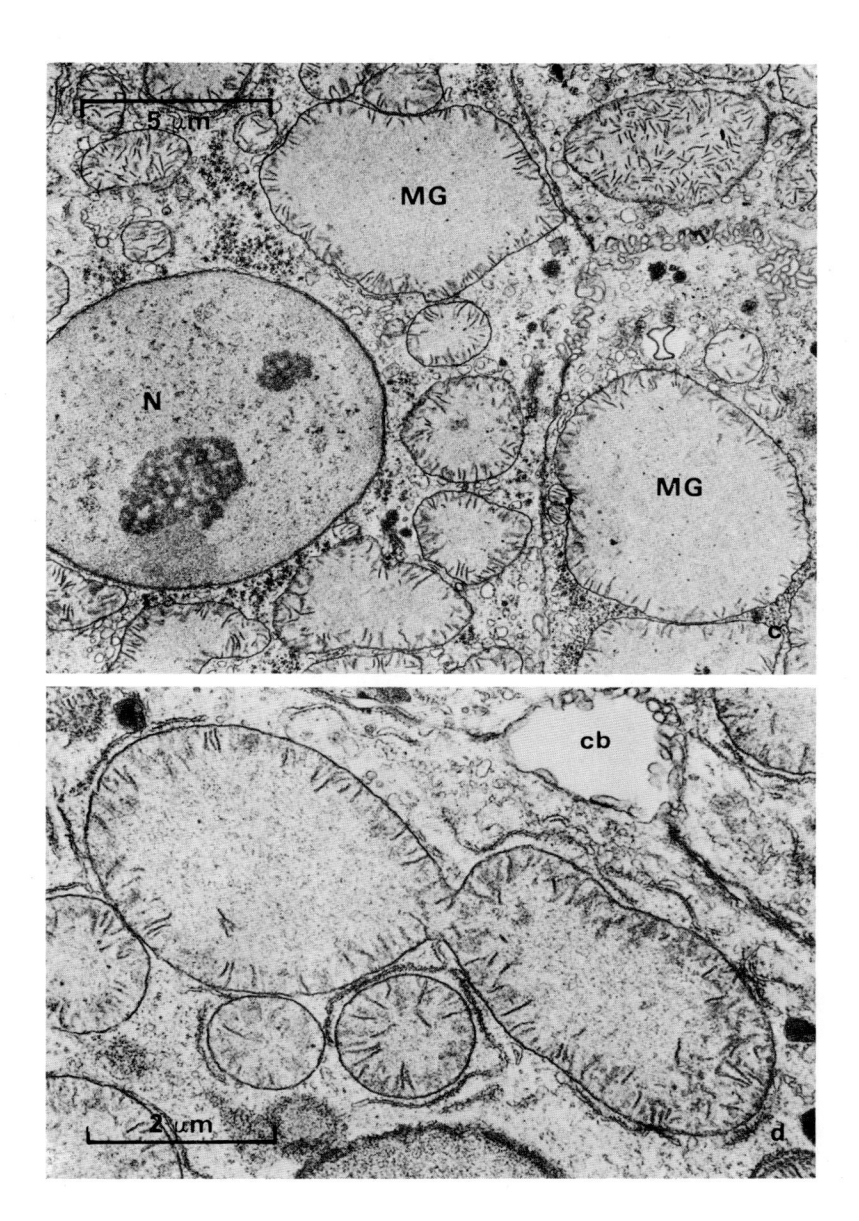

Figure 9.41 (suite)
c et d) Division par segmentation. c) Hépatocyte d'un animal soumis pendant 9 jours à un régime carencé en cuivre (cuprizone ajoutée à la nourriture); il contient des mitochondries géantes MG dont les crêtes sont relativement courtes (ce n'est pas le cas dans les mitochondries géantes obtenues à la suite d'un régime carencé en riboflavine); N, noyau; × 5 000.
d) Mitochondrie géante en cours de segmentation chez un animal nourri normalement depuis 4 heures; la région centrale de la mitochondrie est étranglée; cb, canalicule biliaire; × 12 500 (micrographies électroniques B. Tandler et C.L. Hoppel, 1972).

dans une même cellule il y a simultanément fusion de certaines mitochondries et division d'autres mitochondries si bien que certaines images observées en microscopie électronique sur coupes minces peuvent aussi bien être interprétées comme des images de division que comme des images de fusion.

Néanmoins, la morphologie de la division mitochondriale a pu être étudiée sans ambiguïté dans des cellules où la multiplication des mitochondries est très rapide. Quand des souris ont pendant 6 semaines un régime carencé en riboflavine (c'est la vitamine B_2), leurs hépatocytes ne renferment que quelques mitochondries géantes dont certaines ont une taille voisine de celle du noyau. En injectant de la riboflavine à de tels animaux, en 3 jours le nombre des mitochondries dans les hépatocytes augmente et leur taille redevient la même que chez des souris non carencées. Pendant cette période de restauration on constate que les mitochondries géantes se divisent par partition (fig. 9.41). Un régime carencé en cuivre — en ajoutant à la nourriture un chélateur du cuivre : la cuprizone — provoque également la formation de mitochondries géantes dans les hépatocytes de la souris. Lorsque la cuprizone n'est plus ajoutée aux aliments le nombre et la taille des mitochondries redeviennent normaux en 5 à 8 heures. Dans ce cas, les mitochondries géantes se divisent par segmentation. Il semble donc que les mitochondries d'un même type cellulaire puissent se diviser selon l'un ou l'autre des processus que nous avons décrits.

9.4.2. Participation respective du génome mitochondrial et du génome nucléaire

Les informations qui permettent la synthèse des constituants mitochondriaux sont codées à la fois par le génome mitochondrial et par le génome nucléaire. L'ADNmt étant de petite taille, le génome mitochondrial ne code que pour quelques molécules : ARNr des ribosomes mitochondriaux, ARNt différents de ceux codés par l'ADN du noyau — 12 chez l'homme, 20 chez la levure — et un peu plus d'une dizaine de chaînes polypeptidiques (cette dernière estimation étant faite en tenant compte que l'ADNmt ne comporte pas de séquences répétitives et qu'il existe entre les gènes des espacements qui ne sont pas transcrits). Bien que quantitativement modeste, le génome mitochondrial possède des informations fondamentales puisqu'elles codent pour des chaînes polypeptidiques essentielles à la phosphorylation oxydative (chaînes de la cytochrome oxydase, du cytochrome *b,* de la base hydrophobe de l'ATPase, voir p. 130) et pour des molécules intervenant dans leur synthèse (ARNr et ARNt).

Toutes les informations nécessaires à la synthèse des autres constituants des mitochondries, et ce sont de loin les plus nombreux, sont codées par le génome du noyau : enzymes de la réplication et de la transcription de l'ADNmt, aminoacyl-ARNt synthétases de la synthèse protéique mitochondriale, protéines des ribosomes mitochondriaux, enzymes de la matrice et de l'espace intermembranaire, protéines des membranes externe et interne (à l'exception des chaînes codées par l'ADNmt), enzymes de la synthèse des lipides membranaires, et bien d'autres.

L'ADN mitochondrial, tout comme l'ADN nucléaire, peut être

altéré et chez des microorganismes comme la levure de boulanger ou le *Neurospora* on a isolé de nombreux mutants mitochondriaux : mutants résistants aux antibiotiques inhibiteurs de la synthèse protéique mitochondriale (chloramphénicol, érythromycine) ou de l'ATPase (oligomycine), mutants dont la chaîne respiratoire est incomplète et qui ne peuvent plus réaliser la phosphorylation oxydative par exemple. L'hérédité cytoplasmique de ces caractères a été démontrée ainsi que des phénomènes de recombinaisons. Chez ces espèces en effet, la fécondation réalise un œuf ou zygote dont les mitochondries proviennent de chacun des gamètes ; lors de fusions de ces mitochondries, des ADNmt différents se trouvent placés dans une même matrice et des échanges se font entre génomes mitochondriaux*. A côté de ces mutations extrachromosomiques on connaît également de nombreux mutants nucléaires à hérédité mendélienne qui affectent les fonctions des mitochondries : le mutant choline-dépendant de *Neurospora* dont nous avons parlé plus haut à propos de la continuité mitochondriale en est un exemple.

L'origine du génome mitochondrial n'apparaît pas clairement du point de vue évolutif et deux hypothèses principales sont aujourd'hui proposées. Selon la théorie symbiotique** le génome mitochondrial proviendrait de bactéries aérobies qui, il y a un peu plus d'un milliard d'années, se sont associées à des cellules eucaryotes primitives anaérobies ; cette association à bénéfices réciproques ou symbiose aurait permis aux cellules eucaryotes de réaliser la phosphorylation oxydative donc de devenir aérobies. Au cours de l'évolution, le génome de la bactérie symbiote aérobie se serait presqu'entièrement intégré au génome nucléaire si bien qu'aujourd'hui l'information portée par l'ADNmt est très faible. Selon la théorie non symbiotique, le génome mitochondrial se serait séparé du génome d'une bactérie aérobie très évoluée, bactérie qui serait elle-même à l'origine des eucaryotes. La réplication du génome mitochondrial se faisant indépendamment de celle du génome principal, l'ADN serait l'équivalent des plasmides que l'on connaît chez les bactéries ; c'est pourquoi cette hypothèse est encore appelée l'hypothèse du plasmide.

Les arguments fournis en faveur de l'une ou l'autre hypothèse ne permettent pas pour l'instant de choisir. D'abord très en faveur, l'hypothèse symbiotique n'apparaît plus aussi probable ; en effet les analogies entre mitochondries et bactéries ne sont pas aussi nettes qu'on l'avait supposé : si le chloramphénicol inhibe à la fois la synthèse protéique mitochondriale et bactérienne, les mitoribosomes sont très différents des ribosomes des bactéries (voir tableau 9.III, p. 100). De plus le cytoplasme des eucaryotes n'est pas uniquement un système anaérobie comme le suppose la théorie symbiotique, les mitochondries étant le seul constituant aérobie : les membranes du réticulum endoplasmique possèdent des cytochromes transportant des électrons à l'oxygène, le hyaloplasme renferme une dismutase

---

* Voir G. Prévost, *Génétique*, Hermann, 1976.

** Voir aussi M. Durand et P. Favard, *La Cellule*, Hermann, 1974.

Biogenèse

catalysant la formation d'eau oxygénée à partir du radical superoxyde. La capacité qu'ont les eucaryotes d'utiliser l'oxygène est sans doute apparue au cours de l'évolution avant même que n'existent les mitochondries.

9.4.3. Synthèse et assemblage des constituants

La synthèse des constituants mitochondriaux se déroule pour quelques-uns d'entre eux au niveau des mitochondries, le plus grand nombre étant synthétisé à l'extérieur des mitochondries. Dans la matrice ont lieu la réplication et la transcription de l'ADNmt, phénomènes qui présentent parfois une certaine originalité quand on les compare à ceux qui se passent dans le noyau.

Synthèses intramitochondriales

La réplication de l'ADNmt qui se fait selon un processus semi-conservatif (voir volume III, chapitre 16) est asynchrone dans les mitochondries animales : il y a réplication d'abord d'un des brins d'ADNmt puis réplication de l'autre. Elle est catalysée par une ADN polymérase ne comportant qu'une chaîne polypeptidique, alors que les ADN polymérases nucléaires en ont plusieurs.

La synthèse d'ADN au niveau des mitochondries peut être mise en évidence *in vivo* par autoradiographie. Des protistes — *Tetrahymena,* euglènes, trypanosomes — par exemple — sont placés dans un milieu de culture contenant un précurseur radioactif de l'ADN : la thymidine tritiée. Les cellules sont fixées après un temps plus ou moins long d'incubation dans ce milieu. L'observation au microscope électronique des autoradiographies montre que les grains d'argent sont situés sur les mitochondries (fig. 9.42) et éventuellement sur le noyau des cellules quand celles-ci ont été incubées pendant la période où elles répliquent leur ADN nucléaire.

Figure 9.42
Synthèse d'ADN au niveau des mitochondries : mise en évidence par autoradiographie.
Portion de *Tetrahymena* (protozoaire cilié) ayant été incubé pendant 12 heures dans un milieu contenant de la thymidine-^{3}H. Les grains d'argent Ag sont localisés sur les mitochondries; × 15 000 (micrographie électronique R. Charret et J. André, 1968).

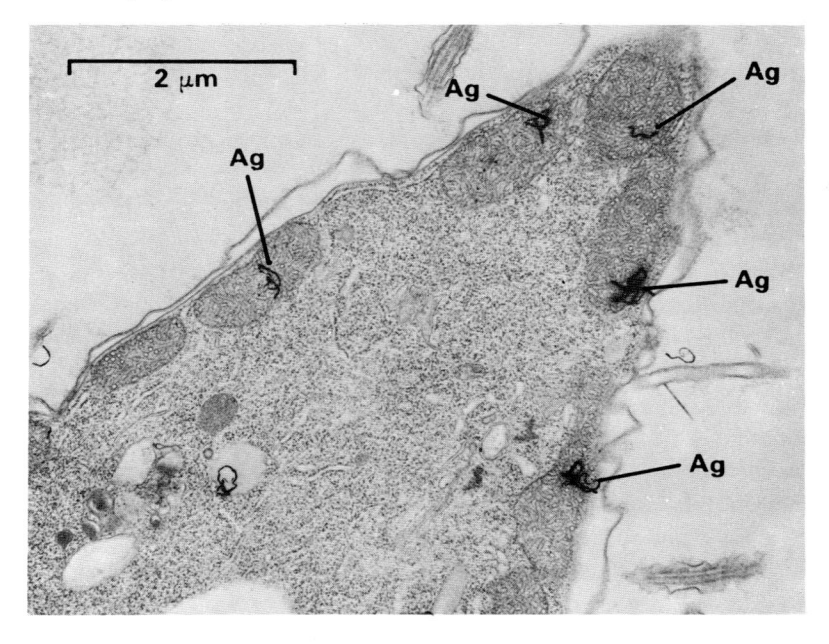

La transcription est également particulière : il y a transcription complète des deux brins complémentaires d'ADNmt puis dégradation sélective de certains des ARN transcrits ; dans ces conditions les ARN mitochondriaux utilisés pour la synthèse protéique sont des copies de l'un ou l'autre brin de l'ADNmt (fig. 9.43). Les ARNr sont transcrits simultanément en un précurseur qui est ensuite clivé, le sens de la transcription étant de l'ARNr le plus petit vers l'ARNr le plus grand (sens de transcription qui est le même que pour le précurseur des ARNr des procaryotes et des eucaryotes). Les deux gènes des ARNr mitochondriaux sont séparés par une séquence de 160 bases environ, séquence qui est peut-être le gène d'un ARNt. Quant aux ARN messagers mitochondriaux ils subissent sans doute une maturation comparable à celle des ARNm nucléaires puisque l'on a isolé des mitochondries des ARN dont l'extrémité 3' porte une séquence poly A et qui sont renouvelés rapidement (1/2 vie comprise en 1 et 3 heures).

Des synthèses ont également lieu au niveau des membranes : synthèse par les mitoribosomes de protéines codées par le génome mitochondrial, ces ribosomes étant attachés à la face matricielle de la membrane interne ; également au niveau de la membrane interne, synthèse de cardiolipides à partir du glycérol 3-phosphate, synthèse partielle du noyau porphyrine et de l'hème ainsi que dans certaines cellules des hormones stéroïdes (voir volume I, chapitre 6). Enfin au niveau de la membrane externe, la chaîne à cytochrome b_5 catalyse la désaturation des acides gras.

Chez les levures la membrane externe possède en plus de la chaîne à cytochrome b_5 la chaîne à cytochrome P 450 si bien que chez ces microorganismes les mitochondries synthétisent le cholestérol (ou plus exactement un stérol voisin, caractéristique des végétaux, l'ergostérol). Cette synthèse n'est cependant pas suffisante et un apport d'ergostérol synthétisé par le réticulum est nécessaire.

Synthèses extramitochondriales

A l'extérieur des mitochondries sont synthétisés, la plupart des protéines et des lipides de ces organites. Les ribosomes cytoplasmiques synthétisent la quasi totalité des protéines mitochondriales : ce sont les enzymes de la réplication et de la transcription de l'ADNmt ; les aminoacyl-ARNt transférases ; les protéines des ribosomes mitochondriaux et les facteurs intervenant dans la synthèse protéique intramitochondriale ; les protéines des membranes externe et interne ; les enzymes de la matrice et de l'espace intermembranaire, Les phospholipides des deux membranes et le cholestérol de la membrane externe sont synthétisés au niveau du réticulum endoplasmique tout comme les lipides des autres membranes cellulaires (voir volume I, chapitre 6), la biosynthèse des précurseurs de ces lipides — acides gras et acétate — se faisant elle dans le hyaloplasme (fig. 9.44).

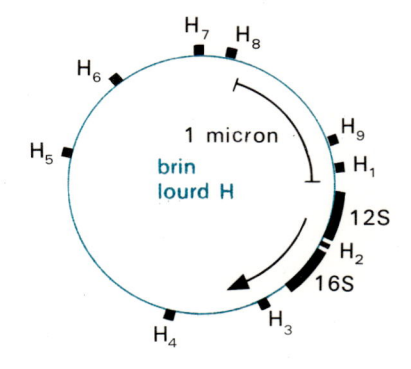

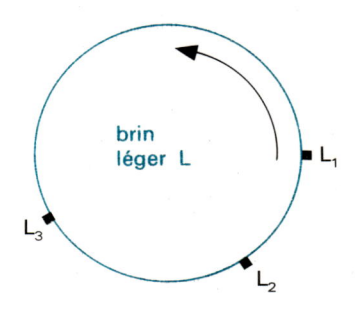

Figure 9.43
Carte génétique de l'ADN mitochondrial d'une cellule humaine.
Il y a transcription des deux brins — lourd et léger — de cet ADN dont la circonférence mesure 5 microns. Une partie des ARN de transfert sont transcrits sur le brin lourd (9 ARNt : H_1, H_2, ... H_9), une autre sur le brin léger (3 ARNt : L_1, L_2, L_3). Les flèches indiquent le sens de la transcription. Les ARN ribosomiens des mitoribosomes — ARNr 12 S et ARNr 16 S — sont transcrits sur le brin lourd et entre ces deux gènes est situé le gène d'un des ARNt (cellule HeLa, d'après G. Attardi et coll., 1974).

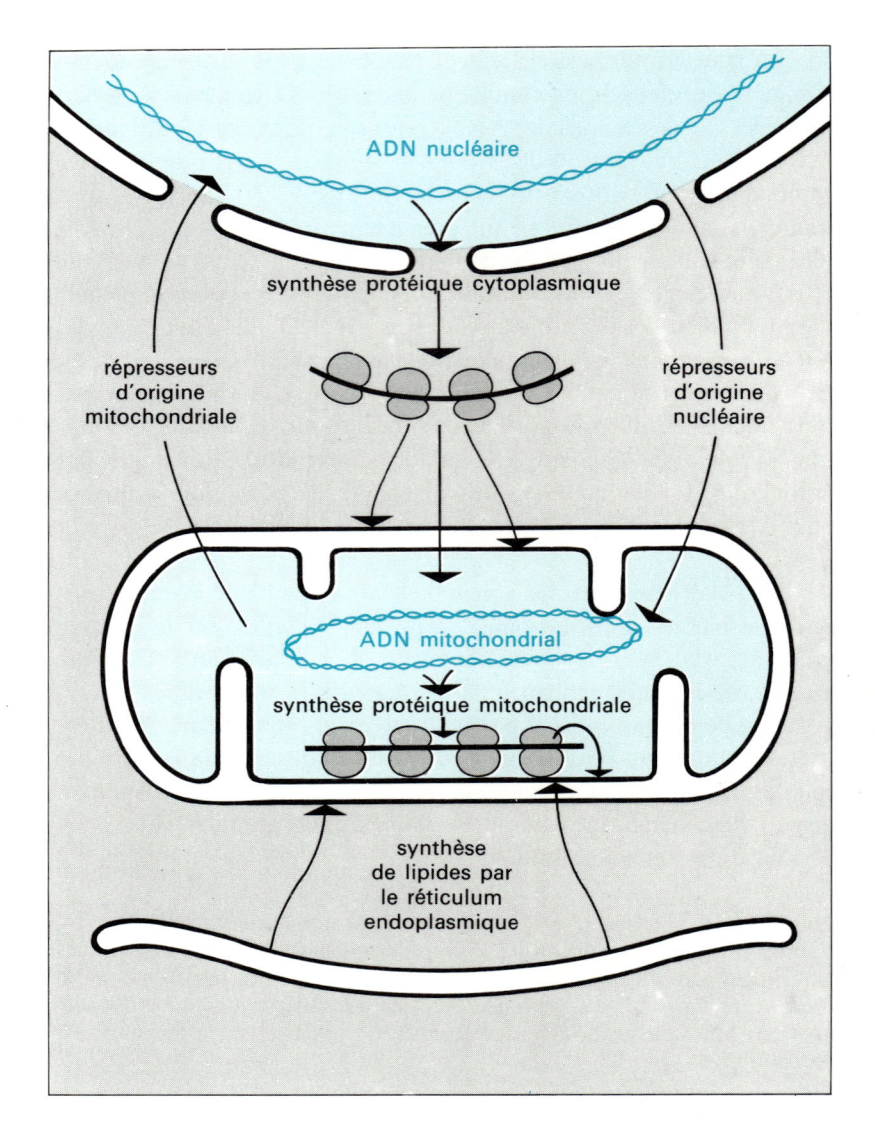

Figure 9.44
Biosynthèse des constituants mitochondriaux.
Deux génomes collaborent à cette synthèse : celui de la mitochondrie et celui du noyau. L'ADN mitochondrial code pour quelques chaînes polypeptidiques de la membrane interne qui sont essentielles pour la phosphorylation oxydative ; ces chaînes sont assemblées par les mitoribosomes. L'ADN nucléaire code pour tout le reste des constituants mitochondriaux, les protéines étant synthétisées par les ribosomes du cytoplasme, les lipides étant synthétisés au niveau des membranes du réticulum endoplasmique. La régulation du fonctionnement harmonieux de ces deux génomes est probablement assurée par des répresseurs d'origine mitochondriale et des répresseurs d'origine nucléaire.

Toutes ces molécules synthétisées dans le cytoplasme s'intègrent à des mitochondries préexistantes selon des mécanismes qui ne sont pas encore connus. Les lipides sont sans doute transférés du réticulum aux membranes mitochondriales par des protéines porteuses spécifiques; quant aux protéines qui s'associent aux membranes ou qui même les traversent pour entrer dans l'espace intermembranaire ou la matrice, on ignore tout de leur mode de passage ou d'insertion.

Les molécules d'origine extramitochondriale et qui sont synthétisées à partir d'informations nucléaires suffisent à assurer la morphogenèse des mitochondries. En effet, il existe chez les levures des mutants qui n'ont pas d'ADN mitochondrial et qui renferment néanmoins des mitochondries typiques avec une membrane externe doublée d'une membrane interne formant des crêtes (ces mutants, dits ADNmt zéro ne sont pas capables de respirer et tirent leur énergie d'un métabolisme fermentaire).

9.4.4. Régulation de la biosynthèse

Les protéines et les lipides des mitochondries sont constamment renouvelés : selon la nature des molécules, leur demi-vie est comprise entre 3 et 10 jours. Dans les cellules qui ne sont pas en division il existe un équilibre entre la synthèse et la dégradation des constituants si bien que la masse mitochondriale reste stationnaire. Dans les cellules en multiplication, la masse mitochondriale double à chaque mitose ce qui signifie que la synthèse l'emporte sur la dégradation (c'est également le cas des ovocytes en croissance ou de certaines cellules cancéreuses). Parfois la dégradation diminue comme au cours de la maturation des érythroblastes en globules rouges ou comme lors de l'arrêt de l'activité sécrétoire chez des cellules glandulaires (dans ces cellules une partie des mitochondries et d'autres organites sont même détruits par autophagie). Toutes ces observations montrent qu'existent des mécanismes permettant de réguler la biosynthèse des constituants mitochondriaux et aussi leur dégradation. Ces mécanismes de régulation sont difficiles à préciser car ils mettent en jeu simultanément deux génomes — le mitochondrial et le nucléaire — dont l'activité est par surcroît contrôlée par l'environnement cellulaire.

L'activité du génome mitochondrial est contrôlée par le génome nucléaire et inversement, sans doute grâce à la production de répresseurs dont la nature n'est pas connue.

Chez les levures, la réplication de l'ADNmt n'est pas couplée à celle de l'ADN du noyau puisqu'elle se déroule durant toute l'interphase; néanmoins la quantité totale d'ADNmt représente environ 13 % de la quantité totale d'ADN de la cellule : elle est deux fois plus élevée dans les cellules diploïdes que dans les haploïdes. L'énucléation d'une amibe stimule la synthèse des ARN mitochondriaux ce qui suggère que le noyau lorsqu'il est présent ralentit la transcription dans les mitochondries, peut être en produisant un répresseur spécifique qui est exporté du noyau vers les mitochondries. Les mitochondries peuvent bloquer l'expression de certains gènes nucléaires. En inhibant chez le *Neurospora* la synthèse protéique mitochondriale par le chloramphénicol on déclenche une augmentation de la synthèse d'ARN-polymérase et de facteurs d'élongation mitochondriaux dont nous savons qu'ils sont codés par le génome du noyau. On connaît un mutant mitochondrial de levure qui ne peut utiliser le galactose comme source de carbone alors que les gènes nucléaires qui permettent à cette levure d'utiliser ce sucre sont normaux. Dans ce cas les mitochondries élaborent probablement un répresseur qui inhibe l'expression de ces gènes.

La composition de l'environnement cellulaire intervient également dans la régulation de la biosynthèse des constituants des mitochondries comme cela est particulièrement bien mis en évidence chez la levure. Nous avons vu plus haut que la glycolyse et la respiration sont régulées par la tension d'oxygène du milieu grâce à des effecteurs allostériques. La tension d'oxygène régule aussi la synthèse de certains constituants mitochondriaux. En anaérobiose les levures ne synthétisent plus les cytochromes de la chaîne respiratoire qui d'ailleurs ne sont plus nécessaires en absence d'oxygène; remises en aérobiose, les levures synthétisent à nouveau ces cytochromes.

Les mitochondries de levure s'étant multipliées en anaérobiose n'ont plus de cytochromes b, c, c_1, $a + a_3$; elles ne possèdent plus de crêtes et leurs membranes sont très fragiles si bien qu'il est difficile de les isoler. Cette altération de la structure n'est pas liée à la disparition des cytochromes : elle est due en fait à la composition lipidique anormale des membranes mitochondriales. En effet, en absence d'oxygène bien que les cytochromes b_5 et P 450 de la membrane externe et du réticulum endoplasmique soient toujours présents, ils ne peuvent plus catalyser la désaturation des chaînes d'acides gras et la synthèse d'ergostérol. Quand le milieu de culture est complémenté en acides gras insaturés et en ergostérol, les mitochondries des levures qui ont poussé en anaérobiose ont leur structure habituelle avec leurs crêtes caractéristiques. Ceci nous montre que la levure n'est pas un organisme parfaitement anaérobie; comme chez la plupart des eucaryotes l'oxygène est indispensable à la synthèse de lipides membranaires dont la nature conditionne la mise en place des protéines de ces membranes (voir également p. 115).

Notons enfin que la synthèse des constituants des membranes mitochondriales de la levure est aussi régulée par la concentration en métabolites du milieu. Un excès de glucose (concentration supérieure à 10 g/litre) inhibe la respiration (ce phénomène est encore appelé fermentation aérobie) en diminuant la synthèse d'enzymes de la chaîne respiratoire et du cycle de Krebs ainsi que celle de l'ATPase.

Chez les organismes pluricellulaires, les régulations qui se font entre le génome mitochondrial et le génome nucléaire ne sont certainement pas les mêmes selon les types cellulaires et peuvent être modifiées au cours de la vie des cellules.

La variété des structures mitochondriales selon les tissus est l'expression morphologique de régulations différentes : les mitochondries des fibres musculaires striées avec leurs crêtes beaucoup plus nombreuses que celles des autres cellules en sont un exemple. Les changements de structure observés lors de la différenciation de certaines cellules indiquent également que la régulation de la biogenèse mitochondriale est modifiée : l'accumulation de protéines dans les mitochondries d'ovocytes d'amphibiens ou de mollusques en est un exemple; dans ce cas une partie des mitochondries de l'ovocyte deviennent des compartiments où sont stockées des réserves et se transforment en grains de vitellus.

Tous ces exemples illustrent la complexité subtile de la régulation de la biogenèse mitochondriale; cette régulation est essentielle pour intégrer le fonctionnement des mitochondries au fonctionnement de la cellule toute entière mais à l'échelle moléculaire les mécanismes mis en jeu sont encore à découvrir.

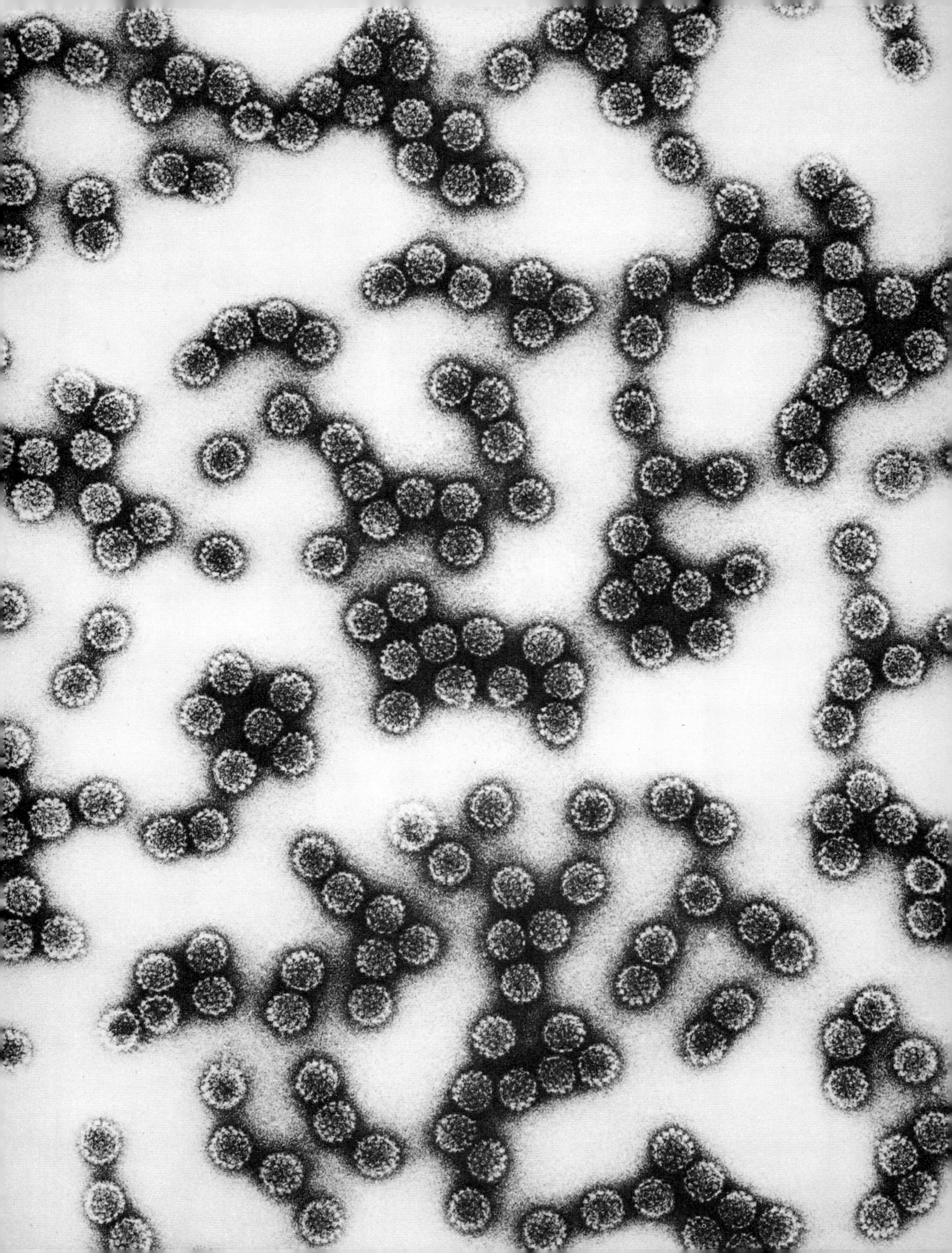

10. Cellules et virus

10.1. Structure et composition chimique des virus

Le terme de virus a désigné jusqu'à la fin du siècle dernier toutes sortes d'agents nocifs qu'actuellement nous distinguons en bactéries, virus proprement dits et même substances toxiques. Ce n'est qu'à la fin du siècle dernier que la notion de virus, au sens où nous l'entendons actuellement a commencé à se dégager.

On s'est tout d'abord servi d'un critère de taille, les virus ayant une taille inférieure au pouvoir de résolution des microscopes de l'époque et n'étant pas retenus dans les filtres arrêtant les bactéries. Les virus présentaient par contre, la faculté de se multiplier comme les bactéries. C'est ainsi que, dans le cas de la mosaïque du tabac, on a commencé à préciser dès 1892 la notion de virus. Comme nous le verrons peu à peu cette notion est encore en pleine évolution.

Très longtemps les virus n'ont en effet été révélés que de manière indirecte. On ne pouvait les mettre en évidence que par les conséquences secondaires de leur multiplication : les lésions qu'ils provoquent dans un organisme. On étudiait indirectement leur comportement biologique.

Des techniques de plus en plus variées ont permis d'isoler et de purifier les particules virales. Elles sont alors devenues un objet biochimique auquel on a appliqué les techniques usuelles de la biochimie.

Étude des caractéristiques biologiques des virus

Tous les travaux réalisés jusqu'à présent ont montré que les virus ne sont capables de se multiplier qu'au sein de cellules vivantes.

On arrive cependant à reconstituer avec une finesse de plus en plus grande des milieux se rapprochant du cytoplasme cellulaire dans lesquels une multiplication de certains virus n'est plus impossible.

On parle de systèmes virus-hôte. Cet hôte peut être un organisme pluricellulaire auquel on inocule le virus. Dans certains cas, c'est le

Frontispice
Cliché représentant l'un des virus de la verrue (papillome humain type 1) purifié à partir d'une verrue plantaire et observé en coloration négative. × 160 000 (micrographie électronique O. Croissant, 1977).

seul moyen d'étude. Il en est ainsi, pour l'instant, du virus de l'hépatite B par exemple. Dans d'autres cas on peut obtenir la multiplication de virus dans des systèmes plus simples, comme les cellules en culture. Ces cellules peuvent être soit des cellules procaryotes soit des cellules provenant d'organismes eucaryotes.

Ces deux méthodes présentent des différences importantes. Dans la première on se rapproche des conditions normales de multiplication du virus dans la nature ; mais, étudiant son comportement dans un organisme complexe, on obtient un résultat global de l'intervention de mécanismes très divers dont beaucoup sont incontrôlables. En utilisant des cellules en culture on essaye, au contraire, de limiter au maximum le nombre des mécanismes pouvant interférer avec la multiplication du virus.

Étude des caractéristiques physiques et chimiques des virus

La purification et l'analyse chimique d'un échantillon purifié de virus se pratique selon les techniques usuelles de la biochimie. Elles ont l'avantage de concerner un matériel relativement homogène ne contenant qu'un nombre limité de constituants différents, comme nous le verrons plus loin. On peut à présent, non seulement observer les particules virales au microscope électronique, caractériser les différentes macromolécules présentes, étudier leurs interactions, et, dans certains cas favorables, établir les séquences des polypeptides et des acides nucléiques viraux. Nous en étudierons quelques exemples.

Les particules virales, qui permettent la transmission de l'infection de cellule à cellule, sont appelées *virions.* Tous les virions d'un virus appartenant à une famille donnée sont en principe identiques entre eux et possèdent une structure moléculaire bien définie. Celle-ci peut être étudiée en microscopie électronique, soit, comme les cellules, par la méthode des coupes, soit, le plus souvent, par la méthode de coloration négative.

10.1.1. Virions hélicoïdaux

Le virus de la mosaïque du tabac est responsable d'une maladie qui se traduit, chez certaines races de tabac, par l'apparition sur les feuilles de plages de nécrose en mosaïque au milieu des tissus foliaires sains. Le virion de la mosaïque du tabac est facile à obtenir, à moindres frais, en quantités appréciables (comme c'est le cas de beaucoup de virus s'attaquant aux végétaux) ; c'est pourquoi sa structure a été étudiée et connue avant celle de beaucoup d'autres virus. Il suffit, en effet, de broyer les tissus infectés à froid et de procéder à une série de précipitations sélectives.

Ce virion est très allongé, en forme de baguette cylindrique creuse de 300 nm de long et de 17 nm de diamètre (fig. 10.1). Il est constitué d'une molécule d'acide ribonucléique de masse molécu-

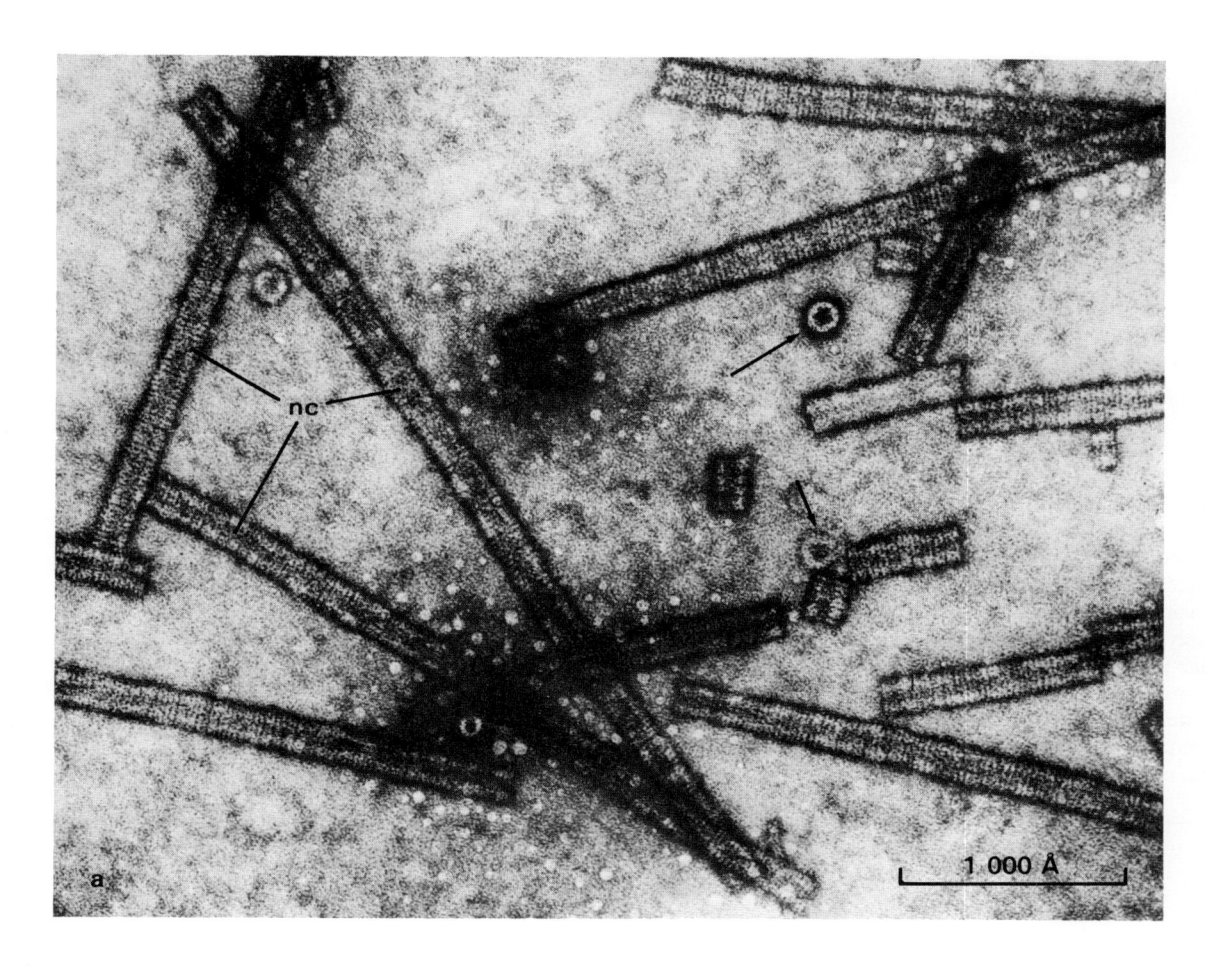

Figure 10.1
Virions à nucléocapside hélicoïdale de la mosaïque du tabac.

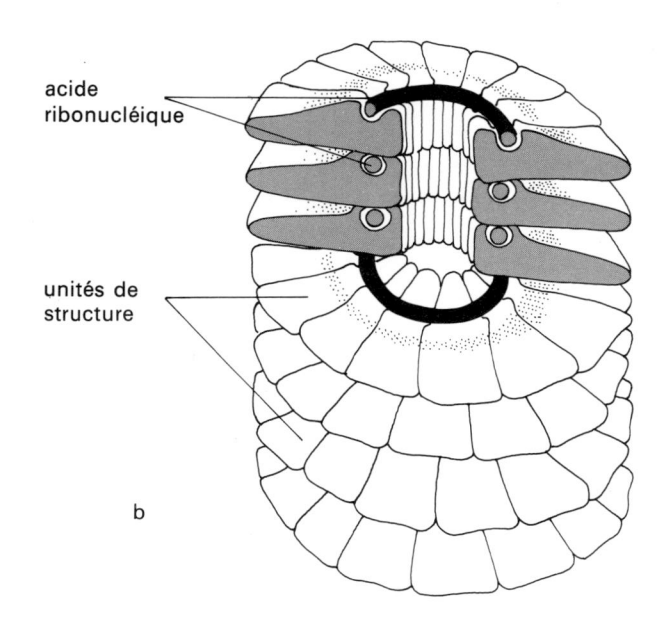

acide ribonucléique

unités de structure

a) Virions observés en microscopie électronique en coloration négative. Les nucléocapsides nc sont des baguettes cylindriques creuses; plusieurs d'entre elles sont brisées, et certains de leurs fragments, disposés perpendiculairement au plan d'observation, montrent la lumière centrale du tube (flèches). × 300 000 (micrographie électronique H.L. Nixon et W.D. Woods, 1965).

b) Schéma montrant l'arrangement des molécules d'acide nucléique (une molécule d'ARN) et des protéines (unités de structure) dans le virion de la mosaïque du tabac. Les unités de structure sont disposées en hélice, l'acide nucléique étant emprisonné entre les tours successifs de l'hélice protéique. On compte seize unités de structure et 1/3 par tour d'hélice.

laire 2.10⁶ (environ 6 000 nucléotides), associée à des unités protéiques comportant chacune une molécule d'une même protéine de masse moléculaire 17 500. Chacune de ces unités est une *unité de structure* et le virion en contient environ 2 200. L'ensemble des unités de structure constitue la *capside* du virus. La protéine des unités de structure comprend 158 acides aminés dont la séquence est connue (fig. 10.2).

Capside et ARN viral sont associés en une hélice schématisée dans la figure 10.1b. Chaque tour d'hélice est constitué de 16 unités de structure et un tiers, ce qui entraîne, d'un tour de spire au suivant, un décalage d'un tiers d'unité. L'acide ribonucléique est inséré

Figure 10.2
Séquence des acides aminés dans une unité de structure du virus de la mosaïque du tabac.
Chaque unité de structure est une chaîne polypeptidique constituée de 158 acides aminés assemblés selon la séquence indiquée dans ce schéma. L'analyse de cette séquence s'effectue en deux étapes : fragmentation de la chaîne par la trypsine qui agit au niveau de dix des onze molécules d'arginine et de l'une des deux molécules de lysine donnant ainsi douze peptides dont on établit ensuite la composition et la structure. Cette chaîne protéique est repliée sur elle-même. L'ensemble des unités de structure d'un virion constitue la capside (d'après H. Fraenkel-Conrat).

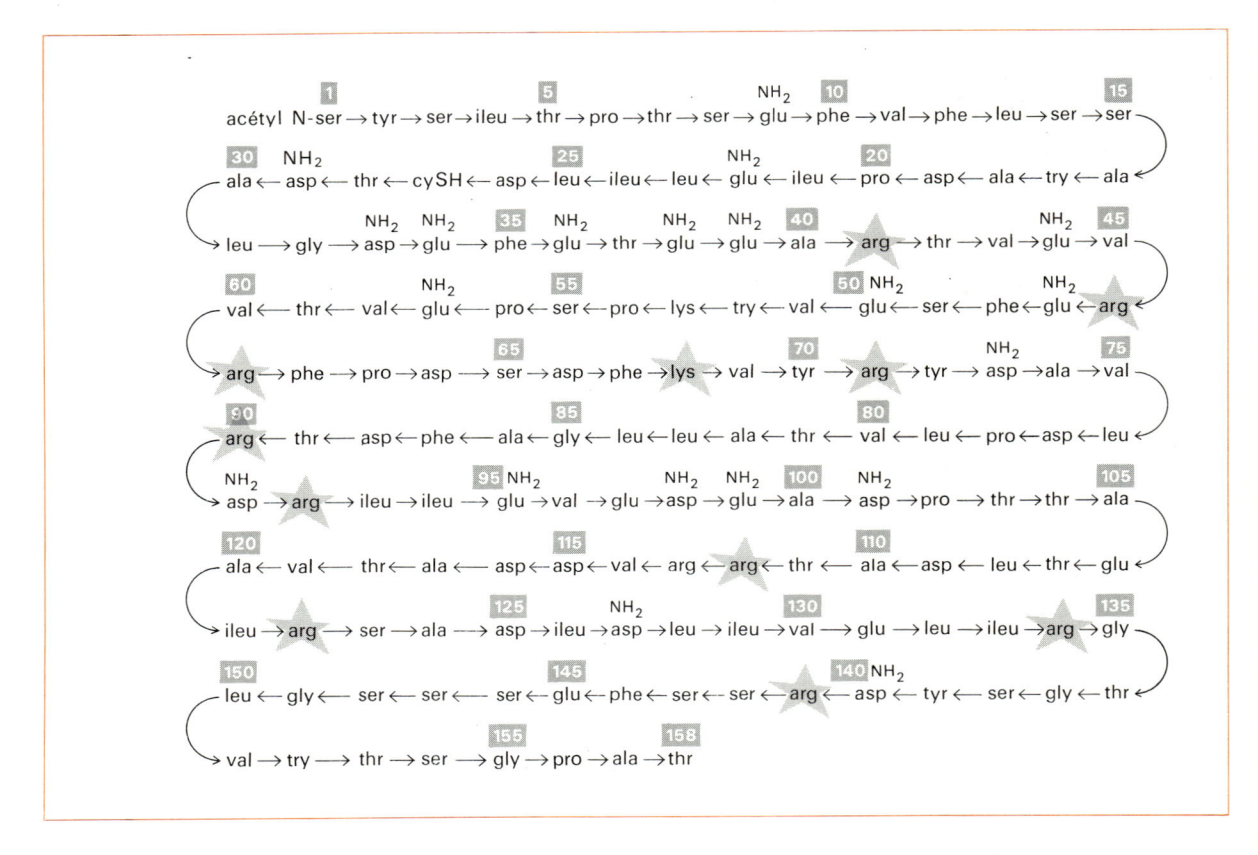

```
    1                    5                    NH₂  10                   15
acétyl N-ser → tyr → ser → ileu → thr → pro → thr → ser → glu → phe → val → phe → leu → ser → ser
 30  NH₂              25              NH₂  20
 ala ← asp ← thr ← cySH ← asp ← leu ← ileu ← leu ← glu ← ileu ← pro ← asp ← ala ← try ← ala
       NH₂  NH₂  35  NH₂       NH₂  NH₂  40                         NH₂  45
 leu → gly → asp → glu → phe → glu → thr → glu → glu → ala → arg → thr → val → glu → val
 60              NH₂       55                    50  NH₂              NH₂
 val ← thr ← val ← glu ← pro ← ser ← pro ← lys ← try ← val ← glu ← ser ← phe ← glu ← arg
                       65                    70              NH₂  75
 arg → phe → pro → asp → ser → asp → phe → lys → val → tyr → arg → tyr → asp → ala → val
 90              85                    80
 arg ← thr ← asp ← phe ← ala ← gly ← leu ← leu ← ala ← thr ← val ← leu ← pro ← asp ← leu
 NH₂       95  NH₂       NH₂  NH₂  100  NH₂                        105
 asp → arg → ileu → ileu → glu → val → glu → asp → glu → ala → asp → pro → thr → thr → ala
 120         115                            110
 ala ← val ← thr ← ala ← asp ← asp ← val ← arg ← arg ← thr ← ala ← asp ← leu ← thr ← glu
              125       NH₂              130                         135
 ileu → arg → ser → ala → asp → ileu → asp → leu → ileu → val → glu → leu → ileu → arg → gly
 150              145                    140  NH₂
 leu ← gly ← ser ← ser ← ser ← glu ← phe ← ser ← ser ← arg ← asp ← tyr ← ser ← gly ← thr
              155        158
 val → try → thr → ser → gly → pro → ala → thr
```

entre les spires de l'hélice protéique, l'ensemble acide nucléique-capside protéique constituant une *nucléocapside* hélicoïdale.

Le virion de la mosaïque du tabac représente donc une structure biologique extrêmement simple et qui, de ce fait, a été très étudiée d'abord en tant que particule virale, mais aussi parce que c'est précisément un modèle de structure biologique facilement accessible.

10.1.2. Virions icosaédriques

Tous les virions n'ont pas la structure que nous venons de décrire dans le cas de la mosaïque du tabac. On constate néanmoins que les différents types de structure observés sont finalement peu nombreux et relativement simples, si l'on écarte certains virus assez particuliers comme celui de la vaccine (fig. 10.6).

Les adénovirus constituent une famille de virus (il y en a environ quatre-vingts différents) dont les premiers représentants ont été isolés à partir des amygdales et de divers tissus adénoïdes de personnes atteintes d'infections respiratoires aiguës. Ils possèdent une nucléocapside qui présente la forme d'un polyèdre à vingt faces en triangle équilatéral, c'est-à-dire d'un *icosaèdre* régulier de 75 nm de diamètre (fig. 10.3). Cette nucléocapside comporte une capside externe enfermant l'acide nucléique (ici de l'ADN) associé à des protéines internes. La capside comporte, comme dans le cas du virus de la mosaïque du tabac, des unités de structure protéiques, mais celles-ci, d'une part, ne sont pas toutes identiques et, d'autre part, sont assemblées en capsomères (fig. 10.3a). La capside est composée, dans le cas des adénovirus, de 252 capsomères de deux types différents. Les uns, au nombre de 240 couvrent faces et arêtes de l'icosaèdre. On les appelle des hexons (fig. 10.4a), car ils possèdent six voisins. Ils sont formés par trois molécules d'un polypeptide de masse moléculaire 120 000. Les autres, au nombre de 12 constituent les sommets; on les appelle des pentons (fig. 10.4b), car ils possèdent cinq voisins. Ils comportent une base formée d'un polypeptide de masse moléculaire 60 000. Cette capside contient, en outre, un certain nombre de protéines internes associées à l'ADN.

De l'étude de cet exemple et de la comparaison avec la mosaïque du tabac, on peut tirer un certain nombre de conclusions. Dans les deux cas, on a une nucléocapside où protéines et acide nucléique sont associés dans une structure très ordonnée. Ils diffèrent par le type de structure réalisé. Dans un cas il s'agit d'une structure hélicoïdale, dans l'autre d'un icosaèdre. Le type hélicoïdal s'observe chez un certain nombre de virus. A l'intérieur de chaque type on constate une certaine variation; ainsi, par exemple, chez le virus de l'herpès on a une capside icosaédrique à 162 capsomères.

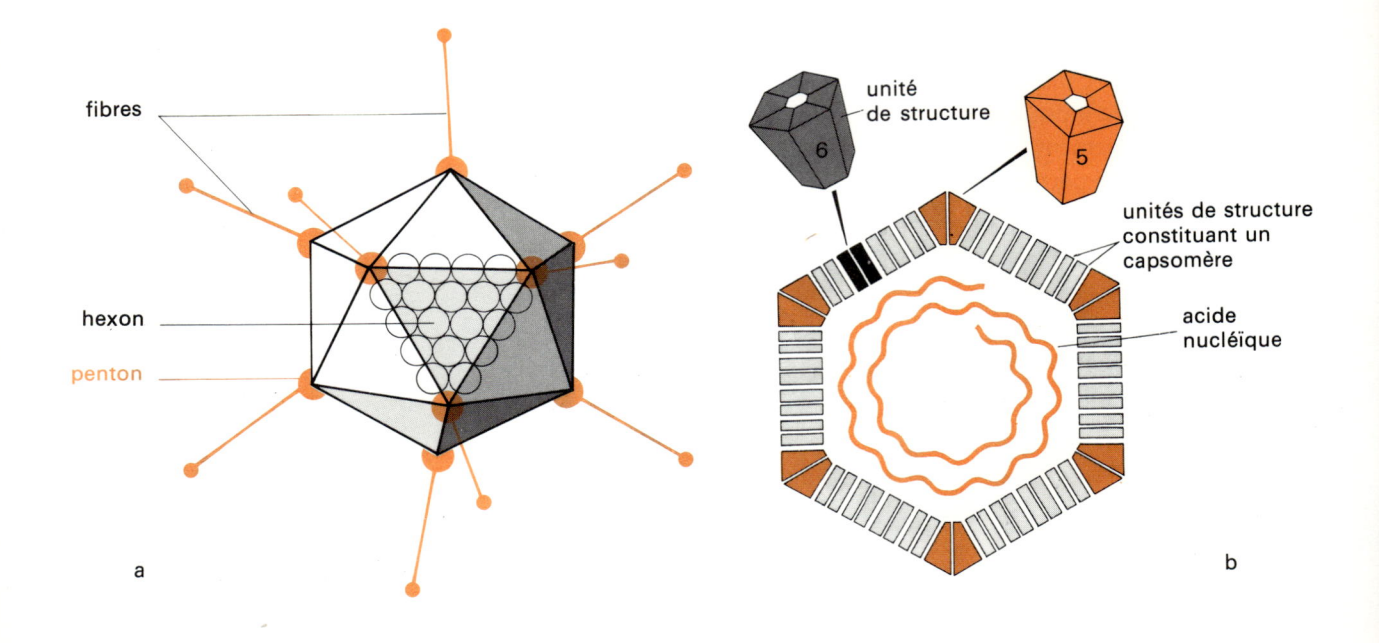

Figure 10.3
Virions à nucléocapside icosaédrique d'un adénovirus.
a et b) Schémas montrant l'arrangement des macromolécules constituant un adénovirus. La capside est constituée par un nombre fixe de capsomères. Ces capsomères sont eux-mêmes constitués d'unités de structure. Les capsomères sont de deux types : capsomères recouvrant les faces et les arêtes de l'icosaèdre qui présentent une symétrie d'ordre 6 (hexons) et capsomères des sommets qui présentent une symétrie d'ordre 5 (pentons). L'acide nucléique est contenu dans la capside mais sa place exacte par rapport aux capsomères est encore inconnue.

c) Virion d'un adénovirus observé en microscopie électronique après coloration négative. On peut observer la forme icosaédrique de la capside et les capsomères ca qui la constituent. On observe de plus, fichées sur chacun des sommets de l'icosaèdre, les fibres fib ; × 500 000 (micrographie électronique R.C. Valentine et H.G. Pereira, 1965).

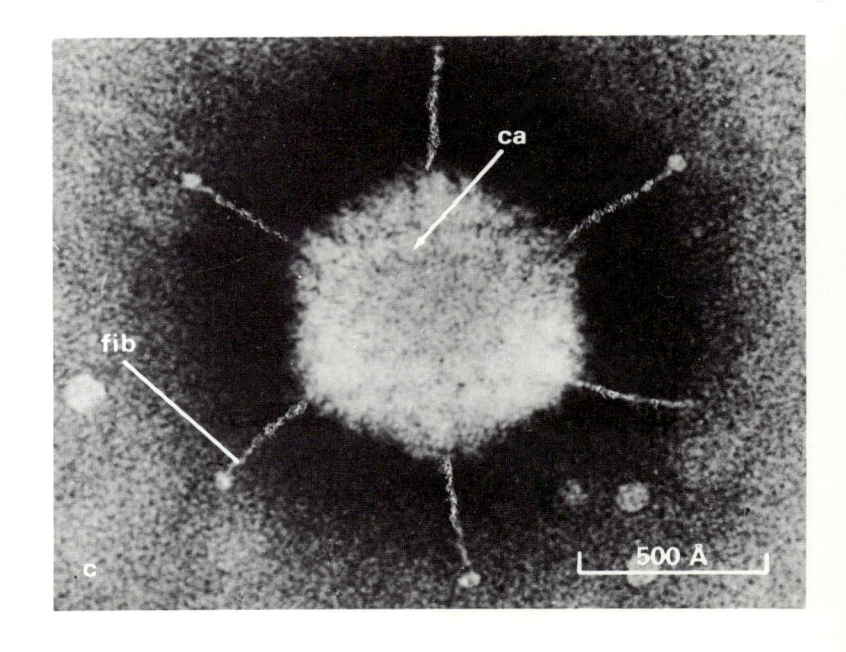

Figure 10.4
Aspect des constituants protéiques isolés de la capside d'un adénovirus.

a) Fraction protéique correspondant aux capsomères recouvrant les faces et les arêtes de l'icosaèdre (hexons). Ces molécules présentent une symétrie d'ordre 6, ce qui se traduit par leur association en hexagones centrés (flèches).

b) Mélange de deux autres fractions protéiques correspondant l'une aux pentons constituant les sommets de l'icosaèdre, l'autre aux fibres fib. Les capsomères des sommets présentent une symétrie d'ordre 5 (pentons), de sorte que, dans une telle préparation, ils s'associent en pentagones centrés (flèches). On peut aussi constater que les fibres fib sont fichées sur les pentons des sommets ; coloration négative. × 500 000 (micrographies électroniques R.C. Valentine et H.G. Pereira, 1965).

10.1.3. Virions à enveloppe

Le *virus grippal* possède un virion apparemment plus complexe que ceux précédemment décrits. Il est constitué par une *nucléocapside* allongée, enroulée suivant un schéma compliqué à l'intérieur d'une membrane hérissée de spicules, l'*enveloppe* (fig. 10.5a et b).

La nucléocapside associe l'ARN du virus à une protéine capsidale. Chez un virus voisin, le virus Sendaï (fig. 10.5c et d), la nucléocapside présente clairement une structure hélicoïdale, alors qu'on ne sait pas bien s'il en est de même dans le cas du virus grippal.

On observe donc dans ce cas un élément supplémentaire dans le virion, l'enveloppe. Une enveloppe s'observe chez toute une série de virus à capside hélicoïdale (virus grippal) ou icosaédrique (virus de l'herpès).

La présence d'une enveloppe entraîne celle d'un certain nombre de constituants supplémentaires (phospholipides notamment) que l'on ne rencontre pas chez les virus à capside nue comme ceux que nous avions étudiés précédemment. Elle entraîne également une grande sensibilité à tous les solvants des lipides (éther, etc.). Ces caractéristiques tiennent au fait que les enveloppes virales ont une structure très comparable à celle de la membrane plasmique (voir volume I, chapitre 1).

D'autres virus sont plus complexes : c'est le cas du virion de la vaccine par exemple. Il se présente sous forme de particules ovoïdes ou parallélépipédiques au centre desquelles se trouve l'ADN associé à des protéines internes. En périphérie, le virion est entouré de plusieurs couches lipoprotéiques (fig. 10.6).

Des exemples que nous venons d'étudier, on peut tirer un certain

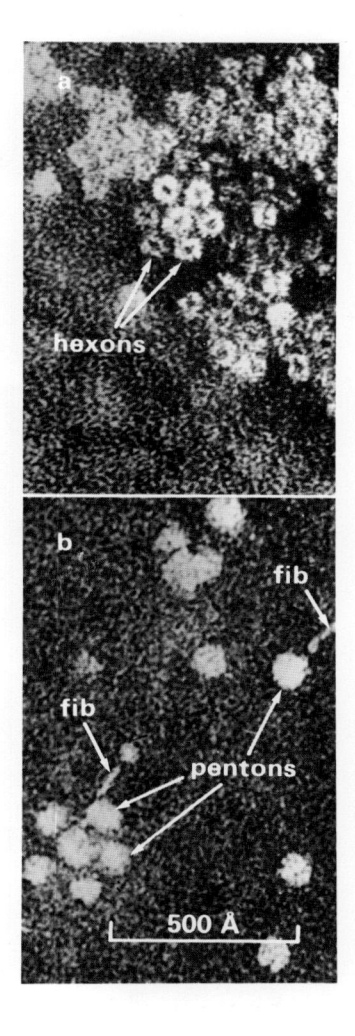

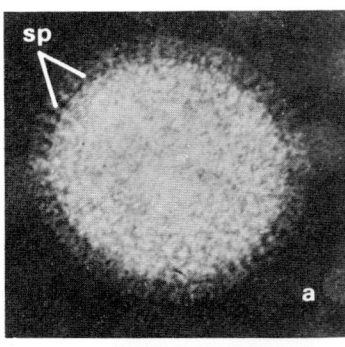

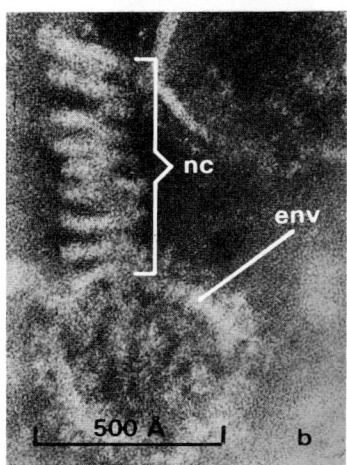

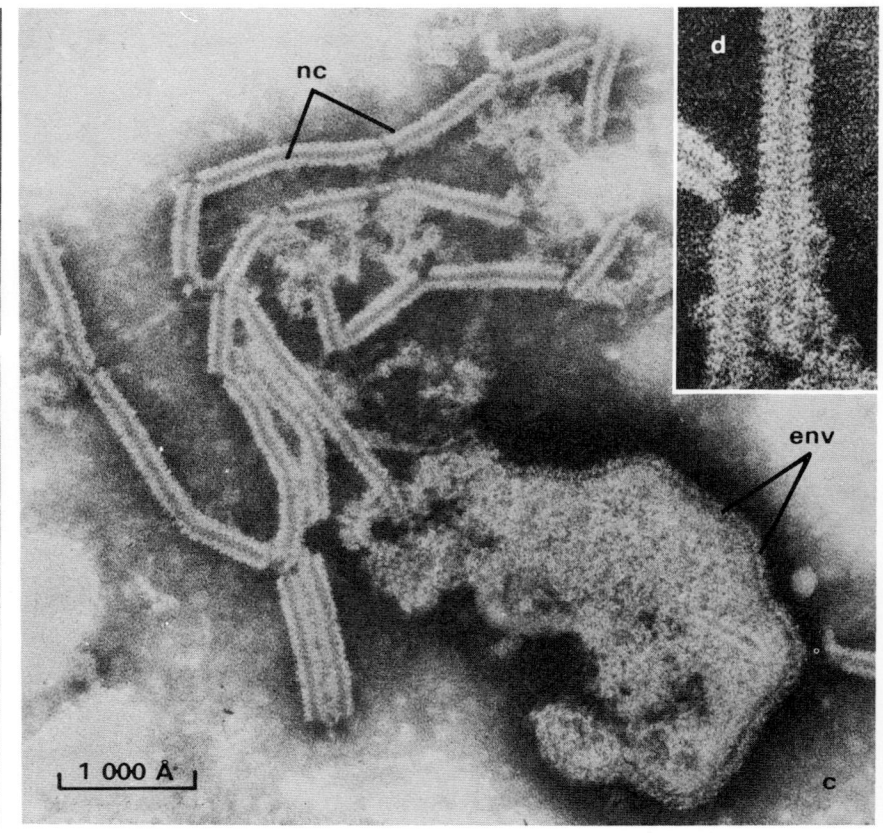

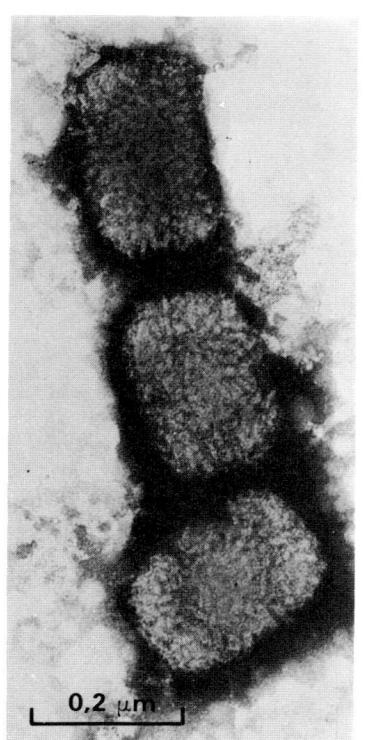

Figure 10.5 (en haut)
Virions à nucléocapside hélicoïdale et enveloppe (myxovirus) observés en coloration négative.
a) Virion grippal montrant l'enveloppe hérissée de spicules sp ; × 250 000 (micrographie électronique A. Berkaloff, 1964).
b) L'enveloppe env d'un virion du virus grippal s'est rompue ce qui permet d'observer la nucléocapside nc en hélice. La structure de la nucléocapside est ici peu visible. × 250 000 (micrographie électronique A. Berkaloff et J.P. Thiéry, 1964).
c et d) Virions du virus Sendaï après rupture de l'enveloppe env. La nucléocapside nc s'est de plus fragmentée au cours de la préparation de l'échantillon. Sa structure, visible sur l'encart d est comparable à celle du virus de la mosaïque du tabac (voir figure 10.1 a). c × 180 000 ; d × 250 000 (micrographies électroniques J.P. Thiéry et A. Berkaloff, 1963).

Figure 10.6 (à gauche)
Virions à structure complexe : vaccine.
Virions de la vaccine observés en coloration négative ; les virions à ADN, de très grande taille, possèdent une membrane externe composée de plusieurs couches, ornementées de côtes sinueuses que l'on peut aisément observer ici ; × 100 000 (micrographie électronique A. Berkaloff, 1965).

Cellules et virus

nombre de conclusions qui sont valables pour la très grande majorité des virions actuellement connus.

L'acide nucléique, ADN ou ARN, est toujours étroitement associé à une ou plusieurs protéines dans une nucléocapside. Chez certains virus, cette protection de l'acide nucléique est complétée par une enveloppe.

Les constituants de la capside comme ceux de l'enveloppe sont très peu nombreux. Ils sont disposés régulièrement et en nombre fixe dans chaque virion. Ces caractéristiques ont fait des virions, des objets biologiques particulièrement intéressants pour l'étude des édifices macromoléculaires, dont ils constituent des modèles, et des mécanismes mis en jeu dans leur assemblage.

10.2. Bactériophages

Les bactériophages (ou plus simplement les « phages ») sont des virus s'attaquant aux bactéries. Leur découverte en 1915 marque le début d'une série de recherches particulièrement fructueuses et on possède à leur sujet des connaissances particulièrement précises.

10.2.1. Structure des bactériophages

Il existe des bactériophages à ADN et à ARN. Certains possèdent des virions analogues à ceux des virus que nous venons de décrire; les phages à ARN comme R17, MS2, Qβ ou le phage à ADN monocaténaire ΦX174* entrent dans cette catégorie. D'autres, comme les phages de la série T par exemple, possèdent des virions dont la structure est assez élaborée.

Ces derniers virus, qui s'attaquent à la bactérie *Escherichia coli*, sont au nombre de sept, T1 à T7. Les phages T2 et T4, très voisins l'un de l'autre, ont été particulièrement étudiés. (T correspond à l'abréviation de Type). Le virion associe à une tête, qui correspond à la capside, une queue complexe (nous parlerons de protéines capsidales, bien que la queue du phage ne fasse pas, à proprement parler, partie de la capside).

La *tête* peut être décrite comme un dérivé de l'icosaèdre et entre donc dans les schémas généraux décrits antérieurement. Elle est essentiellement constituée par une protéine majoritaire dite protéine P 23 (voir p. 186).

Elle comprend également un certain nombre de protéines internes associées à l'ADN qui remplit la nucléocapside.

La *queue* est constituée par une gaine hélicoïdale formée de cent quarante quatre unités protéiques identiques groupées en anneaux superposés gainant un *axe tubulaire* également constitué d'un seul

* La dénomination de ces divers virus ne répond à aucune règle générale. Elle est usuellement empruntée au laboratoire où le virus a été isolé pour la première fois.

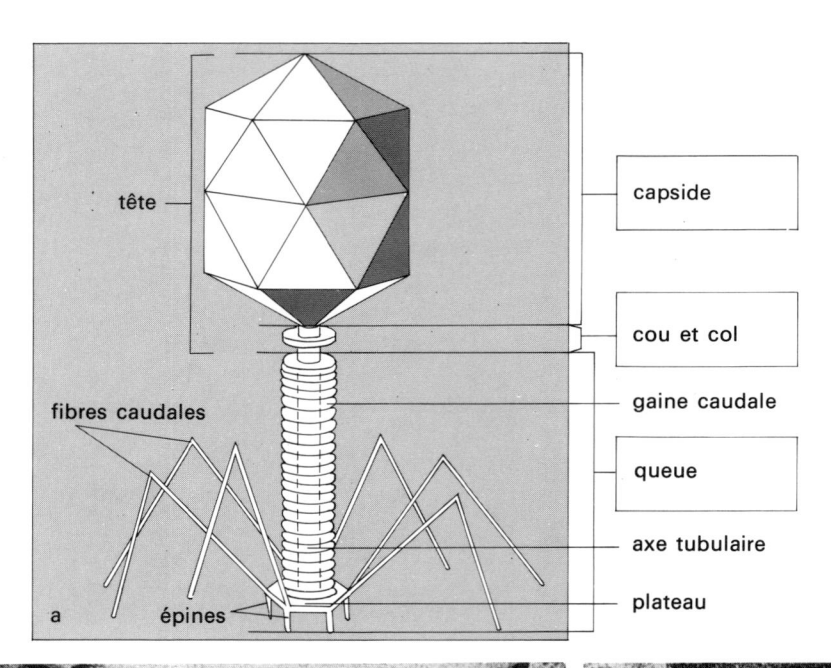

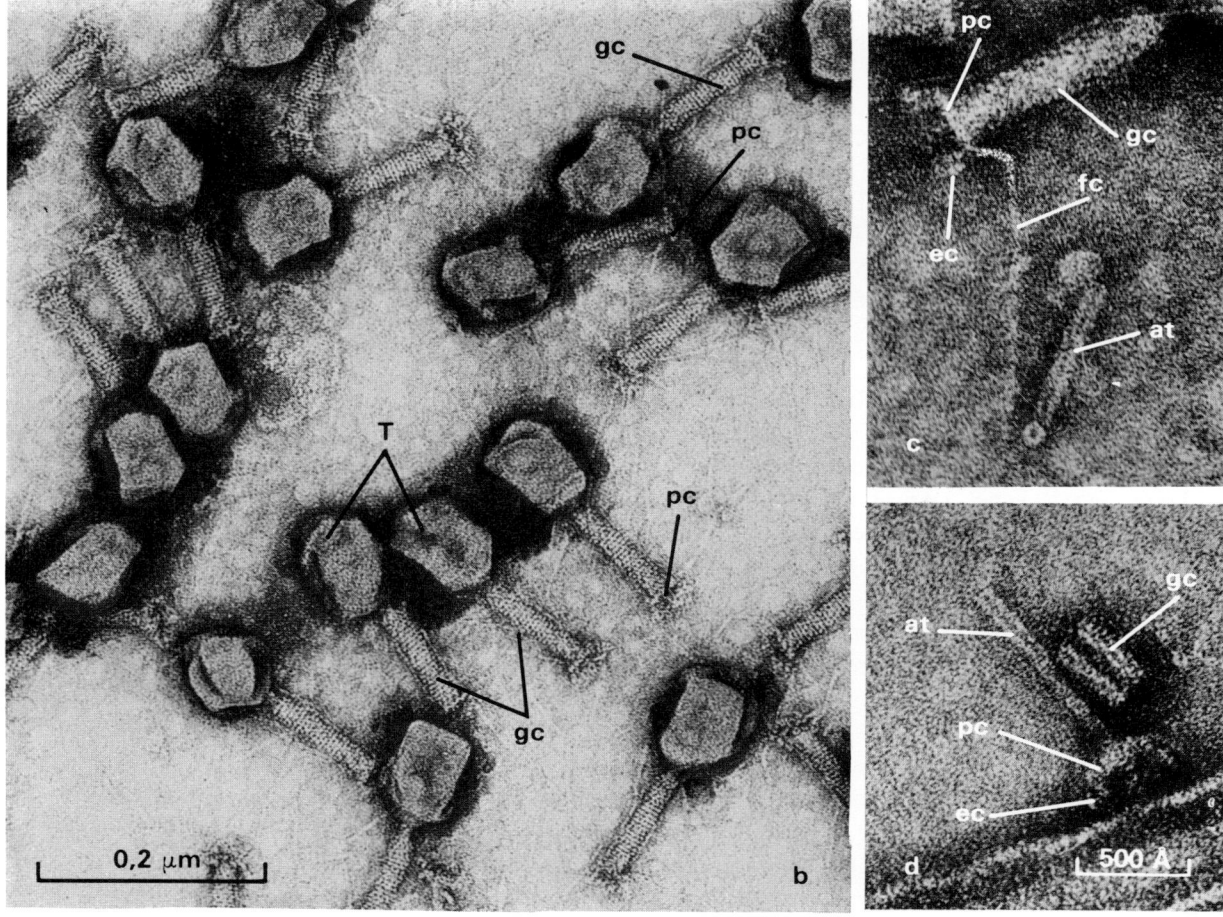

a

- tête
- fibres caudales
- épines
- capside
- cou et col
- gaine caudale
- queue
- axe tubulaire
- plateau

b

gc, pc, T, gc, pc

0,2 μm

c

pc, gc, fc, ec, at

d

at, gc, pc, ec

500 Å

168 *Cellules et virus*

Figure 10.7
Virions à structure complexe : bactériophage T2.
a) Schéma montrent les différentes pièces qui constituent ces virions.
b) Virions observés en microscopie électronique après coloration négative. On reconnaît les têtes T dont la structure dérive de l'icosaèdre, les gaines caudales gc et les plaques caudales pc ; × 150 000 (micrographie électronique M. Herzberg et M. Revel, 1972).
c) Micrographie montrant des constituants du bactériophage isolés par lyse d'un virion au cours de la préparation ; on reconnaît un axe tubulaire de la queue at isolé, une queue de phage avec plaque caudale pc et gaine caudale gc ; fc, fibres caudales ; ec, épines caudales.
d) Axe tubulaire at dégagé de la gaine caudale gc, ici contractée ; pc, plaque caudale ; ec, épines caudales
c et d × 300 000 (micrographies électroniques J.P. Thiéry, 1964).

type de protéines. Elle se termine par une *plaque* portant des *épines* et des *fibres caudales* (fig. 10.7).

La plaque apparaît comme une structure relativement complexe, car plusieurs protéines différentes y sont associées.

L'ADN du bactériophage T2 se présente sous la forme d'une molécule longue d'environs 50 microns ou approximativement 200 000 nucléotides. Cet ADN est présent sous forme linéaire dans le virion (voir fig. 10.9).

10.2.2. Multiplication du bactériophage T_2 dans *Escherichia coli*

La multiplication du phage T2 dans *E. coli* aboutissant à la production de virions et à la lyse de la cellule peut être considérée comme une multiplication dans un organisme complet (et, ce qui est mieux, dans l'hôte naturel) et comme une multiplication dans une cellule isolée, avec tous les avantages que présente cette méthode.

La démonstration de la multiplication d'un virus implique l'utilisation d'une méthode de dénombrement.

Le dénombrement des particules est aisé grâce à la *méthode des plages* (fig. 10.8). On mélange une dilution adéquate de la suspension du phage avec quelques gouttes d'une suspension concentrée de bactéries-hôtes, dans de l'agar fluidifié à 45°, puis on coule le mélange dans une boîte de Pétri sur une nappe d'agar nutritif et on ramène l'ensemble à la température ordinaire. L'agar durcit, les boîtes de Pétri sont alors mises à 37° pour l'incubation. Les bactéries non infectées se multiplient, tandis que les bactéries infectées se lysent, ainsi que quelques bactéries voisines infectées secondairement, l'agar empêchant l'infection de se généraliser à toutes les bactéries. On observe donc un tapis trouble formé par toutes les bactéries non infectées et percé de plages claires correspondant aux bactéries lysées. On dénombre les plages, chacune d'elles correspondant en principe à un virion. On peut donc effectuer des mesures quantitatives très précises.

Cette méthode fait appel à une altération localisée dans l'espace d'un certain nombre de cellules-hôtes, altération en principe induite au départ par un seul virion ; elle est très fréquemment utilisée en virologie.

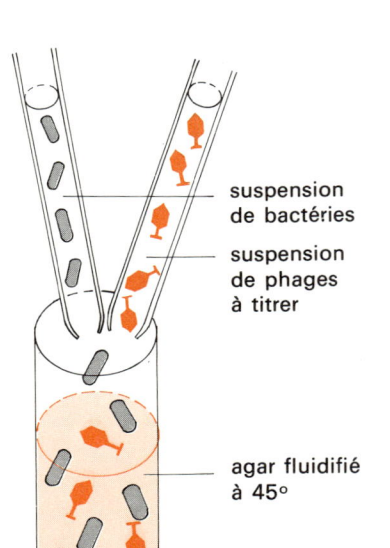

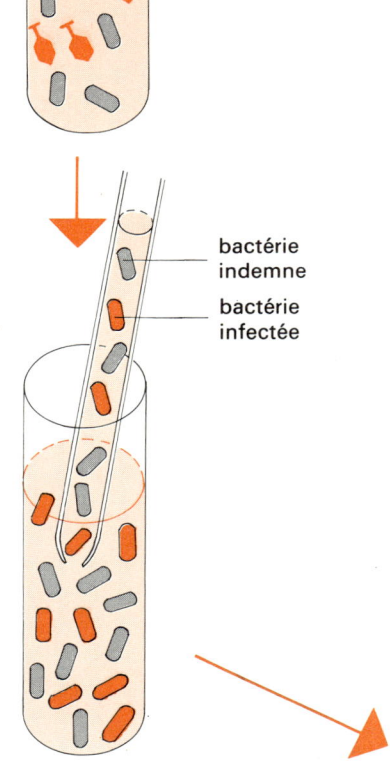

Figure 10.8
Méthode des plages permettant le titrage d'une suspension de virions.
Le principe de cette méthode est d'opérer une dilution suffisante de la suspension virale pour que l'on n'infecte plus que quelques individus d'une population cellulaire et de limiter l'infection à ces quelques cellules et à leurs voisines immédiates. On obtient ainsi une lyse localisée dans l'espace : une « plage ». Chaque plage correspond ainsi, en principe, à un seul virion. Dans le cas des bactériophages on mélange les virions à un excès de bactéries dans une solution d'agar fluidifié puis on coule le mélange de bactéries indemnes et de bactéries infectées sur de l'agar nutritif. Après incubation les cellules saines se divisent et forment un tapis cellulaire. Les bactéries infectées se lysent ainsi que quelques cellules voisines, formant des plages. L'agar prévient l'extension de l'infection à tout le tapis cellulaire.

Comme toutes les bactéries, la bactérie-hôte est relativement isolée du milieu extérieur par une série de barrières : paroi bactérienne, membrane plasmique. Avant de se multiplier, le phage doit donc se fixer sur cette structure complexe puis la franchir. Nous parlerons de phase d'*adsorption et de pénétration*.

A la suite de cette phase et durant quelques minutes, aucune unité infectieuse, aucun virion, n'est décelable dans la bactérie infectée même si on broie les cellules. Cette phase correspond comme nous le verrons, à une dissociation des composants du virus et à *l'entrée en fonction du génome viral*. Une série de phénomènes particulièrement importants se déroulent durant cette phase, aboutissant à la *synthèse des constituants du virus* puis à *leur assemblage*. Des virions se forment alors en grande quantité et, peu après, on assiste à une rupture de la paroi bactérienne entraînant leur *libération* dans le milieu. Il s'agit de la phase terminale du cycle viral. Nous étudierons successivement ces différentes phases qui se déroulent en trente minutes environ.

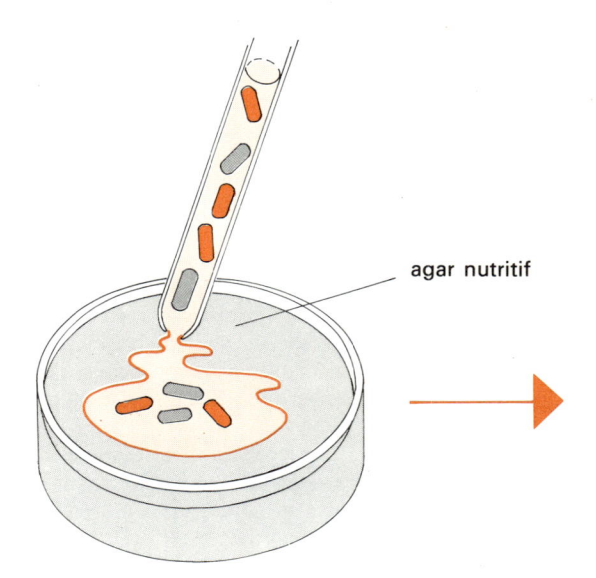

Cellules et virus

10.2.2.1. ADSORPTION DU VIRION ET INJECTION DE L'ADN

Les mécanismes mis en jeu au cours de cette phase sont particulièrement complexes et comportent au moins deux étapes successives, la *fixation* du virion sur la paroi bactérienne, puis la *perforation* de cette paroi.

Adsorption du bactériophage sur la bactérie-hôte

Cette adsorption est le résultat de l'interaction entre des protéines de la queue du phage et des récepteurs situés dans la paroi bactérienne.

Récepteurs bactériens

On peut séparer artificiellement la paroi bactérienne de la cellule proprement dite qui s'arrondit et donne, dans le cas d'*E. coli,* ce que l'on appelle un *sphéroplaste*. Les phages ne se fixent que sur les parois bactériennes, même vides, et non sur les sphéroplastes (fig. 10.10).

La paroi bactérienne est constituée de trois couches distinctes : deux couches externes, l'une lipoprotéique, l'autre glycolipidique et une couche interne rigide glycoprotéique. Ce sont les deux couches externes qui contiennent les récepteurs des phages.

Les récepteurs des phages T2 et T6 sont situés dans la couche lipoprotéique, les récepteurs de T3, T4 et T7 étant situés dans la couche glycolipidique. Ils sont donc différents selon le phage considéré.

Fixation du virion sur la bactérie

Cette fixation s'effectue par l'intermédiaire des fibres et du plateau situés à l'extrémité de la queue du phage. Si l'on brise, en effet, des phages et que l'on mette leurs débris en présence de bactéries sensibles (voir plus loin p. 193), on constate que les queues, ou même les fibres caudales isolées, se fixent sur elles, ce que ne font ni les têtes, ni l'ADN.

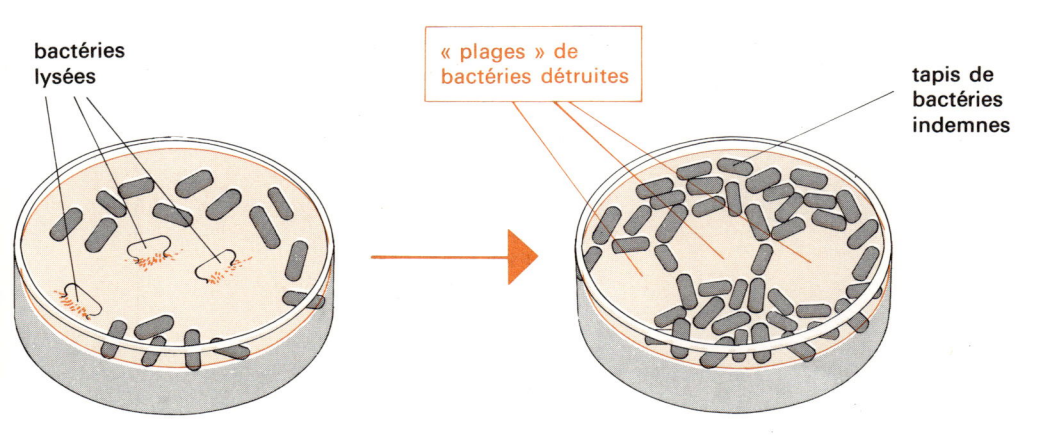

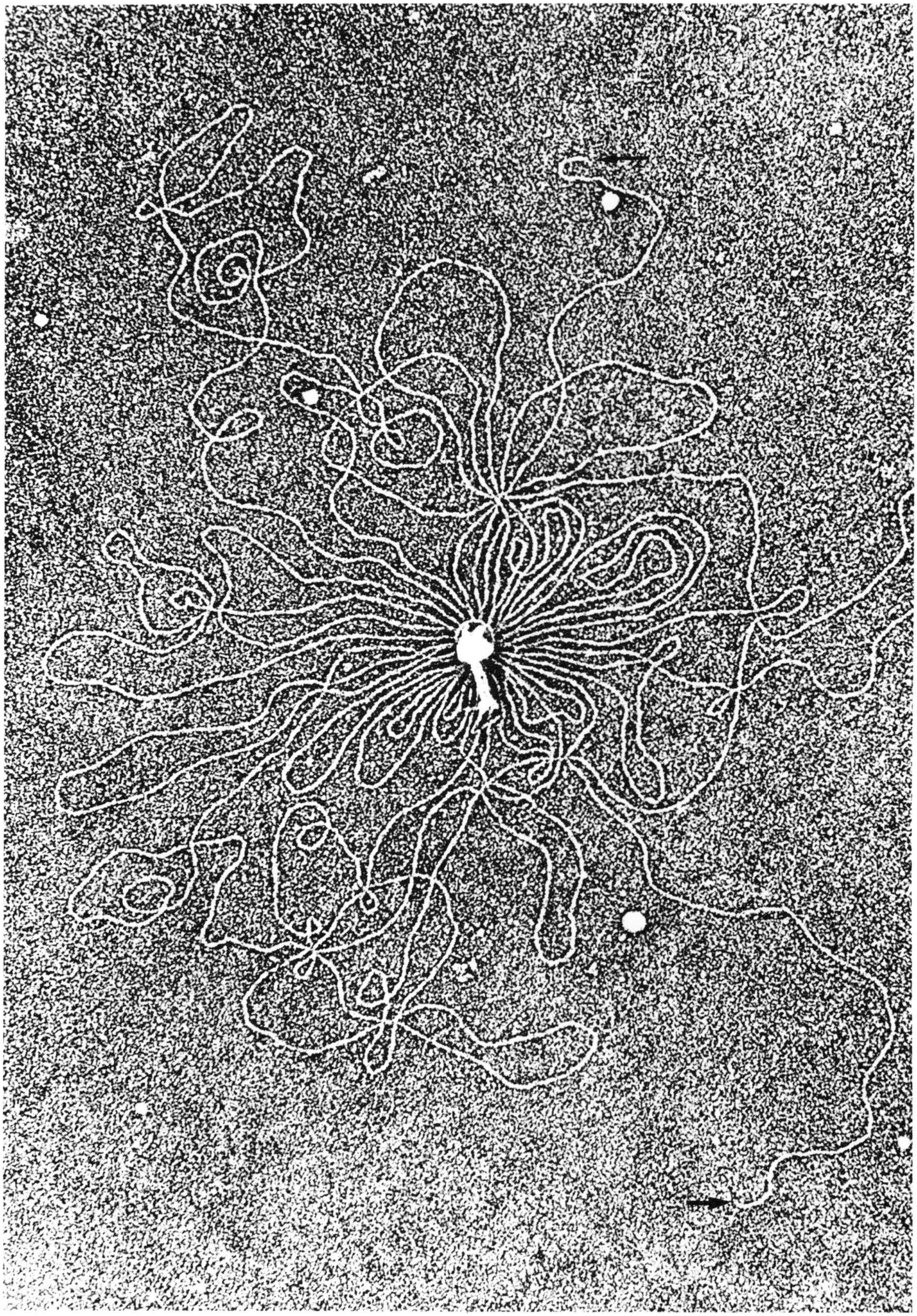

Figure 10.9 (ci-contre)
Molécule d'ADN d'un bactériophage T2.
Le virion a libéré à la suite d'un choc osmotique, la molécule d'ADN contenue normalement dans sa tête. Cette molécule est ouverte et on peut en observer les deux extrémités (flèches); × 60 000 (micrographie électronique A.K. Kleinschmidt et coll., 1962).

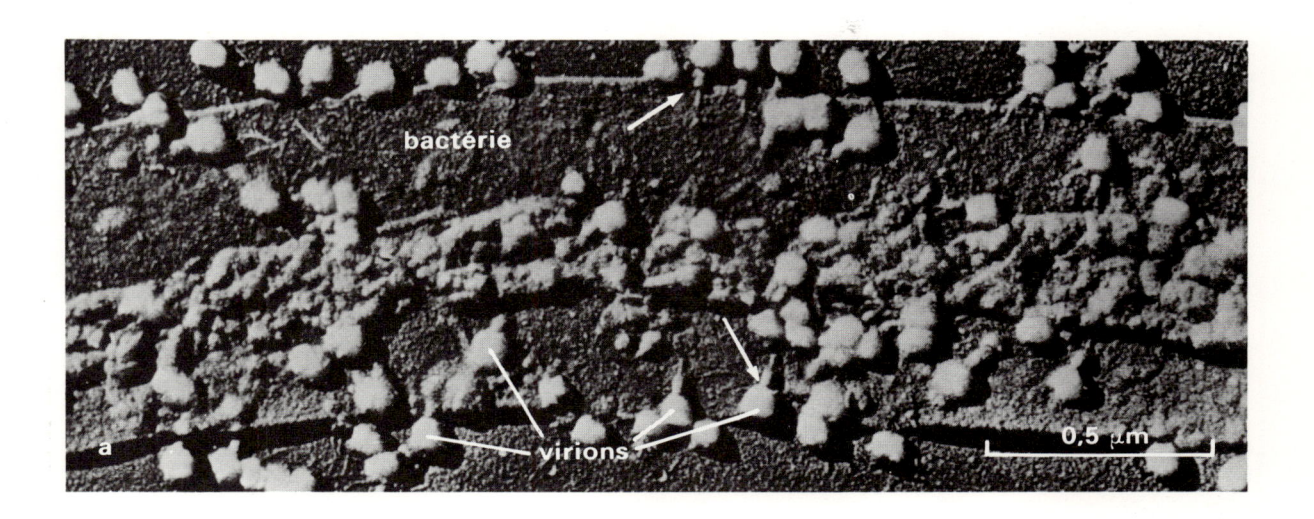

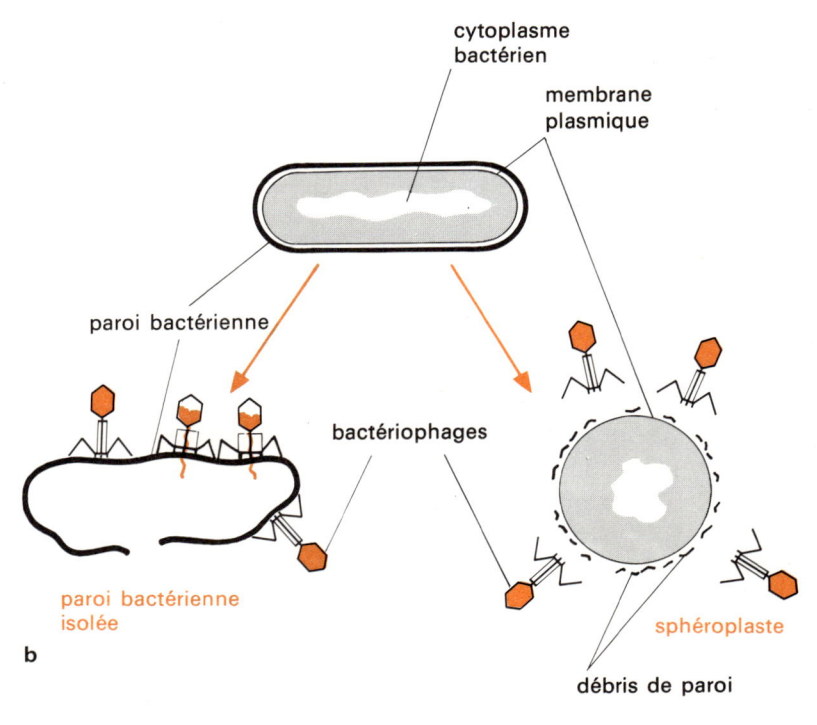

Figure 10.10
Adsorption du bactériophage T2 sur Escherichia coli et mise en évidence des récepteurs.
a) Aspect en microscopie électronique après ombrage. De nombreux virions sont adsorbés à la surface de la bactérie infectée. La gaine caudale de plusieurs d'entre eux est contractée (flèches) (voir aussi fig. 10.11 et 10.12) × 60 000 (micrographies électroniques E. Kellenberger, 1956).
b) Mise en évidence des récepteurs du bactériophage T2 sur la paroi bactérienne; si l'on dépouille des bactéries *Escherichia coli* de leur paroi, on obtient des sphéroplastes; si l'on met en suspension dans un même milieu ces sphéroplastes, les parois séparées et des bactériophages T2, on constate que les virions ne s'adsorbent que sur les parois bactériennes, et non sur la membrane limitant les sphéroplastes. Les récepteurs sont donc situés dans la paroi bactérienne.

Bactériophages

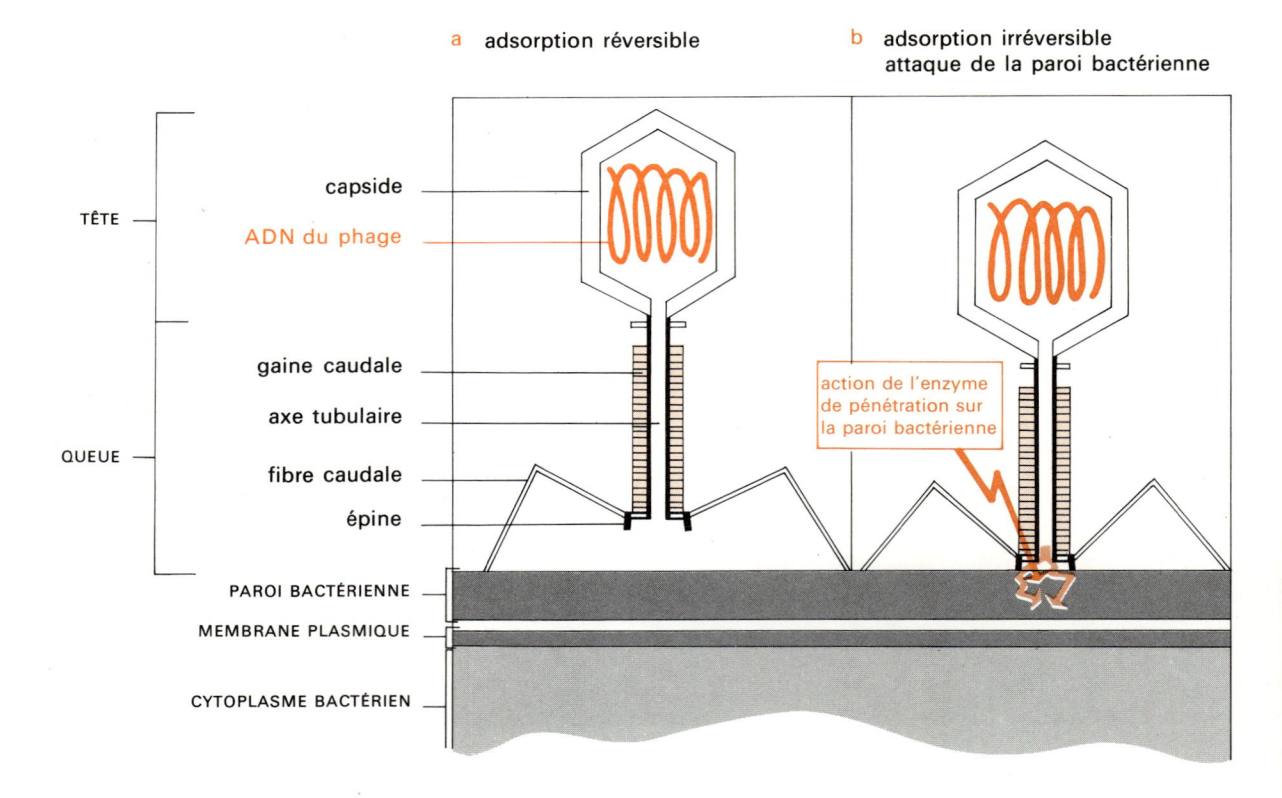

Figure 10.11
Mécanisme de l'injection dans une bactérie de l'ADN viral du bactériophage T2.
a) Le virion s'adsorbe sur la paroi bactérienne par l'intermédiaire de sa plaque et de ses fibres caudales.
b) L'adsorption devient rapidement irréversible et l'enzyme de pénétration (lysozyme) s'attaque aux liaisons assurant la cohésion de la paroi cellulaire.

Le début de la fixation est probablement réversible (fig. 10.11a), c'est-à-dire que l'on peut séparer phage et bactérie sans constater d'altérations de l'un comme de l'autre. Mais, cette fixation devient rapidement irréversible, la structure du phage se modifiant au contact de la bactérie (fig. 10. 11b). Une enzyme, auparavant masquée dans la queue du phage, se démasque et entre en action. Cette enzyme de pénétration s'attaque aux liaisons glycosidiques qui assurent la cohésion de la partie glycoprotéique de la paroi bactérienne, ménageant ainsi une zone de moindre résistance*.

Injection de l'ADN viral dans la bactérie

A la suite de l'intervention de l'enzyme de pénétration, la paroi bactérienne se disloque localement et des éléments appartenant à cette paroi se trouvent libérés dans le milieu.

* Si on fixe trop de phages (une centaine par bactérie, par exemple), les dislocations sont si nombreuses que la bactérie éclate. On parle alors de « lyse par le dehors ».

c   contraction de la gaine caudale
    perforation de la paroi par l'axe tubulaire

d   injection de l'ADN du phage

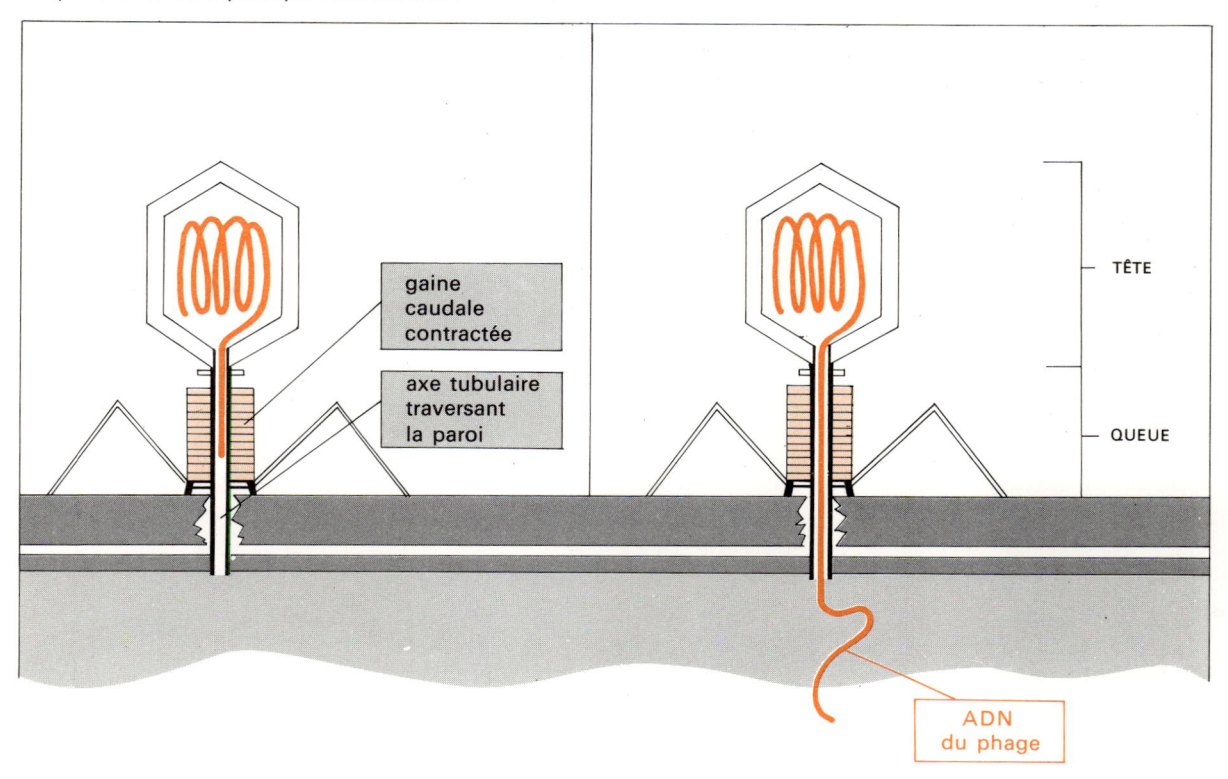

Figure 10.11 (suite)
c) La gaine entourant l'axe tubulaire de la queue se contracte en se remaniant (le nombre de spires diminue de moitié) de sorte que l'axe pénètre entre les éléments disloqués de la paroi.
d) L'ADN viral est alors injecté par ce canal.

On assiste, par ailleurs, à une contraction de la queue du phage (fig. 10.11c et 10.12). Cette contraction, accompagnée d'une hydrolyse d'ATP, est associée à un réarrangement des sous-unités protéiques de la gaine caudale dont le nombre de disques diminue de moitié sans que l'espacement de ces derniers soit changé.

L'axe tubulaire de la queue s'insère dans la paroi bactérienne, à travers la zone de moindre résistance, et le contenu de la tête du phage s'injecte dans la bactérie (fig. 10.11c et d) laissant à l'extérieur une « dépouille » constituée par la tête et la queue du phage.

Le matériel injecté n'est autre que l'ADN du phage comme le montre une élégante expérience (Hershey et Chase, 1952). On marque soit l'ADN d'un lot de phage à l'aide de ^{32}P radioactif, soit les protéines, à l'aide de ^{35}S également radioactif. Le début de l'infection se déroule et on sépare brutalement, par agitation mécanique, « dépouilles » et bactéries infectées (fig. 10.13).

Figure 10.12
Premières phases de l'infection d'une bactérie par un bactériophage.
a et b) Coupes de la périphérie d'une bactérie infectée par le bactériophage T6. a) Le phage est fixé sur la paroi pa mais la gaine caudale gc n'est pas encore contractée;
b) La gaine caudale gc est contractée et l'injection de l'ADN est terminé; de ce fait, la tête T apparaît vide. Mp, membrane plasmique; pa, paroi bactérienne; at, axe tubulaire; Hy, hyaloplasme bactérien (micrographies électroniques M.E. Bayer, 1972);
c et d) Observation en coloration négative de virions du bactériophage T2. c) La gaine du virion gc est en extension et présente une striation régulière. d) La gaine du virion est contractée et dégage l'axe tubulaire at de la queue, axe qui est terminé par la plaque caudale pc; T, tête des virions; × 300 000 (micrographie électronique J.P. Thiéry, 1964).

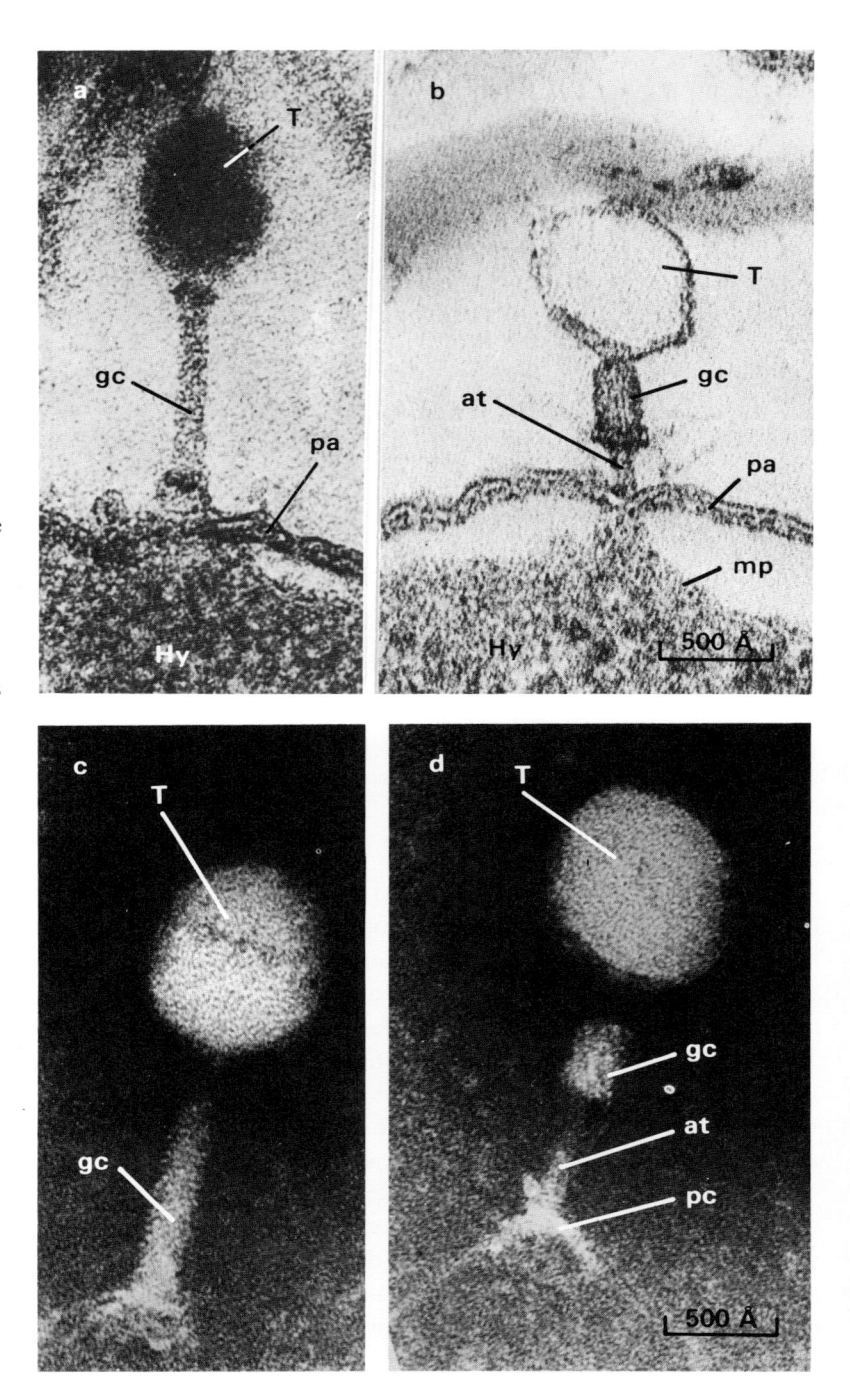

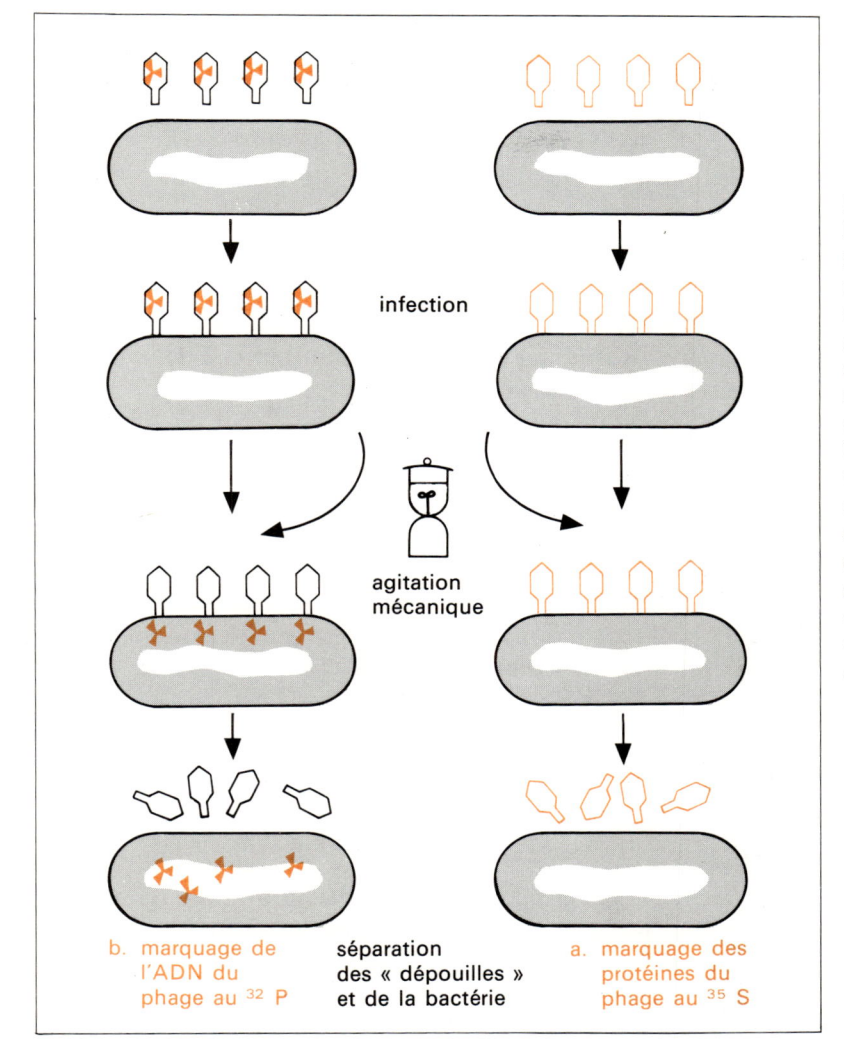

Figure 10.13
Expérience de Hershey et Chase montrant l'injection de l'ADN viral à une bactérie.
On peut marquer soit l'ADN du virion (a), soit ses protéines (b) à l'aide de traceurs radioactifs. On laisse quelque temps en contact virions marqués et bactéries sensibles. On agite alors violemment les bactéries infectées et on sépare ainsi bactéries et dépouilles de virions. On constate que tout le phosphore marqué est associé aux bactéries tandis que le soufre marqué reste lié aux dépouilles des virions. L'ADN viral a donc seul pénétré dans la bactérie.

b. marquage de l'ADN du phage au ^{32}P

séparation des « dépouilles » et de la bactérie

a. marquage des protéines du phage au ^{35}S

On constate alors que tout le ^{32}P, donc l'ADN viral, est contenu dans les bactéries et que la quasi totalité du ^{35}S, donc les protéines du virion, est restée à l'extérieur et peut être récupérée avec les « dépouilles ». Le fait que seul l'ADN viral soit injecté, mais qu'on n'en récolte pas moins, à la fin du cycle des virions complets, souligne le rôle fondamental de l'ADN, détenteur de toute l'information nécessaire à la synthèse du virion.

10.2.2.2. ENTRÉE EN FONCTION DU GÉNOME VIRAL

La dissociation des constituants du virion entraîne sa disparition en tant qu'unité infectieuse détectable par la méthode des plages d'où le nom de phase d'éclipse autrefois utilisé pour dénommer cette période du cycle. On a pu caractériser toute une série de mécanismes découlant de l'expression du génome viral durant cette phase. On peut distinguer, comme pour tous les virus une *phase précoce* où le génome entrant est le seul présent et donc fonctionnel et la *phase tardive* où, la réplication ayant eu lieu les génomes fils interviennent également.

Phase précoce

Cette phase correspond à une désorganisation rapide du fonctionnement cellulaire et à sa réorientation vers une synthèse des constituants viraux. On assiste, en effet, à un arrêt des processus synthétiques normaux et à l'entrée en fonction de mécanismes destinés à assurer la synthèse des éléments du phage. Elle se termine lorsque la synthèse de l'ADN viral débute.

Arrêt des processus synthétiques de la bactérie infectée

L'arrêt des processus synthétiques normaux se traduit par l'arrêt des synthèses des protéines bactériennes, des enzymes adaptatives par exemple. Cet arrêt est lié à un blocage de l'initiation de la traduction des ARN messagers cellulaires dans les premières secondes qui suivent l'infection, la transcription pouvant encore se dérouler pendant quelques minutes encore. Cette exclusion ne porte pas uniquement sur les ARN messagers cellulaires car on constate que dans une cellule infectée par T2 des ARN messagers d'un autre phage (un phage à ARN comme R 17 par exemple voir p. 223) sont également exclus. Tout se passe comme si les ARNm de T2 pouvaient seuls être reconnus. La transcription est également rapidement bloquée par une et peut-être plusieurs protéines codées par le virus qui s'associent à l'ARN polymérase cellulaire. L'arrêt définitif de l'utilisation de l'information bactérienne est lié à la destruction du chromosome bactérien qui, après s'être fixé en plusieurs centaines de points sur la membrane plasmique bactérienne, se disloque rapidement sous l'action d'endonucléases.

Synthèse des protéines précoces codées par le phage

La réorientation du fonctionnement cellulaire est marquée par l'apparition des ARN messagers viraux et de protéines nouvelles, appelées *protéines précoces* qui sont essentiellement une série d'enzymes nécessaires à la réplication de l'ADN du phage et codées par lui. Cette phase commence immédiatement après l'introduction de l'ADN viral dans la bactérie et se termine une quinzaine de minutes après le début de l'infection.

Phase tardive

Cette phase débute dès le début de la réplication de l'ADN du bactériophage, réplication faisant intervenir les enzymes synthétisées durant la phase précoce. L'ADN du bactériophage T2 ainsi que toutes les protéines sont synthétisés durant cette phase.

Synthèse de l'ADN

La présence d'hydroxyméthylcytosine (HMC) (fig. 10.14a) dans l'ADN des phages de la série T pairs permet de distinguer aisément l'ADN viral de l'ADN cellulaire qui contient de la cytosine. On connaît la quantité d'HMC contenue dans le virion de T2 ; en divisant la quantité totale d'HMC contenue dans une cellule par cette valeur unitaire, on obtient le nombre d'*équivalents-phages* contenus dans une cellule infectée. On peut, ainsi, mettre en évidence la synthèse d'ADN viral six minutes environ après le début de l'infection. Le nombre d'équivalents-phages croît ensuite linéairement jusqu'à la libération des virions. La cellule contient, à ce moment, environ 200 équivalents-phages d'ADN (fig. 10.14, courbe colorée).

La synthèse de cet ADN se fait grâce à une matrice qui est l'ADN viral entrant puis ses copies (voir volume III, chapitre 16) et

Figure 10.14
Évolution des synthèses d'ADN et de protéines virales dans une bactérie infectée où le génome viral est en fonction.
a) Formule de la 5-hydroxyméthylcytosine.
b) Données quantitatives : les équivalents-phage en protéines et ADN contenus dans une bactérie sont figurés en ordonnées, le temps écoulé depuis le début de l'infection figurant en abcisse. L'ADN viral, caractérisé par son hydroxyméthylcytosine, commence à se répliquer dès la sixième minute. Le contenu de la bactérie en ADN viral croit ensuite régulièrement jusqu'à la vingt-cinquième minute environ. Les protéines du virion, caractérisées par leurs propriétés antigéniques, apparaissent vers la neuvième minute. Elles s'accumulent ensuite dans la cellule infectée.

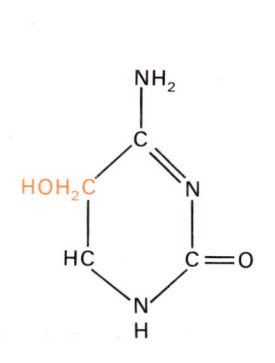

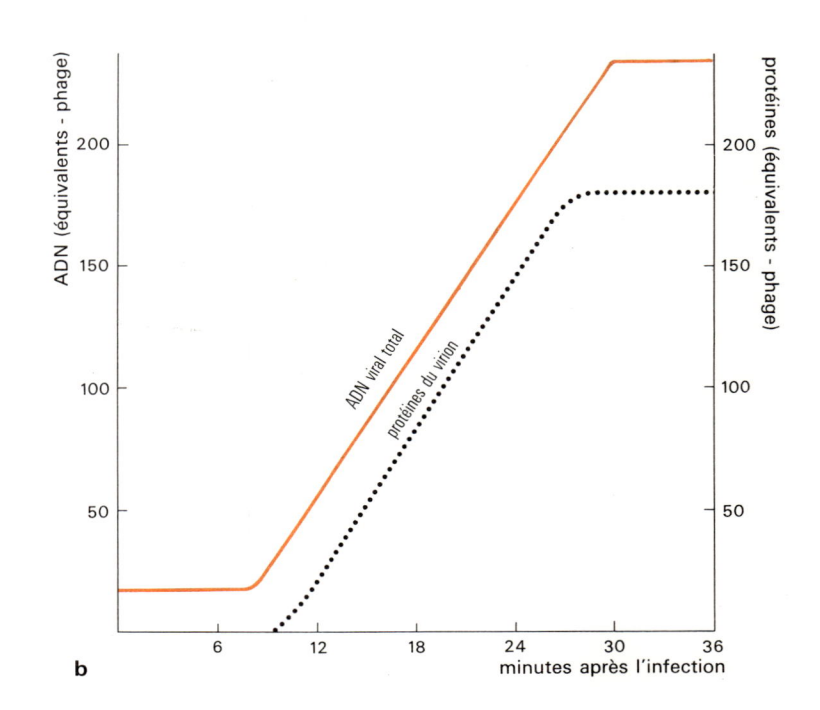

fait intervenir un système enzymatique, une ADN polymérase notamment, dont les constituants constituent une grande partie des protéines précoces. La membrane plasmique bactérienne semble intervenir activement dans ce mécanisme puisqu'une association de l'ADN viral à cette membrane semble indispensable à la réplication. Cette synthèse de l'ADN viral implique une synthèse préalable de protéines, celle-ci ayant lieu au cours de la phase précoce. Les molécules d'ADN ainsi synthétisées s'accumulent au sein d'un « fond commun » qui se présente sous forme d'un gel très hydraté d'ADN. Sur les résidus hydroxyméthylcytosine de ces molécules se fixent des molécules de glucose qui constituent une première protection contre les nucléases.

Synthèse des protéines

On distingue parmi les protéines virales les protéines de structure, appelées également protéines capsidales, qui sont incorporées dans le virion et les protéines non structurales qui ne le sont pas. Les protéines non structurales sont essentiellement un grand nombre d'enzymes nécessaires à l'élaboration ou à la libération du virion. Toutes ces protéines virales se reconnaissent à leurs propriétés antigéniques spécifiques. On peut définir, à propos des protéines capsidales, un équivalent-phage analogue à celui défini dans le cas de l'ADN. Ces protéines capsidales apparaissent neuf minutes environ après le début de l'infection (courbe en pointillé noir fig. 10.14). Le nombre d'équivalents-phages de protéines croît ensuite parallèlement à celui des équivalents-phages d'ADN.

Ces protéines sont synthétisées au niveau des ribosomes préexistants dans la bactérie, ribosomes qui travaillent, à présent, sur les acides ribonucléiques messagers spécifiques du phage.

Rôle de l'ADN viral injecté dans la bactérie

Le point de départ des deux chaînes de synthèses nucléique et protéique est l'ADN viral introduit par effraction dans le cytoplasme bactérien. Cet acide nucléique sert, sur toute sa longueur, de matrice lors des réplications successives conduisant à la formation du fonds commun d'ADN viral. Par ailleurs, cet ADN viral représente une sucession de segments porteurs de l'information nécessaire à la synthèse des protéines virales. On peut bloquer, comme nous l'avons vu précédemment (volume I, chapitre 5), la synthèse des protéines à l'aide d'antibiotiques tels que le chloramphénicol. Si on fait agir celui-ci dès les premières minutes de l'infection, on inhibe la synthèse des enzymes nécessaires à la synthèse des constituants viraux; on bloque notamment celle de l'ADN polymérase. On n'observera donc aucune synthèse, non seulement de protéines mais encore d'ADN viraux. Si, au contraire, on arrête la synthèse protéique après l'élaboration des enzymes de la phase précoce, l'ADN polymérase étant maintenant présente, l'ADN viral est synthétisé alors qu'aucune protéine capsidale n'apparaît. Les synthèses de l'ADN et des protéines sont donc deux phénomènes parallèles, mais se déroulant de façon autonome dès que les enzymes de la phase précoce ont apparu.

Ces synthèses, dans le cas du bactériophage T2, ne dépendent pas des structures génétiques de la bactérie-hôte dont le chromosome s'est disloqué dès les premières minutes. A la suite de ces synthèses, les constituants du phage s'accumulent séparément dans la bactérie et ne s'assemblent que plus tard; en effet, à ce stade, on n'observe encore aucun virion.

10.2.2.3. ASSEMBLAGE DES VIRIONS

Aspects quantitatifs

On trouve dès la neuvième minute de l'infection, ADN et protéines capsidales ; ce n'est que vers la douzième minute cependant que l'on observe les premiers virions. Leur nombre augmente ensuite linéairement en fonction du temps (courbe en tirets colorés, fig. 10.15). L'écart entre les deux courbes colorées demeure constant. Ceci signifie qu'à partir de la douzième minute, à chaque synthèse d'une nouvelle molécule d'ADN correspond l'incorporation dans un virion d'une molécule d'ADN prélevée dans le fonds commun. Il existe, autrement dit, un plafond à ce fonds commun, plafond de l'ordre de 50 à 60 équivalents-phages. Ce prélèvement régulier, dans le fonds commun d'ADN, explique pourquoi la quantité d'ADN totale croît linéairement, alors que la réplication « en cascade » des chaînes

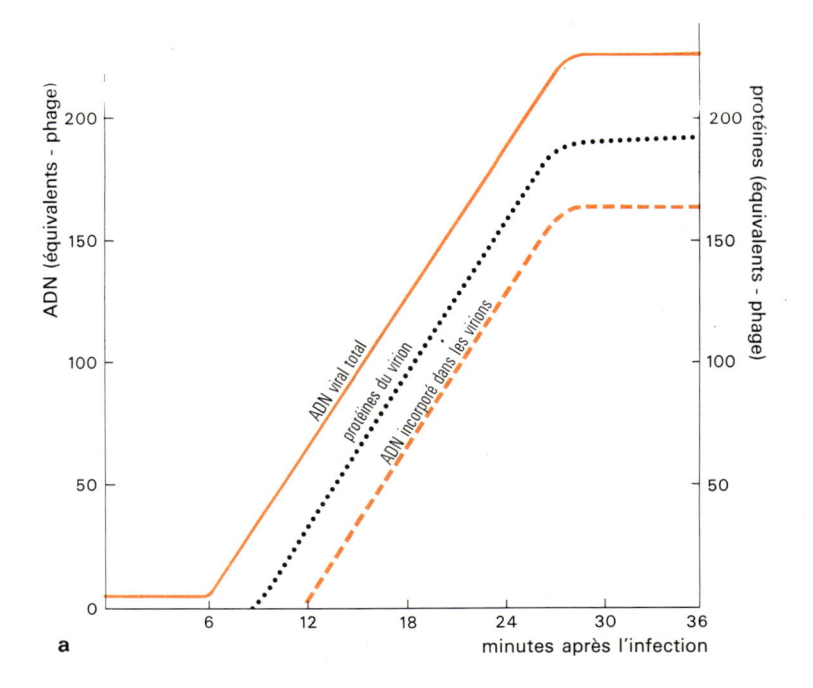

Figure 10.15
Assemblage des virions (maturation).
a) Données quantitatives : les courbes figurant sur ce schéma sont comparables à celles de la figure 10.14; la courbe colorée et pointillée indique la quantité d'ADN viral (exprimée en équivalents-phage) incorporée dans les virions, c'est-à-dire le nombre de phages assemblés, et par conséquent, la quantité de virions élaborés dans une bactérie durant le déroulement de l'infection. Les premiers virions apparaissent vers la douzième minute. Leur nombre croît ensuite parallèlement au nombre total des molécules d'ADN viral contenu dans la bactérie. On peut constater que la quantité d'ADN incorporée dans des virions reste toujours inférieure à la quantité totale d'ADN viral synthétisé durant l'infection. L'assemblage n'est donc pas total. Il en va de même pour les protéines.

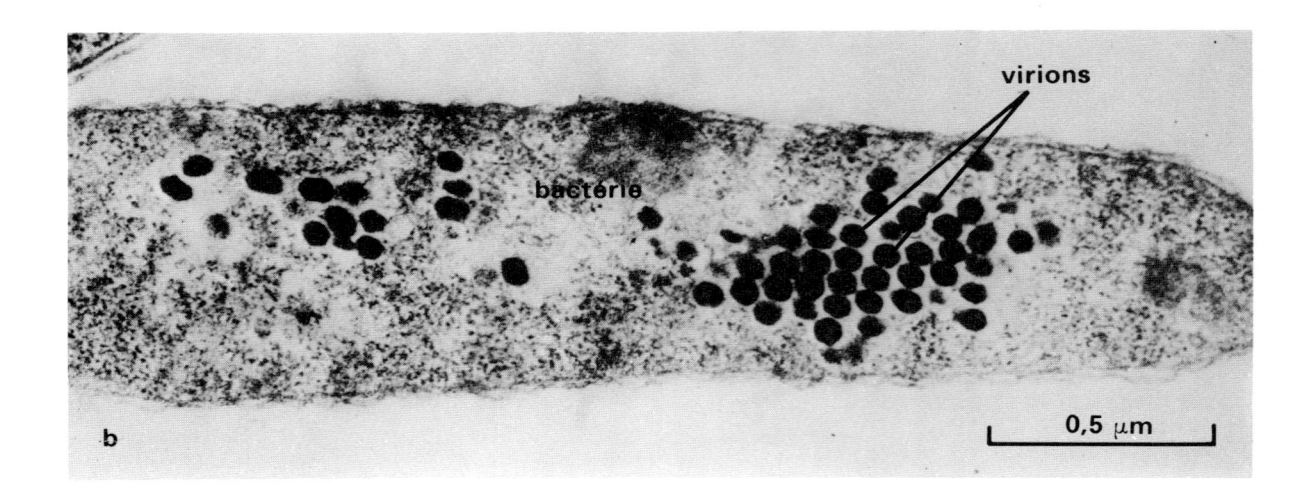

Figure 10.15 (suite)
b) Coupe d'une bactérie infectée par des bactériophages T2. On observe de très nombreux virions assemblés. × 60 000 (micrographie électronique E. Kellenberger, 1958).

devrait aboutir à une croissance exponentielle. La molécule d'ADN incorporée dans un virion cesse, en effet, de se répliquer.

L'examen de la figure 10.15 montre que les courbes — ADN viral — et — protéines du virion — restent constamment au-dessus de la courbe en tirets. Ce qui revient à dire qu'ADN et protéines ne sont pas incorporés en totalité dans les virions : l'assemblage n'est donc pas total.

Régulation de la morphogenèse

Le fait qu'une structure aussi compliquée que le virion de ce phage s'assemble avec autant de régularité prouve, s'il en était besoin, qu'il existe un ou plusieurs mécanismes de régulation. Ceux-ci commencent à être connus. Nous les décrirons en prenant pour exemple le phage T4 qui est très voisin du phage T2 et dont le virion présente une structure quasi identique à celle du virion du phage T2.

Ce modèle a été très utilisé car on a pu isoler toute une série de mutants du phage qui, dans certaines conditions, présentent des anomalies de la morphogenèse aboutissant à l'accumulation de structures partielles du virion (têtes seules, queues seules, etc...) ou de structures aberrantes. Il est donc possible, grâce à ces mutants de disséquer la morphogenèse en phases élémentaires. On a de plus localisé les gènes impliqués (une cinquantaine au moins) sur la carte génétique du virus (fig. 10.16). Enfin, en combinant en tube à essai *in vitro* des extraits de cellules infectées par un mutant présentant un défaut donné avec des extraits de cellules infectées par un virus ne présentant pas ce défaut on a pu obtenir une morphogenèse normale (fig. 10.17). De cette façon la séquence des événements conduisant à la formation d'un virion complet a été établie. Ces différents types d'analyse ont permis de conclure qu'il existe, en fait, trois chaînes d'assemblage concernant séparément la tête, la queue et les fibres

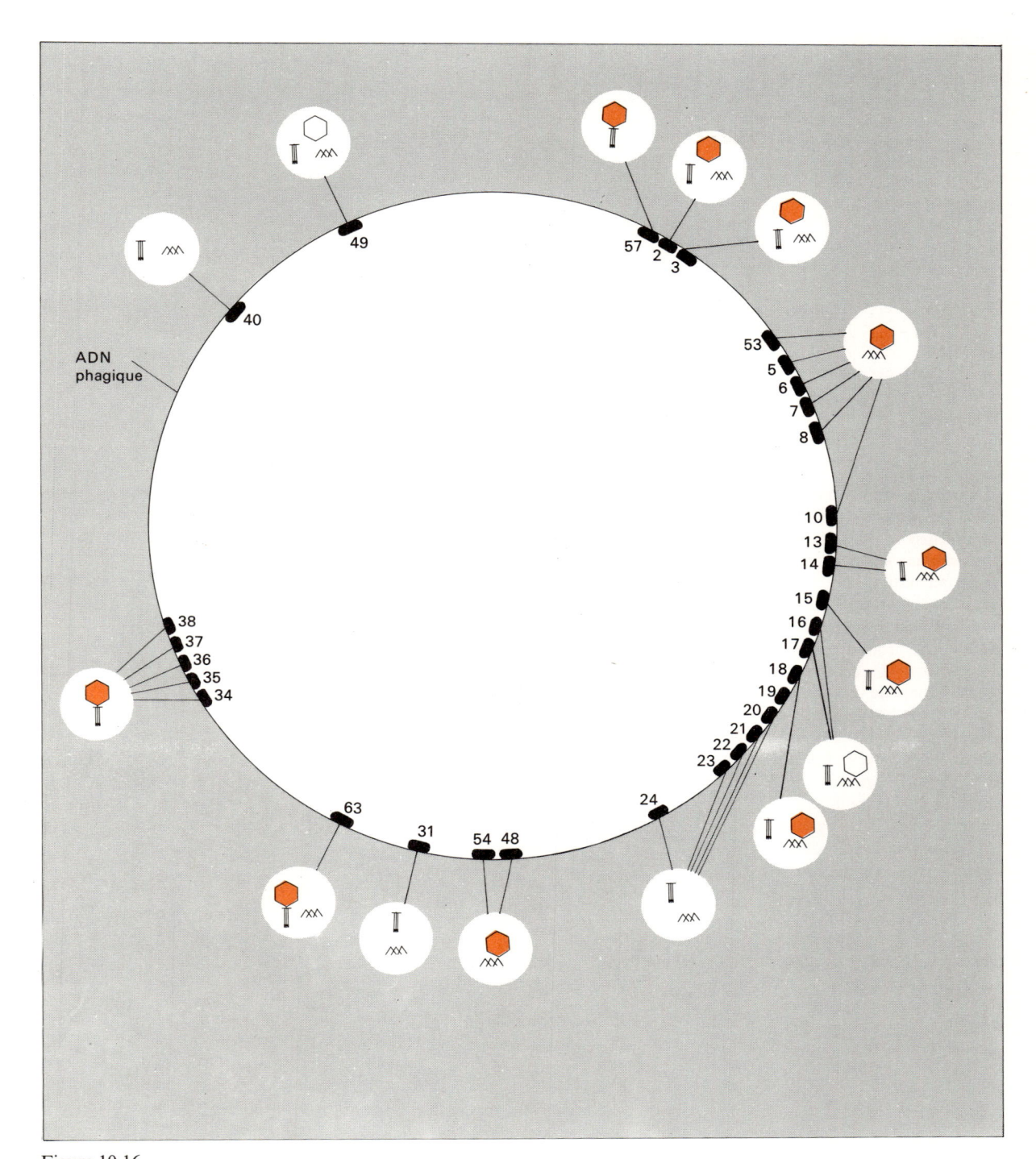

Figure 10.16
Gènes du bactériophage T4 intervenant dans la morphogenèse.
Seule une partie de ces gènes figure sur la carte génétique du
bactériophage T4. Les produits de la morphogenèse abortive observés chez
des mutants pour ces gènes sont schématisés au niveau de chacun d'entre
eux (d'après W.B. Wood et D.H.L. Bishop, 1973).

Bactériophages

Figure 10.17
Exemple de démonstration du rôle de l'une des protéines virales dans la morphogenèse : la protéine P63 et l'assemblage des fibres caudales sur la plaque basale.
Une bactérie infectée par un phage T4 thermosensible pour le gène 63 ne produit pas de phages infectieux à 41°. On observe dans le lysat d'une telle cellule des particules comportant tête et queue mais dépourvues de fibres caudales. Des fibres caudales séparées s'observent également. Si on ajoute à ce lysat la protéine P63 (produit du gène 63) extraite d'une bactérie infectée par un phage sauvage on observe un assemblage des fibres et des particules qui deviennent, de ce fait, infectieuses. P63 est donc indispensable à l'assemblage des fibres sur la plaque caudale.

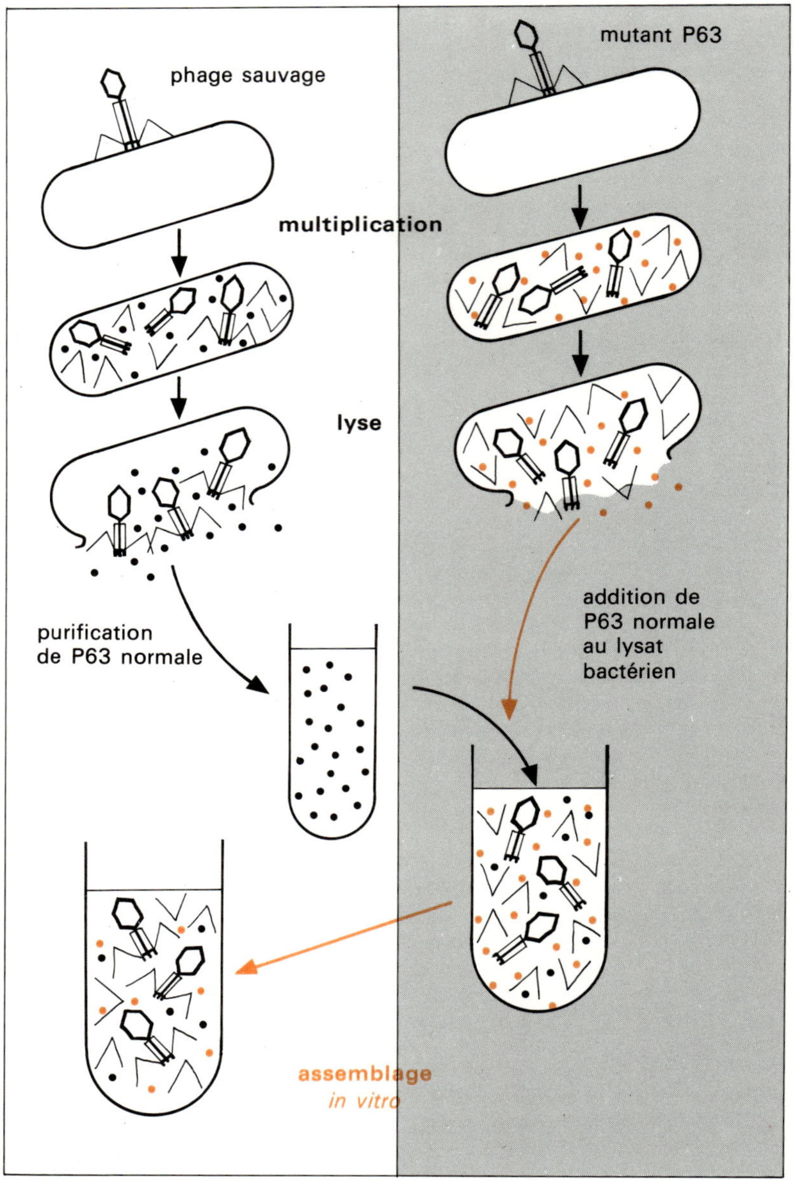

caudales (fig. 10.18). La tête et la queue s'assemblent ensuite spontanément, enfin les fibres se fixent sur la plaque basale. Nous retrouvons là des phénomènes d'autoassemblage comme nous en avons décrits à propos des myofilaments, des microtubules et des ribosomes (voir volume I, chapitres 3, 4 et 5).

Chacune de ces chaînes d'assemblage comporte des étapes dont l'enchaînement est sous la dépendance du produit de certains gènes. Dans le cas de la *queue* (comme dans celui des fibres caudales)

les mécanismes paraissent relativement simples car il y a additions successives d'un certain nombre de produits des gènes concernés. Ainsi la protéine P19 (produit du gène 19) ne forme le tube caudal que si la plaque basale est terminée. La protéine P18 s'assemble alors en donnant la gaine hélicoïdale mais cette dernière ne sera stabilisée qu'après addition de P15.

La morphogenèse de la *tête* apparaît plus complexe car elle implique, après un premier assemblage des protéines en prétête, une série de remaniements successifs au cours desquels l'ADN viral vient remplir la capside. On peut distinguer au moins quatre étapes caractérisées par la formation de quatre structures successives appelées prétêtes I, II, et III et tête (fig. 10.18). Cette dernière vient ensuite se fixer sur la queue.

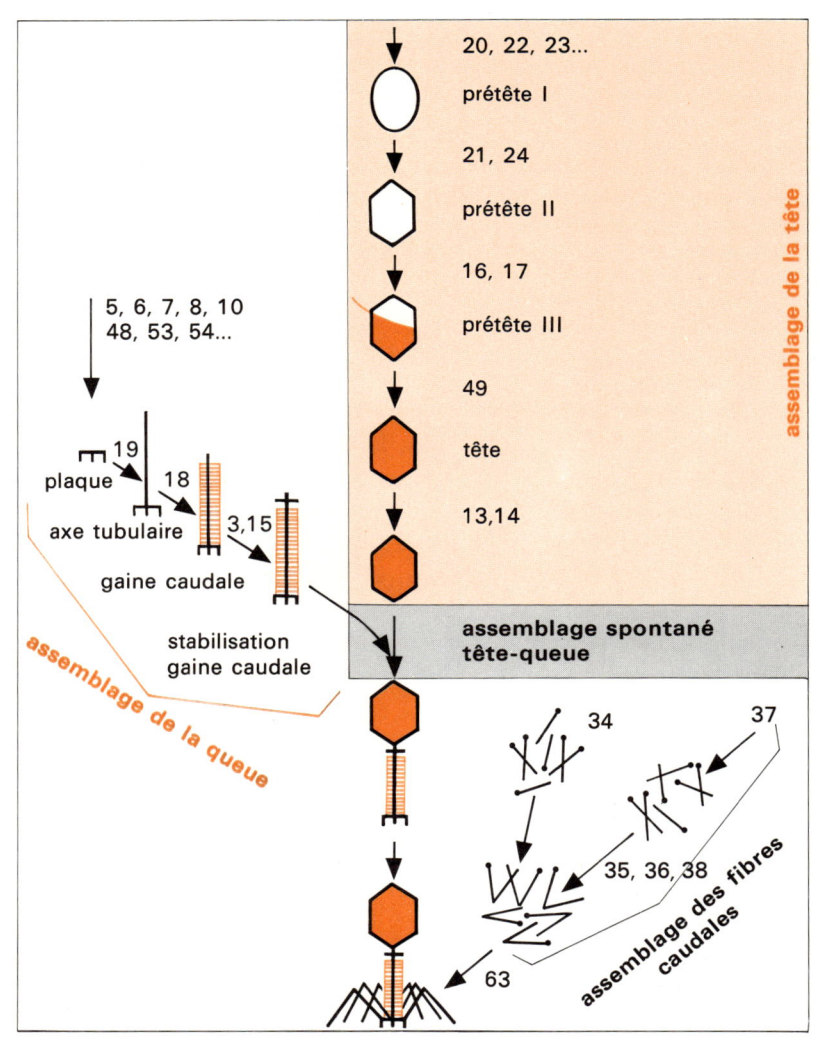

Figure 10.18
Morphogenèse du bactériophage T4 : les chaînes d'assemblage.
Les trois chaînes d'assemblage de la queue, de la tête et des fibres caudales sont schématisées ici avec l'indication de quelques-uns des gènes viraux intervenant au cours de cette morphogenèse. La localisation de ces gènes sur l'ADN viral est indiquée dans la figure 10.16 d'après W.B. Wood et D.H.L. Bishop, 1973).

Bactériophages

La première structure reconnaissable dans cette chaîne, est la prétête I qui contient au moins quatre protéines différentes mais pas d'ADN. Ces quatre protéines sont la protéine interne IPIII et les protéines P20, P22 et P23, cette dernière étant la protéine majoritaire de la tête (voir p. 167) et IPIII la plus grosse des protéines internes associées à l'ADN. Cette structure est très rapidement convertie (une minute environ) en prétête II par un clivage de P23, donnant P23* (on désigne ainsi P23 clivée), faisant intervenir P21 et P24. De nouveaux clivages, celui de IPIII et de P22, réalisés grâce à l'intervention de P16 et P17 accompagnent la conversion de la prétête II en prétête III. Ces clivages sont terminés au cours de la conversion de la prétête III en tête qui nécessite l'intervention de P49. La protéine IPIII* (IPIII clivée) persiste dans la tête tandis que de P22 ne subsistent plus que deux petits polypeptides de masse moléculaire 3 900 et 2 500 que l'on retrouve associés à l'ADN du virion.

Le clivage de P22 semble étroitement associé à *l'encapsidation de l'ADN* qui ne commence que dans la prétête III, donc relativement tard au cours de la morphogenèse de la tête.

Des clivages de ce type sont très fréquents au cours de la maturation des virus notamment chez le poliovirus où c'est une seule protéine (voir p. 230) qui, en se clivant, donne toutes les protéines du virus. On en observe également dans le cas de la maturation des protéines comme la trypsine ou la chymotrypsine qui ne deviennent actives qu'après excision d'un segment terminal*.

Erreurs d'assemblage : le mélange phénotypique

L'ADN du phage et les protéines virales s'assemblent en virions respectant des règles très précises, la forme des virions étant constante pour un phage donné. Mais dans certaines conditions des erreurs, parfois grossières, sont commises au cours de cet assemblage. Nous allons en décrire un exemple.

Les phages T2 et T4 diffèrent par leur acide nucléique (responsable de leur génotype) et leurs protéines (responsables de leurs caractéristiques perceptibles ou phénotype). Certaines de ces protéines, celles de la queue, sont responsables de l'adsorption du phage sur les récepteurs de l'hôte.

Si on infecte des bactéries *E. coli* sauvages à l'aide de ces deux phages différents mais apparentés, ADN et protéines spécifiques des deux phages sont synthétisés parallèlement. Cependant, au moment de la maturation, l'ADN de l'un des phages peut s'envelopper de protéines appartenant à l'autre il y a *mélange phénotypique* (fig. 10.19).

---

* Voir *La Cellule*, « Les enzymes ».

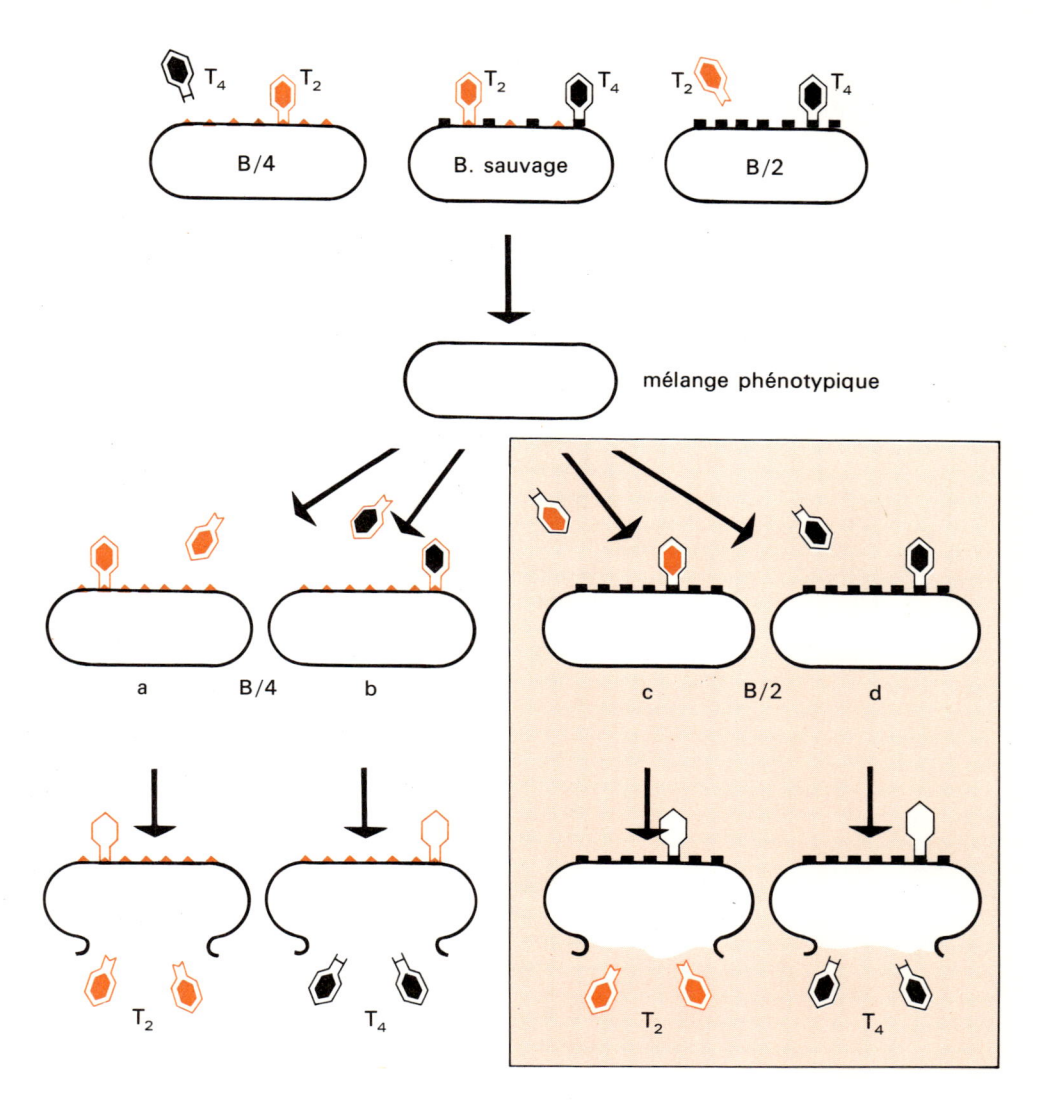

Figure 10.19
Mélanges phénotypiques de phages T2 et T4.
La bactérie *E. coli* B possède des récepteurs pour un certain nombre de phages en particulier pour les deux phages T2 et T4 (voir aussi p. 188). On peut effectuer une infection mixte de cette bactérie par les deux phages. Certains mutants de *E. coli* B ne possèdent pas de récepteurs pour T2 (mutant B/2) et d'autres pas de récepteurs pour T4 (mutant B/4). On peut donc, à l'aide de ces deux mutants, trier la récolte d'une infection mixte. On constate alors que cette récolte comporte quatre types de virions. Les uns, types a et b, sont capables d'infecter *E. coli* B/4, mais pas *E. coli* B/2 et possèdent donc, au moins, les protéines caudales de T2. Les autres, types c et d, possèdent des caractéristiques inverses. En fait, parmi les virions des types a et b, certains (type a) sont des phages T2 normaux donnant après infection d'une bactérie B/4 exclusivement des phages T2 tandis que d'autres (type b) donnant dans les mêmes conditions une récolte de phages T4, sont des virions contenant, dans une capside de T2, un ADN de T4.

Nous aurons donc quatre types de virions :

— a) type 2 (2) : phage T2 normal (génotype et phénotype T2)

— b) type 2 (4) : phage à ADN de T4 et protéines de T2 (génotype T4) (phénotype T2)

— c) type 4 (2) : phage à ADN de T2 et protéines de T4 (génotype T2) (phénotype T4)

— d) type 4 (4) : phage T4 normal (génotype et phénotype T4).

Or, il existe deux mutants de *E. coli* B, le mutant B/2 réfractaire à T2, car dépourvu de récepteurs pour ce phage, et le mutant B/4 réfractaire à T4 pour les mêmes raisons. Ces récepteurs sont, nous le savons (voir p. 171) situés dans des parties différentes de la paroi bactérienne. Ces deux mutants permettent donc de mettre en évidence les phénotypes T2 et T4 : les types a et b peuvent infecter B/4 car leur phénotype est T2, les types c et d ne le peuvent pas. Mais le type a, dans ces conditions, donnera exclusivement des virions T2, tandis que le type b malgré son phénotype T2 et, du fait de son génotype T4, donnera exclusivement des virions T4.

10.2.2.4. LIBÉRATION DES VIRIONS

Il existe, dans la bactérie infectée, des phages mûrs dès la douzième minute. On ne peut mettre en évidence leur caractère infectieux qu'après destruction artificielle de la paroi bactérienne. Ces virions apparaissent dans le milieu vers la vingt-cinquième minute. La libération est très rapide comme le montrent les courbes de la figure 10.20 ; elle se déroule en quelques secondes. Lorsque les deux courbes de droite — en tirets et traits fins — se rejoignent, la libération est terminée ; la bactérie est morte, les synthèses d'ADN et de protéines s'arrêtent. Cette libération s'effectue par rupture de la paroi à la suite de l'action d'une enzyme, l'*endolysine,* qui semble bien être identique à l'enzyme de pénétration. C'est, en quelque sorte, le pendant de la lyse par le dehors qui se produit lorsqu'un trop grand nombre de phages se fixent sur une bactérie et en provoquent l'éclatement (voir plus haut).

La multiplication du bactériophage T2 apparaît donc comme le résultat d'un fonctionnement particulier de la cellule-hôte. Bien que conduisant à la lyse de cette cellule, ce fonctionnement est parfaitement coordonné. Toutes les étapes de la multiplication virale sont réglées, comme pourrait l'être tout autre mécanisme cellulaire normal. Dans le cas de l'infection virale, cette nouvelle orientation et cette coordination du métabolisme cellulaire sont assurées par l'acide nucléique du virus. Il y a substitution d'une nouvelle information à l'information génétique portée par le chromosome bactérien. Nous verrons plus loin l'intérêt de cette constatation pour l'étude de la physiologie cellulaire. Cette exclusion totale de l'acide nucléique autochtone par l'acide nucléique viral, observée dans le système *E.*

coli — bactériophage T2 n'est en fait qu'un des aspects des relations possibles entre un bactériophage et son hôte. Il en existe d'autres, comme nous allons le voir dans l'étude des bactériophages tempérés et des bactéries lysogènes.

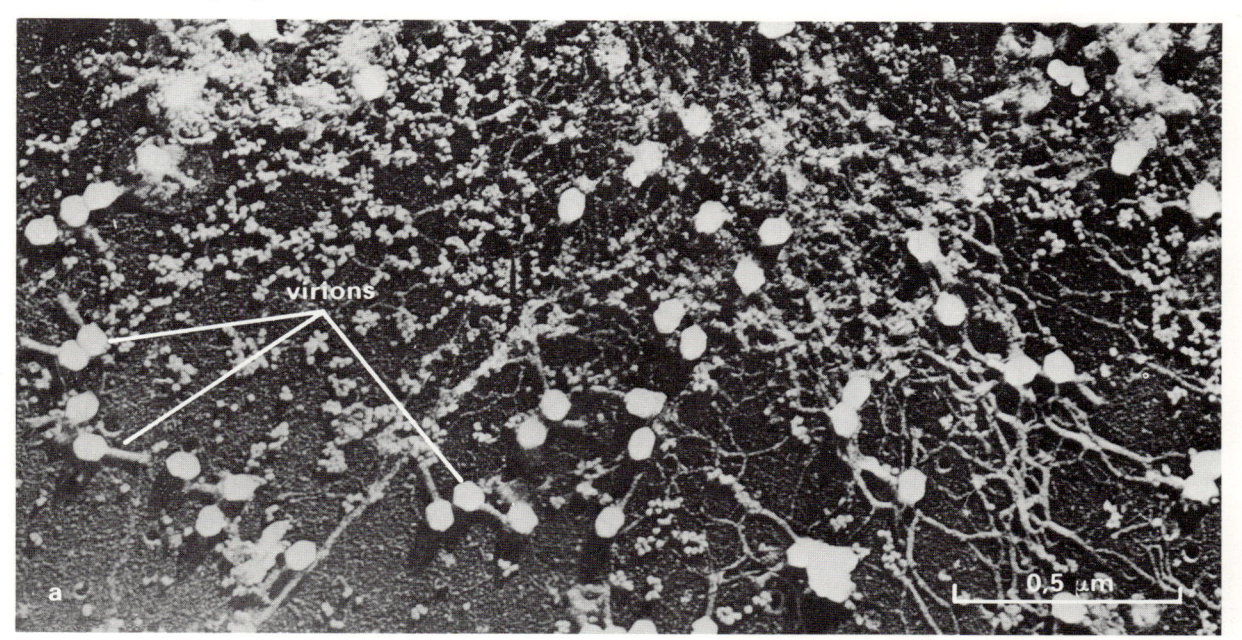

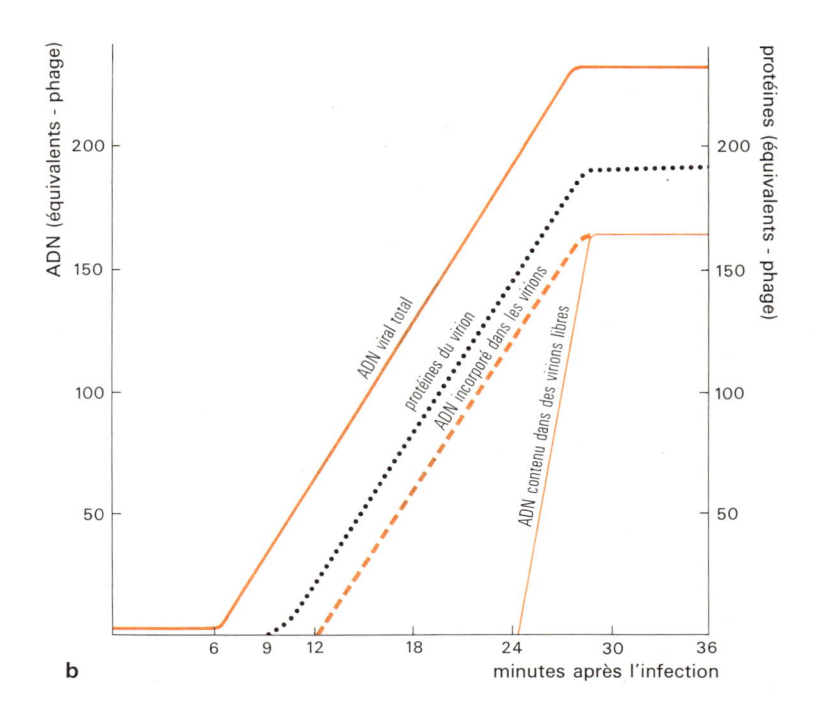

Figure 10.20
Libération des virions de bactériophages T4.
a) Aspect en microscopie électronique après ombrage. La bactérie a éclaté et de nombreux virions ont été libérés et peuvent être observés au milieu de débris cellulaires divers ; × 60 000 (micrographie électronique E. Kellenberger, 1956).
b) Données quantitatives : ces courbes qui complètent celles des figures 10.14 et 10.15 montrent que la libération des virions est très rapide car la pente de la courbe (trait fin), correspondant aux virions libres dans le milieu, est très accusée. De plus la libération est totale car tous les virions formés sont libérés : les deux courbes colorées, en tirets et en trait fin, se rejoignent. Enfin, lorsque la libération a eu lieu, les courbes retraçant la synthèse et l'assemblage des constituants du virion s'infléchissent rapidement pour devenir horizontales : la bactérie est morte.

Bactériophages

10.3. Bactériophages et lysogénie

L'infection de *E. coli* par le phage T2 ou par le phage T4 entraîne une réponse unique : la lyse de la bactérie et la libération de nouveaux virions à la fin du cycle viral. L'étude du comportement de la souche K12 d'*E. coli* va nous montrer un autre aspect offert par une infection virale.

Si on soumet une colonie d'*E. coli* K12 à une irradiation UV modérée on observe, au bout d'un temps correspondant à un peu plus d'une génération bactérienne, la lyse des cellules (fig. 10.21). Ces cellules libèrent un phage particulier : le phage λ, dont le virion présente une structure comparable à celle du virion des phages de la série T. A part quelques exceptions mentionnées plus loin, toutes les *E. coli* K12 peuvent se comporter de façon identique, d'où le nom d'*E. coli* K12 (λ) donné à cette souche.

Dans ces *E. coli* K12 (λ) toutes infectées par le phage λ, celui-ci est « latent » et n'entraîne pas, normalement la lyse cellulaire puisqu'il n'entre pas en phase végétative. Il persiste, cependant, au fil des générations. Un tel phage est dit *tempéré,* par opposition au phage T2 qui étant obligatoirement lytique pour la cellule qu'il infecte, est dit *virulent*. La bactérie porteuse de ce phage tempéré est *lysogène,* car elle est capable, sous l'action d'un stimulus approprié, par *induction,* de se lyser en libérant des virions. Le phage tempéré passe alors d'une *phase latente* à une *phase végétative* analogue à celle du phage T2.

10.3.1. Bactéries lysogènes et bactériophages tempérés

10.3.1.1. COMPORTEMENT D'UNE POPULATION DE BACTÉRIES LYSOGÈNES

L'examen d'une population de *E. coli* K12 (λ) montre qu'une certaine proportion, d'ailleurs faible, de cellules *se lysent spontanément* en libérant des virions de λ. L'induction ne fait donc que généraliser le phénomène (voir fig. 10.22).

Le caractère occasionnel de cette lyse a été étudié dans un système comparable à celui d'*E. coli* K12 (λ), celui d'un *Bacillus megatherium* lysogène. On prélève au sein d'une colonie d'une telle bactérie l'un des individus. On isole, après division, l'une des cellules filles. En répétant l'opération on a pu constater que l'on peut compter jusqu'à 19 divisions successives sans observer de lyse d'une cellule et de libération de virions du phage tempéré correspondant. La libération des virions (donc le déclenchement du cycle végétatif) est un phénomène discontinu.

Dans chaque colonie d'*E. coli* K12 (λ) certaines bactéries se lysent spontanément en libérant des virions du phage. Cette lyse ne s'étend pas à toute la colonie. Les bactéries survivantes présentent, en

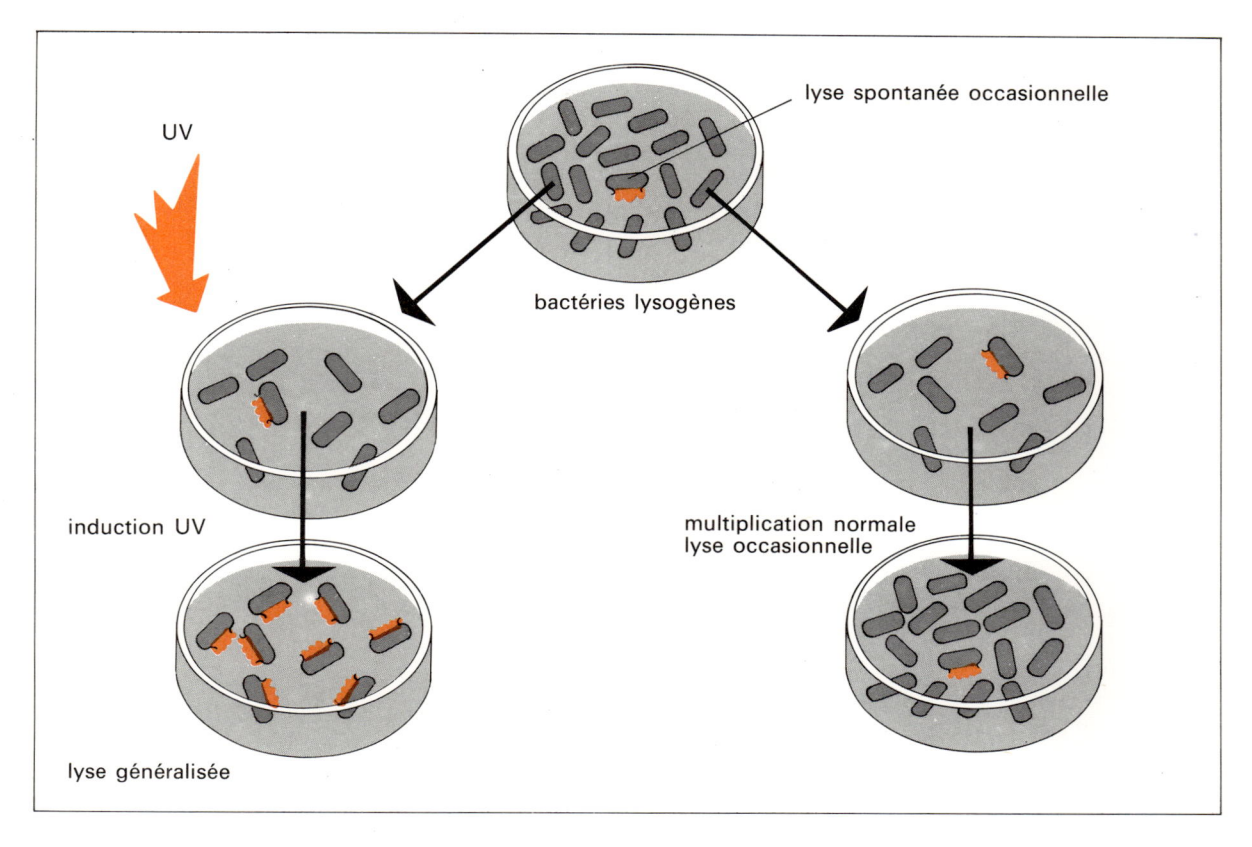

Figure 10.21
Comportement d'une colonie de bactéries lysogènes selon qu'elle est ou non soumise à une induction par des rayons ultraviolets.
Dans une colonie de bactéries lysogènes quelques individus se lysent spontanément de temps à autre en libérant des virions du bactériophage tempéré. Les autres cellules se comportent comme des individus sains et, en particulier, se divisent. Si l'on irradie une telle colonie, à l'aide de rayons ultraviolets par exemple, on constate que toutes les cellules de la colonie se lysent simultanément en libérant des virions. Le rayonnement ultraviolet a donc déclenché une multiplication du bactériophage dans l'ensemble des cellules et a provoqué, par conséquent, une lyse généralisée. Il y a eu induction.

effet, une *immunité vis à vis de ce phage*. Cette immunité est spécifique et porte sur le seul phage λ, et non sur T1, T5 ou un autre phage tempéré. Nous en décrirons le mécanisme plus loin (p. 215).

10.3.1.2. NATURE DES RELATIONS ENTRE BACTÉRIOPHAGES ET *ESCHERICHIA COLI* K12 (λ)

Notion de prophage

Le phage se perpétue, au cours des générations de *E. coli* K12 (λ). Or, il ne se perpétue pas à la suite d'une réinfection périodique de cellules indemnes par des virions libres. La suppression systématique des phages libres (par des anticorps spécifiques par exemple) n'altère en rien le caractère lysogène d'une souche. Il ne persiste pas, non plus, sous la forme de virions complets retenus à l'intérieur des bactéries, car la rupture de *E. coli* K12 (λ) ne libère aucun virion.

Le phage λ est donc présent dans la cellule sous une forme masquée, latente, appelée « prophage ».

Nature et localisation du prophage

La réplication du prophage et la division cellulaire sont synchrones, le caractère « lysogène » étant aussi stable, au cours des générations cellulaires, qu'un quelconque caractère de la bactérie-hôte.

Les phages λ récoltés après induction ont des caractéristiques constantes; le prophage comporte par conséquent, la totalité du matériel génétique du phage. Une étude génétique des bactéries lysogènes montre par ailleurs, que le prophage se déplace avec le chromosome bactérien au cours de la conjugaison*. C'est le prophage lui-même qui est lié au chromosome et non un déterminant génétique de la lysogénie. Croisons deux bactéries lysogènes pour deux mutants différents du phage λ ; les résultats de ce croisement montrent que les deux prophages correspondants sont transmis de la même manière que le serait le caractère « lysogène » dans un croisement entre une bactérie lysogène et une bactérie non lysogène. Autrement dit, le matériel génétique du phage et le déterminant « lysogène » se transmettant de façon identique, ne sont qu'une seule et même entité. Le *déterminant lysogène est le phage lui-même*.

Le prophage est inséré dans le chromosome bactérien. Cette insertion a lieu dans le cas du bactériophage λ, en un endroit précis du chromosome bactérien, entre les locus *gal* et *bio* (voir fig. 10.33).

Le locus *gal* correspond à un opéron groupant la plupart des gènes permettant l'utilisation du galactose par la bactérie tandis que le locus *bio* correspond à un opéron gouvernant la biosynthèse de la biotine.
La biotine, souvent considérée comme une vitamine, constitue le groupement prosthétique de diverses carboxylases.

L'induction entraîne la libération du matériel génétique viral qui devient autonome par rapport au chromosome bactérien.

Maintien du caractère lysogène

On peut se demander pourquoi le virus reste à l'état de prophage, c'est-à-dire, en fait, pourquoi l'information génétique qu'il comporte n'est pas utilisée par la cellule pour produire des virions. Ceci est dû, comme nous le verrons en détail plus loin, à la présence dans une bactérie lysogène d'un *répresseur* codé par le virus. Ce répresseur est une protéine codée par le gène CI du virus qui se fixe de

* Voir *Génétique*, chapitre 6.

part et d'autre du gène correspondant, empêchant toute autre transcription que celle du gène CI qui est donc la seule partie du génome viral qui s'exprime dans ces conditions (voir p. 218 et fig. 10.35 et 10.36).

Dans le cas de certains mutants de λ dits thermosensibles, ce répresseur est instable à 42°. Un passage à cette température de bactéries lysogènes pour ce mutant entraîne une induction.

Ce répresseur est responsable de l'immunité spécifique de la bactérie lysogène vis-à-vis du phage tempéré correspondant. En effet, il est synthétisé de façon continue par la bactérie lysogène et dès son entrée dans le cytoplasme d'une telle bactérie l'ADN du phage λ surinfectant est bloqué par le répresseur qui se fixe de part et d'autre du gène CI comme il le fait pour les deux gènes CI produits à chaque division cellulaire, empêchant ainsi la transcription du génome viral. La lysogénie se traduit donc, du point de vue biologique, par :

1° la possibilité pour une bactérie de libérer un phage donné,

2° l'immunité vis-à-vis de ce phage, due à la présence de répresseur dans la bactérie.

Elle se traduit sur le plan moléculaire, par l'insertion du génome phagique dans le chromosome bactérien et le blocage de la plus grande partie de son information génétique par un répresseur.

La production du phage λ par *E. coli* K12 (λ) est un caractère essentiellement potentiel, c'est un caractère léthal, son expression entraînant la mort de la cellule.

10.3.2. Bactéries sensibles et bactériophages tempérés

Il existe des bactéries sensibles au phage λ (non lysogènes pour ce phage par conséquent)*. Si l'on infecte ces bactéries à l'aide de ce phage, deux réponses peuvent être obtenues.

Dans certaines cellules, le phage entre immédiatement en *phase végétative* et entame un cycle lytique : on récolte de nouveaux phages λ. Dans d'autres, on ne constate rien de semblable, mais ces bactéries acquièrent la possibilité de libérer des phages λ après induction et deviennent immunes vis-à-vis de ce phage, en d'autres termes elles sont devenues *lysogènes*. Il existe donc, dans le cas des bactéries sensibles, deux réponses possibles à une infection par un phage tempéré : *une réponse lytique et une réponse lysogène* (fig. 10.22).

Dans le premier cas, le matériel génétique du phage reste autonome et se réplique immédiatement, dans le second, il s'insère dans le chromosome bactérien à l'état de prophage. Ce matériel génétique correspond donc à la définition d'un *épisome*** pouvant exister à *l'état autonome* ou à *l'état intégré*.

Le choix de l'une ou l'autre de ces voies d'évolution possible repose sur un mécanisme de régulation qui commence à être relativement bien connu et que nous envisagerons plus loin (voir p. 215).

---

* Parmi les *E. coli* K12 (λ) survivant à une forte dose de rayonnement UV, certaines ont perdu leur prophage et deviennent sensibles au phage. Ces bactéries sont utilisées comme « bactéries indicatrices ».

** Voir *Génétique*, chapitre 6.

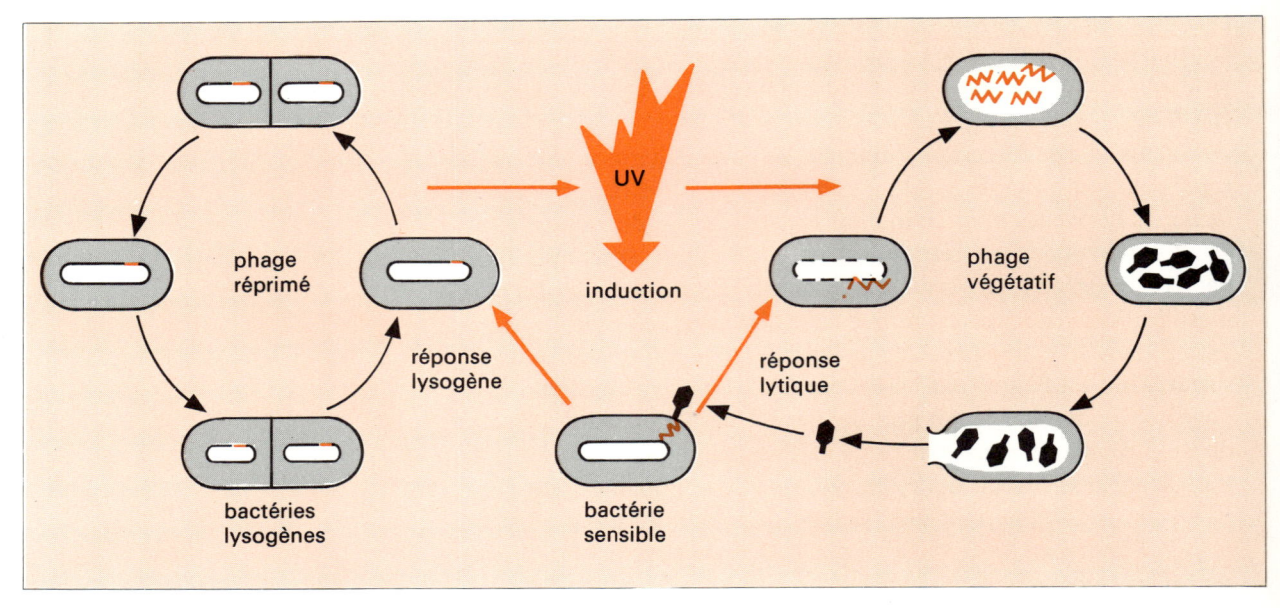

Figure 10.22
Infection d'une bactérie sensible par un bactériophage tempéré.
Si l'on infecte une bactérie sensible à l'aide d'un bactériophage tempéré, deux réactions sont possibles : le bactériophage est réprimé et la bactérie devient lysogène ou le bactériophage entre immédiatement en phase végétative et il y a production de virions. L'orientation vers l'un ou l'autre cycle dépend des premières phases de l'infection. Si la synthèse des enzymes de la phase précoce l'emporte sur celle du répresseur il y a cycle lytique, si c'est l'inverse il y a réponse lysogène. Une induction permet de provoquer le passage du prophage à l'état de phage végétatif et par conséquent de passer d'un cycle à l'autre.

10.3.3. Autres exemples de lysogénie

Comme nous l'avons vu, le caractère lysogène d'une bactérie ne peut être établi que si l'on dispose de bactéries *indicatrices* sensibles au phage considéré. Des études systématiques ont été entreprises. On a montré que parmi 34 souches de *Salmonella enteridis,* 27 sont lysogènes pour 3 types de phages différents. Certains staphylocoques peuvent libérer jusqu'à 5 phages différents, après induction, et sont donc *polylysogènes*. L'acquisition par une bactérie du caractère lysogène, pour un phage tempéré donné, se traduit par l'apparition de propriétés nouvelles. Nous avons signalé l'une d'entre elles, l'immunité vis-à-vis du phage correspondant. Il en est d'autres qui ne paraissent pas liées de manière évidente à la capacité de synthétiser un phage; on parle alors de « conversion lysogénique ». L'une des plus remarquables est celle de certaines *Salmonella* par les phages ε.

Les *Salmonella* possèdent des antigènes de surface de nature polysaccharidique, antigènes désignés par un nombre. Or une *Salmonella*, portant par exemple les antigènes 3 et 10 ($S_{3\,10}$), peut être lysogénisée par un phage ε_{15}. On constate alors que la structure antigénique de sa surface change et que l'antigène 10 est remplacé par un nouvel antigène, l'antigène 15, qui n'est autre qu'un antigène 10 remanié. Cette conversion est strictement liée à la lysogénisation.

On a cherché à mettre en évidence des phénomènes comparables chez d'autres virus que les bactériophages. Il existe en effet de nombreuses infections latentes où un virus ne se manifeste qu'après action d'un stimulus approprié. C'est en particulier le cas de l'*herpès*, (voir tableau 10.II et fig. 10.47) dû à un virus provoquant généralement des lésions cutanées toujours localisées au même endroit (notamment aux environs de la bouche) et qui se développent après une irradiation solaire trop intense ou un accès de fièvre.

L'une des conditions probablement les plus proches de la lysogénie doit se trouver à propos des virus oncogènes (voir p. 231).

La multiplication du bactériophage T2 nous a montré que la multiplication virale était liée à une supplantation de l'information génétique cellulaire par une information génétique étrangère, portée par l'acide nucléique viral et introduite lors de l'infection de la cellule.

Le cycle d'un tel virus consiste en une alternance entre une forme inerte, où le virion ou l'acide nucléique viral, protégé par sa capside, peut séjourner dans le milieu extérieur, et une forme végétative active où cet acide nucléique, introduit dans le cytoplasme de la cellule-hôte, se réplique d'une part et dirige les synthèses cellulaires d'autre part.

Le bactériophage λ nous a montré que ce comportement n'est pas le seul possible. Le virus peut, sous la forme de prophage, se résumer à son seul acide nucléique intégré dans le chromosome bactérien. Sous cette forme, l'activité de l'acide nucléique viral reste maîtrisée par la cellule. Il en résulte que la multiplication du virus demeure strictement synchronisée avec celle du chromosome bactérien, et qu'une toute petite partie de l'information qu'il comporte est seule utilisée (synthèse du répresseur et conversion).

Le système bactérie-bactériophage T ou λ est un système particulier. D'une part, la cellule-hôte procaryote présente une structure générale différente de celle des cellules eucaryotes. D'autre part, ces phages possèdent un virion très élaboré, très différent de ceux des autres virus notamment de ceux qui s'attaquent aux cellules eucaryotes. Enfin, il s'agit de virus à ADN.

C'est pourquoi nous allons envisager, à présent, un système différent; la cellule-hôte sera une cellule eucaryote, le virus, un virus à ARN dont le virion possède une enveloppe.

10.4. Virus grippal

La grippe, ou plus exactement les grippes, sont dues à un groupe de virus apparentés entre eux qui se multiplient chez l'homme, un certain nombre de mammifères et d'oiseaux.

10.4.1. Structure

10.4.1.1. CONSTITUANTS DU VIRUS GRIPPAL

Le virion du virus grippal (fig. 10.5, 10.23, 10.26 et 10.47 et tableau 10.II) présente une structure caractéristique avec une nucléocapside allongée enfermée dans une enveloppe.

La structure de la nucléocapside est encore mal connue, mais on sait qu'elle associe à l'acide nucléique viral, qui est un ARN monocaténaire*, une protéine majoritaire (NP) et trois protéines minoritaires P_1, P_2 et P_3. L'ARN viral présente une caractéristique notable dont nous envisagerons plus loin les conséquences biologiques, celle d'être fragmenté en plusieurs éléments distincts, huit éléments différents correspondant chacun à un gène, dont la cohésion est assurée, dans le virion, par le gainage par la protéine NP (fig. 10.23c et 10.24).

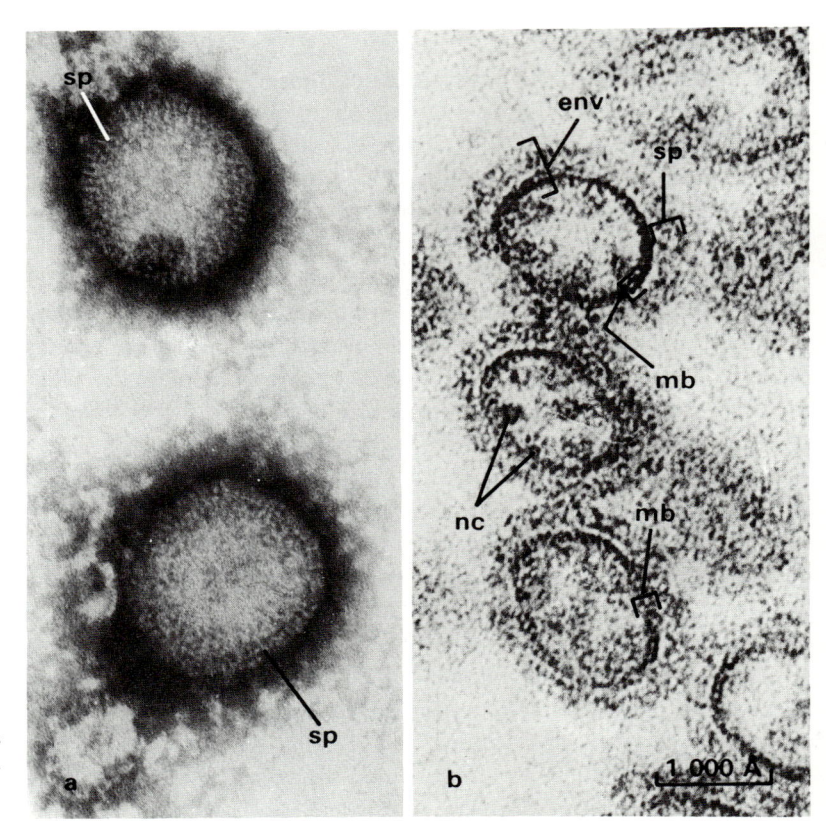

---

* On entend par là qu'il se présente sous la forme d'une seule chaîne polynucléotidique et non de deux chaînes appariées comme cela est le cas usuel pour les ADN. Certains phages à ADN comme le phage ΦX 174 possèdent un ADN monocaténaire.

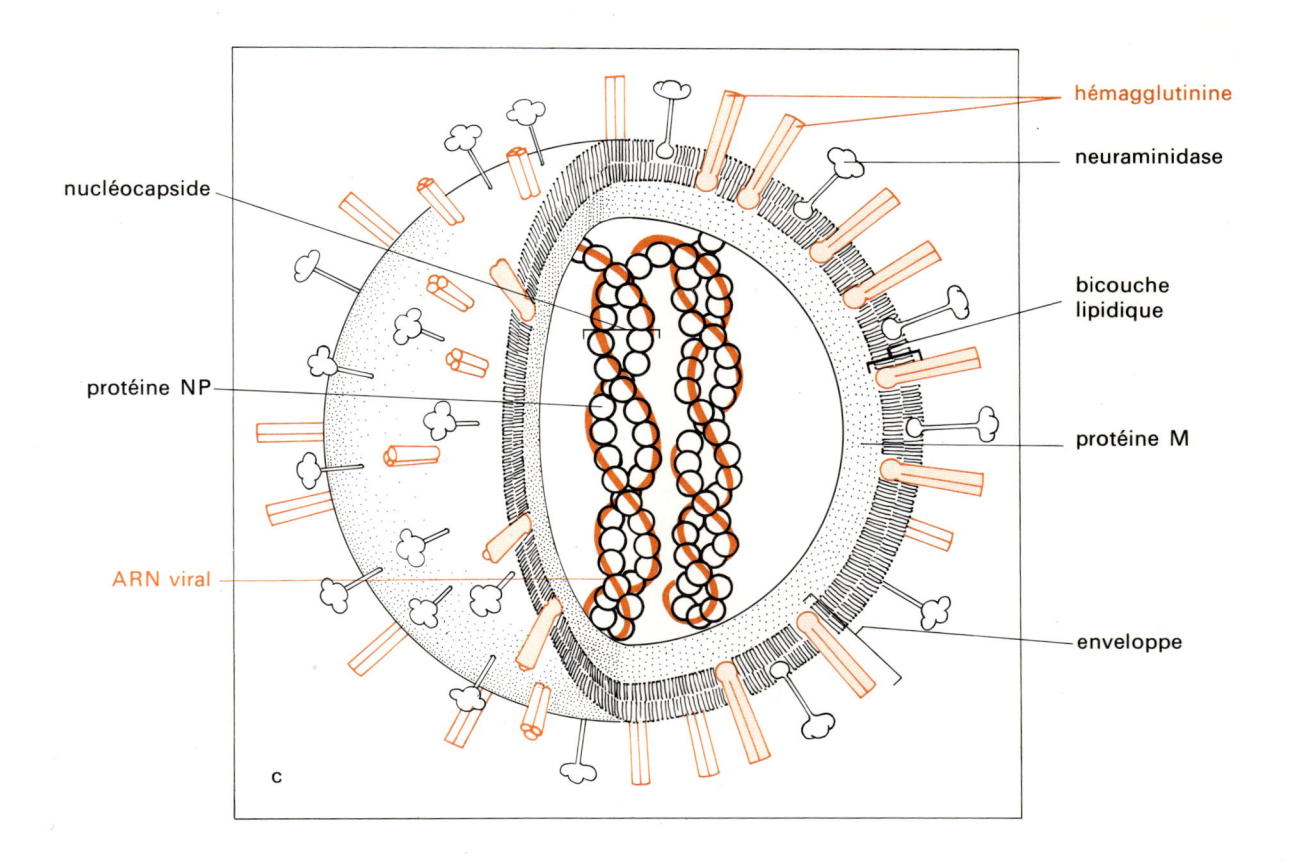

Figure 10.23
Virion du virus grippal et ses constituants.
a) Virions observés en coloration négative *in toto*. On distingue la couche de spicules sp qui recouvre l'enveloppe. × 150 000.
b) Virions observés en coupe; on reconnaît l'enveloppe env formée d'une membrane mb recouverte d'une couche de spicules sp, et, à l'intérieur, la nucléocapside nc × 150 000. (a et b, micrographies électroniques A. Berkaloff et J.P. Thiéry, 1964).
c) Schéma montrant les différents constituants du virus grippal. L'enveloppe porte extérieurement l'hémagglutinine et la neuraminidase insérées dans la bicouche phospholipidique. On observe à l'intérieur de cette enveloppe la protéine M ainsi que la nucléocapside associant la protéine NP à l'ARN viral.
La transcriptase P constituée des 3 polypeptides P_1, P_2 et P_3 dont les masses moléculaires respectives sont voisines de 90 000 n'a pas été figurée (d'après S.I. Schultze, 1972).

L'enveloppe est organisée autour d'une double couche phospholipidique analogue à celle observée dans les membranes cellulaires. Trois protéines virales différentes sont associées à cette couche. Deux d'entre elles, qui émergent de la double couche phospholipidique sont des glycoprotéines. Ce sont l'hémagglutinine (HA) et la neuraminidase (NA) dont nous analyserons plus loin les fonctions et qui constituent les spicules qui hérissent l'enveloppe. La troisième protéine virale d'enveloppe, la protéine M, est la plus abondante dans le virion. Elle est, apparemment associée à la face interne de l'enveloppe (fig. 10.23c). Ces protéines virales sont antigéniques et on peut distinguer, sommairement, les antigènes internes (essentiellement NP et M) et les antigènes externes (HA et NA).

10.4.1.2. VIRUS GRIPPAUX ET MYXOVIRUS

Tous les virus grippaux présentent une structure identique. On peut rapprocher d'eux une série de virus comme ceux des oreillons, de la rougeole, le virus Sendaï par exemple, dont les virions ont une structure très voisine (fig. 10.5, 10.47 et tableau 10.II) et qui ont, comme les virus grippaux, une forte affinité pour les glycoprotéines due, comme nous le verrons, à l'existence de l'hémagglutinine. On a donc groupé sous le nom de *myxovirus* l'ensemble de ces virus. On a cependant, rapidement, été obligé de séparer les orthomyxovirus (les grippes) des paramyxovirus (oreillons, rougeole, Sendaï...) car la biologie et notamment la structure du virion de ces derniers, est suffisamment différente (voir figure 10.47 et tableau 10.II).

C'est le cas de la nucléocapside dont la structure est nettement hélicoïdale (fig. 10.5 et 10.24) et l'ARN en un seul élément.

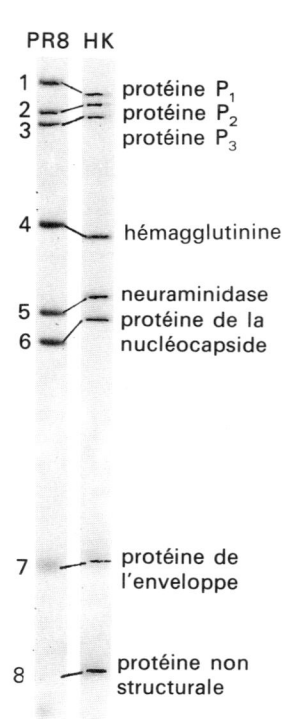

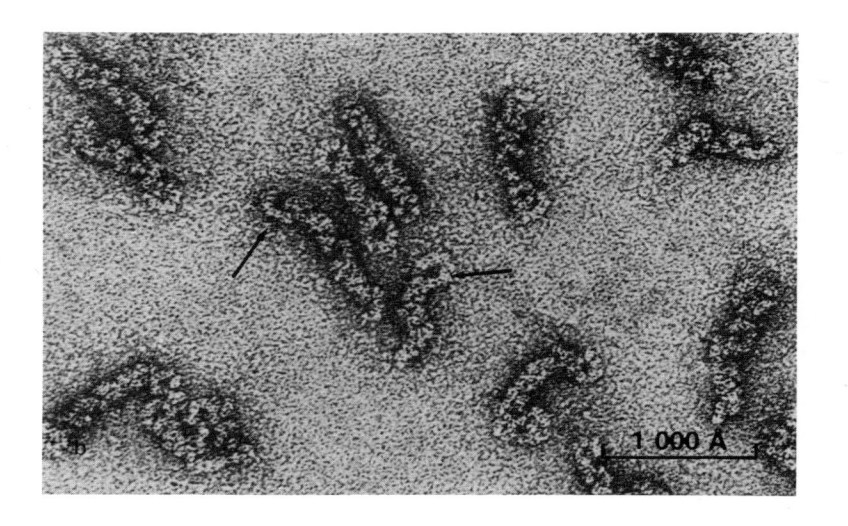

Fig. 10.24 **Virus grippaux.**
a) Constituants du génome. Les différents segments du génome de deux souches virales; la souche PR8 et la souche Hong Kong (HK) ont été séparés par électrophorèse sur gel. La migration s'est faite de haut en bas de sorte que les segments d'ARN les plus longs, correspondant aux polypeptides les plus longs, sont situés en haut du gel. On peut constater que si l'organisation générale est la même (même nombre de segments), il existe des différences notables; à gauche les segments d'ARN numérotés de 1 à 8; à droite la nature des protéines codées par ces segments (photographie M.B. Ritchey et coll., 1976).
b) Nucléocapside du virus grippal. Les sous-unités de la nucléocapside sont torsadées sur elles-mêmes avec une boucle à une extrémité (flèches); coloration négative.
× 200 000 (micrographie électronique M.W. Pons et coll., 1969).

* De « influenza » synonyme de « grippe » répandu en Europe à la suite de l'épidémie de 1743 qui prit naissance en Italie.

Les virus grippaux ou orthomyxovirus influenzae* appartiennent à trois types indépendants A, B et C caractérisés par un antigène interne stable (l'antigène nucléocapsidal est seul utilisé dans cette classification, mais l'antigène M de l'enveloppe est également très stable). Chaque type est subdivisé en souches caractérisées par leurs antigènes périphériques (HA et NA). En d'autres termes, les différentes souches d'un même type ont toutes un même antigène interne mais différent les unes des autres par leur hémagglutinine et leur neuraminidase qui sont beaucoup plus variables antigéniquement. Cette subdivision en souches n'aurait, par elle même, que peu d'intérêt si elle ne correspondait à une véritable évolution que nous étudierons plus loin (voir tableau 10.I, p. 213).

10.4.2. Cycle de multiplication

Avec le bactériophage, l'étude du cycle viral dans l'hôte naturel du virus était facilitée du fait que l'hôte est un être unicellulaire se prêtant aux expériences de laboratoire.

Dans le cas du virus grippal une étude comparable nous amènerait à envisager la multiplication du virus dans l'épithélium bronchial de l'homme, ce qui est possible, mais fournit des résultats difficiles à interpréter. On peut essayer de substituer à l'homme un animal de laboratoire : la souris ou le furet, sensibles à certaines souches au moins de virus grippal d'origine humaine. Mais le plus simple est encore de ramener le problème à l'échelle cellulaire en utilisant les cultures de cellules. C'est cette dernière méthode qui a permis l'étude du cycle du virus.

Nous avons vu, à propos du bactériophage, que le cycle d'un virus peut être décomposé en plusieurs étapes : adsorption, pénétration, synthèse des constituants viraux, assemblage et libération des virions. Il en est de même dans le cas du virus grippal.

On ne possède malheureusement pas autant de détails sur ces différentes étapes que dans le cas très favorable du bactériophage T2.

10.4.2.1. ADSORPTION ET PÉNÉTRATION DE L'ARN VIRAL

Cette phase initiale de l'infection peut être décomposée en deux temps successifs : adsorption du virion, puis pénétration de son matériel génétique dans la cellule.

Adsorption des virions à la surface de la cellule-hôte

L'enveloppe du virion grippal contient comme nous l'avons signalé plus haut deux constituants très importants de nature protéique. L'une de ces protéines possède une affinité spéciale pour les glycoprotéines, en particulier pour celles qui recouvrent la surface de toutes les cellules et notamment des hématies. Mis en présence d'hématies, le virus grippal se fixe sur celles-ci (fig. 10.25 et 10.26); en créant des ponts entre cellules voisines il provoque leur agglutination d'où le nom d'hémagglutinine donné à cette protéine qui est elle-même une glycoprotéine.

Cette hémagglutinine constitue la plupart des spicules de l'enveloppe, chacun de ceux-ci étant constitué par un dimère (ou un trimère) du glycopeptide HA_1 (voir fig. 10.23c).

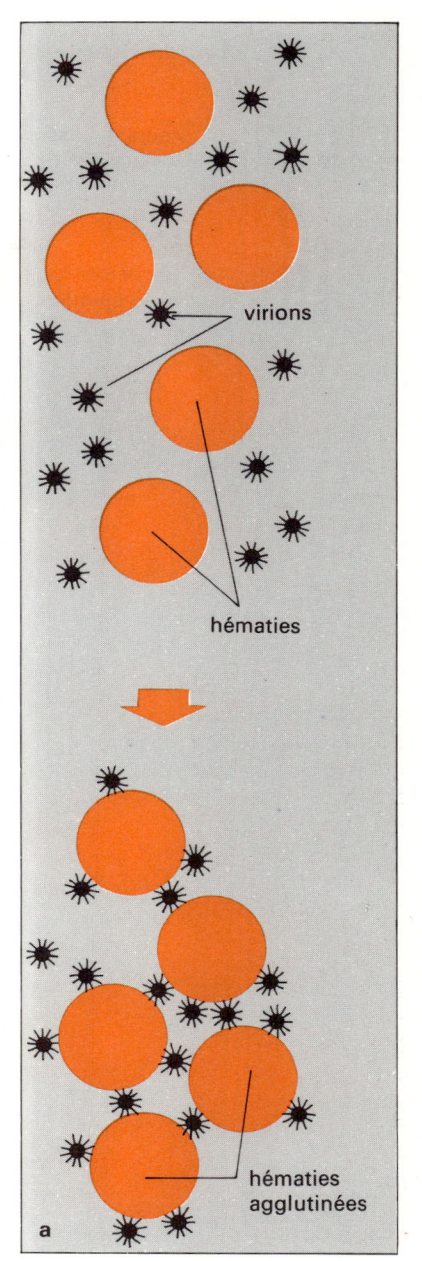

Figure 10.25
Hémagglutination provoquée par le virus grippal.

a) La fixation de virions sur des hématies voisines entraîne leur agglutination, d'où le nom d'hémagglutinine donné à la protéine responsable de ce phénomène.

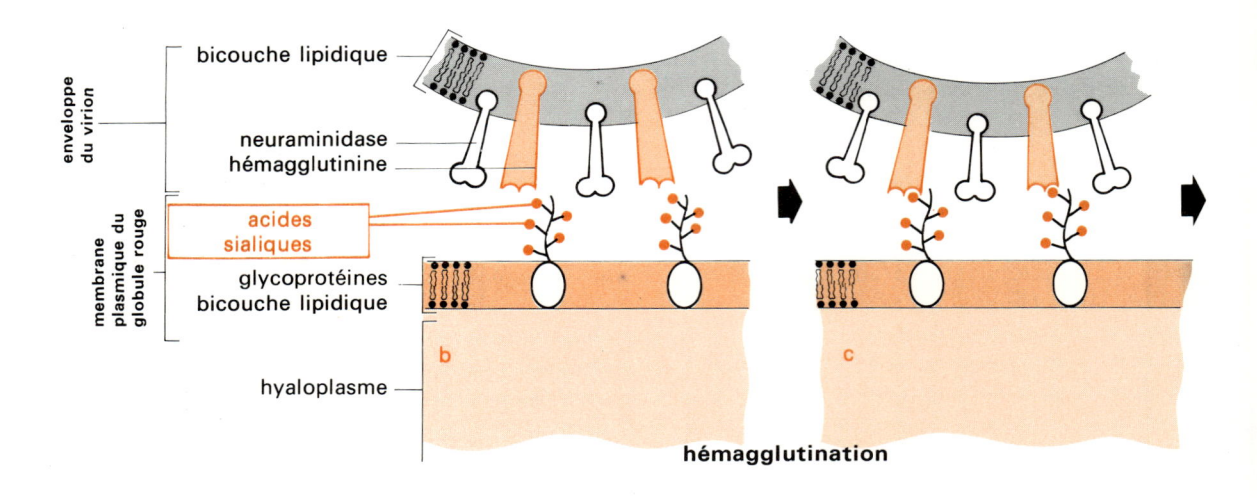

Figure 10.25 (suite)
Hémagglutination provoquée par le virus grippal.

L'hémagglutinine qui se trouve à la surface du virus grippal provoque la fixation du virion à la surface des hématies. La membrane plasmique de celles-ci, comme celle des autres cellules possède en effet des récepteurs glycoprotéiques pour ces protéines.

b et c) Il existe en fait de nombreuses catégories de récepteurs à la surface des hématies et seul l'un d'entre eux a été représenté ; les différents virus grippaux possèdent apparemment chacun leurs récepteurs particuliers.

Il arrive très souvent que le polypeptide HA soit clivé en deux polypeptides bien définis HA_1 et HA_2 par les protéases du milieu sans que cela n'altère apparemment ni l'activité hémagglutinante, ni l'adsorption du virus sur les cellules-hôtes.

L'adsorption des virions sur la cellule-hôte est due à l'interaction de l'hémagglutinine avec des récepteurs glycoprotéiques spécifiques situés à la surface des cellules (fig. 10.25). Ces récepteurs varient selon le myxovirus et même selon la souche de virus grippal envisagée. Cette adsorption, dans le cas du virus grippal du moins, est réversible à 37° car elle est contrebalancée par l'action d'une autre protéine de l'enveloppe, la neuraminidase qui vient détruire les récepteurs sur lesquels s'est fixée l'hémagglutinine. Il y a alors *élution* (fig. 10.25). La neuraminidase qui constitue également une partie des spicules est un tétramère du polypeptide NA.

Cette élution n'a de développement important que pour les cellules inertes, comme les hématies, car le virus fixé en un point s'élue, puis se fixe à nouveau en un autre point et arrive à « brouter »

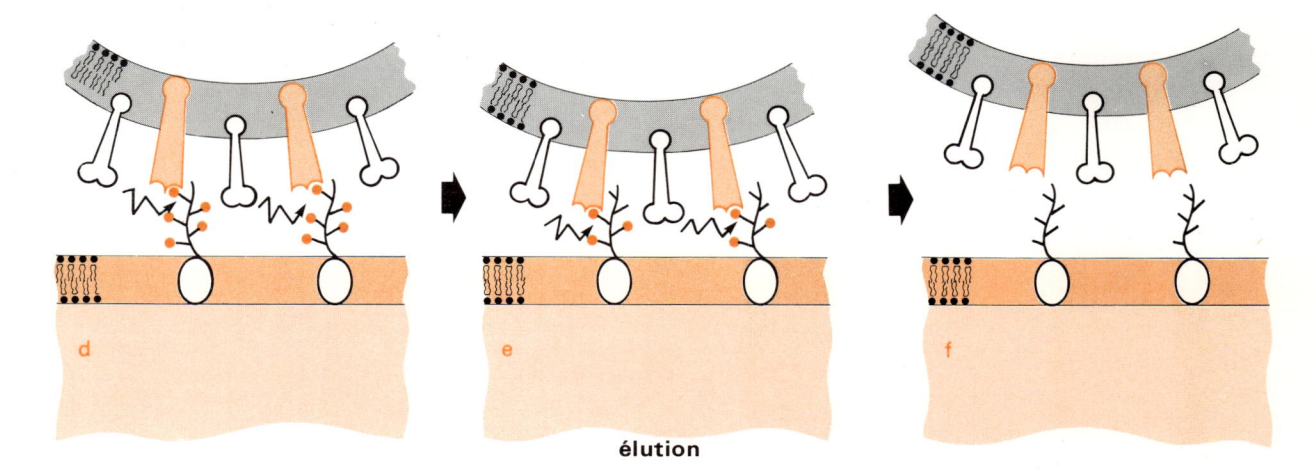

Figure 10.25 (suite)

d à f) La neuraminidase, enzyme s'attaquant aux glycoprotéines et qui excise les acides sialiques terminaux rend la fixation du virion sur ses récepteurs réversible car elle détruit ces derniers. Ce phénomène est l'élution.

complètement toute la surface de l'hématie, qui devient inagglutinable par les virions de la souche considérée. Dans le cas des cellules en culture, la pénétration suit immédiatement l'adsorption et l'élution n'a pas le temps de se produire.

Pénétration de la nucléocapside dans le cytoplasme de la cellule-hôte

Ce stade est maintenant à peu près connu. On sait, en effet, qu'après l'adsorption, l'enveloppe s'anastomose à la membrane plasmique dont la structure est très voisine et libère la nucléocapside dans le cytoplasme où, apparemment, l'ARN ne se décapside pas mais reste associé aux protéines nucléocapsidales (fig. 10.26).

Bien que les modalités d'initiation de l'infection soient assez dissemblables pour le virus grippal et le bactériophage T2, on peut cependant constater que le résultat est identique : l'acide nucléique est introduit dans le cytoplasme de la cellule-hôte.

10.4.2.2. SYNTHÈSE DES CONSTITUANTS DU VIRION

Nous avons été amenés à distinguer trois types de constituants dans le virion grippal. Il s'agit d'une part de l'ARN viral, d'autre part des protéines virales, enfin des phospholipides dans l'enveloppe.

Problèmes posés par la synthèse de ces constituants

ARN viral

Le fait que l'acide nucléique du virus grippal soit de l'acide ribonucléique pose un certain nombre de problèmes.

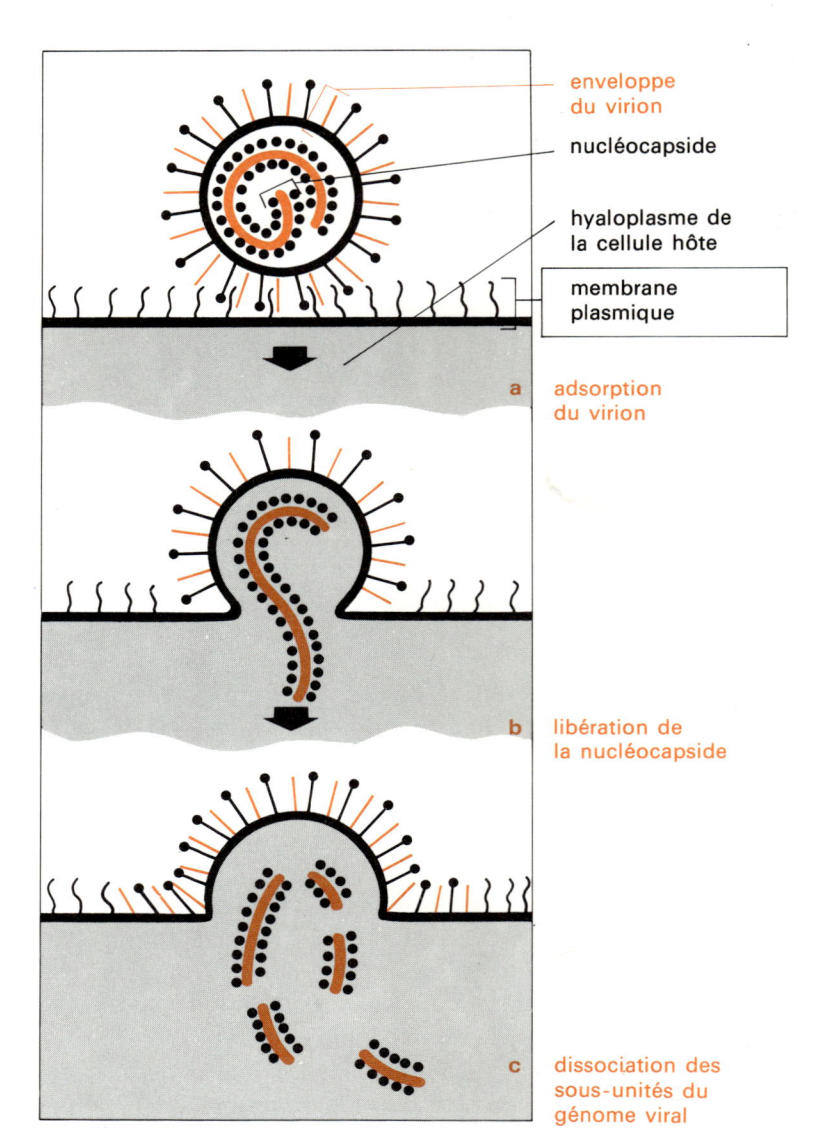

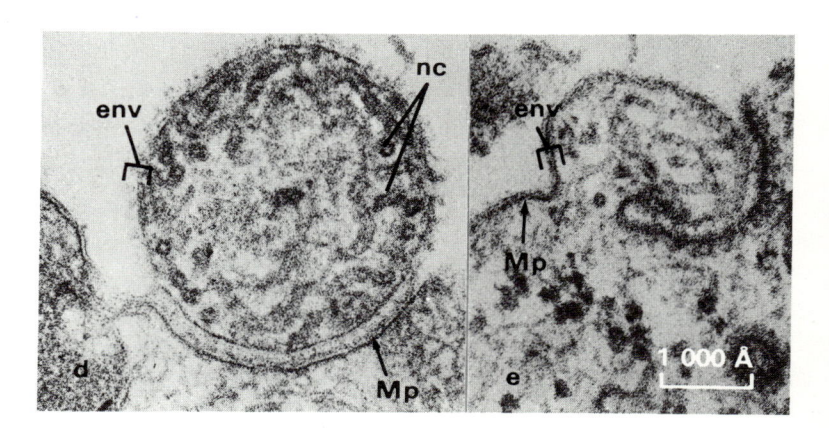

Figure 10.26
Adsorption et pénétration d'un myxovirus dans une cellule.
a-c) Représentation schématique des phénomènes :
a) Adsorption sur la membrane plasmique d'une cellule-hôte.
b) Libération de la nucléocapside dans le hyaloplasme de la cellule-hôte ; l'enveloppe a fusionné avec la membrane plasmique de cette cellule.
c) La nucléocapside se dissocie en sous-unités sans décapsidation de l'ARN.
d et e) Adsorption et pénétration du virion ; Mp, membrane plasmique de la cellule-hôte ; nc, nucléocapside ; env, enveloppe × 120 000 (micrographie électronique A. Berkaloff, 1963).

a) adsorption du virion — enveloppe du virion — nucléocapside — hyaloplasme de la cellule hôte — membrane plasmique

b) libération de la nucléocapside

c) dissociation des sous-unités du génome viral

202   Cellules et virus

Il est hors de doute que l'ARN est ici porteur de l'information génétique du virus. Le déroulement du cycle viral prouve qu'une cellule peut utiliser cette information qui va se traduire d'une part en protéines virales, d'autre part en molécules filles d'ARN viral.

L'ARN viral est, par ailleurs, monocaténaire. Une réplique directe de cette chaîne donnera une chaîne *complémentaire* et non une chaîne *identique*.

Protéines virales

La synthèse des protéines virales pose au moins quatre questions intéressantes : combien de polypeptides différents sont-ils synthétisés ? Quel est l'ARN messager utilisé ? Comment cette synthèse est-elle régulée ? Où les polypeptides sont-ils synthétisés ?

Pour répondre à la première question on peut se livrer à un calcul approximatif de la capacité de codage du génome viral dont on connaît la masse moléculaire totale (environ $2,5.10^6$). On constate qu'elle correspond approximativement à celle requise pour coder les polypeptides viraux connus (masse moléculaire totale d'environ 3.10^5). Ceux-ci comprennent d'une part les polypeptides du virion et d'autre part un polypeptide que l'on ne trouve que dans la cellule infectée (NS). Tous les polypeptides viraux sont donc probablement connus.

Transcription et traduction chez le virus grippal à ARN

Les polypeptides viraux sont synthétisés à partir de polysomes organisés autour d'ARN messagers viraux dans le cytoplasme des cellules infectées. L'hypothèse la plus simple pour expliquer cette *traduction* de l'information virale serait que l'ARN du virion sert directement d'ARN messager et qu'aussitôt dans le cytoplasme il est lu par les ribosomes cellulaires. C'est effectivement ce qui se passe pour plusieurs virus à ARN comme le virus de la mosaïque du tabac, le virus de la poliomyélite ou *poliovirus* et les bactériophages à ARN actuellement connus.

Il n'en est pas de même dans le cas du virus grippal où la situation se révèle un peu plus compliquée car l'ARN du virion n'est pas un ARN messager mais une chaîne complémentaire. Il doit donc être transcrit avant qu'une traduction puisse avoir lieu.

Transcription du génome

Cette *transcription* initiale indispensable ne peut se dérouler grâce à une enzyme cellulaire car une telle enzyme, ARN polymérase — ARN dépendante, n'existe apparemment pas dans les cellules. Une telle *transcriptase* est donc nécessairement présente dans le virion. De plus c'est une des protéines que nous avons décrites puisque toutes les protéines virales sont probablement connues. On a effectivement démontré l'existence de cette enzyme dans la nucléocapside. Il s'agit très probablement des protéines mineures P_1 et P_3 de cette nucléocapside.

Le fait que l'ARN du virion n'est jamais dénudé et que la protéine NP reste associée à lui durant la transcription, laisse supposer qu'elle y joue également un rôle.

On n'a pas encore démontré de mécanismes de régulation au cours de la synthèse des protéines du virus grippal bien que tout indique qu'il y en a probablement un. Nous aurons l'occasion de revenir (voir p. 214) sur ce mécanisme biologique essentiel dans le cas de virus où ils sont maintenant bien connus.

Localisation des protéines synthétisées

On peut localiser avec une certaine précision les protéines virales (comme toute protéine d'ailleurs) dans le cytoplasme en tirant partie de leurs propriétés antigéniques. On utilise, pour cela, des anticorps spécifiques marqués soit par une molécule fluorescente, soit par des enzymes dont on révèle ensuite l'activité, qui se fixent sur l'antigène correspondant. Il ne reste plus qu'à révéler le complexe antigène-anticorps-marqueur grâce au marqueur. C'est ce que l'on fait lorsqu'on utilise la technique d'immunofluorescence (fig. 10.27).

On constate alors que les protéines virales synthétisées dans le cytoplasme migrent ensuite soit vers le noyau, c'est le cas des protéines associées à l'ARN dans la nucléocapside, soit vers la périphérie cellulaire, c'est le cas de toutes les autres protéines du virion.

Figure 10.27
Détection des antigènes du virus grippal en début d'infection par la technique d'immunofluorescence.
La cellule entière (rein de veau en culture) infectée par le virus grippal a été fixée par l'acétone puis exposée à des anticorps anti-virus-grippal marqués à la fluorescéine. Ceux-ci se sont fixés sur les antigènes viraux qui commencent à s'accumuler dans le cytoplasme. La fluorescéine est révélée par un éclairage du microscope en lumière ultraviolette. Seules les structures cellulaires contenant des antigènes viraux sont fluorescentes. Le noyau N est dépourvu d'antigènes viraux à ce stade du cycle et apparaît donc en sombre sur le fond brillant des antigènes viraux abondants dans le cytoplasme cy ; $\times$ 3 000 (cliché A. Berkaloff, 1962).

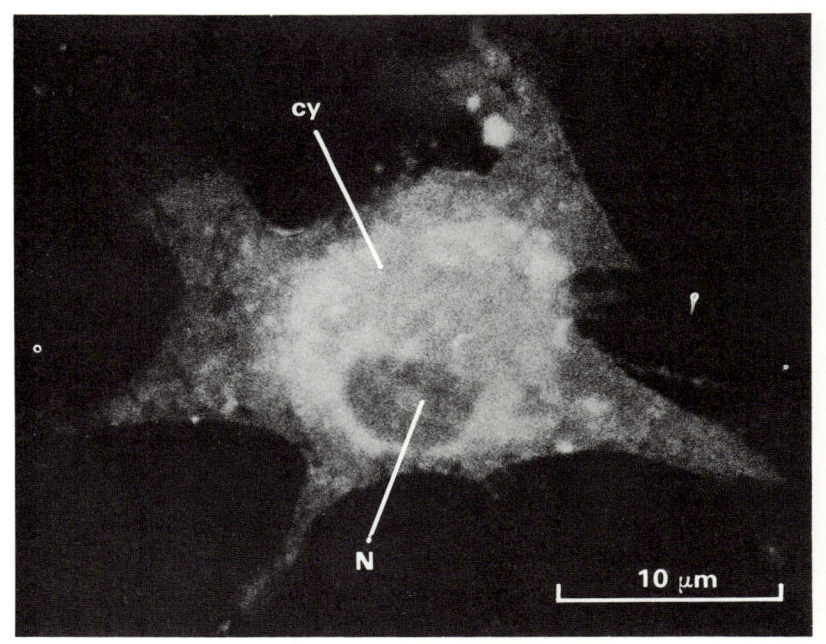

réplicase

1 — ARN viral

2 — formation de la chaîne complémentaire

3 — structure du complexe réplicatif

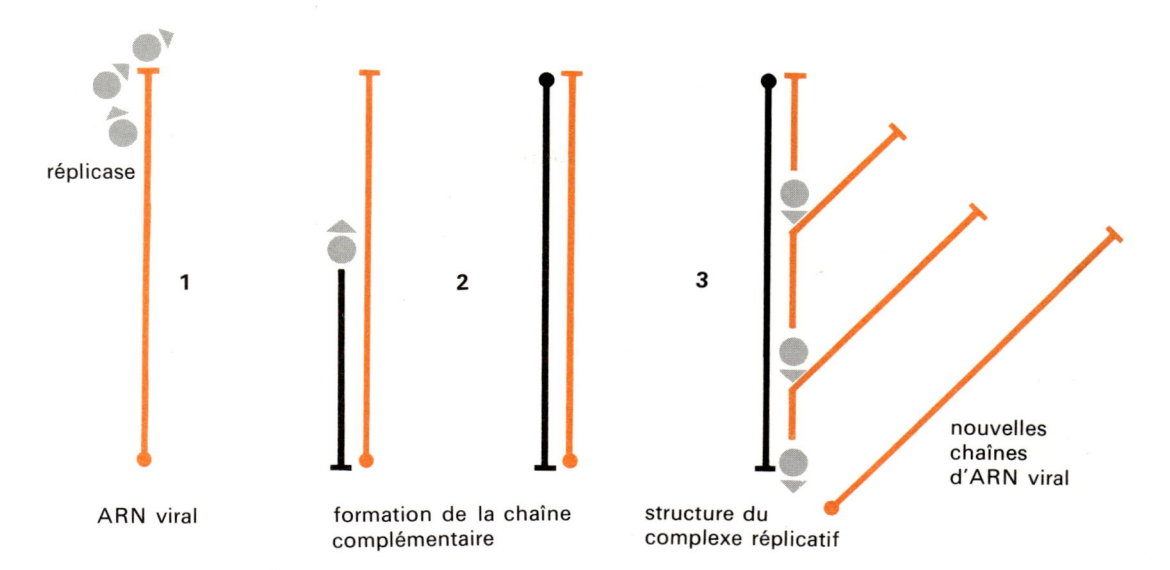

nouvelles chaînes d'ARN viral

Réplication de l'ARN

Parmi les protéines virales ainsi synthétisées figure très probablement une *réplicase,* enzyme aux fonctions comparables à celle de la transcriptase mais qui permettrait d'obtenir des chaînes non plus *complémentaires* mais *identiques* à celles du virion en passant par une étape intermédiaire où des ARN complémentaires (peut-être identiques aux messagers) seraient synthétisés. La protéine virale P_2 est probablement impliquée dans ce mécanisme. Cette étape essentielle du cycle est encore mal connue et on ne peut qu'extrapoler au virus grippal des données acquises dans le cas d'autres virus à ARN où les problèmes se posent de façon comparable, comme c'est le cas du poliovirus (fig. 10.28) ou des bactériophages à ARN.

On a pu montrer chez les poliovirus que la réplication a lieu au sein d'un complexe réplicatif associant ARN viral et réplicase à des membranes cellulaires. Le fonctionnement du complexe enzyme-ARN viral est relativement bien connu (fig. 10.28), le rôle des membranes l'est beaucoup moins.

Il est vraisemblable que dans le cas du virus grippal existent plusieurs complexes réplicatifs correspondant à la réplication de chacun des segments de l'ARN du virion. De plus la migration vers le noyau de l'antigène nucléocapsidal, comme la sensibilité durant les deux premières heures du cycle de la réplication à un antibiotique comme l'actinomycine D, indiquent que le noyau cellulaire intervient d'une façon ou d'une autre dans ce phénomène.

10.4.2.3. ASSEMBLAGE DES VIRIONS

On distingue deux étapes dans la morphogenèse du virion : l'assemblage de la nucléocapside puis l'incorporation de celle-ci dans l'enveloppe.

Figure 10.28
Synthèse de l'ARN viral dans le cas d'un virus à ARN, le virus poliomyélitique.
L'ARN viral (en couleur) est monocaténaire (1). Sa synthèse nécessite la formation d'une chaîne complémentaire (2) dont la réplication donne naissance simultanément à de nombreuses molécules d'ARN viral (3), ceci grâce à l'intervention d'une réplicase, protéine codée par l'ARN viral.

a synthèse des constituants du virion

enveloppe nucléaire

nucléocapside
en cours d'assemblage

protéines
de la nucléocapside

protéines
de l'enveloppe

cytoplasme de la
cellule-hôte

membrane
plasmique

noyau de la
cellule-hôte

b migration des constituants du virion

nucléocapside

membrane plasmique

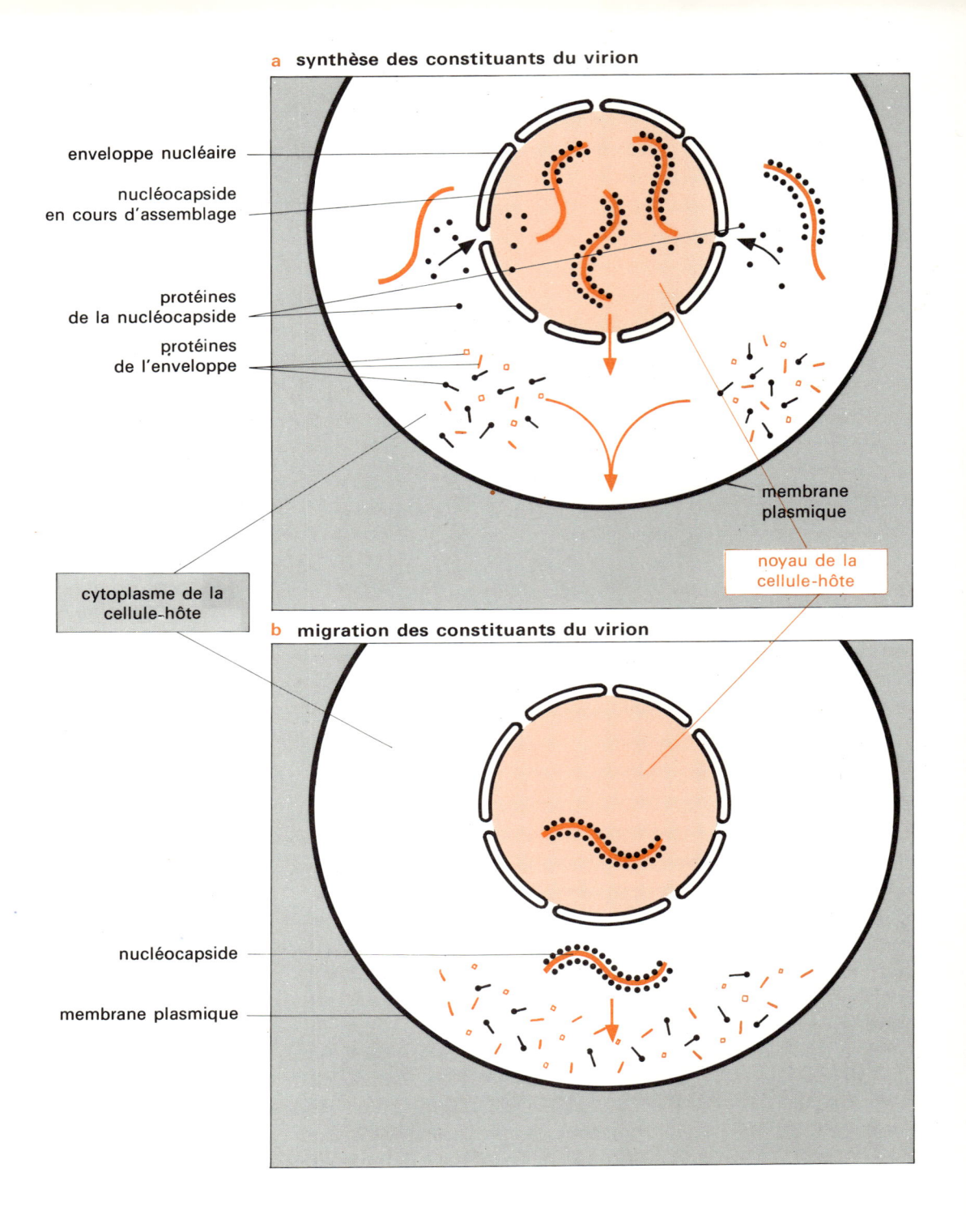

Figure 10.29
Différentes étapes du cycle du virus grippal.
Les molécules constituant le virus sont synthétisées dans le cytoplasme. La nucléocapside s'assemble dans le cytoplasme et peut-être dans le noyau (a) avant de migrer vers la périphérie cellulaire (b).

c transformation de la membrane plasmique en enveloppe virale

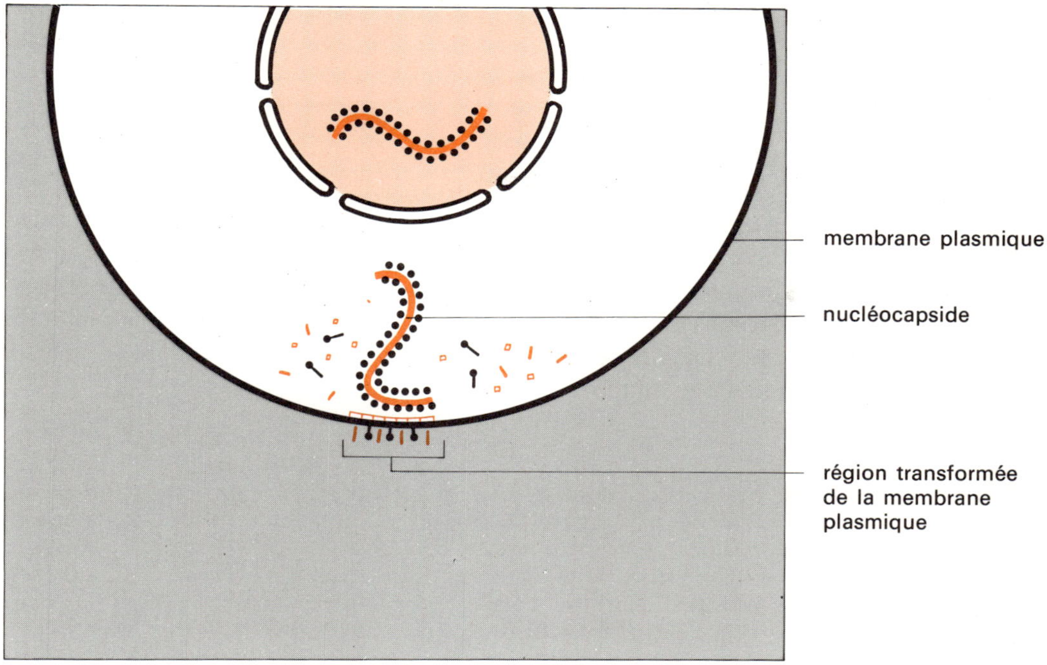

membrane plasmique

nucléocapside

région transformée de la membrane plasmique

d soulèvement du bourgeon viral

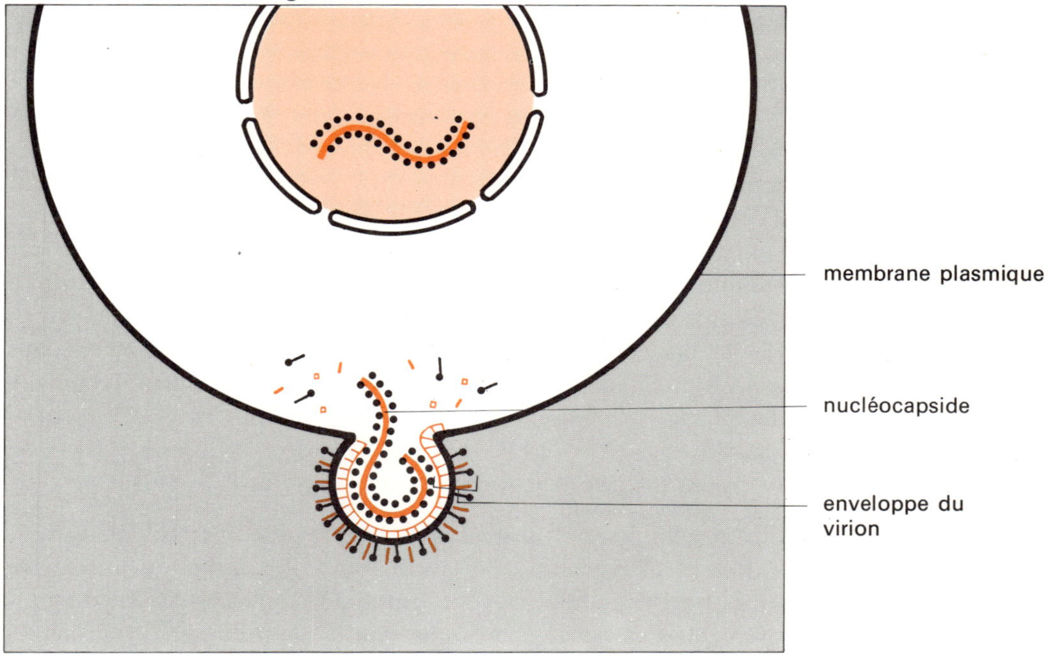

membrane plasmique

nucléocapside

enveloppe du virion

Figure 10.29 (suite)
Les protéines de l'enveloppe (HA, NA et M) se substituent aux protéines cellulaires dans certaines zones de la membrane plasmique. La nucléocapside adhère à l'enveloppe au niveau de ces bourgeons viraux en formation (c). Le soulèvement du bourgeon entraîne l'individualisation du virion (d).

Virus grippal

Assemblage de la nucléocapside

On connaît mal l'assemblage de la nucléocapside et celui-ci pose un problème de régulation important. Nous avons vu, en effet, que l'ARN du virion grippal est discontinu mais que le nombre de segments est fixe. Il reste à démontrer comment fonctionne le mécanisme de sélection des segments dans les huit catégories différentes et leur assemblage. Le mécanisme de l'assemblage de la protéine NP sur chacun des éléments de l'ARN viral est également inconnu mais on peut l'imaginer par comparaison avec ce qui se passe dans le cas de la mosaïque du tabac.

Il est, en effet, possible de dissocier ARN et unités de structures protéiques du virion de la mosaïque du tabac. Ces unités forment à nouveau, dans certaines conditions, des baguettes creuses dont la morphologie se rapproche beaucoup de celle du virion. Mais ces capsides, dépourvues d'ARN et par conséquent non infectieuses, présentent d'une part une longueur variable et d'autre part une structure légèrement différente de celle de la capside normale. Si on met en présence unités de structure et ARN d'un même échantillon de virus, après les avoir dissociés, on observe leur réaggrégation *in vitro* en virions, qui ne peuvent pas être distingués des virions d'origine. Ces virions sont infectieux.

On peut par conséquent affirmer dans ce cas, que l'assemblage de la nucléocapside est un mécanisme ne faisant intervenir que les composants de la nucléocapside sans apport extérieur, notamment d'énergie. On constate, par ailleurs, que plusieurs caractéristiques de la nucléocapside, sa longueur et la disposition des unités de structure notamment, sont déterminées directement par la présence de la molécule d'ARN.

La nucléocapside du virus grippal s'assemble apparemment dans le noyau cellulaire d'où elle migre ensuite vers la périphérie cellulaire (fig. 10.29).

Incorporation de la nucléocapside dans l'enveloppe

L'hémagglutinine et la neuraminidase remplacent progressivement les protéines cellulaires de la membrane plasmique au niveau de zones bien délimitées de cette membrane qui s'élargissent progressivement. Ces zones où on observe une association des protéines virales HA, NA et M à la couche phospholipidique membranaire ne sont autres que des enveloppes virales en cours d'élaboration.

Le fait que cette substitution de protéines virales aux protéines cellulaires soit totale et localisée en certains points laisse à penser qu'elle a lieu au niveau de zones de renouvellement de la membrane plasmique (voir volume I, chapitre 1). La nucléocapside vient ensuite se fixer sur ces zones membranaires transformées en enveloppe et le *bourgeonnement* des virions a alors lieu (fig. 10.30).

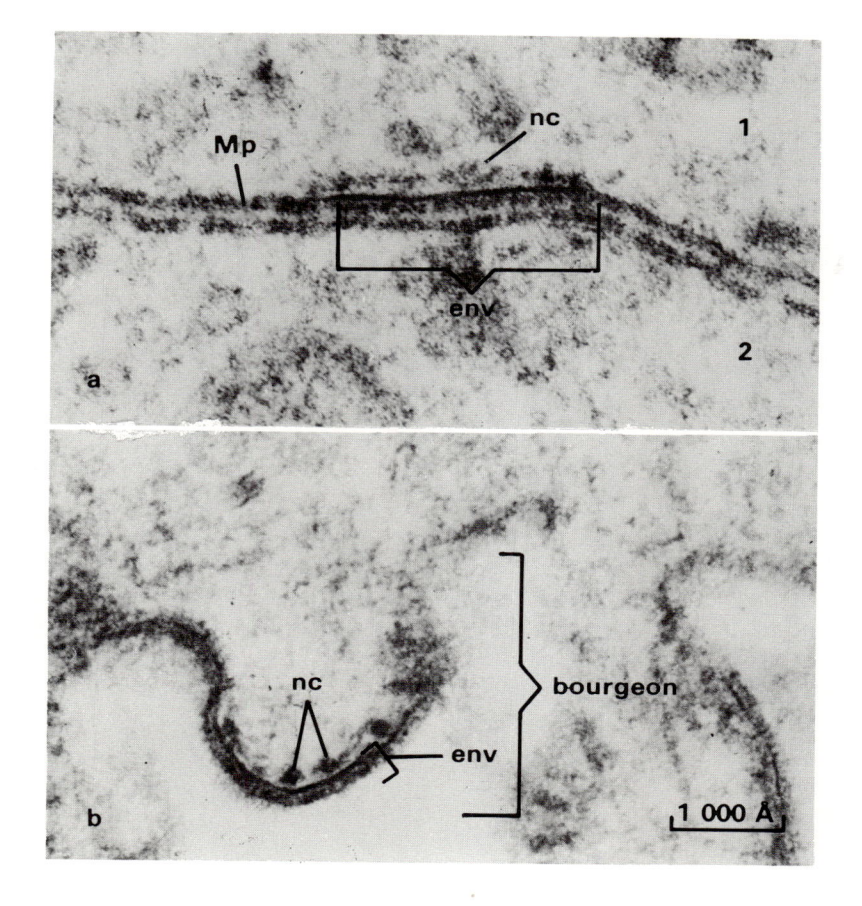

Figure 10.30
Assemblage et bourgeonnement chez un myxovirus, le virus Sendaï.
Ce virus (voir aussi fig. 10.5) dont le virion et la capside sont de grande dimension se prête bien à l'observation de l'assemblage des constituants du virion.
a) Transformation de la membrane plasmique Mp en enveloppe virale. Ici deux cellules voisines 1 et 2 sont côte à côte. Dans la cellule 1, la nucléocapside ne s'accole à la membrane plasmique Mp que dans une zone où celle-ci est transformée en enveloppe env. On peut constater, sur ce cliché que cette transformation précède le soulèvement du bourgeon viral et qu'elle est strictement limitée à la zone où la capside est en contact avec la membrane plasmique.
b) Soulèvement du bourgeon viral. Le virion est en cours d'isolement et on peut distinguer, dans le bourgeon viral, la nucléocapside nc toujours étroitement associée à l'enveloppe env dont on distingue bien les deux constituants morphologiques; la membrane et les spicules qui la recouvrent; $\times$ 150 000 (micrographies électroniques A. Berkaloff, 1963).

10.4.2.4. LIBÉRATION DES VIRIONS

Les virions formés restent fixés par leur hémagglutinine sur la cellule-hôte mais l'activité de la neuraminidase va rapidement en provoquer *l'élution*.

Ce mécanisme d'assemblage et de bourgeonnement, très différent de celui décrit dans le cas du bactériophage T2, et qui est commun à tous les virus à enveloppe permet la libération des virions dans le milieu extracellulaire sans dislocation de la cellule-hôte qui peut éventuellement survivre plus ou moins longtemps à une infection par un tel virus.

10.4.2.5. COMPARAISON DU CYCLE DE MULTIPLICATION DU VIRUS GRIPPAL AUX CYCLES D'AUTRES VIRUS

Le cycle du virus grippal est, dans ses grandes lignes, comparable à celui du bactériophage T2 (fig. 10.31a et b). Il en est de même pour la plupart des autres virus. L'acide nucléique viral, introduit dans la cellule, oriente le métabolisme cellulaire dans un sens anormal : il provoque, en particulier, la formation de virions, c'est-à-dire de vecteurs de l'acide nucléique viral lui permettant d'atteindre une

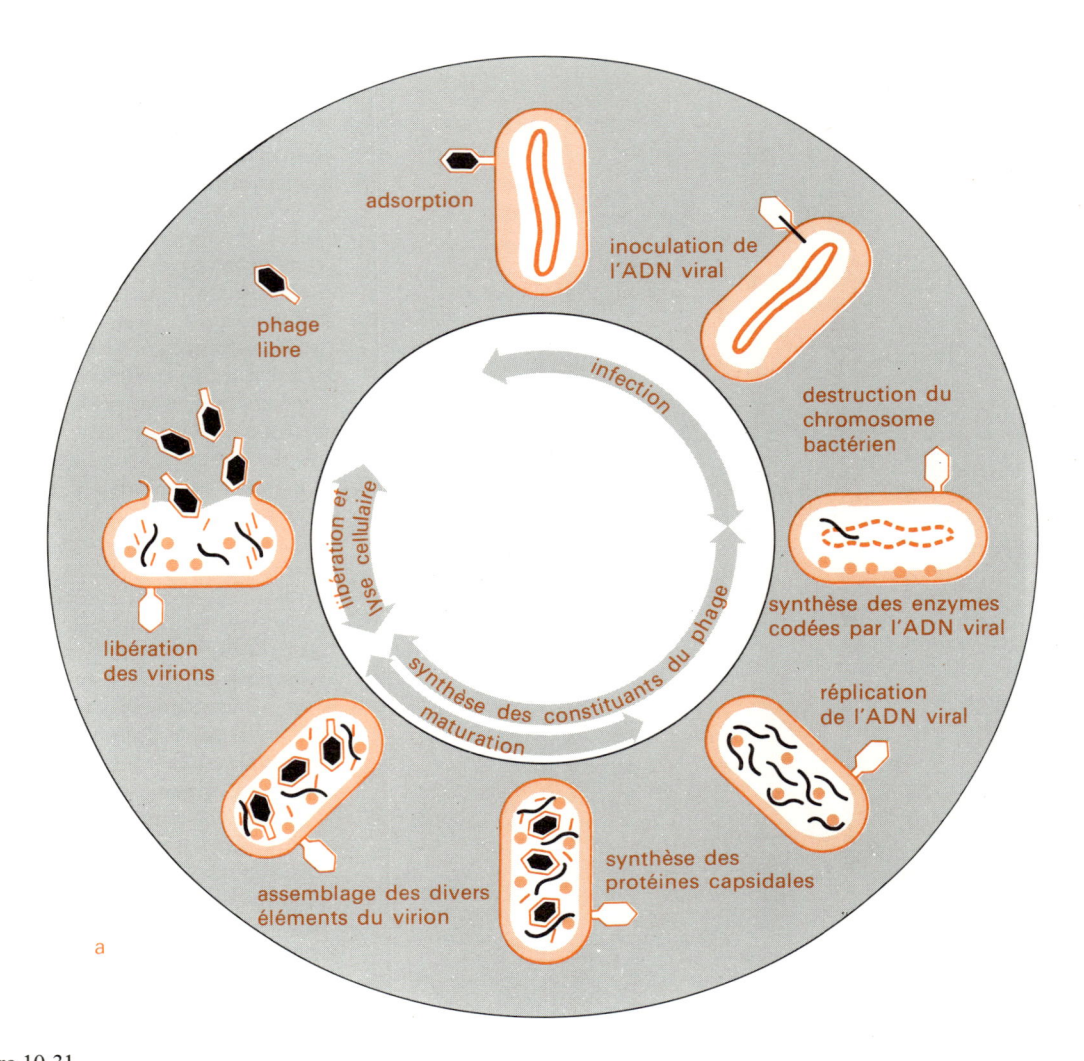

Figure 10.31
Comparaison du cycle du bactériophage T2 au cycle du virus grippal.
a) Cycle du bactériophage T2 : les différentes étapes de la multiplication du bactériophage T2 ont été résumées dans ce schéma. On constate, en comparant ce cyle à celui du virus grippal représenté en (b) que les grandes lignes du cycle sont identiques dans les deux cas. Le cycle du bactériophage T2 présente néanmoins un certain nombre de particularités notables : la capside reste extérieure à la cellule, le chromosome bactérien est détruit dès les premières phases du cycle, la libération des virions ne peut s'effectuer que par lyse de la cellule infectée.

nouvelle cellule-hôte. On constate néanmoins un certain nombre de différences. Nous insisterons sur quelques-unes d'entre elles.

Pour le virus grippal, la *totalité du virion* pénètre dans la cellule-hôte. Ce fait est très général chez les virus ; le dispositif d'injection des bactériophages du type T pair paraît unique et propre à ces virus. Il est bien évident qu'un tel mode d'infection est facilité par l'absence de squelette externe autour des cellules animales. Dans le cas des virus s'attaquant aux végétaux, les premiers stades de l'infection sont

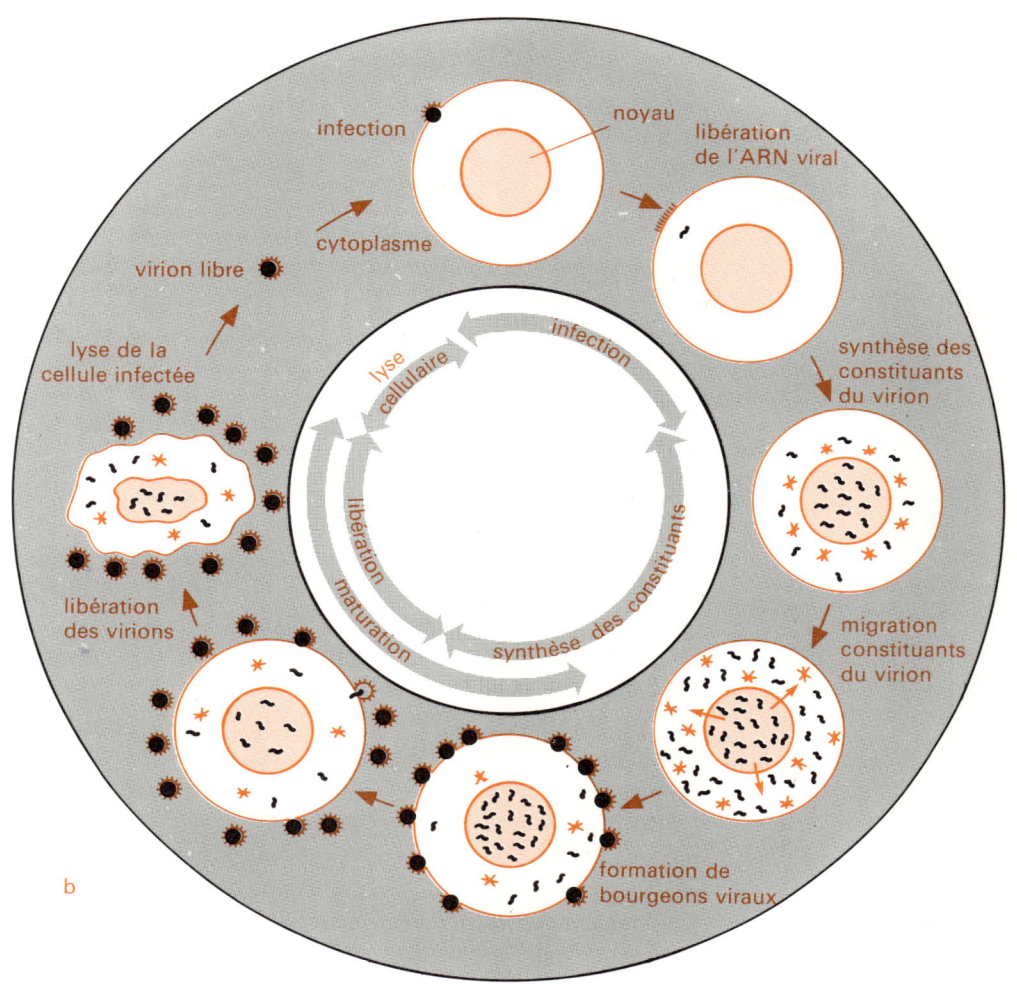

Figure 10.31 (suite)
b) Cycle du virus grippal. On peut constater que, dans ce cas, tout le virion pénètre dans la cellule, que l'intégrité de cette dernière est très longtemps préservée et qu'en particulier la libération s'effectue avant que la cellule ne se lyse.

moins bien connus, mais une effraction de la paroi semble nécessaire. Cette effraction peut résulter, soit d'une lésion mécanique accidentelle, soit d'une lésion provoquée par un insecte piqueur. La transmission de virus de cellule à cellule, chez les plantes, peut d'autre part s'effectuer par l'intermédiaire des plasmodesmes, minces ponts cytoplasmiques qui font communiquer les cellules entre elles. Les protéines du virion, pénétrant dans la cellule, peuvent exercer une action sur celle-ci, en particulier une action toxique, indépendante de toute multiplication virale.

Les sites de *synthèse* et d'*assemblage* des différents constituants du virion sont nettement séparés dans le cas du virus grippal. Cette disjonction topographique est soulignée par le cloisonnement interne de la cellule ; elle est donc liée à la complexité structurale de la cellule des eucaryotes.

La *maturation* est très comparable chez tous les virus à enveloppe, qu'ils soient à ARN comme le virus grippal ou à ADN comme le virus de l'herpès ; celle du virus grippal, à la surface de la cellule infectée, entraîne un certain nombre de conséquences. L'étalement dans le temps de la libération des virions en est une. Ceux-ci sont libérés au fur et à mesure de leur assemblage, sans qu'il y ait lyse de la cellule pour autant ; la durée de la période de libération peut donc être assez longue.

10.4.3. Évolution du virus grippal dans la nature

Nous avons vu que les virus grippaux se subdivisent en trois types (A, B et C) caractérisés par leur antigène interne (ensemble de la nucléocapside et de la protéine M).

Le type A est de loin le plus fréquent et il est responsable des épidémies les plus courantes.

Ces épidémies se succèdent plus ou moins annuellement et on peut constater à chaque épidémie l'apparition d'une nouvelle souche de grippe A différant de la précédente par un certain nombre de substitutions d'acides aminés dans son hémagglutinine et sa neuraminidase (antigènes externes) se traduisant par une faible sensibilité aux anticorps dirigés contre les souches antérieures. La nouvelle souche peut ainsi se répandre dans des populations mal immunisées. Les anticorps contre cette souche se développent alors dans les populations-hôtes touchées et l'épidémie régresse. Un fait intéressant est à noter : les anticorps contre cette nouvelle souche, seront inefficaces contre la souche suivante mais restent efficaces contre les souches précédentes. Cette évolution unidirectionnelle des anticorps, donc des antigènes viraux, a fait penser que l'on pourrait, en laboratoire, reproduire une telle évolution du virus manifestement orientée par la sélection qu'exercent les anticorps présents dans les populations-hôtes et ainsi obtenir à l'avance un vaccin valable pour les épidémies futures.

Il faut en effet, souligner que l'évolution très rapide du virus grippal pose des problèmes difficilement solubles dans la mesure où il faut un certain temps pour caractériser une souche, en faire un vaccin et le produire en quantité suffisante, temps pendant lequel l'épidémie s'est largement répandue.

Mais cette évolution progressive, qui est celle qui se déroule actuellement à partir de la souche Hong-Kong de 1968, n'est pas la seule à poser des problèmes. On constate, en effet, périodiquement une épidémie beaucoup plus violente que les autres qui d'une part se répand très facilement et d'autre part touche beaucoup plus sévèrement un nombre plus élevé de personnes. On parle alors de pandémie. C'était le cas de la grippe « asiatique » de 1957 et de la grippe causée par la souche Hong-Kong de 1968.

On peut, évidemment, envisager une évolution par mutation-sélection analogue à celle invoquée plus haut mais l'analyse antigénique et moléculaire des souches grippales responsables de ces pandémies a clairement montré qu'un autre mécanisme devait intervenir.

La comparaison des deux virus grippaux coexistant en 1968, une souche A_2/asian/1968 et la souche A_2/Hong-Kong/1968 montre que s'ils possèdent une neuraminidase pratiquement identique, leurs hémagglutinines diffèrent profondément dans leur séquence d'acides aminés. On peut donc se poser la question : d'où provient ce changement? Or on possède des éléments de réponse à cette question. On a, en effet, découvert, dès 1963, une hémagglutinine qui se révéla identique à celle de la souche humaine Hong-Kong de 1968 dans un virus grippal du cheval aux États-Unis et un virus grippal du canard en Ukraine. L'information génétique correspondante existait donc dans la nature dès 1963 au moins. Il reste à expliquer comment elle a pu apparaître dans un virus humain, une simple coïncidence chez trois virus différents pour une séquence aussi longue étant impossible.

L'explication se trouve dans l'architecture moléculaire du virus. Nous avons, en effet, signalé que l'ARN du virion était discontinu et formé de huit segments différents associés entre eux par la protéine NP. Supposons qu'une même cellule soit infectée par deux virus différents, des échanges comparables à une recombinaison génétique mais sans nécessité de formation de liaisons covalentes peuvent avoir lieu. De tels échanges se déroulent probablement à tout moment du cycle, notamment au moment de l'assemblage de la nucléocapside. Ces réarrangements du génome peuvent concerner un segment (ce qui semble avoir été le cas en 1968) ou plusieurs (ce qui a pu avoir lieu en 1957 où hémagglutinine et neuraminidase ont changé simultanément, tableau 10.I). On a pu démontrer, en culture de cellules

1918	$H_{sw}N_1$	grippe espagnole
1929-1947	H_0N_1	
1946-1957	H_1N_1	
1957-1968	H_2N_2	grippe asiatique
1968- ?	H_3N_2	grippe Hong-Kong

Tableau 10. I
L'évolution antigénique du virus grippal A.
La grande pandémie meurtrière de la grippe espagnole de 1918 était probablement due à un virus possédant une hémagglutinine venant d'un virus de porc et la neuraminidase N_1. Cette dernière s'est maintenue jusqu'en 1957 tandis que deux fois de suite le segment du génome codant pour l'hémagglutinine a changé donnant lieu à une pandémie. En 1957 est apparue la grippe asiatique où les deux segments H et N ont changé, enfin en 1968 est apparue la grippe de Hong-Kong qui diffère de la précédente par un changement du segment H. A la suite de chacune de ces « recombinaisons » fait suite une évolution par mutations au sein des éléments du génome qui permettent l'épidémie de grippe annuelle.

d'abord, puis sur des animaux ensuite que de tels échanges avaient effectivement lieu dans la nature. L'une des expériences les plus démonstratives a été réalisée en infectant quelques porcs d'un troupeau sain, les uns avec une grippe de porc les autres avec la grippe Hong-Kong humaine. Les autres animaux ont contracté, par contagion, une grippe qui présentait, pour certains d'entre eux une combinaison de l'hémagglutinine Hong-Kong avec la neuraminidase de grippe porcine et pour d'autres la combinaison inverse.

L'évolution du virus grippal résulte donc de deux mécanismes tous deux basés sur une sélection par les anticorps mais dont l'un correspond à une évolution progressive liée à l'existence de mutations cumulées, l'autre à un réarrangement dans le génome viral à la suite de la coinfection de cellules par deux souches différentes.

Cet exemple du virus grippal illustre bien ce que la connaissance jusqu'à l'échelle moléculaire d'un virus peut apporter à la compréhension du phénomène biologique que constitue sa multiplication dans une population et éventuellement à son contrôle.

10.5. Quelques aspects particuliers de la biologie des virus

10.5.1. Régulation de l'expression génétique chez les virus

Nous venons de voir, que les cycles viraux se déroulent de façon ordonnée. Ceci est dû à l'intervention de mécanismes de régulation divers dont nous allons étudier quelques exemples particulièrement bien connus qui portent sur la régulation de l'expression génétique au niveau de la transcription, avec le bactériophage λ, au niveau de la traduction, avec les bactériophages à ARN et au niveau post-traductionnel avec le poliovirus.

10.5.1.1. RÉGULATION DE LA TRANSCRIPTION D'UN GÉNOME VIRAL : CAS DU BACTÉRIOPHAGE λ

Comme nous l'avons déjà mentionné, le bactériophage λ et sa cellule-hôte peuvent contracter deux types de relations mutuelles. L'un de ces types correspond à une réplication synchrone des génomes viral et bactérien sans lyse de la cellule-hôte (dite lysogène) ce qui permet à l'association de se perpétuer. Cette synchronisation de la réplication, dans le cas du bactériophage λ, implique une intégration du génome viral dans le chromosome bactérien. L'autre type correspond à une multiplication autonome du génome viral, qui entre dans une phase végétative. On a alors un cycle productif qui aboutit secondairement à la lyse de la cellule.

Chacun de ces modes de réplication du génome viral ainsi que le passage de l'un à l'autre sont régulés par un système basé, au moins en grande partie, sur une transcription différentielle des gènes viraux.

Carte génétique du bactériophage λ

On estime que le phage code pour environ quarante-cinq protéines différentes et à peu près 80 % des gènes ont été identifiés. On a pu établir la *carte physique* de l'ADN du phage.

On utilise pour cela l'existence de mutants du phage portant des délétions pour certains gènes (fig. 10.32). On dénature l'ADN d'un phage sauvage et d'un de ces mutants et on les renature ensemble. Parmi les molécules collectées après renaturation, un certain nombre correspondent à des molécules « hybrides » possédant un brin sauvage apparié à un brin portant une délétion. Celle-ci va, dans ce cas correspondre à une boucle localisable au microscope électronique. La méthode est très sensible puisque des délétions de l'ordre de 50 nucléotides peuvent ainsi être détectées. La carte génétique du bactériophage est donc maintenant relativement bien connue (fig. 10.35b).

Le génome du virion peut, en fait, se présenter sous quatre formes différentes. L'ADN viral, linéaire et bicaténaire est convertible en forme circulaire grâce à l'existence de « bouts collants » qui correspondent à des segments monobrins complémentaires situés aux deux extrémités du génome. Dès son entrée dans la cellule, des liaisons covalentes s'établissent entre ces brins complémentaires et on obtient une molécule circulaire. Le prophage correspond à une quatrième forme, il s'insère dans le chromosome bactérien entre les gènes bactériens gal et bio et l'ADN devient à nouveau linéaire (fig. 10.33), mais ses extrémités sont alors différentes de celles du génome du virion.

Une remarque s'impose à propos de cette carte : le groupement des gènes par fonction. Ceci suggère fortement l'existence d'unités de transcription sous la dépendance d'éléments régulateurs communs à tous les gènes d'une unité.

Régulation de l'expression du génome : cycle lytique ou lysogénie

Nous savons qu'une telle régulation doit exister puisque, par exemple, à l'état de prophage une seule fonction virale est détectable, celle du répresseur (fig. 10.34) qui empêche l'expression des autres gènes viraux, qu'ils soient portés par le même génome (maintien de la lysogénie) ou par un autre génome de phage entrant dans la bactérie lysogène (immunité). Nous allons examiner comment s'effectue cette régulation.

Déclenchement et régulation du cycle lytique

Si on prend une bactérie lysogène, on constate qu'un seul de ses gènes s'exprime, le gène CI (fig. 10.35) dont le produit est le répresseur. Ce répresseur se fixe de part et d'autre du gène CI, entraînant le blocage de la transcription de tous les autres gènes et stimulant sa propre synthèse. Nous étudierons plus loin ce mécanisme. Toute inactivation de ce répresseur va lever l'inhibition de la transcription. C'est ce qui se passe si on dispose d'un mutant thermosensible dont le répres-

délétion

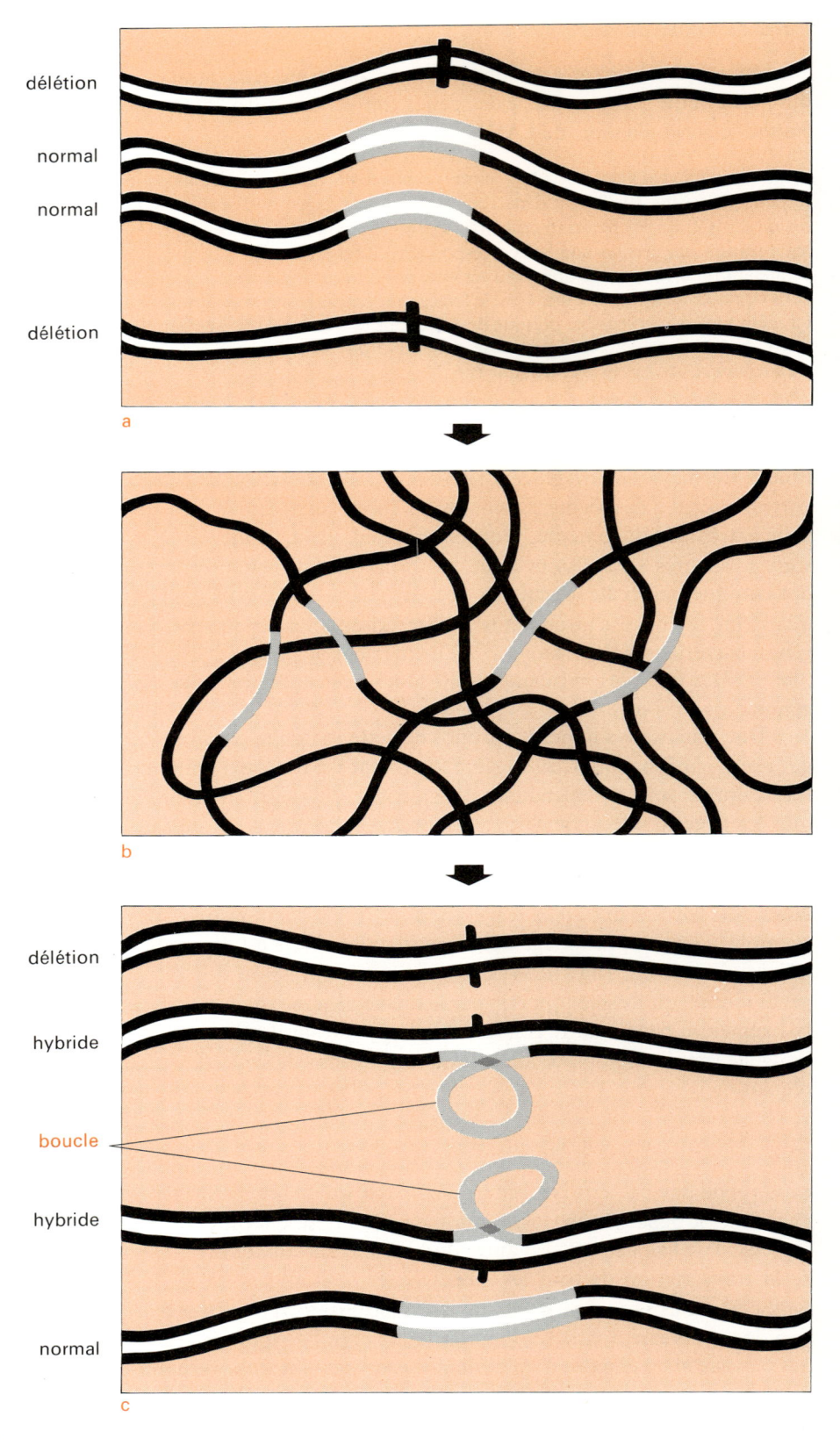

normal

normal

délétion

a

b

délétion

hybride

boucle

hybride

normal

c

216　Cellules et virus

Figure 10.32 (ci-contre)
Localisation physique d'un gène sur l'ADN.
a) L'ADN d'un phage porteur d'une délétion est mélangé à de l'ADN d'un phage normal.
b) Le mélange des deux ADN est chauffé de façon à rompre les ponts hydrogène entre les deux hélices (fusion), puis refroidi rapidement pour éviter un réappariement immédiat des chaînes que l'on vient de séparer.
c) On chauffe ensuite modérément pour permettre un appariement au hasard. On observe, dans ces conditions, en sus des doubles chaînes du type initial des hybrides entre chaînes avec et sans délétion, ce qui se traduit, dans la chaîne sans délétion, par l'apparition d'une boucle résultant de l'absence de contre-partie dans la chaîne avec délétion.

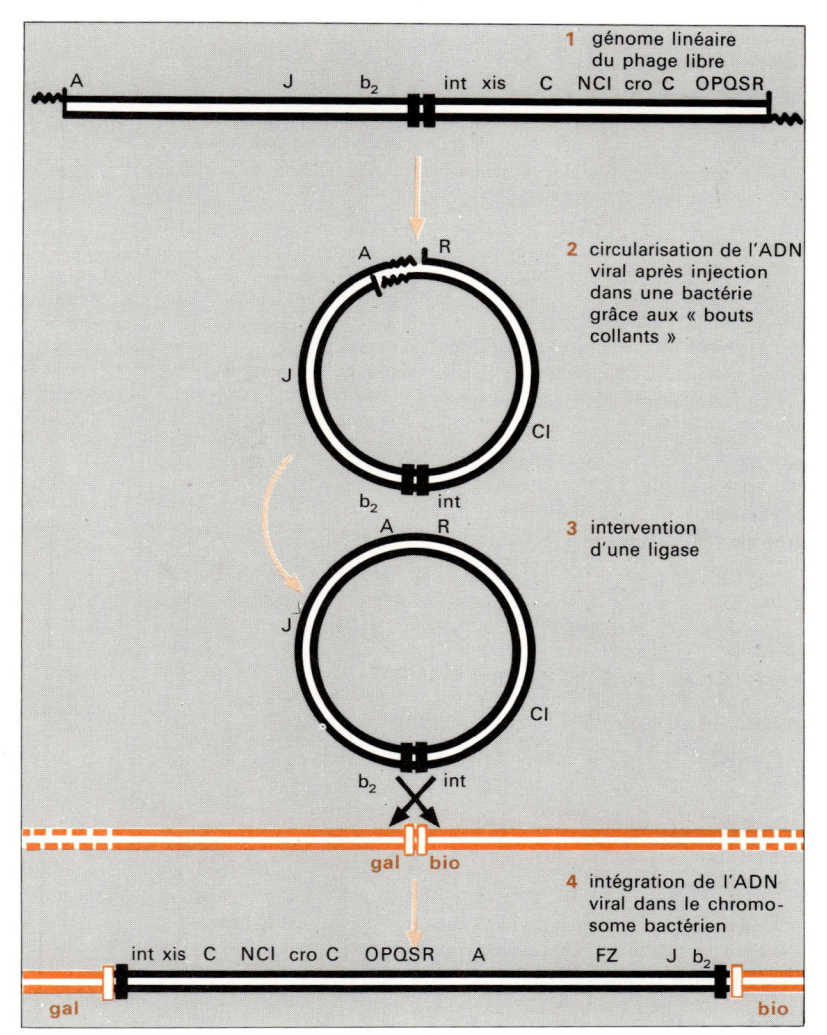

Figure 10.33
Les différentes formes du génome du bactériophage λ.
L'ADN du phage libre est linéaire et comporte deux extrémités complémentaires (bouts « collants »). Lors de l'infection d'une cellule il y a circularisation après appariement des bouts « collants » (2) et établissement de liaisons covalentes (intervention d'une ligase). (3). L'intégration du génome dans le chromosome bactérien se fait dans le sens indiqué par les flèches colorées, entre les locus gal et bio et entraîne l'ouverture du cercle en un point différent du point de fermeture (4). Une permutation circulaire des gènes sur la carte en résulte.

Quelques aspects particuliers de la biologie des virus

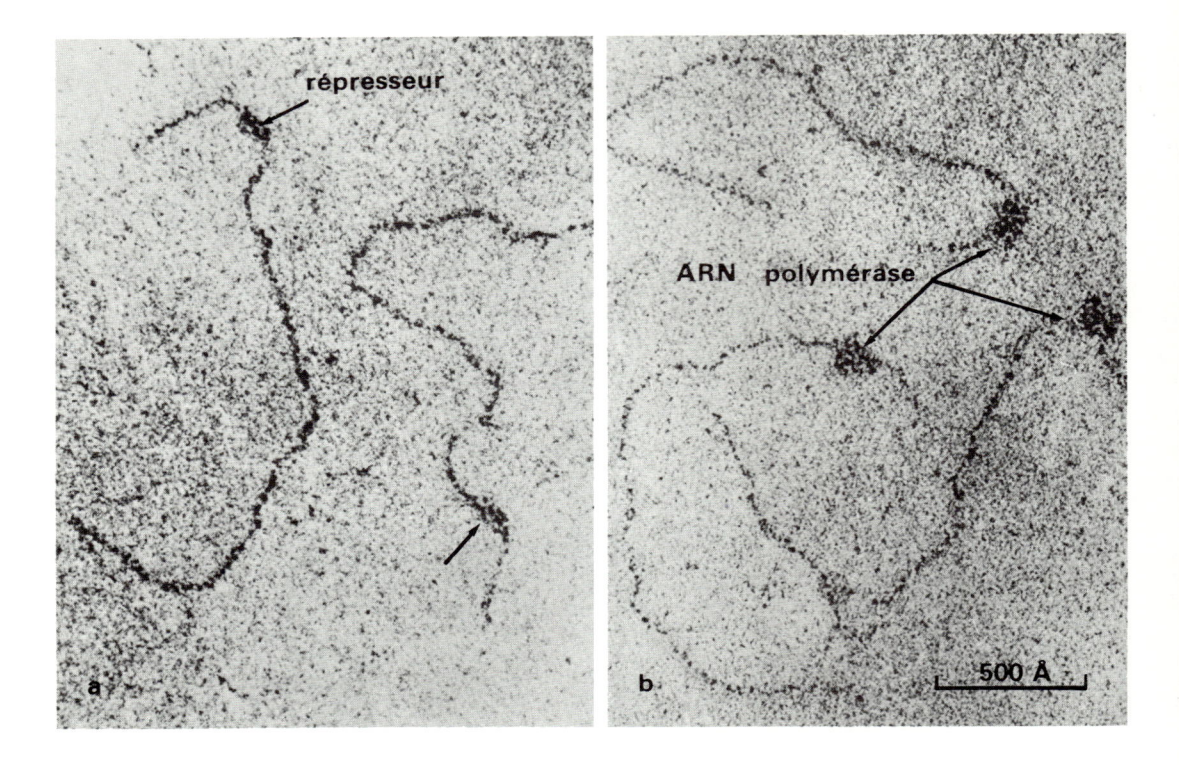

Figure 10.34
Éléments régulateurs du génome du bactériophage λ.
Un segment de l'ADN du bactériophage λ contenant le promoteur P_R ainsi que l'opérateur O_R (voir fig. 10.36) a été isolé et purifié après fixation du répresseur sur l'opérateur (fig. a), ou de la polymérase sur le promoteur (fig. b).
L'étalement sur film de carbone a été obtenu en le rendant hydrophile par décharge électrique en présence d'isoamyline. La visualisation des complexes ADN — élément régulateur a été obtenue grâce à du formiate d'uranyle. × 400 000 (micrographies électroniques J. Hirsh et R. Schleif, 1976).

seur fonctionnel à 33° se déforme à 42° et cesse d'être efficace. Pour un tel mutant à l'état de prophage, le passage à 42° de la bactérie lysogène correspondante va entraîner l'induction et le passage au cycle lytique.

Nous allons suivre la séquence des événements qui se déroulent à partir de la levée de la répression.

Étapes du cycle lytique
Au cours de la première minute la transcription démarre de part et d'autre du gène CI (donc sur chacun des deux brins de l'ADN et en direction opposée) pour s'arrêter avant les gènes CII d'une part et CIII d'autre part. Parmi les gènes ainsi transcrits on trouve le gène N.

Tout se passe alors comme si la transcription de ce gène permettait de franchir ces deux barrières et donc de transcrire les gènes CII, O, P et Q d'une part et les gènes de l'extrémité gauche à partir de CIII d'autre part (fig. 10.35c). Ceci se déroule entre une et cinq minutes après la levée de la répression. L'ensemble des gènes transcrits correspond à ce que l'on appelle les *gènes précoces.*

A partir de la cinquième minute environ le produit du gène Q qui vient d'être transcrit permet, à son tour, de franchir la dernière barrière, celle qui empêchait la transcription des *gènes tardifs,* les gènes de l'extrémité droite du génome correspondant notamment à tous les gènes de structure du virion (fig. 10.35c).

Tout se passe donc comme si on avait une succession de phases de transcription ne pouvant se dérouler que si la phase précédente a eu lieu, cette phase ayant pour résultat la transcription, en particulier, d'un gène dont le produit permet le déblocage de la phase suivante.

Les mécanismes de régulation en cause sont, en fait, plus compliqués qu'il n'y paraît au premier abord car si, par exemple, on introduit directement le produit du gène N dans une bactérie lysogène, la répression des gènes de la partie gauche du génome n'est pas levée pour autant. *Une transcription du gène N est nécessaire.* Il n'y a pas,

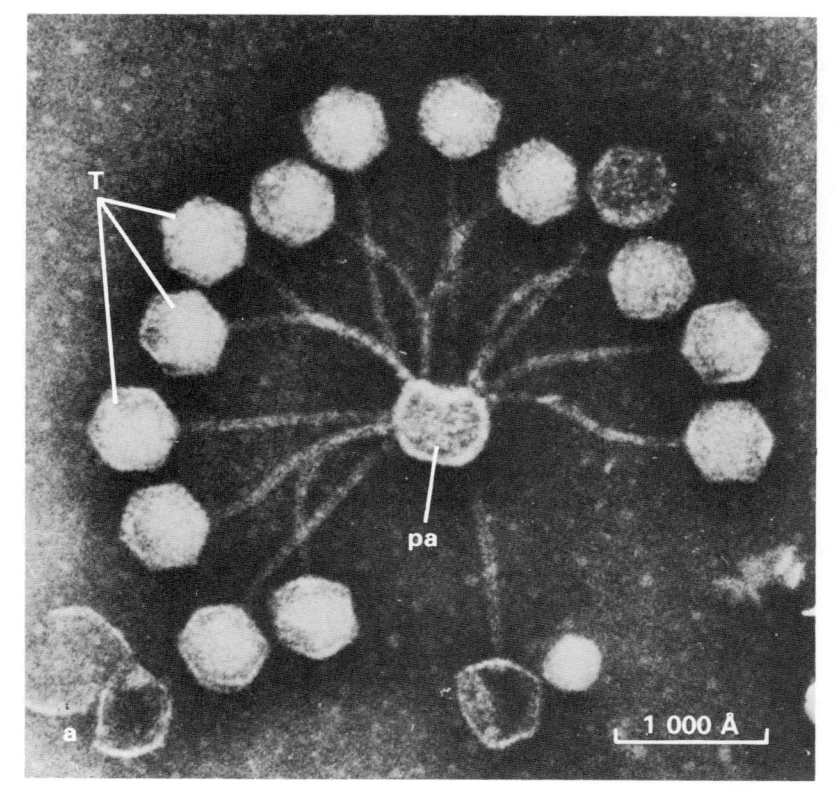

Figure 10.35
Bactériophage λ.
a) Plusieurs virions sont fixés sur un débris de paroi bactérienne pa. Remarquer la tête icosaèdrique T des virions; la queue longue et souple de ces phages est dépourvue de fibres caudales; coloration négative; × 200 000 (micrographie électronique A. Ryter, 1978).

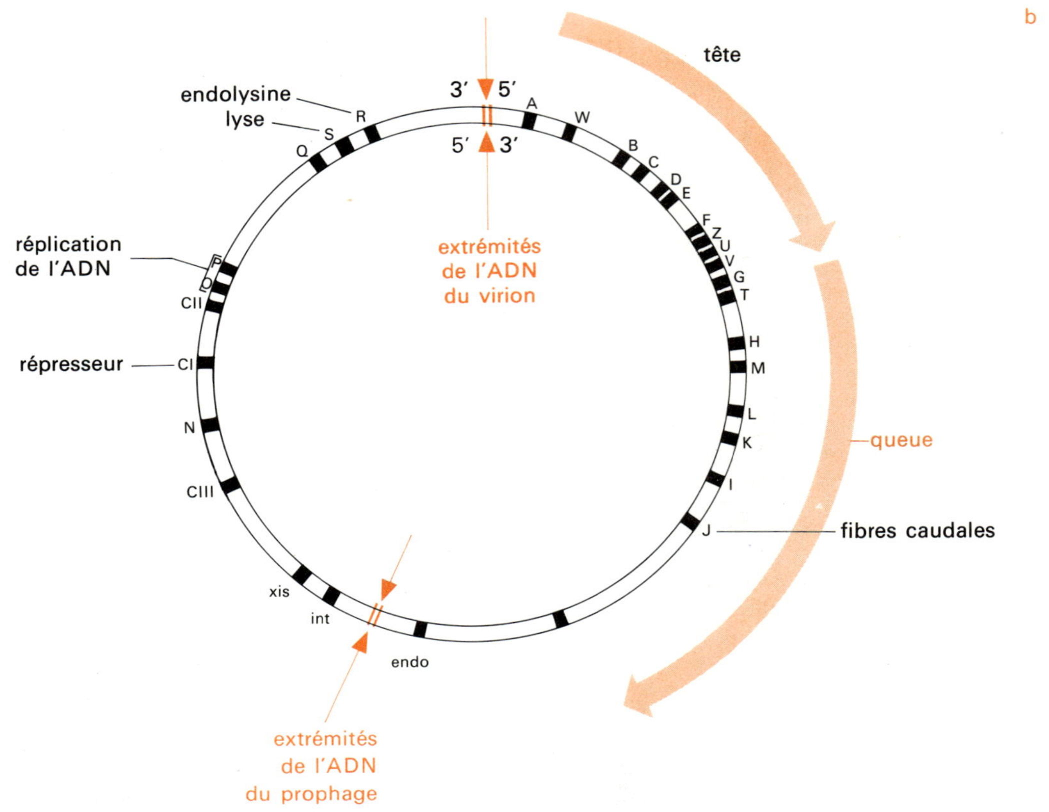
b
tête
endolysine
lyse
3′ 5′
5′ 3′
A
W
B
C
D
E
F
Z
U
V
G
T
H
M
L
K
I
J
R
S
Q
réplication
de l'ADN
P
O
CII
répresseur
CI
N
CIII
xis
int
endo
extrémités
de l'ADN
du virion
queue
fibres caudales
extrémités
de l'ADN
du prophage

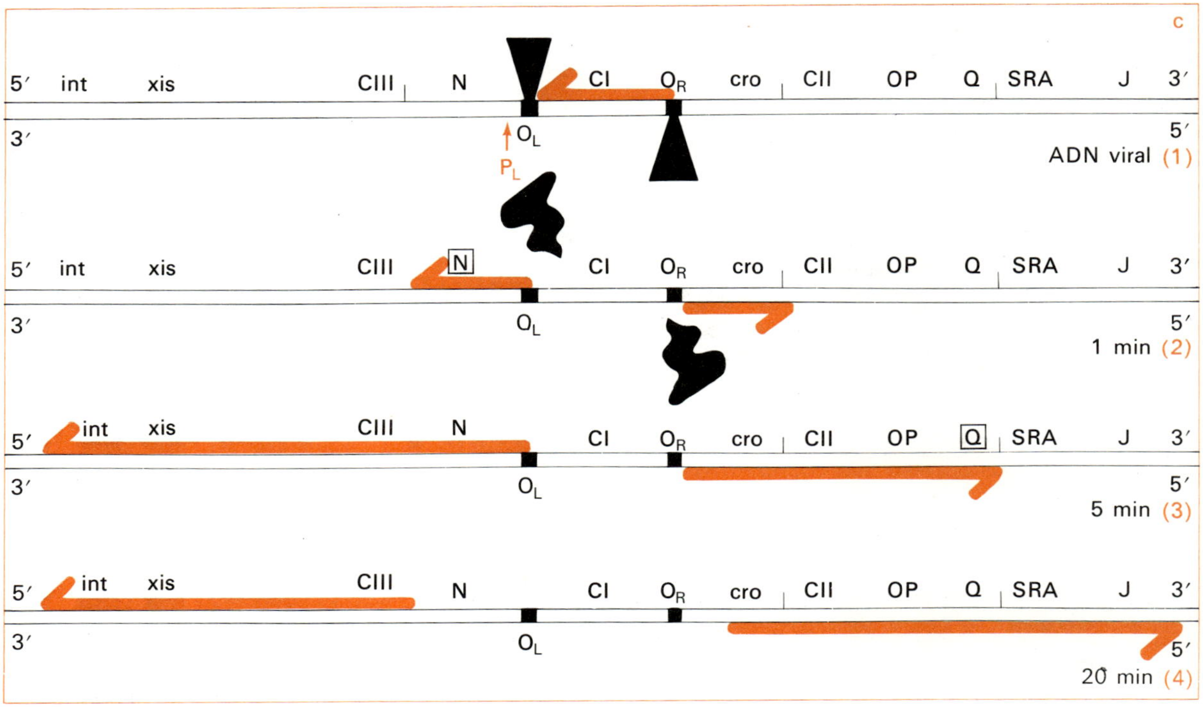
c
5′ int xis CIII N CI OR cro CII OP Q SRA J 3′
3′ OL PL 5′
ADN viral (1)
5′ int xis CIII N CI OR cro CII OP Q SRA J 3′
3′ OL 5′
1 min (2)
5′ int xis CIII N CI OR cro CII OP Q SRA J 3′
3′ OL 5′
5 min (3)
5′ int xis CIII N CI OR cro CII OP Q SRA J 3′
3′ OL 5′
20 min (4)

Figure 10.35 (suite)
Bactériophage λ.
b) Génome du bactériophage λ. Les principaux gènes sont figurés ainsi que les fonctions qu'ils assurent.
c) Les différentes phases de la transcription au cours d'un cycle lytique. Dans une bactérie lysogène seul le gène CI (dont le produit est le répresseur) est transcrit, les opérateurs O_L (à gauche) et O_R (à droite) étant bloqués par le répresseur (1). Si on utilise un phage à répresseur thermolabile et qu'on inactive celui-ci on provoque un cycle lytique; on constate au cours de la première minute (2) que les gènes N et cro sont transcrits. La transcription de N entraîne celle des gènes de la partie gauche du génome et ceux de la partie droite jusqu'au gène Q (3). On trouve parmi ces derniers les gènes O et P qui interviennent dans la réplication de l'ADN. Dès leur entrée en action on passe à la phase tardive (4) durant laquelle les gènes CIII à int à gauche et CII vers J a droite sont transcrits (gènes tardifs) tandis que les gènes CI, cro et N (gènes précoces) cessent d'être transcrits.

par ailleurs, au cours de ce cycle lytique que des effets positifs, mais aussi des effets inverses. Ainsi le produit du gène *cro* entraîne rapidement l'arrêt de la transcription des ARN messagers précoces.

Établissement et maintien de la lysogénie

L'état lysogène d'*E. coli* K12 (λ) résulte de la répression de la quasi totalité des gènes viraux, seul le gène CI (dont le produit est le répresseur) s'exprimant.

Ce phénomène est dû à l'interaction du répresseur avec deux régions régulatrices de l'ADN viral (fig. 10.36). Celles-ci comprennent chacune un site reconnu par le répresseur : l'*opérateur* et un site reconnu par l'ARN polymérase : le *promoteur* (voir aussi fig. 10.34)

Le répresseur de λ est donc fixé, dans une bactérie lysogène, sur l'opérateur O_L et bloque ainsi l'initiation de la transcription de N au niveau de P_L, ainsi que sur l'opérateur O_R et bloque l'initiation de la transcription de *cro* au niveau de P_R* (fig. 10.35c et 10.36).

O_R et P_R régulent la transcription vers la droite, O_L et P_L la transcription vers la gauche (R de right : droite, L de left : gauche).

On possède des mutants des gènes CII et CIII pour lesquels la lysogénisation est très peu efficace mais qui, dans les cas où elle s'établit, reste normalement stable. On est donc amené à conclure qu'il doit exister deux mécanismes différents dans la lysogénisation : celui qui provoque l'établissement de la lysogénie d'une part, celui qui la maintient d'autre part.

Examinons la séquence des événements qui se déroulent lorsque l'ADN d'un phage infectant pénètre dans la cellule-hôte non lysogène. Cet ADN pénètre sans répresseur et subit un début de transcription identique à celui décrit plus haut dans le cas où s'établit un

* Voir *Génétique*, chapitre 12.

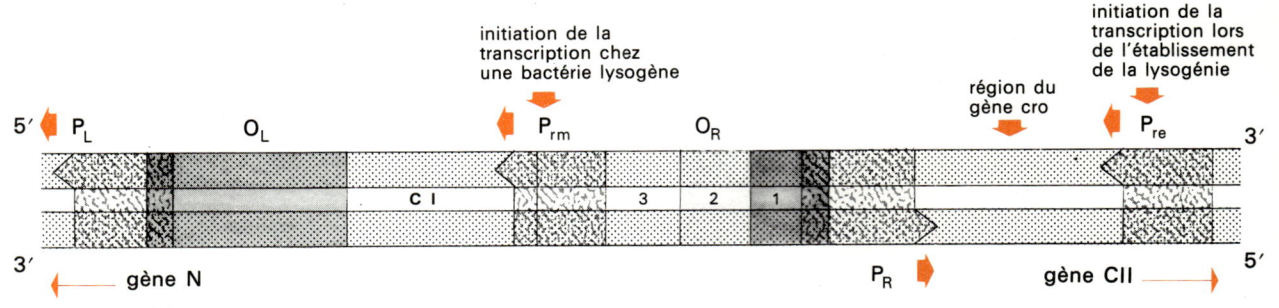

Figure 10.36
Segment du génome de bactériophage λ intervenant dans la régulation de la lysogénie.
Le gène CI est flanqué de deux opérateurs O_R et O_L sur lesquels vient se fixer le répresseur dans la bactérie lysogène. Chacun de ces opérateurs peut être subdivisé en régions ayant une affinité plus ou moins grande pour le répresseur, (ainsi $O_R 1$ a plus d'affinité pour celui-ci que $O_R 3$). On peut également distinguer deux types de promoteurs. Les uns, P_{rm} et P_{re} interviennent dans la transcription du gène CI, tandis que les deux autres P_R et P_L interviennent dans la transcription du reste du génome.

cycle lytique. Les produits des gènes CII et CIII sont alors présents et provoquent une transcription vers la gauche à partir d'un promoteur P_{re} situé non au voisinage de CI mais mille bases plus à droite c'est-à-dire au-delà de *cro*, alors que dans une bactérie lysogène cette initiation a lieu au niveau d'un promoteur P_{rm} situé à gauche de l'opérateur O_R (fig. 10.35 c et 10.36). L'ADN de la région *cro* peut donc être transcrit dans les deux sens : à partir de P_{re} vers la gauche et de P_R vers la droite.

Un fait important doit alors être noté : la transcription à partir de P_{re} entraîne une production de répresseur dix fois supérieure à celle entraînée par la transcription à partir de P_{rm} par génome. On est donc en présence d'un problème simple d'interaction entre effecteur et cible. L'évolution du système va dépendre du rapport quantitatif entre le nombre de molécules d'effecteur, ici le répresseur, et de celui des cibles, c'est-à-dire des opérateurs. Ce dernier est évidemment proportionnel à celui des génomes viraux, or le produit des gènes O et P transcrits à la suite de CII permet la réplication de ces génomes. On a donc à la fois une production importante de répresseur et une multiplication des génomes cibles.

Si le nombre de molécules de répresseur est insuffisant la répression des gènes viraux n'aura pas lieu et la transcription du gène Q entraînera la répression du gène CI et le niveau de répresseur baissera encore. On assiste alors à un cycle lytique.

Si, au contraire, le nombre de molécules de répresseur est suffisant, celles-ci vont se fixer sur la partie droite de l'opérateur O_R ($O_R 1$], fig. 10.36) qui a une plus forte affinité pour le répresseur que $O_R 2$ et surtout $O_R 3$. Cette fixation entraîne le blocage de la transcription du gène *cro* et, comme il en va de même pour O_L, celui du gène N. L'état lysogène est alors établi.

Les produits des gènes CII et CIII (comme d'ailleurs celui du gène N) sont instables et disparaissent de la cellule. La transcription du génome de λ dans la bactérie en voie de lysogénisation ne peut alors plus s'initier à partir du promoteur P_{re} puisque les produits de CII et CIII ont disparu et que la transcription des gènes correspondants a cessé. C'est alors le promoteur P_{rm} qui est utilisé (*rm* et *re* signifient respectivement : *repressor maintenance* et *repressor establishment*). Le niveau de répresseur baisse alors d'un facteur dix. Un niveau suffisant de répresseur est néanmoins maintenu grâce à un double mécanisme, positif et négatif. La fixation du répresseur sur $O_R 1$ stimule, en effet, la transcription de CI. Si, au contraire, un niveau excessif de répresseur subsiste une sécurité supplémentaire intervient puisque aux fortes concentrations le répresseur se fixe sur la partie droite $O_R 3$ de O_R et inhibe alors la transcription de CI. Le répresseur étant lui-même une molécule stable et sa concentration étant régulée par les mécanismes que nous venons de voir le *maintien de la lysogénie* est ainsi assuré, sauf si on arrive à inactiver le répresseur (voir p. 215). Nous pouvons incidemment constater que la stabilité variable des protéines régulatrices joue un rôle dans la régulation.

10.5.1.2. RÉGULATION DE LA TRADUCTION D'UN GÉNOME VIRAL : CAS DES BACTÉRIOPHAGES A ARN D'*ESCHERICHIA COLI*

*Structure des bactériophages à ARN d'*E. coli

L'exemple de ces bactériophages est l'un des mieux connus. Il s'agit d'une famille de virus très voisins les uns des autres (fig. 10.37) s'attaquant aux mâles d'*E. coli* chez qui ils utilisent les pili sexuels pour voie d'entrée dans la cellule. Ils sont structuralement assez simples puisque leur génome monocaténaire de 1,1 à $1,6.10^6$ daltons code pour trois polypeptides dont deux sont structuraux ; le polypeptide de la *protéine capsidale C* largement majoritaire dans le virion et celui de la *protéine A* minoritaire interne, et dont le troisième constitue la *sous-unité P* de la *polymérase* (ARN polymérase intervenant lors de la réplication du génome), les trois autres sous-unités de cette enzyme étant codées par la cellule-hôte.

Synthèse des protéines virales dans la cellule infectée

L'expression de ce génome est, théoriquement, un mécanisme assez simple dans la mesure où il est directement lu par les ribosomes de la cellule-hôte et constitue donc un ARN messager. Il n'y a pas de transcription dans ce système.

La figure 10.38 montre l'évolution des quantités respectives des trois protéines virales présentes dans les cellules infectées au cours du cycle viral. On constate que ces protéines ne sont pas synthétisées en quantités équivalentes et que la protéine C est bien plus abondante que les deux autres. On peut également constater que si la synthèse

Figure 10.37
Virions du bactériophage R17.
Ce petit phage à ARN qui s'attaque aux bactéries mâles possède une capside icosaèdrique ; coloration négative ; × 250 000 (micrographie électronique R.A. Crowther et coll., 1975).

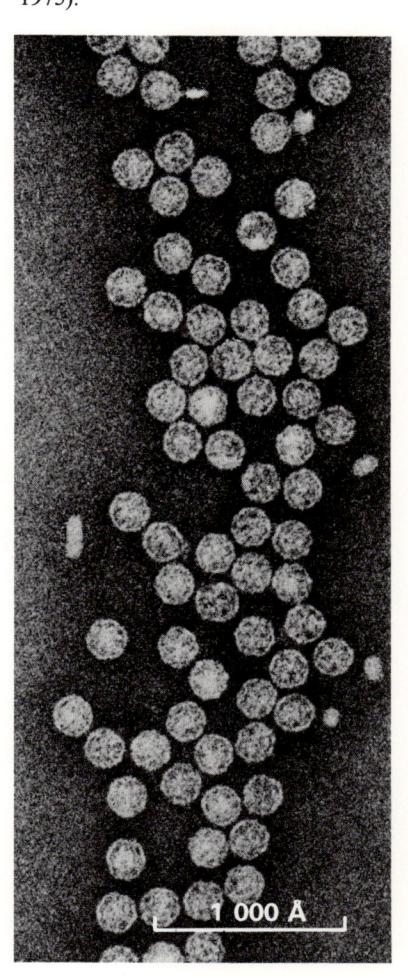

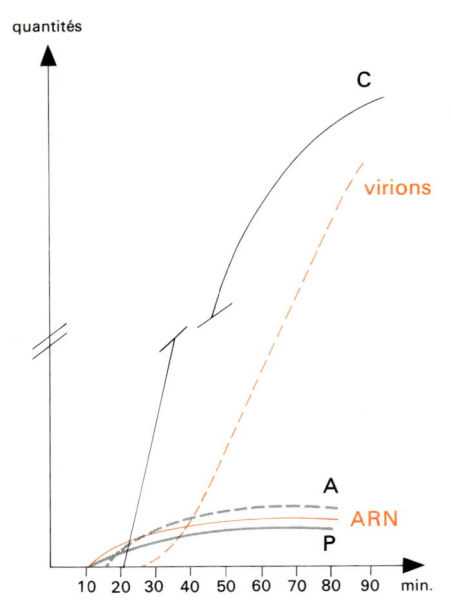

Figure 10.38
Accumulation des produits des différents gènes du bactériophage R17.
Au cours de l'infection d'une bactérie par ce bactériophage à ARN, les produits des différents gènes s'accumulent en quantités variables. La protéine capsidale C est produite en quantité très supérieure à celle des autres protéines (A et P) et l'échelle des ordonnées a dû être modifiée en conséquence. Ces différences sont le résultat de phénomènes de régulation dans la traduction du génome viral.

* Voir *Génétique*, chapitre 9.

des protéines P et A est rapidement freinée celle de la protéine C continue à un rythme soutenu durant tout le cycle. Il y a donc une régulation de la synthèse de ces protéines et il est fort peu probable que le génome soit purement et simplement lu d'un bout à l'autre (de l'extrémité 5' à l'extrémité 3' de l'ARN) ce qui aurait entraîné la présence de toutes les protéines en quantités équivalentes.

Notons que le virion contient probablement 180 molécules de polypeptide C et une ou un petit nombre de molécules de la protéine A qui accompagne l'ARN lors de son injection dans la cellule. Ces données permettent de se faire une idée des besoins respectifs en protéines capsidale et A. Il en est de même pour la polymérase qui même si elle ne fonctionne qu'une seule fois n'est nécessaire qu'à un exemplaire par virion produit.

Nous allons étudier ceux des mécanismes de régulation qui sont actuellement connus.

Régulation de la synthèse des protéines étudiée in vitro

Il est possible de réaliser en tube à essai en présence d'extraits cellulaires *(in vitro)* la traduction du génome des phages à ARN. On constate qu'une régulation très comparable à celle qui a été observée dans les cellules infectées (voir fig. 10.38) intervient dans ce système artificiel, les rapports entre les quantités respectives des trois protéines qui sont synthétisées *in vitro* étant d'environ 1 — 0,3 et 0,06 pour les protéines C, P et A. La disposition des gènes correspondants, sur le génome viral, est connue.

Il n'a pas été possible, pour établir la carte génétique de ces phages de faire appel aux phénomènes de recombinaison habituellement utilisés dans ce cas. Seule une approche biochimique, c'est-à-dire, l'analyse de la séquence nucléotidique du génome a permis de le faire.

Le principe utilisé est le suivant : on connaît la séquence des aminoacides N terminaux de chacune des protéines virales. On en déduit, connaissant le code* la séquence nucléotidique correspondante et on la recherche sur le génome.

Cette méthode théoriquement simple mais techniquement compliquée a permis de préciser la séquence de la quasi totalité du génome et de localiser les trois gènes qui se présentent dans l'ordre suivant :

$$5'—A—C—P—3'$$

Aux deux extrémités du génome comme entre chacun des gènes existent des segments muets qui ne sont pas traduits. Les figures 10.39a et b illustrent quelques résultats de cette analyse.

Nous allons étudier maintenant les grandes lignes de la régulation de la traduction du gène correspondant à la protéine capsidale C puis nous examinerons de façon plus sommaire celle des deux autres gènes bien que, comme nous le verrons, ces phénomènes soient loin d'être indépendants.

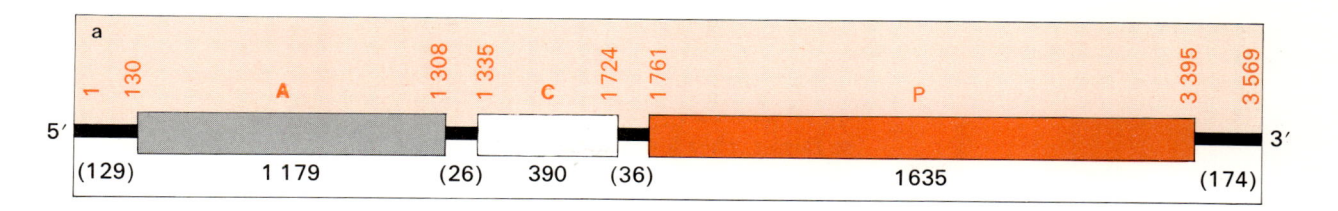

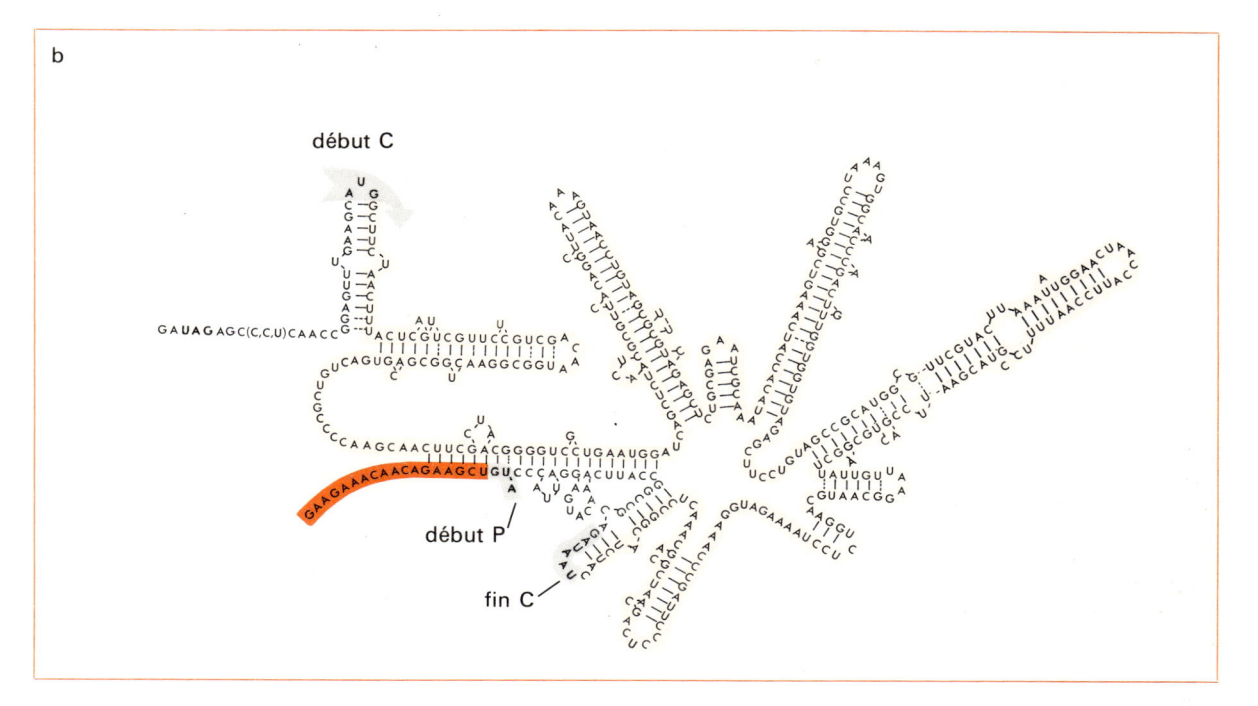

Figure 10.39
Structure du génome du bactériophage MS2.
a) Ordre des gènes. Le génome du bactériophage MS2, comprend de l'extrémité 5′ vers l'extrémité 3′, une séquence non traduite de 129 nucléotides puis le gène de la protéine A comportant 1 179 nucléotides, une séquence non traduite de 26 nucléotides, le gène C (390 nucléotides), une séquence non traduite de 36 nucléotides, le gène P (1635 nucléotides) et enfin une séquence non traduite de 174 nucléotides. La séquence des 3 569 nucléotides du phage est entièrement connue et la structure de l'ARN peut en être déduite (voir b) (d'après W. Fiers et coll., 1976).

b) Séquence des nucléotides dans le gène de la protéine capsidale C. Cette séquence est connue (comme celle des deux autres gènes). La structure comporte de nombreux appariements entraînant la formation d'« épingles à cheveux ». Au sommet de l'une d'entre elles on observe le codon initiateur AUG du gène C (début C). Le double codon de terminaison UAA-UAG est indiqué (fin C). On peut également constater que le codon initiateur du gène P (début P) est séparé de ces codons de terminaison de C par une séquence non traduite et qu'il est inclus dans le segment double-brin, face au 26e et 27e codon du gène C. Cette disposition entraîne des conséquences quant à la régulation de la traduction de ce codon et du gène correspond (d'après W. Min-Jou et coll. 1972).

Traduction du gène C

C'est à l'aide de l'ARN messager que constituent les phages à ARN qu'on a montré pour la première fois que l'initiation de la traduction se faisait, chez les bactéries, au niveau d'un codon initiateur spécial, celui de la formylméthionine. Le triplet AUG se retrouve, de fait, au début de chacun des trois gènes.

L'initiation de la traduction peut être étudiée *in vitro* en analysant la fixation des ribosomes sur le messager dans des conditions telles que l'élongation de la chaîne polypeptidique ne puisse se dérouler ultérieurement. On constate alors que sur un ARN viral non dénaturé seul le codon AUG du gène C est reconnu par les ribosomes. En effet, si on laisse l'élongation s'amorcer en bloquant simultanément toute nouvelle initiation seule la protéine C est synthétisée. De plus, un seul ribosome se fixe par génome.

L'explication de ces faits qui traduisent une non disponibilité des sites d'initiation des gènes A et P a été trouvée dans la conformation du génome messager viral. On peut, en effet, montrer que tout traitement de l'ARN entraînant sa déformation rend non seulement disponibles les deux autres triplets d'initiation normaux (ceux de A et P) mais aussi, dans certains cas, des sites d'initiation correspondant à des triplets AUG et GUG présents dans le génome mais non utilisés normalement comme des triplets d'initiation.

On sait qu'une grande partie de l'ARN des phages étudiés est sous forme de segments appariés en épingles à cheveux (fig. 10.39b). Il est donc très vraisemblable que parmi tous les AUG théoriquement disponibles seul l'un d'entre eux, celui correspondant au site d'initiation du gène C, est accessible aux ribosomes, les autres étant enfouis dans les replis de la molécule. Nous trouvons une confirmation de cette hypothèse en examinant la structure de la molécule d'ARN (voir fig. 10.39b).

La *terminaison* de la traduction du gène C a été étudiée dans le cas de plusieurs des phages à ARN d'*E. coli*. Elle implique dans le cas du phage R17 les deux triplets de terminaison classiques (voir volume I, chapitre 5 et *Génétique,* chapitre 9) : UAA et UAG en tandem. On en a conclu que la présence de ce double mécanisme de terminaison était un dispositif de sécurité assurant sans défaillance possible une terminaison de la traduction. Or, il se trouve que chez le phage à ARN Qβ ce dispositif n'existe pas, il est remplacé par le triplet UGA connu pour être le moins efficace des trois possibles. Il en résulte un pourcentage d'erreur non négligeable donnant naissance à un quatrième polypeptide A_1 qui n'est autre que le polypeptide C prolongé de quelques deux cents acides aminés ce qui indique que la terminaison a lieu, dans ce cas, en plein milieu du gène P.

Traduction du gène P

Dans des expériences *in vitro,* analogues à celles décrites plus haut, dans le cas du gène C, on constate d'une part, que l'*initiation* de la *traduction* du gène P est différée par rapport à celle du gène C et que la synthèse du polypeptide P est rapidement freinée.

On a pu démontrer que cette traduction est, en fait, dépendante de celle du gène C. Il existe, en effet, toute une série de mutants *ambre* de ces phages chez qui la traduction du gène C est interrompue prématurément par la présence intempestive d'un signal de terminaison se substituant à un triplet normal. Or on constate que si cet arrêt a lieu assez près du site d'initiation de C l'initiation de P n'a pas lieu alors que si cette interruption se place loin, une quantité anormalement élevée de polypeptide P est synthétisée.

Ceci résulte de deux phénomènes différents. Tout d'abord, l'*initiation* de P n'a lieu, en effet, que si le triplet AUG correspondant est démasqué ; or ce triplet est engagé dans une structure secondaire et on a pu préciser que cet AUG faisait face à un segment du gène C (voir fig. 10.39b) codant pour les acides aminés 24 à 32 du polypeptide correspondant au gène C. C'est le passage du complexe de traduction — ribosome plus divers facteurs cellulaires indispensables* — le long du gène C qui déformant la molécule d'ARN démasque temporairement l'AUG du gène P. Par contre, le ralentissement de la *synthèse* du polypeptide P est dû à un autre phénomène. On a en effet, montré que l'addition de protéine capsidale au système de traduction *in vitro,* à raison d'environ 10 molécules par molécules d'ARN entraîne un blocage de l'initiation de la traduction du gène P. Ce blocage de l'initiation est dû à la fixation sur l'ARN de la protéine surajoutée. Ce phénomène est spécifique du virus (la protéine C de R17 a un effet sur l'ARN R17 et non sur celui de Qβ et vice versa) ; elle est spécifique du gène P car la fixation de la protéine capsidale ne gêne pas l'initiation du gène C ni celle du gène A.

Nous voyons donc comment est déclenchée la traduction du gène P (par démasquage du triplet initiateur lié à un changement de conformation de l'ARN viral) et comment elle est freinée (par fixation de la protéine capsidale sur l'ARN lorsque cette protéine vient à être présente en certaine quantité). Ces deux phénomènes sont liés à la traduction d'un autre gène, le gène C.

Traduction du gène A

Le site d'initiation de ce gène est apparemment très peu accessible dans la molécule d'ARN complète. On ne peut le démasquer *in vitro,* qu'en cassant la molécule ou en la déformant très fortement. Il semble qu'*in vivo* ce site ne soit accessible au complexe de traduction qu'à un seul moment, celui où la molécule d'ARN, en cours de synthèse n'a pas encore acquis sa conformation définitive.

* Voir volume I, chapitre 5.

Conflit traduction-réplication

Le double rôle de l'ARN viral qui est à la fois une matrice pour la réplication et le support de la traduction pose un problème d'autant plus grave que la traduction s'effectue dans le sens $5' \longrightarrow 3'$ alors que la réplication s'effectue dans le sens $3' \longrightarrow 5'$ impliquant une collision frontale au cas où les complexes de traduction et de réplication viendraient à opérer simultanément sur la même molécule d'ARN viral. Ce problème a été résolu par le virus. Nous avons vu que la polymérase des phages à ARN est constituée par un polypeptide codé par le virus, celui que nous avons appelé P dans les pages précédentes et de trois sous-unités codées par la cellule. L'adjonction d'une certaine quantité de polymérase à un système de réplication *in vitro* entraîne un blocage de l'initiation du gène C d'une manière symétrique à celle qui a été décrite lors de l'étude de la régulation de la traduction du gène P où la protéine capsidale inhibe l'initiation de la traduction de ce gène. On a même pu montrer que c'était l'une des trois sous-unités de l'enzyme codée par la cellule et faisant partie de la polymérase qui est responsable de cette inhibition. Le mécanisme fonctionne donc de la manière suivante : dès qu'une certaine quantité de polymérase est assemblée dans la cellule infectée celle-ci se fixe sur l'ARN viral au cours de la traduction bloquant toute nouvelle initiation de la traduction qui, comme nous l'avons vu, débute au niveau du gène C. La polymérase attend que les ribosomes finissent de traduire l'ARN puis la réplication peut commencer, l'ARN étant débarrassé de tout système de traduction.

Étapes de la régulation et conclusions

On peut tirer de ce qui précède un certain nombre de conclusions. On constate tout d'abord que même avec une structure assez simple on peut observer des mécanismes de régulation assez élaborés. En effet, si on résume ce qui se passe au cours du cycle de ces phages on constate que les traductions des différents gènes sont interdépendantes, ces traductions étant elles-mêmes régulées par la réplication du génome.

La traduction commence par le gène médian, le gène C, car c'est le seul pour lequel le codon initiateur AUG est démasqué. Cette traduction du gène C entraîne le démasquage du site d'initiation du gène P. A partir de ce moment une certaine quantité de protéine capsidale et de polymérase sont présentes dans la cellule. La synthèse de polymérase est d'abord favorisée car celle-ci devient fonctionnelle et tout en réprimant l'initiation du gène C elle assure la réplication des génomes qui se multiplient donc dans la cellule infectée. Dès qu'une certaine quantité de protéine capsidale est présente dans la cellule l'initiation du gène P est réprimée par la protéine capsidale qui se fixe sur l'ARN. La synthèse préférentielle de la protéine capsidale s'observe alors. Quant à la synthèse de la protéine A, elle dépend de la réplication puisque l'initiation de la traduction du gène correspondant n'a lieu que sur la molécule d'ARN en cours de synthèse.

La réplication du génome assurée par la polymérase ne peut se dérouler que parce que cette polymérase possède un second rôle, celui de répresseur de l'initiation du gène C.

Une des conclusions d'ordre général que l'on peut tirer de tout ceci, est précisément l'existence de rôles multiples pour une même protéine aboutissant à une économie considérable de moyens pour le virus. Ce qui explique qu'avec trois gènes seulement les phages à ARN puissent présenter des mécanismes de régulation aussi élaborés et dont nous ne connaissons probablement encore qu'une partie.

10.5.1.3. RÉGULATION POST-TRADUCTIONNELLE : CAS DU POLIOVIRUS

Le poliovirus est un virus à ARN monocaténaire (masse moléculaire d'environ 2.10^6) dont l'ARN est directement lu par le système de traduction cellulaire (voir fig. 10.47 et tableau 10.II). On pourrait imaginer, dans ce cas, un système de régulation analogue à celui que nous venons de décrire dans le cas des bactériophages à ARN, impliquant une initiation séparée de la traduction de chacun des gènes du virus. Il n'en est rien comme nous allons le voir.

La figure 10.40 montre qu'il est possible de détecter dans le cytoplasme des cellules infectées les protéines codées par le virus. Le poliovirus inhibe, en effet, très rapidement et complètement les

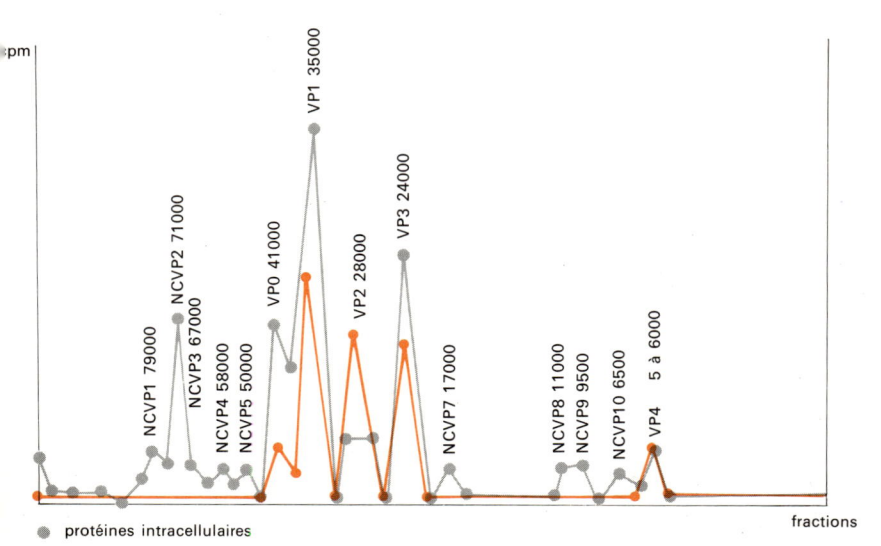

Figure 10.40
Protéines du poliovirus.
Un extrait de cellules infectées incubées en présence d'acides aminés marqués au ^{14}C (courbe noire) a été mélangé aux protéines du virion marquées au ^3H (courbe colorée). Le mélange est analysé par électrophorèse sur un gel de polyacrylamide qui trie les protéines par poids moléculaire décroissant de la gauche vers la droite. Cette technique permet de repérer les protéines capsidales (VP1 à VP4 ainsi que VP0, précurseur de VP2 et VP4) parmi les protéines non structurales (NCVP1 à 10).
La capacité de codage du poliovirus est d'environ 200 000 daltons.
Le carbone 14 et le tritium peuvent être discriminés dans un spectromètre à scintillation et les quantités respectives de ces deux marqueurs sont ainsi mesurées. Elles correspondent aux protéines synthétisées dont les quantités sont proportionnelles au nombre de coups par minute cpm mesuré par le spectromètre.

synthèses protéiques cellulaires et les protéines virales sont seules à être détectées si on ajoute des acides aminés marqués au milieu où se trouvent les cellules, après l'infection de celles-ci.

Si on additionne les masses moléculaires de toutes les protéines détectées, on constate que la masse totale excède largement la capacité de codage limitée du virus (environ 200 000 daltons). Ceci peut s'expliquer si on admet que tous les polypeptides ainsi détectés ne sont pas indépendants et que certains dérivent d'autres par clivage. Ceci peut être montré en marquant pendant un temps court les protéines synthétisées à partir d'un extrait de cellules infectées (pulse court), puis en bloquant l'incorporation des acides aminés marqués par transfert dans un milieu contenant un large excès des mêmes acides aminés non marqués (chasse). On étudie, ensuite, l'évolution du marquage. On constate, dans ces conditions, que celui-ci disparaît progressivement de certaines protéines pour se retrouver dans d'autres plus légères. Il y a donc bien des clivages (fig. 10.41).

Le problème est alors de savoir quels sont les polypeptides primaires issus directement de la traduction et donnant, par clivage, tous les polypeptides détectés dans la figure 10.41.

On est arrivé à la conclusion qu'il n'y avait qu'*un seul polypeptide primaire* de masse moléculaire 210 000 environ, qui, à la suite de clivages successifs, donne tous les polypeptides viraux.

Figure 10.41
Clivage des protéines du poliovirus.
Des cellules infectées par le poliovirus sont incubées durant trois minutes en présence de leucine marquée au ^{3}H (pulse). De la leucine non marquée est alors ajoutée en très large excès et des extraits cellulaires équivalents sont prélevés deux minutes et trente minutes après la « chasse » par la leucine « froide » (non marquée). Une électrophorèse en gel de polyacrylamide est alors pratiquée et les résultats de cette analyse sont comparés. Les polypeptides les plus longs sont à gauche; les plus courts sont à droite. On constate qu'entre la deuxième et la trentième minute, le pic NCVP1 a diminué au profit des pics VP0, VP1 et VP3; cpm, nombre de coups-minute dans la fraction considérée.

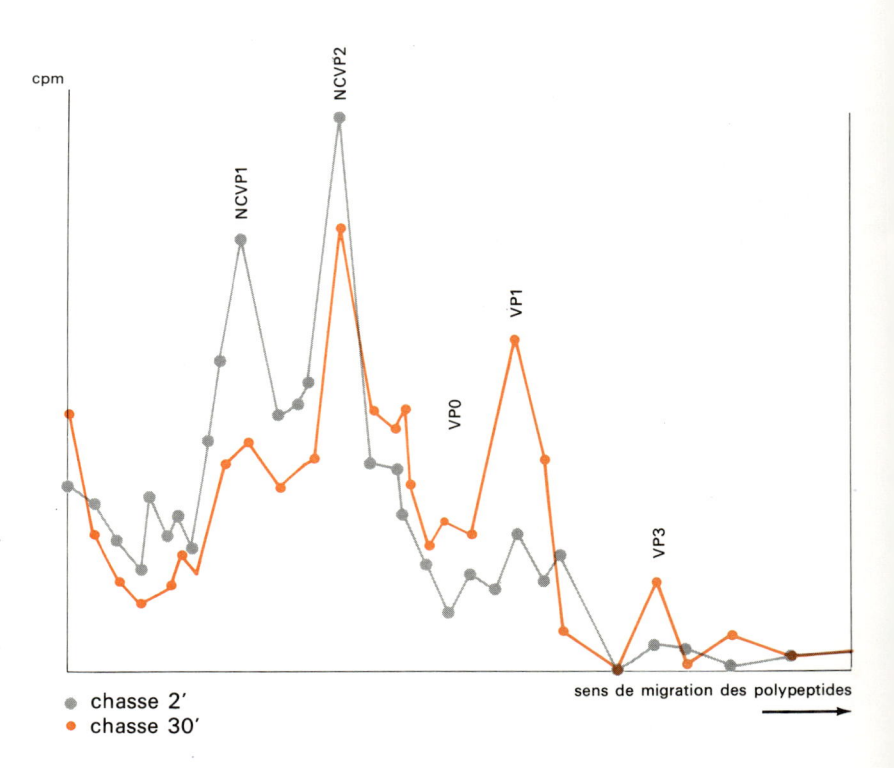

● chasse 2′
● chasse 30′

Il est évident, dans ces conditions, qu'aucune régulation au niveau de la traduction n'est alors possible puisqu'il se fabrique un nombre identique d'exemplaires de chacun des polypeptides.

Deux facteurs peuvent néanmoins réguler, dans ce cas, le nombre de polypeptides présents dans la cellule : la cadence des clivages intermédiaires qui peut être différente pour les différents polypeptides et la durée de vie des produits du clivage. L'enzyme de réplication, par exemple, semble dans le cas du poliovirus avoir une demi-vie* relativement courte (de l'ordre de quinze minutes), alors que les protéines capsidales sont utilisables pendant un temps beaucoup plus long. Il s'agit là d'une régulation post-traductionnelle dont nous avons déjà signalé un exemple dans le cas du bactériophage λ (voir p. 223).

10.5.2. Virus oncogènes

La prolifération des cellules d'un organisme sain et leur ordonnancement, les unes par rapport aux autres, sont soumis à des règles relativement rigoureuses dont l'embryologie nous montre de nombreux exemples. Mais dans certains cas, l'équilibre ainsi réalisé est rompu et on observe une prolifération continue et anarchique de certaines cellules qui constituent alors des *tumeurs*.

10.5.2.1. PROLIFÉRATION CELLULAIRE NORMALE ET PROCESSUS TUMORAUX

Si l'on met en culture des cellules normales de poulet, par exemple, on constate qu'elles se multiplient rapidement, mais dès que le tapis cellulaire devient continu, c'est-à-dire, dès que les cellules atteignent une certaine densité, toute division s'arrête (inhibition de contact). Prenons maintenant des cellules d'une tumeur de poulet, le sarcome de Rous, que nous aurons l'occasion de mentionner. Ces cellules en culture se multiplient sans limite ; quand le tapis vient à être continu, elles poursuivent leurs divisions et donnent des massifs de cellules qui s'empilent. Ces cellules ne présentent pas d'inhibition de contact. Le changement dans les propriétés de la membrane plasmique qui accompagne ce phénomène est l'une des caractéristiques essentielles des cellules tumorales.

La prolifération des cellules tumorales peut être relativement limitée, on parle alors de *tumeur bénigne* (comme les verrues par exemple). Dans d'autres cas, cette prolifération est illimitée ; elle est souvent accompagnée de migrations de cellules tumorales, qui essaiment dans tout l'organisme ce qui entraîne la formation de tumeurs secondaires, ou *métastases*. On parle alors de *tumeur maligne*.

On a pu prouver que dans un certain nombre de cas, la conversion de cellules saines en cellules tumorales était liée à l'infection par un virus. Un tel virus est dit *oncogène*.

* La demie-vie de l'enzyme est la période pendant laquelle elle perd la moitié de son activité à partir du moment où elle est synthétisée. Le sort ultérieur des molécules protéiques impliquées n'est pas connu.

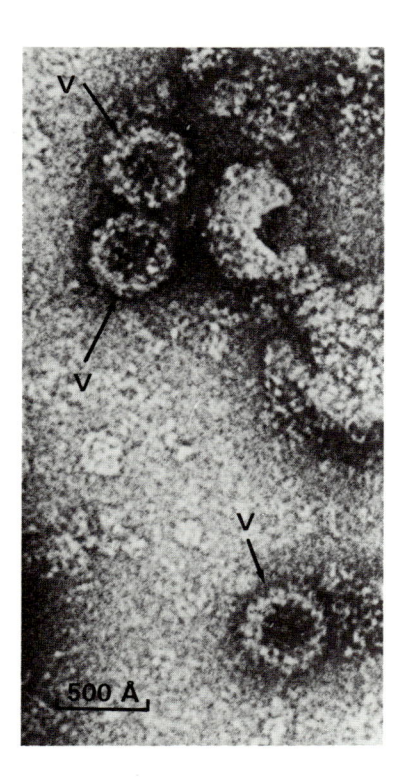

Figure 10.42
Virions du virus SV40, virus oncogène à ADN.
Trois virions V sont ici mêlés à des débris cellulaires. Observation en coloration négative ; × 250 000 (micrographie électronique A. Moncany, 1978).

10.5.2.2. VIRUS ONCOGÈNES A ADN : LE VIRUS SV 40

Le virus SV40 infecte naturellement quelques espèces de singes asiatiques (d'où son nom Simian Virus) sans provoquer de maladie apparente, notamment de tumeurs. Il se révèle par contre très oncogène pour le hamster nouveau-né. Il appartient au même groupe que le virus de la verrue humaine (voir frontispice de ce chapitre). Il s'agit d'un virus à capside icosaèdrique de 72 capsomères dont l'acide nucléique est un ADN double brin circulaire de masse moléculaire $3,5.10^6$ (fig. 10.42, 10.47 et tableau 10.II).

Infection productive et infection abortive

Le virus SV40 est capable d'infecter un grand nombre de cellules en culture dans lesquelles il peut donner lieu à deux types d'infections :

Le premier est une *infection productive* et lytique et correspond à un cycle complet accompagné, donc, de la production de virions. C'est celle que l'on observe dans les cellules de singe qui sont dites *permissives*.

Le second type, appelé *infection abortive* consiste en un cycle incomplet qui s'arrête généralement avant la réplication de l'ADN viral. C'est une infection de ce type que l'on observe dans des cellules de souris, de rat ou des cellules humaines. Ces cellules sont dites *non permissives*.

Le cycle productif du virus SV40 est tout à fait semblable à celui de la plupart des virus animaux à ADN (qui est d'ailleurs très comparable à celui des bactériophages T2 ou λ).

Il débute dans le noyau de la cellule-hôte par une *phase précoce* qui dure de 12 à 24 heures et qui consiste essentiellement en une transcription d'une partie du génome (ici environ 40 %) donnant des ARN messagers précoces qui sont traduits dans le cytoplasme. La réplication de l'ADN viral commence alors, toujours dans le noyau, et la transcription s'étend à la totalité du génome. On est alors entré dans la *phase tardive* du cycle.

L'assemblage a lieu dans le noyau et les virions sont *libérés* par lyse de la cellule-hôte. Cette phase dure environ trois à quatre jours.

L'infection abortive se traduit par les mêmes phénomènes que ceux observés au cours de la phase précoce du cycle productif. On constate, en effet, que les ARN messagers transcrits sont les mêmes que ceux observés au cours de la phase précoce et dans les deux cas un antigène spécial codé par le virus, l'antigène T qui est l'une des protéines virales précoces, apparaît dans le noyau des cellules infectées (fig. 10.43). De plus, dans les deux cas, on observe une stimulation très nette de la synthèse de l'ADN cellulaire, même dans les cellules où cette synthèse est réprimée (cellules en forte concentration ou cellules vieillies par exemple). Cette synthèse est accompagnée d'une poussée mitotique qui dans le cas d'une infection abortive se maintient plusieurs jours puis décroît et la très grande majorité des cellules reprend son phénotype normal, tout signe de la présence de virus disparaissant (ARN messagers viraux, antigène T, stimulation des synthèses d'ADN cellulaire).

L'identification de la fraction du génome viral s'exprimant dans une cellule donnée repose essentiellement sur l'utilisation de l'hybridation moléculaire ADN-ARN. On prépare l'ARN messager marqué soit à partir de cellules permissives infectées où on le récolte au cours des différentes phases du cycle viral (on distingue ainsi ARN messagers précoces et tardifs) soit *in vitro* en transcrivant l'ADN viral à l'aide d'ARN polymérase.

Quelques cellules, néanmoins, évoluent différemment et acquièrent un phénotype nouveau. Les mitoses au lieu de ralentir leur rythme se maintiennent; la morphologie cellulaire se modifie et on constate alors l'apparition, dans le tapis de cellules retournées à l'état normal, de *foyers* de cellules qui s'empilent anarchiquement et qui présentent toute une série de caractéristiques, notamment de surface, qui les distinguent des autres cellules.

Ces *cellules transformées,* lorsqu'on les injecte à un animal peuvent, dans certaines conditions, donner des tumeurs. Il y a donc un lien entre la transformation de cellules en culture due à l'induction par le virus et le développement de tumeurs.

Propriétés de la cellule transformée
Les cellules transformées diffèrent des cellules normales dont elles sont issues par au moins un (mais plus souvent plusieurs) caractère : leur morphologie, la capacité de se multiplier indéfiniment, leur

Figure 10.43
Mise en évidence des antigènes viraux par immunofluorescence au cours d'une infection productive par le virus SV40.
Des cellules de singe infectées par le virus SV40 ont été fixées à la fin de la phase précoce (a) et au cours de la phase tardive (b).
a) Antigène T dans le noyau N. Les contours cellulaires sont indiqués par des tirets car le cytoplasme Cy dépourvu d'antigène, n'est pas fluorescent.
b) Antigènes de la capside dans le cytoplasme Cy et le noyau N.
$\times$ 3 000 (cliché M. Girard, 1972).

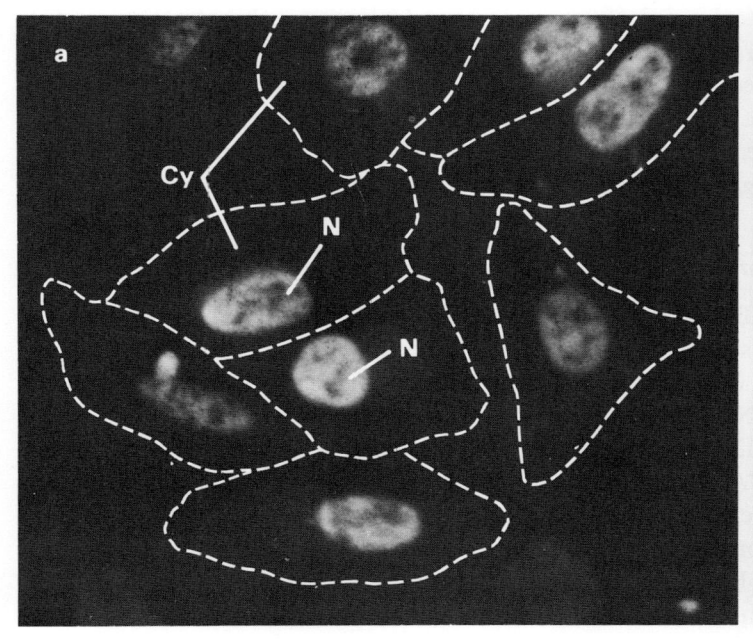

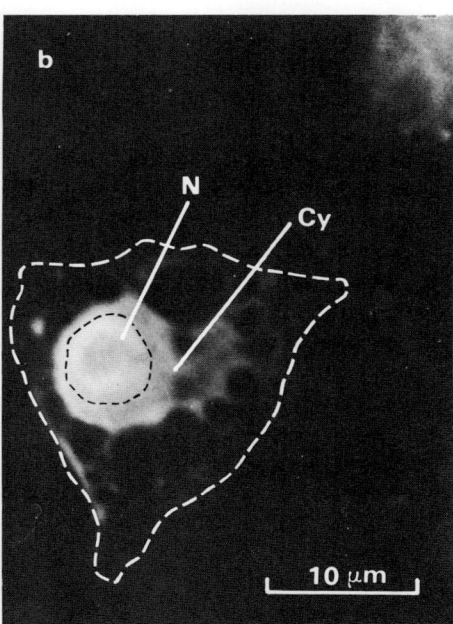

Quelques aspects particuliers de la biologie des virus

comportement collectif, leurs propriétés antigéniques. L'un des phénomènes les plus remarqués est la *perte de l'inhibition de contact*. Des cellules normales arrivant à confluence dans un tapis cellulaire voient leurs synthèses d'ADN réprimées à la suite, vraisemblablement, d'un signal membranaire. Or de telles cellules transformées ne perçoivent plus ce signal et continuent à se diviser et donc à répliquer leur ADN. Elles s'empilent alors donnant les foyers mentionnés plus haut.

Devant ce changement de comportement consécutif à l'infection par un virus oncogène on est tenté de rechercher la présence de marqueurs bien définis de l'expression du génome viral. On peut, effectivement, démontrer par la technique d'hybridation la *présence d'ARN messagers viraux* dans les cellules transformées. Le génome viral est donc présent et s'exprime. Ces messagers sont à peu de choses près identiques aux messagers observés au cours de la phase précoce d'une infection productive.

Une autre trace de l'activité du génome viral est la présence *d'antigènes codés par le virus :* l'antigène nucléaire T (voir fig. 10.43), l'antigène de membrane TSTA, et un antigène dont la localisation est plus variable, l'antigène U. On sait, maintenant, que ces trois antigènes sont les produits de l'expression de gènes contigus sur le génome viral. Il est vraisemblable que les ARN messagers observés dans la cellule transformée correspondent à ces antigènes.

Une remarque s'impose à ce point. Il est, en effet, évident que pour qu'un virus puisse transformer une cellule les gènes dont l'expression peut entraîner la mort de la cellule (cycle lytique) doivent rester silencieux.

Les gènes tardifs ne s'exprimant pas dans une cellule transformée, deux hypothèses peuvent être envisagées : la portion correspondante du génome est réprimée ou bien elle est absente. Il est possible de trancher entre ces deux hypothèses car pour un certain nombre de lignées de cellules transformées on peut, par fusion entre cellules transformées et cellules permissives (cellules de singe par exemple), obtenir la production de virions SV40. L'information SV40 est donc intégralement présente mais les gènes tardifs sont réprimés.

Situation de l'ADN viral dans la cellule transformée

L'ADN du virus SV40 est donc présent en permanence dans la cellule transformée. On peut se demander quelle est sa localisation.

On peut, grâce aux techniques d'hybridation et en utilisant des ARN messagers viraux marqués qui se fixeront sur le segment d'ADN viral correspondant, démontrer que celui-ci est inséparable de l'ADN cellulaire tant qu'on ne rompt pas les liaisons covalentes entre nucléotides. Il est donc *intégré* dans l'ADN et donc dans les chromosomes de la cellule transformée.

En perfectionnant ces techniques et notamment en les rendant quantitatives on a pu démontrer qu'il existait un nombre fixe et probablement très restreint de copies du génome viral dans chaque cellule transformée. Ce nombre fixe dans une lignée de cellules transformées et variable suivant les lignées est probablement égal à un dans beaucoup de cas. Cette intégration d'un génome viral circulaire dans un génome cellulaire linéaire s'effectue très certainement selon un schéma comparable à celui décrit dans le cas du bactériophage λ (voir fig. 10.33).

Étapes de la transformation

Si on infecte par du SV40 des cellules non permissives en tapis confluent, donc en inhibition de contact, qui ne répliquent plus leur ADN on n'observe aucune transformation. Si on dilue ces cellules (on lève l'inhibition de contact) elles reprennent leurs divisions et on observe au bout d'un certain temps l'apparition d'un certain nombre de foyers de cellules transformées correspondant à la transformation d'un nombre limité mais sensiblement constant (pour une concentration donnée du virus) de cellules.

Reprenons l'expérience précédente et procédons à une dilution des cellules infectées après un maintien en confluence de durée croissante. Le nombre de foyers diminue progressivement. Tout se passe comme si l'information virale se perdait progressivement dans les cellules bloquées par l'inhibition de contact (fig. 10.44, courbe colorée).

Si on répète l'expérience en infectant des cellules en tapis confluent et en les diluant de moitié aussitôt après, de façon à permettre une seule division en moyenne, aucun foyer n'apparaît dans le tapis cellulaire qui est redevenu complet une vingtaine d'heures après la dilution. Mais, différence essentielle avec l'expérience précédente, si on permet par dilution une nouvelle reprise des mitoses, quel que soit le délai entre le premier cycle de mitose et la seconde vague, on obtient le nombre maximum de foyers au bout d'un certain temps de culture. Tout se passe comme si, cette fois, l'information virale était stabilisée dans la cellule par la première mitose suivant l'infection mais qu'elle ne pouvait s'exprimer qu'après un certain nombre de mitoses supplémentaires.

Il existe donc au moins deux étapes dans la transformation : l'acquisition de la propriété transformée et son expression. Il est vraisemblable que la première étape est *l'intégration du génome viral dans le génome cellulaire*. La seconde est moins connue et doit faire intervenir *l'expression* d'un ou plusieurs gènes du virus. On a pu le montrer en isolant des mutants qui donnent lieu à une expression thermosensible de la transformation. Des cellules transformées par de tels mutants se comportent à 31° comme des cellules transformées usuelles mais retournent à un état apparemment normal, non transformé, à 41° et ceci de façon réversible. L'analogie entre les événements de la phase précoce du cycle productif et des phénomènes précédant la transformation ont amené à penser que l'intégration du

Figure 10.44
Rôle de la mitose dans l'établissement de la transformation par le virus SV40.
Des cellules 3T3 à confluence sont infectées par SV40 puis laissées à confluence pendant un temps croissant (en abcisse). A intervalles, des cellules sont prélevées, diluées et remises en culture et les foyers de cellules transformées sont comptés lorsqu'ils se développent. Ce nombre est comparé (pourcentage en ordonnées) à celui obtenu pour des cellules infectées dans les mêmes conditions mais diluées aussitôt après l'infection (courbe colorée). La même expérience est faite en permettant une seule division après l'infection (courbe noire) (d'après G.S. Todaro et M. Green, 1966).

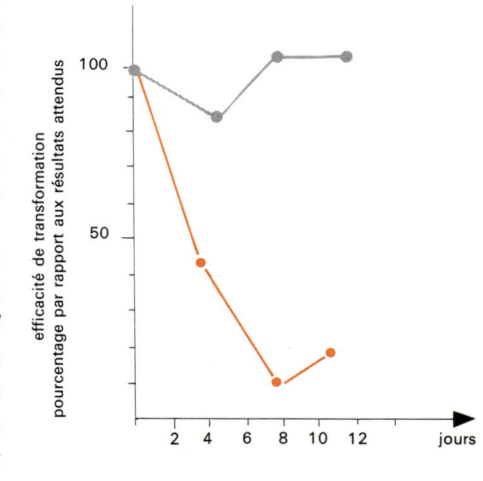

génome viral dans le génome cellulaire s'effectuait également dans un cycle productif. Ceci semble d'autant plus vraisemblable que pour le virus du polyome, virus oncogène extrêmement voisin du SV40 (voir fig. 10.47 et tableau 10.II), ce phénomène a effectivement été démontré.

Le mécanisme de ce phénomène biologiquement fondamental est complètement inconnu. Il est vraisemblable qu'il fait intervenir des systèmes enzymatiques préexistant dans la cellule car il peut se dérouler en l'absence de toute synthèse d'ADN cellulaire et de toute synthèse protéique.

Probabilités d'évolution vers l'infection productive, abortive, ou vers la transformation d'un système SV40—cellule-hôte.

Tout ce qui précède indique qu'il existe une série de phénomènes communs au cours de ces trois évolutions possibles du système SV40 — cellule-hôte. Ces phénomènes se traduisent par une transcription des gènes précoces du virus et l'apparition consécutive de l'antigène T. La divergence semble se placer dans la régulation ultérieure du système et cette régulation est encore inconnue. On sait seulement que la probabilité de la transformation, toujours faible, dépend à la fois du nombre de génomes viraux entrant dans une cellule et de la cellule elle-même. Si on augmente, pour une cellule donnée le nombre des virions infectants, on augmente la probabilité que l'un d'entre eux provoque la transformation. On atteint cependant un taux maximum de transformation pour une cellule donnée. Ainsi le taux varie de 50 % pour une lignée tout à fait exceptionnelle de cellules de souris (les 3T3 Swiss) à 0,2 % pour des cellules humaines normales et même beaucoup moins pour les cellules permissives de singe.

10.5.2.3. VIRUS ONCOGÈNES A ARN

Un certain nombre de virus à ARN (les leucémies d'origine virale connues, le virus du sarcome de Rous, de la tumeur mammaire de la souris, etc.) sont oncogènes dans certaines conditions. On les groupe au sein des oncornavirus (voir tableau 10.II).

Le virus du sarcome de Rous est même le premier pour lequel une démonstration claire de l'oncogénécité d'un virus ait été démontrée.

Le schéma que nous venons de décrire dans le cas du SV40 est apparemment difficile à appliquer à un virus à ARN. En fait, il n'en est rien car on a découvert dans les virions de tous les virus oncogènes à ARN (oncornavirus) une enzyme particulière, la *transcriptase reverse,* qui est une ADN polymérase — ARN dépendante qui fait une copie ADN double brin du génome ARN simple brin du virion (fig. 10.45). On est alors ramené au problème initial, celui de l'intégration d'un ADN viral dans le génome cellulaire. Cette découverte a

Figure 10.45
Fonctionnement de la transcriptase reverse d'un virus oncogène à ARN (oncornavirus).
L'ARN du virion est copié en ADN simple chaîne à partir d'une amorce qui n'est autre qu'un ARN de transfert (ARNt du tryptophane dans le cas de plusieurs oncornavirus d'oiseaux, dont le virus du sarcome de Rous). L'ARN une fois transcrit est hydrolysé par la transcriptase reverse qui se comporte alors comme une ribonucléase. L'ADN simple chaîne est alors copié pour donner un ADN double chaîne par la transcriptase reverse. Il y a enfin circularisation de la molécule, phénomène facilité par le fait que les deux extrémités de la molécule comportent une séquence identique de 21 paires de nucléotides.

ARN simple chaîne du virion

amorce ARN (ARNt)

hybride ARN-ADN

destruction de la chaîne ARN

ADN double chaîne

permis d'unifier dans une large mesure nos conceptions de la transformation.

Sans vouloir pousser plus avant l'analyse de la biologie passionnante mais complexe de ces virus il convient cependant de relever un certain nombre de faits qui s'ils semblent actuellement un peu particuliers, pourraient, dans l'avenir s'avérer d'un intérêt plus général.

L'un d'entre eux est le fait que l'initiation de la synthèse d'ADN par la transcription reverse fait intervenir une amorce ARN (alors qu'il s'agit de polymériser des désoxyribonucléotides). Dans le cas du virus du sarcome de Rous (et de toutes les leucoses aviaires) cet ARN est un constituant normal de la cellule : l'ARN de transfert du tryptophane qui joue ce rôle et est lié à l'ARN 70 S du virus. Cet ARN est incorporé dans le virion avec le génome viral.

Le virus du sarcome de Rous est capable de se multiplier (contrairement au SV40) dans les cellules qu'il transforme (voir fig. 10.46). L'analyse de son génome a montré qu'il fallait distinguer deux composants 35 S au sein d'un complexe 70 S. On a pu, par ailleurs, isoler des mutants du virus induisant une transformation thermosensible des cellules (les cellules transformées retrouvant un phénotype normal à haute température) sans que la multiplication du virus soit altérée et des mutants ayant perdu, par délétion, la possibilité de transformer les cellules, ces deux types de mutation ayant une localisation identique et concernant la même région du génome. On a pu, grâce à ces mutants, montrer que le génome du virus du sarcome de Rous possédait donc un gène *sarc* responsable de la transformation sans qu'on connaisse encore le produit de ce gène. Le fait le plus intéressant est que ce gène *sarc* existe en fait dans toutes les cellules saines de poulet et, plus, chez tous les oiseaux. Les seules différences observées sont des différences d'homologie de séquences (mesurées par hybridation) d'autant plus grandes qu'il s'agit d'espèces plus éloignées du poulet. La fonction de ce gène « normal » associé au génome viral est encore inconnue mais doit être importante dans la mesure où elle a été conservée au cours de l'évolution.

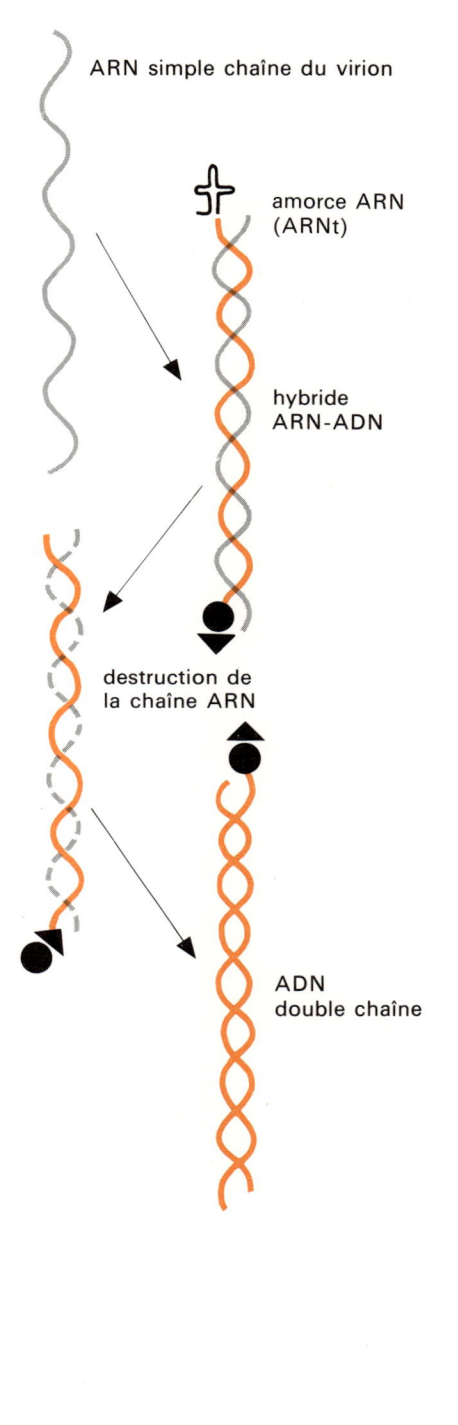

Quelques aspects particuliers de la biologie des virus

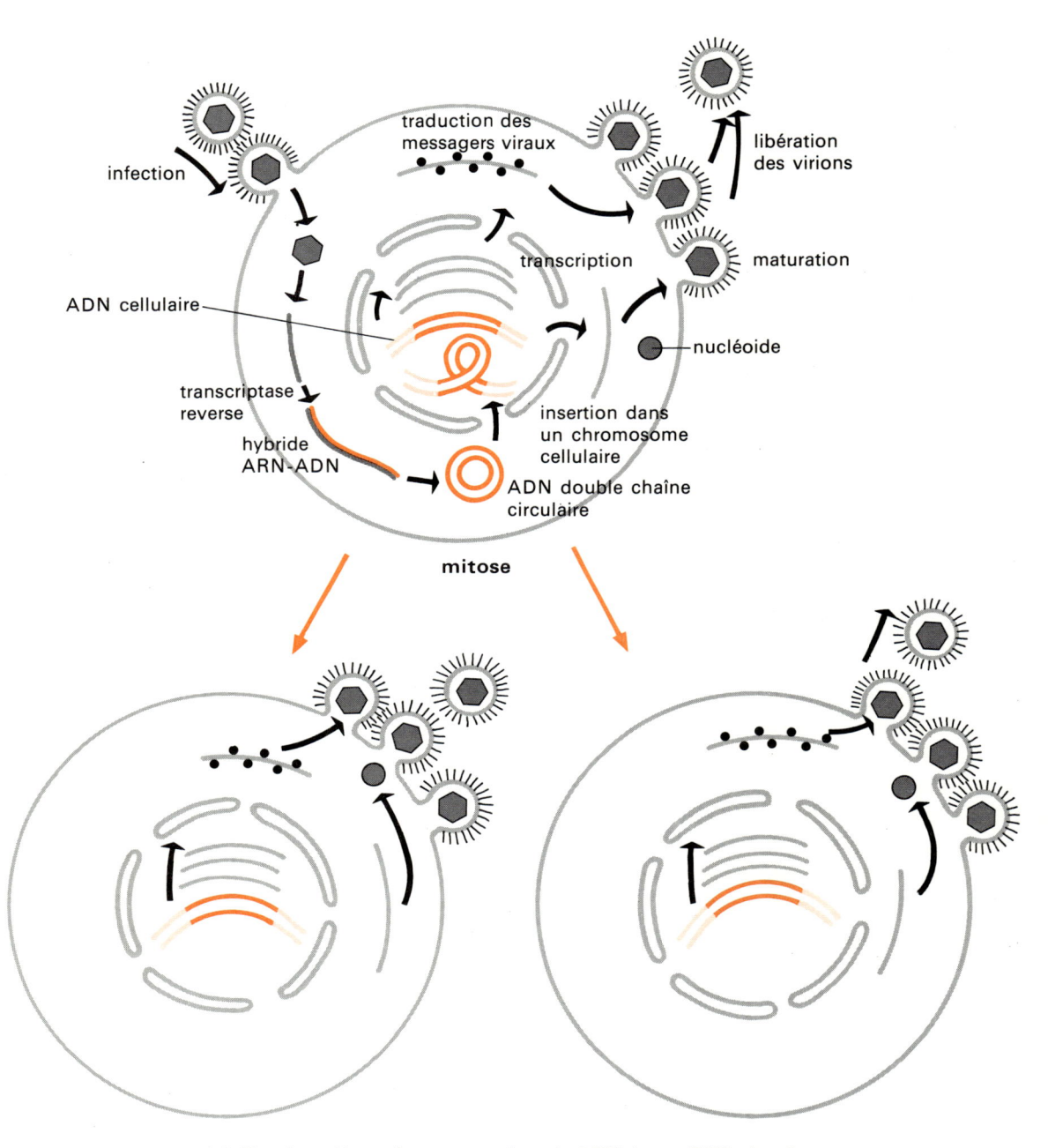

multiplication d'un virus oncogène à ARN (oncoRNAvirus)

Figure 10.46
Multiplication d'un oncornavirus.
Le virion infecte la cellule par fusion de l'enveloppe avec la membrane plasmique. L'ARN viral est transcrit en ADN simple chaîne puis double chaîne par la transcriptase reverse. L'ADN double-chaîne est circularisé, puis intégré dans un des chromosomes cellulaires. Il est alors transcrit comme un gène de la cellule. L'ARN produit soit joue le rôle de messager, soit est condensé en nucléoïde viral qui sera incorporé dans le virion. La cellule infectée et transformée par l'intégration du virus dans le chromosome subit par ailleurs une série de mitoses et le virus est donc répliqué en même temps que l'ADN cellulaire et grâce aux mêmes mécanismes.
Enfin les cellules transformées peuvent, dans certains cas, produire des virions.

Enfin la nature de l'information virale tantôt ARN, tantôt ADN utilisable par les cellules sous ces deux formes puisqu'on peut aussi bien infecter une cellule par le virion, donc l'ARN, que par l'ADN, produit de l'activité de la transcriptase reverse, ne permet de classer les virus oncogènes « à ARN » ni parmi les virus à ARN ni parmi les virus à ADN et souligne des possibilités d'interconversion de l'information génétique plus grandes qu'on ne le pensait jusqu'à présent.

10.5.3. Interactions entre adénovirus humains et virus SV40

Les adénovirus humains (voir p. 163) se multiplient dans les cellules d'origine humaine mais sont incapables de le faire dans des cellules de singe. Vers 1956 on tenta d'adapter l'adénovirus 7 (l'un des multiples types d'adénovirus humains) à des cellules de singe. Une telle « adaptation » est une sélection dans une population de virus des rares individus éventuellement capables de se multiplier dans un nouveau système cellulaire et qui bénéficient, de ce fait, d'un avantage sélectif évident par rapport aux autres individus. On a cru pouvoir démontrer une telle adaptation puisqu'après un certain nombre de « passages » sur cellules de rein de singe on récolta un virus se multipliant dans ces cellules. La voie était ouverte pour la fabrication d'un vaccin contre cet adénovirus que l'on administra à bon nombre de recrues d'une armée au début des années soixante. On arrêta rapidement l'opération lorsqu'on s'aperçut que le vaccin contenait du virus SV40, virus oncogène comme nous venons de le voir. La contamination d'un stock de virus par un autre est un phénomène assez courant et la présence de SV40, hôte de bien des populations de cellules de singe, n'était pas étonnante.

On avait, en fait, et sans le savoir comme on allait le démontrer à partir de 1964 découvert le produit d'une série de phénomènes originaux et d'un grand intérêt biologique.

Tableau 10. II
Quelques virus infectant les cellules animales et leur variété.

groupes	structure du virion	acide nucléique		taille (nm)
adénovirus	capside icosaédrique	ADN linéaire	23.10^6	70-90
papovavirus (SV 40, verrue)	capside icosaédrique	ADN circulaire	4.10^6	43-53
herpès (herpès, varicelle, zona)	capside icosaédrique et enveloppe	ADN	80.10^6	100-150
poxvirus (vaccine)	capside complexe et enveloppe	ADN	160.10^6	250-300
picornavirus (poliomyélite)	capside icosaédrique	ARN simple chaîne messager	2.10^6	20-30
orthomyxovirus (grippes)	capside hélicoïdale et enveloppe	ARN simple chaîne segmenté transcrit	3.10^6	90-120
paramyxovirus (oreillons, rougeole)	capside hélicoïdale et enveloppe	ARN simple chaîne transcrit	6.10^6	120-350
rhabdovirus (rage)	capside linéaire et enveloppe	ARN simple chaîne transcrit	4.10^6	75-170
reovirus	double capside	ARN double chaîne segmenté	15.10^6	70-80
oncornavirus	capside et enveloppe	ARN (virion) et ADN cellule	10.10^6	100-120

Quelques exemples sont donnés pour certains groupes de virus.

10.5.3.1. COMPLÉMENTATION DES ADÉNOVIRUS HUMAINS PAR LE VIRUS SV40 DANS LES CELLULES DE SINGE

Comme nous l'avons vu le virus SV40 donne lieu à un cycle productif normal dans des cellules de singe. Il n'en est pas de même pour les adénovirus humains, notamment l'adénovirus 7. Après infection on observe une synthèse d'ADN viral, une transcription et au moins une synthèse d'antigène T normales mais aucun virion n'est produit. Un événement tardif est bloqué et le cycle est abortif. Une coinfection par le SV40 permet un cycle complet et des virions de l'adénovirus 7 et du SV40 sont produits. Le virus SV40 complémente* donc l'adénovirus 7 en lui permettant d'achever son cycle. On ne sait pas exacte-

* Voir *Génétique*, chapitre 7.

ment quelle est l'information complémentaire apportée par le virus SV40 mais on sait quelle est la partie du génome qui est suffisante pour permettre la complémentation.

10.5.3.2. FORMATION D'HYBRIDES ADÉNOVIRUS-SV40

L'analyse des virions contenus dans le fameux « vaccin » montra qu'il était non seulement contaminé par du virus SV40 dont on pouvait en principe se débarrasser par un antisérum anti SV40 mais aussi des virions qui bien que présentant une capside d'adénovirus 7 (et donc échappant à l'action de l'antisérum SV40) contenaient une information SV40 se manifestant par l'apparition, en sus de l'antigène T d'adénovirus 7, de l'antigène T de SV40. Le génome de SV40 n'est vraisemblablement pas complet dans ces virions car lorsqu'ils infectent une cellule de singe (permissive) aucun virion SV40 n'est produit. On peut le vérifier par hybridation avec des ARN messagers de SV40 précoces et tardifs (récoltés pendant les phases correspondantes d'une infection productive). Les virions ne contiennent que la partie « précoce » du génome de SV40.

On a pu montrer qu'en fait l'ADN de SV40 est lié de façon covalente à de l'ADN d'adénovirus 7. Il y a donc eu recombinaison entre deux virus aussi différents qu'un adénovirus et le virus SV40 au cours d'une infection mixte. Ce phénomène n'est apparemment pas exceptionnel car si on ajoute au virus recombiné de l'adénovirus 2 on récolte, outre les virus initiaux, un virus contenant dans une capside d'adénovirus 2 trois éléments liés de façon covalente dans son génome : SV40, adénovirus 7 et adénovirus 2 se manifestant par les antigènes T correspondant.

La possibilité de telles recombinaisons a très certainement des conséquences importantes pour l'évolution des virus.

10.5.4. Viroïdes

En 1967 on découvrait dans des plants atteints d'une maladie appelée le fuseau de la pomme de terre, un agent assez déroutant puisqu'il s'agit d'un ARN de faible poids moléculaire (environ 90 000 daltons, c'est-à-dire voisin de celui des ARN de transfert) probablement monocaténaire et replié en épingle à cheveux.

Cet agent est très infectieux. On a donc recherché la présence de virions. Il apparaît maintenant clairement qu'il n'existe pas de virions dans ce cas et que l'acide nucléique nu est ici naturellement infectieux*. C'était déjà une surprise, on devait en avoir d'autres. On a, en effet, recherché si cet ARN codait pour une protéine (compte tenu de la faible taille de l'acide nucléique, on ne peut envisager que le codage d'un ou deux petits polypeptides). On n'en a détecté jusqu'à présent aucune et, de plus, on a pu montrer que les ribosomes ne peuvent

---

* On sait que l'acide nucléique de nombreux virus débarrassés de la capside peut être infectieux expérimentalement. Ce procédé n'est cependant efficace que si on multiplie les précautions destinées à prévenir l'action des nucléases.

traduire, *in vitro,* cet ARN. On ne peut, cependant, complètement exclure une traduction *in vivo* car la non transcription *in vitro* résulte probablement de la nature circulaire récemment démontrée de l'ARN viral et la non détection de la traduction *in vivo* de la très faible taille du polypeptide viral éventuel. Le mécanisme de réplication est inconnu et on sait seulement qu'il est sensible à l'actinomycine D.

On a été amené, au vu de ces caractéristiques originales, à dénommer *viroïdes* un tel agent pour le distinguer des virus. Il ne semble pas qu'il s'agisse d'un phénomène isolé puisqu'il a été démontré qu'une maladie des agrumes appelée exocortis, est due à un agent similaire.

10.6. Conclusions : conception actuelle du virus

L'idée relativement claire que l'on pouvait se faire des virus au début des années 60 était celle d'un acide nucléique porteur d'une quantité variable d'information, essentiellement celle qui entraîne sa réplication dans la cellule-hôte et accessoirement celle nécessaire à la constitution d'une capside et éventuellement d'une enveloppe permettant la transmission de l'acide nucléique viral (voir tableau 10.II et fig. 10.47).

On distinguait les virus à ADN et à ARN pour lesquels on admettait certes des fonctionnements différents mais compatibles avec le schéma classique de l'organisation et du fonctionnement de l'information cellulaire. La découverte de la lysogénie a montré que le génome d'un virus à ADN pouvait être intégré au génome cellulaire, l'induction permettant de retrouver le génome viral sous sa forme libre.

Les données se sont, depuis, accumulées et la notion de virus s'est à nouveau obscurcie.

L'étude des cellules transformées a notamment montré que, comme dans le cas de certains mutants défectifs du phage λ, le génome de virus oncogènes pouvait fort bien ne plus exister que sous la forme intégrée au génome cellulaire. On peut, certes, encore détecter ce génome grâce aux segments d'acide nucléique communs entre lui et la forme sauvage normale ou grâce à des antigènes identiques à ceux apparaissant dans des cellules transformées par la souche sauvage. Lorsqu'on ne dispose pas de la forme sauvage et donc des virions correspondants, il devient difficile d'affirmer qu'un virus est responsable du phénotype particulier d'une cellule tumorale.

La détection d'une transcriptase réverse peut, par analogie, avec ce qui est connu chez les oncornavirus faire suspecter fortement la présence d'un virus de ce type mais le plus souvent on est incapable de déterminer si ce phénotype correspond à l'expression de gènes cellulaires ou viraux.

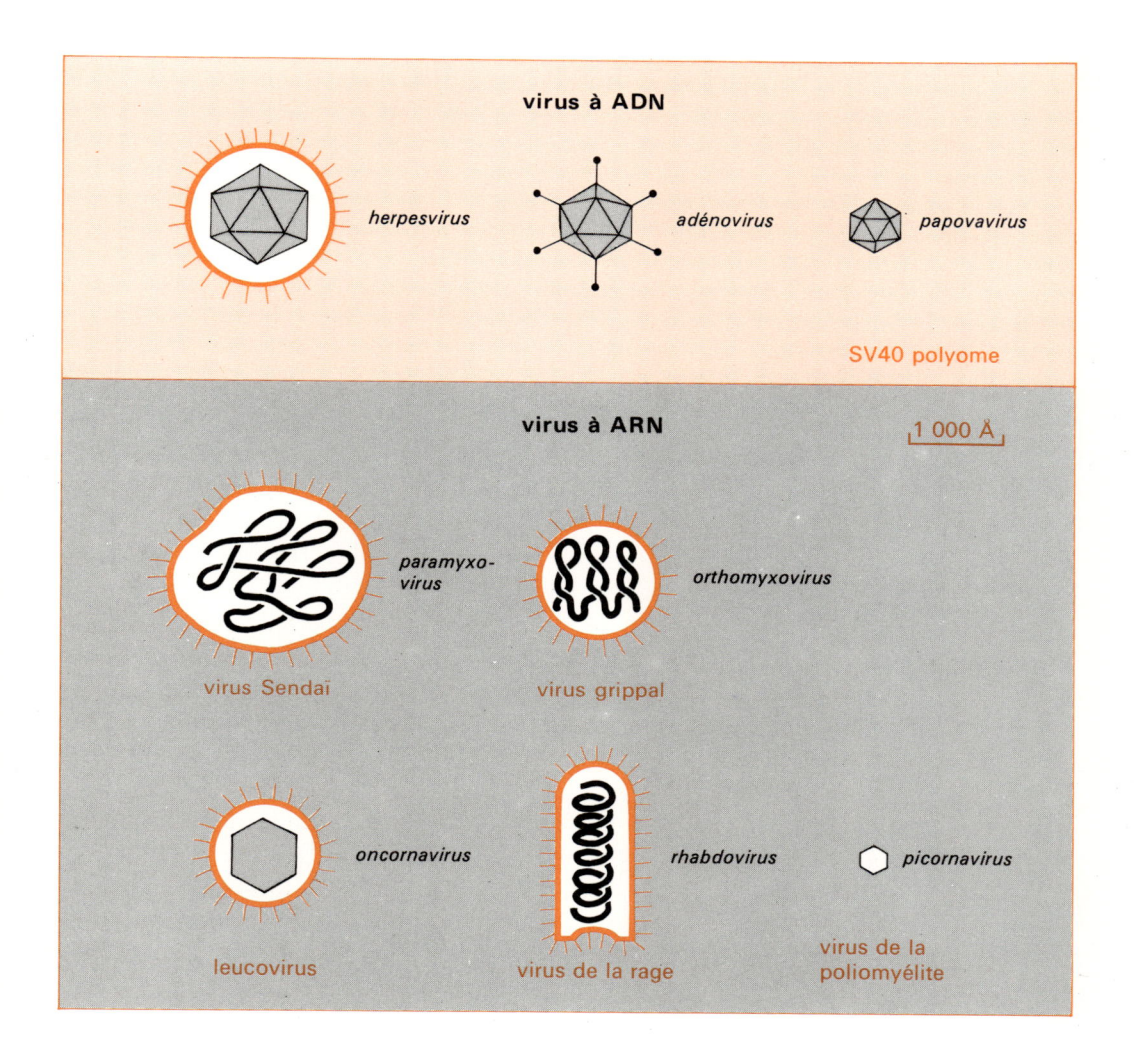

L'étude de cellules normales, notamment des cellules de poulet révèle la présence d'une partie de génome de virus du groupe des leucoses aviaires et l'on peut démontrer qu'il s'agit d'un constituant normal de ces cellules.

Quant aux virus bien caractérisés, la distinction entre virus à ADN et virus à ARN s'estompe dans une certaine mesure puisqu'un virus comme celui du sarcome de Rous est transmis par des virions où l'information virale est présente sous forme d'ARN et est maintenu dans les cellules qu'il transforme sous forme d'ADN. Les virus hybrides comme les réarrangements du virus grippal montrent par ailleurs que l'identité d'un virus peut être très facilement et profondément remaniée.

Enfin la découverte des viroïdes qui ne codent peut-être aucune protéine et sont pourtant extrêmement infectieux ouvre des perspectives tout à fait nouvelles dans un domaine dont on peut se demander s'il relève encore de la virologie.

Figure 10.47
Structure de différents types de virions.
Quelques structures de virions, représentés avec leurs tailles respectives, sont schématisées. La nucléocapside est représentée en couleur, l'enveloppe, quand elle existe, en noir.

Conclusion : conception actuelle du virus

Bibliographie d'ouvrages généraux

Beck, F. et Lloyd, J.B., 1974-1976. *The Cell in Medical Science*, 4 vol. Academic Press, N. Y.

Becker, W.M., 1977. *Energy and the Living Cell*. J.B. Lippincott Co., Philadelphie, 346 p.

Chapeville, F., Clauser, H. et al., 1974. *Biochimie*. Hermann, Paris, 860 p.

Davis, B.D., Dulbecco, R., Eisen, H.N., Ginsberg, H.S. et Wood Jr., W.B., 1973. *Microbiology*. Harper and Row, N. Y., 1 562 p.

De Robertis, E.D.P., Saez, F.A. et De Robertis, E.M.F., 1975. *Cell Biology*. W.B. Saunders, Philadelphie, 815 p.

Dingle, J.T. et Dean, R.T., 1969-1976. *Lysosomes in Biology and Pathology*, 5 vol. North-Holland Publishing Co., Amsterdam.

Durand, M. et Favard, P., 1974. *La cellule, structure et anatomie moléculaire*. Hermann, Paris, 383 p.

Fawcett, D.W., 1966. *The Cell, an Atlas of Fine Structure*. W.B. Saunders, Philadelphie, 448 p.

Fenner, F., McAuslan, B.R., Mims, C.A., Sambrook, J. et White, D.O., 1974. *The Biology of Animal Viruses*. Academic Press, N. Y., 834 p.

Folliot, R., 1975. *Biologie cellulaire*. P.U.F., Paris, 280 p.

Hannoun, C., 1977. *Les virus*. Cours de l'Institut Pasteur. Ediscience, Paris, 361 p.

Hers, H.G. et Van Hoof, F., 1973. *Lysosomes and Storage Diseases*. Academic Press, N. Y., 666 p.

Horne, R.W., 1974. *Virus Structure*. Academic Press, N. Y., 52 p.

Hughes, R.C., 1976. *Membrane Glycoproteins*. Butterworths, Londres, 367 p.

Jamieson, G.A. et Robinson, D.M., 1976-1977. *Mammalian Cell Membranes*, 5 vol. Butterworths, Londres.

Junqueira, L.C., Carneiro, J. et Contopoulos, A., 1977. *Basic Histology*. Lange Medical Publications, Los Altos, 468 p.

Kruh, J., 1978. *Biochimie*, 2 vol. Hermann, Paris.

Lehninger, A.L., 1975. *Biochemistry. The molecular basis of cell structure and function*. Seconde édition. Worth Publishers, N. Y., 1 104 p.

Lloyd, D., 1974. *The Mitochondria of Microorganisms*. Academic Press, N. Y., 553 p.

Luria, S. et Darnell, J., 1978. *General Virology*. Academic Press, N.Y., 320 p.

McKusik, V.A. et Claiborne, R., 1973. *Medical Genetics*. Hospital Practice Publishing Co., N. Y., 300 p.

Martonosi, A., 1976. *The Enzymes of Biological Membranes*, 4 vol. John Wiley and Sons, Londres.

Matile, Ph., 1975. *The Lytic Compartments of Plant Cells*. Springer-Verlag, N. Y., 183 p.

Mounolou, J.C. et Vigier, Ph., 1976. *Précis de génétique physiologique*. P.U.F., Paris, 240 p.

Munn, E.A., 1974. *The Structure of Mitochondria*. Academic Press, N. Y., 465 p.

Novikoff, A.B. et Holtzman, F., 1976. *Cells and Organelles*. Holt, Rinehart and Winston, N. Y., 377 p.

Pitt, D., 1975. *Lysosomes and Cell Function*. Longman, Londres, 165 p.

Porter, K.R. et Bonneville, M.A., 1973. *Structure fine des cellules et des tissus*. Ediscience, groupe McGraw-Hill, Paris, 196 p.

Prévost, G., 1976. *Génétique*. Hermann, Paris, 299 p.

Racker, E., 1976. *A new look at mechanisms in bioenergetics*. Academic Press, N. Y., 197 p.

Roland, J.-C., Szöllösi, A. et Szöllösi, D., 1974. *Atlas de biologie cellulaire*, Masson, Paris, 115 p.

Rossignol, J.-L., 1975. *Abrégé de génétique*. Masson, Paris, 244 p.

Sharon, N., 1975. *Complex Carbohydrates : Their chemistry, biosynthesis and functions*. Addison-Wesley, Reading, Mass., 465 p.

Stryer, L., 1975. *Biochemistry*. W.H. Freeman and Co., San Francisco, 877 p.

Tandler, B. et Hoppel, C.L., 1972. *Mitochondria*. Academic Press, N. Y., 59 p.

Tedeshi, H., 1976. *Mitochondria : structure, biogenesis and transducing functions*. Springer-Verlag, N. Y., 164 p.

Tzagoloff, A., 1975. *Membrane biogenesis : mitochondria, chloroplasts and bacteria*. Plenum Press, N. Y., 460 p.

Watson, J.D., 1975. *Molecular Biology of the Gene*. W.A. Benjamin, Reading, Mass., 739 p.

Weissman, G. et Claiborne, R., 1975. *Cell Membranes : Biochemistry, Cell Biology and Pathology*. H.P. Publishing Co., N. Y., 283 p.

Whaley, W.G., 1975. *The Golgi Apparatus*. Springer-Verlag, N. Y., 190 p.

Index

A

acétone, 126
acétyl-CoA
  bilan énergétique de son oxydation, 122, **139**
  conversion en corps cétoniques, 126
  dans la biosynthèse des acides gras, **124** et suiv.
  formation dans la matrice mitochondriale, 96, **102** et suiv., 112
  oxydation dans le cycle de Krebs, **105** et suiv.
  stimulation de la néoglucogenèse, **141** et suiv.
N-acétylgalactosamine (GalNAc), 68, 69
N-acétylglucosamine (GlcNAc), 26, 27, 28
N-acétylglucosaminidase, 46
acétylhexosaminidase, 48, 68, 69
acide acétoacétique, 126
acide N-acétylneuraminique (NANA), voir acides sialiques
acide aminolévulinique, 129
acide arginosuccinique, 127, 128, 129
acide ascorbique, 116
acide aspartique, 92, 123, **127** et suiv.
acide α-cétoglutarique, **105** et suiv., **127** et suiv.
acide citrique
  cycle de, voir cycle de Krebs
  formation d'acide phosphoénolpyruvique à partir d', **123** et suiv.
  régulation de la glycolyse et de la néoglucogenèse par l', 141, 142
  transporteur de l', 92, 129, **131** et suiv.
acide désoxyribonucléique (ADN)
  action de répresseurs sur l', 221
  bouts collants des chaînes d', 216, 217
  chaînes avec délétion, 216, 217
  dans différents types de virus, **240**
  dénaturation et hybridation, **215** et suiv., 233
  des adénovirus, 163, 164
  des bactériophages, 167, **171** et suiv., 185, 193, 195, **215** et suiv.
  des virus oncogènes, 232, 234
  digestion par les lysosomes, 48
  du virus de la vaccine, 165, 166
  du virus de la verrue humaine, 232, 234 et oncornavirus, **237** et suiv.
  injection dans une bactérie d', **174** et suiv., **177**, **180** et suiv.
  intégration de l'ADN viral dans les cellules transformées, **234**
  mitochondrial, voir rubrique correspondante
  monocaténaire du phage Φ X 174, 196

acide désoxyribonucléique mitochondrial (ADNmt)
  in situ, 78
  kinétoplaste des trypanosomes, 81 et suiv., 97, 98
  propriétés, **96** et suiv.
  quantité par cellule d', 98
  réplication de l', **152** et suiv.
  transcription de l', 153
acide dihydrolipoïque, 103
acide 1, 3-diphosphoglycérique, 139
acide fumarique, 105, 106, 107
  dans le cycle de Krebs, **105** et suiv., **127** et suiv.
  transporteur de, 92, **131** et suiv.
acide glutamique
  dans la formation d'acides aminés, 125, 126
  dans la formation d'urée, **127** et suiv.
  transporteur de l', 92, 131
acide hyaluronique, 48
acide β-hydroxybutyrique, 126
acide isocitrique
  dans le cycle de Krebs, **105** et suiv.
  transporteur de l', 92, 131
acide lactique, 124, 125
acide lipoïque, 102, 103
acide malique
  dans l'uréogenèse, **127** et suiv.
  dans la néoglucogenèse, **123** et suiv.
  dans le cycle de Krebs, **105** et suiv.
  navette malate-aspartate, 135, 136
  transporteur de l', 92, **131** et suiv.
acide neuraminique (NAN), 26
acide oxaloacétique, 105, 106, 107
  dans la biosynthèse des acides gras, **126** et suiv.
  dans la néoglucogenèse, **123** et suiv., 141, 143
  dans le cycle de Krebs, **105** et suiv.
acide periodique, 9, 10
acide phosphatidique, 87
acide phosphoénolpyruvique, 123, 124, 125
  dans la néoglucogenèse, **123** et suiv., 143
  dans la glycolyse, 139, 142
acide pyruvique
  carboxylation de l', **123** et suiv., 143
  décarboxylation oxydative de l', **102** et suiv.
  transporteur de l', 124, 125
acide succinique, 92, **105** et suiv., 117
acide urique,
  dans l'élimination de l'ammoniaque, 105
  et maladie de la goutte, **64** et suiv.

acides aminés
  cycle de Krebs et biosynthèse d', 127, 129
  dégradation des 102, 105, 123
  et uréogenèse, 127, 128
  glucoformateurs, 125
  indispensables, 127
  non essentiels, 124, 125, 127
  séquence dans la protéine de la mosaïque du tabac, 162
acides dicarboxyliques
  du cycle de Krebs, **105** et suiv.
  transporteurs des, 92, **131** et suiv.
acides gras
  biosynthèse des, **124** et suiv.
  désaturation des, 156
  β-oxydation des, **102** et suiv.
  transport par la carnitine des, 92, **133** et suiv.
acides ribonucléiques (ARN)
  amorce pour la synthèse d'ADN, 237
  de la mosaïque du tabac, **160** et suiv.
  des bactériophages, 167, 178, **223** et suiv.
  des oncornavirus, **237** et suiv.
  des viroïdes, 241
  digestion par les lysosomes des, 48
  du virus grippal, 165, **196** et suiv., voir aussi virus grippal
  mitochondriaux, voir rubrique correspondante
  transcriptase reverse et, 237
acides ribonucléiques messagers (ARNm)
  des bactériophages, 178, 221, **223** et suiv.
  du virus grippal, 203
  du virus SV40, **232** et suiv.
  mitochondriaux, voir rubrique correspondante
acides ribonucléiques mitochondriaux
  de transfert, 130, 150, 153
  des mitoribosomes, **98** et suiv., 153
  messagers, 131, 153
  transcription des, **150** et suiv.
acides ribonucléiques ribosomiens (ARNr)
  des mitoribosomes, 98, 100, 153
  des ribosomes du colibacille, 100
  des ribosomes cytoplasmiques, 100
acides ribonucléiques de transfert (ARNt)
  des mitochondries, 130, **150** et suiv.
  et transcriptase reverse, 237
acides sialiques
  de la thyroglobuline, 25, 26
  des glycoprotéines plasmatiques, 53
  du ganglioside GM_2, 68, 69

formule des, 26
neuraminidase du virus grippal et, 200, 201
acides tricarboxyliques
cycle des, voir cycle de Krebs
transporteurs des, 92, **131** et suiv.
aconitase, 106, 107
acridine orange, 46
actine, 38
actinomycine D, 63, 205, 242
acyl-carnitine, 134
acyl-CoA, 110, 134
acyl-CoA déshydrogénases, 104, 109
acyl-CoA synthétase, 87, 134
adénohypophyse, 58
adénosine diphosphate
et conformation des mitochondries, 137
formation dans l'espace intermembranaire, 95
phosphorylation oxydative de l', **109** et suiv., **115** et suiv., 121, 122
régulation de la respiration par l', 140
transporteur ADP-ATP, 140
adénosine 5'-phosphosulfate, 30
adénosine triphosphatase
calcium dépendante, 122
sodium-potassium dépendante, 122
adénosine triphosphatase mitochondriale
base hydrophobe de l', **89**, et suiv., **114** et suiv., 121, 122, 130, 131
biosynthèse de l', 130, 131
dans des vésicules reconstituées, 118
organisation de l', **89** et suiv.
pédoncule Fo de l', 74, 76, 86, **89** et suiv., **114** et suiv. 121
phosphorylation de l'ADP par l', **120** et suiv.
position dans la membrane mitochondriale interne, 93, 94
sensibilité à l'oligomycine, 89, 91
sphères F_1 de l', **74** et suiv., 85, 86, **89** et suiv., 94, 95, **114** et suiv.
translocation de protons et, **114** et suiv., 121, 122
adénosine triphosphate
nombre de molécules formées par molécule de glucose oxydée, 139
phosphorylation oxydative de l'ADP en, **109** et suiv., 116
rôle dans la contraction de la queue du phage T2, 175
rôle dans la régulation de la glycolyse, 141, 142
rôle dans la régulation du cycle de Krebs, 108
rôle dans la sulfatation, 30
rôle dans la synthèse de l'urée, 127, 128
rôle de l'ATPase mitochondriale dans la formation de l', **120** et suiv.
transporteur de la membrane mitochondriale interne, 92, 121, 140

adénovirus, 163, 164, 240
adénovirus humains
adaptation à des cellules de singe de l'adénovirus 7, 239
ADN des, 240, 241
cycle des, 240
interactions avec le virus SV 40, **239** et suiv., voir aussi virus SV 40
vaccins contre l'adénovirus 7, 239, 241
adénylkinase, 95
ADN, voir acide désoxyribonucléique
ADNmt, voir acide désoxyribonucléique mitochondrial
ADN polymérase, 180
ADN polymérase ARN dépendante, voir transcriptase reverse
ADP, voir adénosine diphosphate
alanine, 129
albumine
du sérum, 27, 28
marquage des vacuoles d'endocytose par l', 52
aleurone, voir grains d'aleurone
amibe, 37, 52, 155
ammoniaque
et cycle de l'urée, 127, 128
provenant des acides aminés, 105
amphibiens, 58, 59, 79, 96, 98
β-amylase, 49
amytal, 109, 110
anticorps
anticathepsine D, 60
contre les souches de virus grippal, 204, **212** et suiv.
endocytose par les entérocytes des, 52, 53
glycosylation des, 28
marqués, 9, 94, 95, 204
antigènes
de surface de *Salmonella*, 195
du virus grippal, 198, 204 et suiv., 212, 213
T de virus SV40, 232 et suiv., 240, 241
TSTA de virus SV40, 234
U de virus SV40, 234
antimycine A, 38, 109, 110, 111
appareil de Golgi (voir dictyosomes et membranes de l'appareil de Golgi)
activités peroxydasiques de l', 10
activités phosphatasiques de l', 10
biogenèse de l', **35** et suiv.
cavités de l', **3** et suiv., 9, 33, 34
composition chimique de l', **13** et suiv.
glycosylations par l', **25** et suiv.
isolement de l', **10** et suiv.
marquage par des lipoprotéines de l', 12, 13
production de membrane pour la surface cellulaire, **31** et suiv.
relations avec le réticulum endoplasmique, **3** et suiv., **35** et suiv.

rôle dans la biogenèse des lysosomes, **69** et suiv.
rôle dans la sécrétion, **16** et suiv.
saccules de l', **3** et suiv., 9, 10, 11, **23** et suiv., **35** et suiv.
structure de l', **3** et suiv.
sulfatation par l', 30
transport intracellulaire des protéines par l', **19** et suiv.
arginine
dans le cycle de l'urée, **127** et suiv.
dans les unités de structure de la mosaïque du tabac, 162
ARN, voir acides ribonucléiques
ARNm, voir acides ribonucléiques messagers
ARN polymérase
dans l'expression du génome du phage, T2, 178
des phages à ARN d'*E. coli,* **223** et suiv., 228, 229
et transcription chez le virus SV40, 233
mitochondriale, 96, **152** et suiv.
ARNr, voir acides ribonucléiques ribosomiens
ARNt, voir acides ribonucléiques de transfert
arthrite
dans la maladie de la goutte, 65
arylsulfatase, **45** et suiv.
ascorbate, 110, 111, 119
asparagine, 123
assemblage, voir aussi autoassemblage
des constituants du phage T4, **181** et suiv.
erreurs chez le phage T4, **186** et suiv.
ATP, voir adénosine triphosphate
ATPase, voir adénosine triphosphatase
atractyloside, 92
autoassemblage
des constituants de la membrane mitochondriale interne, **117** et suiv.
des constituants du phage T4, 184
du complexe pyruvate déshydrogénasique, 102
autophagie
dans la destruction des grains de sécrétion, 58
dans la digestion intracellulaire, 49, **55** et suiv.
dans la métamorphose, 58, 59
dans le jeûne, 63, 64
origine des membranes dans l', 71
rôle du réticulum endoplasmique dans l', 55, 57, 58
autoradiographie
étude de la sécrétion par, **19** et suiv.
mise en évidence de la continuité mitochondriale par, 144, 145
mise en évidence de la glycosylation par, 26, 27

mise en évidence de la sulfatation par, 30
mise en évidence de la synthèse d'ADNmt par, 152
mise en évidence de vacuoles d'endocytose par, 52
mise en évidence du transport intracellulaire par, **19** et suiv.
quantitative, 21, 22, 144, 145
résolution de l', 19
axe tubulaire de la queue des phages, 167, 169, 175, 176
axonème, 82, 140

B

bacilles
  de la lèpre, 52
  de la tuberculose, 52
Bacillus megatherium, 190
bactéries
  acquisition du caractère lysogène par les, 194
  immunité des, 191, 193, 215
  indicatrices, 193, 194
  infectées par des bactériophages, 167, **169** et suiv., 173, 176, 177, 186, **194, 221**
  lysogènes, **190** et suiv., **194** et suiv., 215, **221** et suiv., voir aussi bactéries lysogènes
  paroi des, 170, **171,** 173, 174
  phagocytose des, 52, 65
  récepteurs aux bactériophages des, 171, **187,** 188
  sensibles, 171, 177, **193**
  utilisation dans la méthode des phages, **169**
bactéries lysogènes, **190** et suiv.
  action des rayons UV sur les, **190** et suiv.
  comportement d'une population de, 190
  croisements entre mutants de, 192
  et bactériophages tempérés, **190** et suiv.
  expression du génome des, 192, 193, **215**
  immunité spécifique des, 193
  issues de bactéries sensibles, 193
bactériophage ε, 194, 195
bactériophage λ
  ADN du, 193
  cycle lytique et, **218** et suiv.
  génome du, **215** et suiv.
  immunité au, 191
  lysogénie et, **190** et suiv., **220** et suiv.
  prophage du, 192
  régulation de l'expression du génome du, **215** et suiv., 231, 235
  réponse des bactéries sensibles à l'infection par le, **193**
  répresseur du, 192, 193, 218, 222, 223

bactériophage MS$_2$, 167, 225
bactériophage Φ X, 169, 174
bactériophage Qβ, 167
bactériophage R 17, 167, 178, 223, 224
bactériophage T2
  ADN du, 172, **174,** 178, 179, 180, 186
  adsorption sur une bactérie du virion du, **171** et suiv.
  assemblage des virions du, **181,** 182, **186** et suiv.
  expression du génome du, **178** et suiv., 195
  morphogenèse des virions du, **181** et suiv.
  multiplication du, **169** et suiv., 188, 209
  récepteurs bactériens du, 187, 188
  structure du, 167, 168, 188
bactériophage T3, 171
bactériophage T4
  ADN du, 185, 186, 187
  assemblage des constituants du, **182** et suiv., **186** et suiv.
  carte génétique du, 182, 183
  mutants du, **182** et suiv.
  récepteurs du, 187, 188
  régulation de la morphogenèse du, **182** et suiv.
bactériophage T6, 176
bactériophage T7, 167, 171
bactériophages (voir aussi au nom spécifique des bactériophages)
  à ADN, 167, **173, 178** et suiv., 195
  à ARN, **223** et suiv., voir aussi bactériophages à ARN
  et lysogénie, **190** et suiv., **194** et suiv., 215, **221** et suiv.
  multiplication des, **169** et suiv., 195 et suiv., **215** et suiv.
  régulation de la transcription chez un, **214** et suiv.
  structure des, **167** et suiv.
  tempérés, **193** et suiv.
bactériophages à ARN d'*E. coli,* **223** et suiv. (voir aussi bactériophage MS2, Q β et R 17)
bactériophages T pairs, 179 (voir aussi bactériophage T2, T4 et T6)
bactériophages tempérés, 189, **190** et suiv. (voir aussi bactériophage λ)
biogenèse
  de l'appareil de Golgi, **35** et suiv.
  des lysosomes, **69** et suiv.
  des membranes du réticulum lisse, 56
  des mitochondries **144** et suiv.
biotine, 192
bleu de toluidine, 46, 60
bœuf, 76, 90, 91

C

calcium
  accumulation dans la matrice mitochondriale, 92, 132, 133

action sur la conformation mitochondriale, 133, 136
concentration dans le hyaloplasme de, 141, 142
régulation du complexe pyruvate déshydrogénasique, 108
rôle dans l'exocytose, 38
transporteur du, 92, **131** et suiv.
capside, voir aussi nucléocapside et virus
  constituants de la, 117, 167
  d'adénovirus **163** et suiv., 240.
  d'oncornavirus, 240
  d'orthomyxovirus, 240
  de bactériophages T2 et T4, 167, 186
  de la mosaïque du tabac, 161, 162, 163
  de papovavirus, 240
  de paramyxovirus, 240
  de picornavirus, 240
  de poxvirus, 240
  de réovirus, 240
  de rhabdovirus, 240
  des bactériophages à ARN d'*E. coli,* 223
  des myxovirus, 198
  des oreillons, 240
  définition du terme de, 162
  du virus de l'herpès, 163, 165, 240
  du virus de la grippe, **165** et suiv., **196, 208,** 240, voir aussi virus grippal
  du virus de la poliomyélite, 240
  du virus de la rage, 240
  du virus de la rougeole, 240
  du virus de la vaccine, 166, 240
  du virus de la varicelle, 240
  du virus de la verrue, 159, 240, voir aussi verrue
  du virus du zona, 240
  du virus SV40, 240, voir aussi virus SV40
  forme, pour différents virus de la, 240
  icosaèdrique, **163** et suiv.
  hélicoïdale, 160, 162, 165, 166
capsomères, 163, 164, 165
carbamyl phosphate, 127, 128, 129
carbamyl phosphate synthétase, 129
carboxylases, 192
carboxypeptidase, 9
cardiolipides
  distribution asymétrique des, 93
  structure des, 87
  synthèse des, 153
carnitine, 92, 134, 135
carnitine acyltransférase, 92, 93, 134
carpe, 52, 64, 65
carte génétique
  des bactériophages à l'ARN d'*E. coli,* 224
  du bactériophage λ, 215, 216, 217, 220, 221
  du bactériophage T4, 182, 183
catalase, 85, 112
cathepsines, 42, 48, 60

cavités golgiennes
  composition chimique du contenu des, 16
  forme, **3** et suiv.
  VLDL dans, 12, 13
cell coat, voir revêtement fibreux
cellules acineuses du pancréas, 7, 9, **19** et suiv., 30, 75, 80, 138
cellules adipeuses, 147
cellules à poussières, voir macrophages
cellules caliciformes, 7, 28, 30
cellules cartilagineuses, 60
cellules du tube contourné rénal, 45, 53
cellules en culture, 140, 199, 201, 213, 232, 235
cellules musculaires striées, 67, 80, 125
cellules nerveuses, voir neurones
cellules permissives, 232, 234
cellules phagocytaires (voir aussi granulocytes et macrophages), **64** et suiv.
cellules stéroïdogènes, 89
cellules thyroïdiennes, 26, 27, **53** et suiv.
cellules transformées, **233** et suiv., 242
cellules tumorales, **231** et suiv.
cellules végétales, 7, 43, 49, **61** et suiv., 111, voir aussi vacuoles
céramidases, 48, 68
céramide, 68
cérébrosides, 69
β-cétothiolase, 104
α-cétoglutarate, 110
α-cétoglutarate déshydrogénase, 107
β-céthiolase, 104
chaîne respiratoire
  anaérobiose et synthèse de la, 156
  complexes lipoprotéiques de la, 112, 118, 119
  constituants de la, 88, 89
  rôle dans les échanges matrice-hyaloplasme, **131** et suiv.
  sites de couplage avec la phosphorylation de l'ADP, 110, 111, **113** et suiv.
  synthèse de constituants par les mitoribosomes, 130, 131
  transfert des électrons du NADH à la, 135, 136
  transport des électrons à l'oxygène par la, **109** et suiv.
  reconstitution de sites de couplage, **117** et suiv.
champignon, 8, 49, 60, 77
chasse, définition, 19
chauve-souris, 75, 120, 121, 140
cheval, 52, 213
chloramphénicol, 130, 151, 180
cholestérol, 67, 86, 87, 153
choline, 144, 145
chondroïtine sulfate, 30, 48, 60
chromosome bactérien
  dans le cycle du bactériophage T2, 170, 181, 210

insertion du génome du bactériophage λ dans le, 193, 215, 217
opérons dans le, 192
relation avec le prophage, **192** et suiv.
chymotrypsine, 186
chymotrypsinogène, 9
citrate synthétase, 106, 107
citrulline, 127, 128, 129
cobaye, 11, 13, **19** et suiv., 80, 138
cochon, 52
codons, **225** et suiv.
coenzyme Q
  constitution et propriétés du, 88
  dans la chaîne respiratoire, 88, **109** et suiv.
  du complexe I, 112
  mobilité du, 112
  transfert aux cytochromes des électrons du, 109, 110
coenzyme Q-cytochrome c réductase complexe III, 112, 117, 119
cœur, 76, 83, 85, 87
colchicine, 38, 71
colibacille, voir *Escherichia coli*
collagène, 65
colloïde, de la thyroïde, 54, 55
coloration négative
  de la membrane mitochondriale interne, 74, 76, 77
  des adénovirus, 164, 165
  du bactériophage λ, 219
  du bactériophage T2, 169, 176
  du virus de la mosaïque du tabac, 161
  du virus de la verrue, 158, 159
  du virus grippal, 197, 198
  du virus SV40, 232
complexe α-cétoglutarate déshydrogénasique, 106, 107
complexe pyruvate déshydrogénasique
  régulation du, 108, 142
  structure, 102, 103
concombre, 61
corps adipeux brun, 120
corps gras d'insecte, 147
corps résiduels
  à lipofuschine, 65
  dans les hépatocytes de carpe, 65
  dans les maladies de surcharge, 40, 41, 67
  formation des, 50, 51
  vacuoles autophagiques et, 56, 57
crêtes mitochondriales, voir aussi membrane mitochondriale interne
  structure des, 77, 78
  rôle dans la division des mitochondries, **146** et suiv.
crinophagie, **58**, 71
criquet migrateur, 100
cristalloïde
  dans les vacuoles des plantes, 61, 62
cryodécapage
  étude des liposomes par, 119

étude des membranes golgiennes par, 7, 8
étude des membranes lysosomales par, 49
étude des membranes mitochondriales par, 74
cuivre, 149, 150
cuprizone, 149, 150
cyanure, 38, 109, 111
cycle de Krebs
  bilan énergétique du, 107, 108, 139
  enzymes du, 96, 101, 106, 107
  et biosynthèse d'acides aminés, 127, 129
  et glycolyse, 141, 142
  et néoglucogenèse, **123** et suiv., 141, 143
  et uréogenèse, **127** et suiv.
  précurseur de diverses biosynthèses, **123** et suiv.
  réactions anaplérotiques alimentant le, **123** et suiv.
  réactions du, 105 et suiv.
cycle de l'ornithine, voir cycle de l'urée
cycle de l'urée, 127, 128
cycles de multiplication des virus, voir multiplication des virus
cycloheximide, 63, 130
cytochalasine B, 38, 71
cytochrome $a + a_3$, voir cytochrome oxydase
cytochrome b, 89, **109** et suiv., 117, 130, 150
cytochrome b_5, 87
  de la membrane mitochondriale externe, 87, 153, 156
  des membranes golgiennes, 15, 32, 38
cytochrome b_7, 111
cytochrome c, 89, 94, 109, 111, 113, 114, 117
cytochrome c_1, 89, **109**, et suiv., 130
cytochrome oxydase
  caractère transmembranaire de la, **93** et suiv.
  complexe lipoprotéique IV, 112
  cuivre de la, 89
  dans des liposomes, 119
  synthèse mitochondriale de la, 130, 150
  transport des électrons à l'oxygène par la, **109** et suiv., 116, 117
cytochrome P 450, 89, 156
cytochromes, 81, 88, 89, **109** et suiv.

D

dégranulation chez les granulocytes, 52, 65, 66
délétions dans l'ADN du bactériophage λ, 215, 216
dermatanes sulfates, 30
désoxycholate, 112
désoxyribonucléase, 42, 48
détoxification, 56

diabètes, 126
dictyosomes (voir aussi appareil de Golgi)
  cavités des, **3** et suiv., 7
  disposition des, 7
  et biogenèse des lysosomes, 69, 70
  et crinophagie, 56, 57
  et hétérophagie, 51
  forme des, **3** et suiv., 17, 18
  imprégnés par OsO_4, **2** et suiv.
  nombre de, 7
  polarité des, 9, 10, 38
digestion (voir aussi autophagie et hétérophagie)
  des réserves des plantes, 61
  extracellulaire et lysosomes, 49, **50** et suiv., 55
  intracellulaire dans le jeûne, 63, 64
  intracellulaire dans les maladies lysosomales, 64, 65
  intracellulaire et lysosomes, 49, **50** et suiv., 55
digitonine, 95
dihydrolipoyl déshydrogénase, 102, 103, 107, 108
dihydrolipoyl transacétylase, 102, 103, 108
dihydroxyacétone phosphate, 135, 136
di-iodotyrosine, 55
dinitrophénol, 38, 120
diphosphatidylglycérol, 87
dismutase, 151
DNP, voir dinitrophénol
dodécylsulfate de sodium (SDS), 33, 87

E
ecdysone, 58
effet Pasteur, 141
électrons
  transport le long de la chaîne respiratoire, **109** et suiv.
électrophorèse
  séparation des ARN du virus grippal, 198
  séparation des lysosomes par, 46, 47
  séparation des protéines de la membrane des lysosomes par, 71
  séparation des protéines du poliovirus par, 229, 230
endocytose
  dans la formation des vacuoles digestives, 43
  dans la maladie de la goutte, 65
  et hétérophagie, **50** et suiv., 71
  et isolement des lysosomes, 46
endoglycosidases, 48
endolysine, 188, 220
endonucléases, 178
endopeptidases, 48
énergie libre, variations et phosphorylation oxydative, 116, 117
énoyl-CoA hydratase, 104

entérocytes
  absorption des triglycérides par les, 33
  endocytose chez les, 52, 53
  hétérophagie chez les, 53
  lyse dans la métamorphose, 59
  transport de polysaccharides à la périphérie des, 34
enveloppe du virus grippal
  antigènes du, 198
  constitution chimique de l', 197, 198, 201
  fusion avec la membrane plasmique, 201, 202, 206, 208
  incorporation de la nucléocapside dans l', 205, **208**
  protéines de l', 199, 203, 207
  structure de l', 165, 196
  synthèse des constituants de l', 201
enveloppe du virus Sendaï, 165, 166
enveloppe nucléaire, rôle dans la biogenèse des saccules golgiens, 36
enzyme de pénétration, 174, 175, 188 (voir aussi lysozyme)
épididyme, 4, 5, 7, 8
épines caudales, de bactériophages, 168, 169
épisome, 193
Epistylis, 78
équivalents-phages, 179, 180, 181, 189
ergostérol, 153, 156
érythromycine, 151
escargot, 18, 37, 79, 83
Escherichia coli, voir aussi bactéries
  infection par les bactériophages T d', 167, **169** et suiv., 171, 173, 186, 187, 190
  information virale et information d', 189
  lyse après infection par les bactériophages T2 ou T4, 188
  mâles infectés par des bactériophages à ARN, **223** et suiv.
  récepteurs des mutants B2 et B4 d', 187, 188
  ribosomes de, 100
Escherichia coli K12, voir aussi bactéries lysogènes et bactériophages λ
  comportements possibles d', **190** et suiv.
  établissement de l'état lysogène de, **221**
  état latent du bactériophage λ dans, **190**
  immunité vis-à-vis du bactériophage λ, 190
  lyse spontanée de, 190
  régulation de la transcription du bactériophage λ par, **221**
  relations avec le bactériophage λ, **191** et suiv., 221
espace intermembranaire des mitochondries, **73** et suiv.
  adénylkinase de l', 95

  changements du volume de l', 136, 137
  isolement du contenu de l', 84
  superoxyde dismutase de l', 112
  translocation de protons vers l', **113** et suiv.
estérases, 48
estomac, 52
éthanol, 12, 13
exocytose
  des vésicules et grains de sécrétion, 17, 18, 31, 32, 33, 58
  et digestion intracellulaire, 50
  inhibition de l', 38
  rejet des anticorps par, 53
  rôle dans la mise en place de la membrane plasmique, 31, 32, 33
exoglycosidases, 48
exopeptidases, 48

F
facteurs de couplage F_1 et F_0, voir adénosine triphosphatase mitochondriale
FAD, voir flavine adénine dinucléotide
fer
  concentration dans les lysosomes, 46
  des cytochromes, 88, 89
  des protéines fer-soufre, 89
ferritine, 9, 94, 95
ferrochélatase, 129
fibres caudales
  chaînes d'assemblage dans le bactériophage T4 des, 182, 183, **184**
  rôle dans la fixation du bactériophage T2, 169, 171, 174
fibres musculaires, 78, 83, 85, 122, 139, 140, 157
fibres nerveuses, voir neurones
fibroblastes, 28, 65, 71, 79
flagelle, 80, 82, 140
flavine adénine dinucléotide, forme oxydée (FAD)
  dans la β-oxydation des acides gras, 103, 104
  dans les oxydations du cycle de Krebs, 106, 107
  groupement prosthétique de déshydrogénases, 88, 116
  navette glycérol-phosphate et réduction du, 135, 136
flavine adénine dinucléotide, forme réduite ($FADH_2$)
  dans le transport des électrons, 109, 110
  production d'ATP par oxydation du, 116, 122, 139
flavine mononucléotide (FMN)
  de la NADH-déshydrogénase, 88, 109, 110, 114
fluorescéine, voir aussi immunofluorescence
  marquage des anticorps à la, 60

FMN, voir flavine mononucléotide
foie, voir aussi hépatocytes
  de rat, **12** et suiv., 72, 73, 83, 85, **96** et suiv., 133, 137
  dégradation des protéines du sérum dans le, 53
  enzymes lytiques du, 42, 45, 48, 49
  néoglucogenèse dans le, **123** et suiv.
fougère, 46
fructose 1, 6-diphosphate, 141, 142, 143
fructose 6-phosphate, 139, 141, 142
fucose (Fuc),
  de la thyroglobuline, **26** et suiv.
  incorporation par les cellules thyroïdiennes, 26, 27
  incorporation par les entérocytes, 33, 34
fucosidase, 48
fumarase, 106, 107
fuseau de la pomme de terre, 241
furet, 199

G

gaine caudale de bactériophage T, 167, 169, 173, 175, 176
galactose (Gal)
  dans la dégradation du ganglioside GM_2, 68
  dans la maladie de Tay-Sachs, 68, 69
  de la thyroglobuline, **26** et suiv.
  des glycoprotéines plasmatiques, 53
  rôle dans l'hétérophagie, 53
β-galactosidase, 48, 53, 68
GalNAc, voir N-acétylgalactosamine
ganglioside, voir aussi cérébrosides
  GM_2 dans la maladie de Tay-Sachs, **68**, 69
gènes, voir génome
génome mitochondrial, voir acide désoxyribonucléique mitochondrial
génome viral (voir aussi bactériophages, carte génétique, multiplication des virus et virus)
  dans la transformation des cellules, **234** et suiv.
  de bactériophages tempérés, 193
  des bactériophages T2 et T4, **177** et suiv., 182, 183, 195
  des viroïdes, 241
  des virus oncogènes à ADN, **232** et suiv.
  des virus oncogènes à ARN, **236** et suiv.
  du bactériophage λ, 192, 214, **215** et suiv.
  du bactériophage MS2, 225
  du poliovirus, **230**
  du prophage du bactériophage λ, 192, 193, 195
  du virus grippal, 196, **203** et suiv., 208, 213

  et génome de bactéries hôtes, 181, 188, 192, 193, 214, 215, 217
  hybrides adénovirus et virus SV 40, **241**
  intégration dans le génome cellulaire du, 235, 236
  pénétration dans la cellule hôte du, voir multiplication des virus
  régulation de la traduction du, chez les bactériophages à ARN, **223** et suiv.
  régulation de la transcription du, chez le bactériophage λ, **214** et suiv.
GERL, voir Golgi Endoplasmic Reticulum Lysosomes
glande mammaire, 58
glande muqueuse d'escargot, 37, 79
glande salivaire de diptère, 7
glande surrénale, 77
globoïdes des grains d'aleurone, 61, 63
glomérule, voir rein
glucagon, 63
glucose
  dans la dégradation du ganglioside GM_2, 68
  fixation sur l'hydroxyméthylcytosine de l'ADN de phages, 180
  formation par néoglucogenèse, **123** et suiv.
  inhibition de la respiration par le, 156
  oxydation en aérobiose du, 139
  oxydation en anaérobiose du, 139
glucose 6-phosphatase, 15, 85, 143
glucose 6-phosphate, 142, 143
glucosidases, 48, 67, 68
β-glucuronidase, 42, 46
glucuronides, 42
glutamate, 110
glutamine, 127
glutaraldéhyde, 45
glycéraldéhyde 3-phosphate, 108, 136
glycérol 2-phosphate, 41
glycérol 3-phosphate, 135, 136, 153
glycérol 3-phosphate déshydrogénase, 88, 93, 109, 135, 136
β-glycérophosphate, 45
glycogène
  dans les glycogénoses, 67
  dans les mitochondries, 79
  dans les vacuoles autophagiques, 55, 56, 57, 64
glycogénoses héréditaires, 67
glycolipides
  dans la maladie de Tay-Sachs, 40, 41, 68
  de la membrane plasmique, 14, **31** et suiv.
  dégradation lysosomale des, 48, 68
  des membranes du réticulum, 14
  des membranes golgiennes, 14, 38
glycolyse
  bilan de la, 139
  et régénération du NAD^+, 135, 136

  formation d'acide pyruvique par la, 101, 102
  régulation de la néoglucogenèse et de la, **141** et suiv.
  régulation de la respiration et de la, **140** et suiv.
glycoprotéines
  adsorption du virus grippal et, **199** et suiv.
  de l'enveloppe du virus grippal, **197** et suiv.
  de la matrice cartilagineuse, 60
  des grains de sécrétion, 18, **25** et suiv., 32
  mise en place dans la membrane plasmique, **31** et suiv.
  plasmatiques, 53
  sulfatées, 34
  synthèse de, **25** et suiv.
  transit intracellulaire des, **27** et suiv., 71
glycosidases, 48
glycosylations
  au niveau des membranes du réticulum endoplasmique, **25** et suiv.
  au niveau des membranes golgiennes, **25** et suiv.
  de la thyroglobuline, 27, 28
  mise en évidence par incorporation, **26** et suiv.
glycosyltransférases
  de l'appareil de Golgi, 13, 15, **25** et suiv.
  des grains de sécrétion, 32
  du réticulum endoplasmique, **25** et suiv.
glyoxysomes, 126
Golgi, voir appareil de Golgi
Golgi Endoplasmic Reticulum Lysosomes (GERL), 69, 70
goutte
  maladies lysosomales et, **63** et suiv.
gradient électrochimique, importance dans la phosphorylation oxydative, 120
graines, 49, 61
grains d'aleurone, 49, **61** et suiv.
grains de sécrétion
  concentration de leur contenu, 34
  et arylsulfatase, 45
  et autophagie, 56, 57, 71, voir aussi crinophagie
  et lysosomes primaires, 43, 69, 70
  évolution de leur composition, 32
  exocytose des, **17** et suiv., **31** et suiv.
  formation des, **17** et suiv.
grains de vitellus, 157
grains de zymogène
  demi-vie des protéines des membranes des, 39
  formation des, **19** et suiv.
  fraction, **22** et suiv.
  membrane des, 32, 33, 39

granulocytes, **45** et suiv., 51, 52, **64** et suiv.
grippe, voir virus grippal
   asiatique, 212, 213
   de Hong Kong, 212, 213
   épidémies de, **212** et suiv.
   espagnole, 213
GTP, voir guanosine triphosphate
guanosine triphosphate, formation au cours du cycle de Krebs, 107, 108

H

hamster, 232
hémagglutinine du virus grippal
   au cours de l'élaboration de l'enveloppe du virus, 208
   caractérisation des souches par, 197, 198
   dans l'évolution du virus grippal, 212, 213
   dans la structure de l'enveloppe, 197, 208
   propriétés antigéniques de l', 198, 199
hématies
   dans l'infection par le virus grippal, **199** et suiv.
   fixation du virus grippal à la surface des, 199
   récepteurs de surface des, 200, 201
hème, 88, 129
hémicellulose, 28
hépatite B, voir virus de l'hépatite B
hépatocytes, voir aussi foie
   action de l'éthanol sur les, **12** et suiv.
   action du phénobarbital sur les, 56, 58
   ADN mitochondrial d', 97, 98
   appareil de Golgi, **12** et suiv., 45, 80
   autophagie dans les, 56, 64
   dans la glycogénèse de type II, 67
   et cycle de l'urée, 127, 129
   lipoprotéines dans les, **12** et suiv., 25, 28
   membrane du réticulum endoplasmique d', 15, 80
   membrane mitochondriale interne d', 80, 93, 96
   mitochondries isolées d', 72, 73, 83, 133, 137
   mitoplastes d', 85
   mitoribosomes d', 99
   néoglucogénèse dans les, 125, 126
   production de corps cétoniques dans les, 126
   reconnaissance des glycoprotéines plasmatiques par les, 53
   surface des membranes des, 80
herpès, voir virus de l'herpès
hétérophagie, voir aussi digestion et lysosomes
   dans la résorption du cartilage, 61
   défense contre les infections et, 52
   des cellules folliculeuses thyroïdiennes, **53** et suiv.
   étapes de l', **50** et suiv.
   formation de lysosomes secondaires par, 67, 71
   lors de la métamorphose, 58, 59
   nutrition et, 52
hexons et capsomères des adénovirus, 163, 164, 165
HMC, voir hydroxyméthylcytosine
homme
   ADN mitochondrial, 98
   ARNt mitochondriaux, 150
   et virus grippal, 196, 199, **212** et suiv.
   immunité du fœtus, 53
   maladie de la goutte chez l', 64, 67
   maladies de surcharge chez l', 40, 41, **67** et suiv.
hormones
   dans la métamorphose, 58
   hyperglycémiantes, 63
   polypeptidiques, 9, **25** et suiv., 33
   stéroïdes, 77, 89
   thyréostimulante (TSH), 55, 58
   thyroïdiennes, **25** et suiv., **53** et suiv.
hyaloplasme
   biosynthèse des acides gras dans le, 124, 125
   échanges entre mitochondries et, **131** et suiv., **138** et suiv.
   et synthèse des porphyrines, 129
   lacticodéshydrogénases du, **124** et suiv.
   rôle dans la néoglucogénèse, 124, 125
hyaluronidase, 48
hydrolases acides
   activité des, 41, 42, **48,** 52
   dans l'autophagie, **55** et suiv.
   dans l'hétérophagie, **50** et suiv.
   dans la digestion extracellulaire, 60, 61
   dans les maladies de surcharge, **64** et suiv.
   et techniques cytochimiques, 43
   synthèse des, 70, 71
hydrolases du suc pancréatique, **17** et suiv., 34
hydrolases lysosomales, voir hydrolases acides et lysosomes
β-hydroxyacyl-CoA, 104, 110
hydroxyapatite, 61
hydroxyméthylcytosine (HMC), 179, 180
hypophyse, 9, 58

I

icosaèdre
   et virus de l'herpès, 165
   nucléocapside des adénovirus en, **163** et suiv.
   tête des bactériophages et, 167, 169
immunité
   contre le virus grippal, **212** et suiv.
   de bactéries *E. coli* K12 vis-à-vis du bactériophage λ, 190, 193, 215
   et acquisition du caractère lysogène, 194, 215
   passive dans le développement embryonnaire, 53
immunofluorescence
   localisation des protéines du virus grippal par, 204
   mise en évidence des antigènes du virus SV40 par, 233
immunoglobulines, voir anticorps
index de phosphorylation oxydative, 110
infection, voir aussi multiplication des virus
   abortive par le virus SV40, 231, 233
   anticorps du lait maternel et, 53
   productive par le virus SV40, **231** et suiv.
   provoquée par les bactériophages T2 et T4, 175
information génétique, voir génome
inhibition de contact, 231, 234, 235
inositol, 61
insectes,
   corps gras d', 147
   rôle dans la transmission de virus, 211
insuline, 33
intensité respiratoire, 140
intestin, 30, 33, 59
iode, 71
isocitrate, 110
isocitrate déshydrogénase, 106, 107

J

jeûne
   autophagie induite par le, 64, 65
   et production de corps cétoniques, 126

K

kinétoplaste
   ADN du, 97, 98
   structure du, 81
Krebs, voir cycle de Krebs

L

lactoperoxydase, 71
lait
   anticorps maternels dans le, 52, 53
   stimulation de la sécrétion du, 58
lapin
   granulocytes du, 41, 51
   immunité du fœtus de, 53
   moelle osseuse du, 45
leucémie, voir virus des leucémies
leucocytes, voir granulocytes neutrophiles
lèpre, 52
levure
   ADNmt de, 97, 98
   ARNt mitochondriaux de, 150
   de boulanger, 83
   en anaérobiose, 140, 156
   lysosomes de, 46

mitochondries de, 83, 87, 153
mitoribosomes de, 99, 100
mutant ADNmt zéro, 155
synthèses protéiques chez les, 130
ubiquinone des, 88
utilisation du glucose par les, 139
ligase, dans la circularisation de l'ADN, 217
lin, 61, 62
lipases, 48, 52
lipides
  de l'enveloppe du virus grippal, 197
  de la membrane des grains de sécrétion, 32
  de la membrane mitochondriale externe, 86, 87
  de la membrane mitochondriale interne, 87, 115
  de la membrane plasmique, 14
  des globules lipidiques, 121, 138
  des membranes du réticulum, 14
  des membranes golgiennes, 14, 15
  des membranes lysosomales, 48, 49, 67
  des mitochondries, renouvellement, 155
lipofuschines, 63
lipoprotéines, 12, 13, 28, 33
liposomes
  contenant des marqueurs, 67
  membrane de, **117** et suiv.
  réalisant la phosphorylation oxydative, 114, 118, 119
  reconstitution de sites de couplage dans les, **117** et suiv.
liquide amniotique
  dosage de l'hexosaminidase dans le, 69
liquide synovial
  dans la maladie de la goutte, 64
locus, voir gènes et génome
lubrol, 84
Lynen, hélice de, voir oxydation des acides gras
lyse bactérienne
  dans la méthode des plages, 170
lysogénie, **190** et suiv., voir aussi bactéries lysogènes et bactériophages tempérés
lysosomes, **41** et suiv., voir aussi vacuoles autophagiques et vacuoles des cellules végétales
  activités hydrolasiques des, 41, 42, 45, **48**, 52, 62, 64, 65
  altération des membranes des, 64
  analyse chimique des, 41, **48** et suiv.
  biogenèse des, **69** et suiv.
  dans la digestion extracellulaire, 49, **60** et suiv.
  dans la digestion intracellulaire, 49, **50** et suiv., voir aussi hétérophagie et autophagie
  dans les maladies de surcharge, 67 et suiv.

  découverte des, 41, 42
  et autophagie, **55** et suiv.
  et crinophagie, **58**
  et hétérophagie, **50** et suiv.
  et stockage de réserves, **61**, 62
  fractions, **46** et suiv., 54
  maladies induites par les, **63** et suiv., **67** et suiv.
  primaires, 43, 45, **48** et suiv., **69**, 70
  rôles physiologiques des, **49** et suiv.
  secondaires, voir aussi vacuoles autophagiques et des cellules végétales, 41, 45, 48, 50, 52, **53** et suiv.
  structure des, 41, 45
lysozyme, 48, voir aussi enzyme de pénétration

M

macrophages
  biogenèse des lysosomes dans les, 69
  dans la silicose, 64
  hétérophagie dans les, 51, 64, 65
maïs, 46, 49
maladie
  de Chagas, 82
  de la goutte, **63** et suiv.
  de la silicose, 64, 65
  de Pompe ou glycogénose de type II, 67
  de surcharge, thésaurismoses, **68** et suiv.
  de Tay-Sachs, 41, **68**
malate, 110, 131
malate déshydrogénase, 106, 107, 125
maltase acide, voir α-1,4-glucosidase
mammifères
  corps adipeux brun des, 120
  et virus grippal, 196
  nouveau-nés, entérocytes des, 52, 53
  rôle de l'endocytose chez les, 52
  vieillissement des, 63
mannose (Man), 26, 27, 28
matrice mitochondriale
  accumulation de Ca^{2+} dans la, 92, **131** et suiv.
  changements de volume de la, 136, 137
  composition chimique de la, **96** et suiv.
  décarboxylation de l'acide pyruvique dans la, **102** et suiv.
  échanges entre le hyaloplasme et la, **123** et suiv., **138** et suiv.
  entrée des acides gras dans la, **133** et suiv.
  et cycle de Krebs, **105** et suiv.
  et cycle de l'urée, 127, 128
  et néoglucogenèse, **123** et suiv.
  isolement des constituants de la, 84, 85
  oxydation des acides gras dans la, **102** et suiv.
  production de précurseurs divers dans la, **123** et suiv.

  rôle dans la synthèse des porphyrines, 129
  structure de la, **73** et suiv.
mélange phénotypique, 186, 187
  de phages T2 et T4, 186, **187**
membrane mitochondriale externe
  composition chimique de la, **86** et suiv.
  cytochromes de la, 87, 153
  isolement de la, 83, 84
  lipides de la, 86, 87
  monoamine oxydase de la, 87
  particules intramembranaires de la, 74
  perméabilité de la, 115, 125
  protéines de la, 86, 87
  rôle dans l'entrée des acides gras, **133** et suiv.
  structure de la, **73** et suiv.
  surface de la, 80
membrane mitochondriale interne
  architecture moléculaire, **92** et suiv., 114, 115
  asymétrie de la, 93, 94, 114, 115
  ATPase de la, **74** et suiv., **89** et suiv., voir aussi ATPase mitochondriale
  biogenèse de la, **152** et suiv.
  cardiolipides de la, 87, 153
  complexes lipoprotéiques, 112, 153
  composition chimique de la, **86** et suiv.
  cytochromes de la, 88, 89, **109** et suiv., 114
  fluidité de la, 112
  isolement de la, **83** et suiv.
  lipides de la, 87, 153, 154
  mitoribosomes et, 74, 100, 153
  particules intramembranaires de la, 74
  perméabilité de la, 113, 123, 124, **131** et suiv.
  phosphorylation oxydative au niveau de la, **109** et suiv., **115** et suiv.
  protéines de la, **87** et suiv., 131, 150, 153, 154
  rôle dans l'entrée des acides gras dans la matrice, **133** et suiv.
  rôle dans la division mitochondriale, **146** et suiv.
  rôle dans la synthèse d'hormones stéroïdes, 153
  rôles dans la synthèse du noyau porphyrine, 129, 159
  sphères de la, **74** et suiv., **89** et suiv., voir aussi ATPase
  structure de la, **73** et suiv.
  surface de la, 80
  synthèse des protéines de la, 131, 150, **152** et suiv.
  translocation de protons, **113** et suiv.
  transport d'électrons à l'oxygène, **109** et suiv.
  transporteurs spécifiques de la, 92, 124, 125, 128, 129, **131** et suiv.
membrane plasmique
  asymétrie de la, 31, 32

bactérienne, 87, 178, 180
dans l'hétérophagie, **50** et suiv., 71
dans la pénétration de virus, 178, **201** et suiv., 239
dégradation des protéines de la, 71
endocytose et, **50** et suiv., **65** et suiv.
et enveloppe de virus, voir enveloppe de virus
exocytose et, **17** et suiv., 50, 60
lipides de la, 14
modifications dans les processus tumoraux, 231, 234
revêtement fibreux de la, 31, 32, **201** et suiv.
rôle de l'appareil de Golgi dans la biogenèse de la, **31** et suiv.
surface de la, 80
membranes du réticulum
asymétrie des, 15
biogenèse des lipides par les, 153, 154
glycosyltransférases des, 28, 29
lipides des, 14
surface des, 80
membranes golgiennes, voir aussi appareil de Golgi
architecture moléculaire des, 15, 16
asymétrie des, 31, 32
biogenèse des, **35** et suiv.
composition chimique des, 14, 15
épaisseur des, 3, 7, 8
et renouvellement de la membrane plasmique, **31** et suiv.
glycosylations au niveau des, **25** et suiv.
lipides des, 14, 15, 32
protéines des, 15, 16, 32, 33
rôle dans la sécrétion, **17** et suiv.
sulfatation au niveau des, 30
surface des, 80
membranes lysosomales
altérations pathologiques des, **64** et suiv.
composition chimique des, 49
fusion avec des vacuoles d'endocytose, **50** et suiv.
origine de la, **69** et suiv.
perméabilité des, 64
structure des, 43, 49
métamorphose, 58, 59
méthode des plages, **169** et suiv., 177
microfilaments, 38, 71
microscopie électronique à haute tension, 2, 6, 79, 82
microsomes
dans l'étude de la glycosylation, 27, 28
dans l'étude de la sécrétion, 22, 23
protéines des membranes des, 32, 33, 39
microtubules, 71
microvillosités, 32, 34
mitochondries, voir aussi espace intermembranaire, matrice mitochondriale, membranes mitochondriales externe et interne
ADN des, **96** et suiv., **150** et suiv.
axonème des flagelles et, 80, 140
biogenèse des, **144** et suiv.
coloration et observation *in vivo* des, 79, 81
composition chimique des, **81** et suiv.
conformation orthodoxe et condensée, 136, 138
crêtes des, **73** et suiv., 121, 122
destruction par autophagie des, **55** et suiv., 64
division des, **146** et suiv.
échanges entre le hyaloplasme et les, **131** et suiv.
forme des, **73** et suiv., 81, 82, **148** et suiv.
génome des, **150** et suiv.
globules lipidiques et, 138
isolement des, 72, 73, **83** et suiv.
matrice des 73, **96** et suiv., **102** et suiv.
membrane des, voir membranes mitochondriales
nombre de, 79
origine des, 151, 152
oxydations respiratoires, **101** et suiv.
particules submitochondriales, 85, 86, 90, 91, voir aussi cette rubrique
régulation de la biosynthèse des constituants des, **155** et suiv.
ribosomes des, voir mitoribosomes
structure des, **73** et suiv.
surface des membranes des, 80
synthèse de protéines par les, 130, 131
volume des, 79, 80, 133
mitoplastes
étude de la membrane mitochondriale interne grâce aux, 93, 94, 95
phosphorylation oxydative par les, 115
préparation de, **83** et suiv.
mitoribosomes
ARN des, 98, 100, 150
coefficient de sédimentation des, 98, 100
protéines des, 153
rôle dans la synthèse des protéines mitochondriales, 130, 131, **152** et suiv.
sous-unités des, **98** et suiv.
mitose
dans les cellules infectées par le virus SV40, 232, **235**
dans les cellules infectées par un oncornavirus, 238
monoamine oxydase, 87
mono-iodotyrosine, 55
mort cellulaire, 63, 64
mosaïque du tabac
ARN de la, 203
assemblage de la nucléocapside de la, 208
méthode d'isolement des virions de la, 160
multiplication, 159, 160
structure, 160, 161
mouche, 80, 81
mucines, 28
multiplication virale, voir aussi virus
bactéries lysogènes et, **190** et suiv., 194, 214, **221** et suiv.
bactéries sensibles et, 193
bactériophages T2 et T4, cycle de, **169** et suiv., 199, 209, 210
bactériophages tempérés et, **190** et suiv., 194, 214
comparaisons entre modes de, 195, 209, 214
conditions de, 159, 160
cycle lytique dans des bactéries sensibles et, 193
cycle lytique du bactériophages λ et, 190, 193, 214
cycle lytique du virus SV40 et, 232, 240
dans le cas d'une coinfection par virus SV40 et adénovirus, 7, 240
des adénovirus, 239, 240
du virus du sarcome de Rous, 237
expression du génome du bactériophage T2 dans la, **177** et suiv.
infection abortive par le virus SV40 et, **232** et suiv.
intégration du génome viral du bactériophage λ dans celui de la bactérie-hôte et, **192** et suiv.
intégration du génome viral de SV40 dans celui d'une cellule transformée et, **234** et suiv.
mélange phénotypique dans la, **186** et suiv.
régulation de la, **214** et suiv.
régulation de la traduction du génome des bactériophages à ARN et, **223** et suiv.
régulation post-traductionnelle chez le poliovirus et, **229** et suiv.
virus grippal et cycle de, **199** et suiv., 203, 207, **209** et suiv.
virus oncogènes et, **231** et suiv.
mutants
ambre de bactériophages à ARN, 227
du bactériophage λ pour la lysogénisation, 221
du bactériophage T4 à morphogenèse anormale, 182, 183, 184
du virus du sarcome de Rous, 237
du virus grippal, 212, 214
thermosensibles du bactériophage λ, 193, 215, 218, 220
thermosensibles du virus du sarcome de Rous, 237
thermosensibles du virus SV40, 235
mutation, voir aussi mutants

Index 255

concernant les hydrolases lysosomales, 67
myélocytes, 30, 45
myofibrilles, 67, 78, 140
myxovirus, voir aussi virus grippal et virus Sendaï, 165, 198, 200, 202, 209

N

NAD^+, voir nicotinamide adénine dinucléotide, forme oxydée
NADH voir nicotinamide adénine dinucléotide, forme réduite
NADH-coenzyme Q réductase, complexe I, 112, 117, 118
NADH-cytochrome $b5$-réductase, 87
de la membrane mitochondriale externe, 87
NADH-déshydrogénase, 88, 89, 109, 110, **113** et suiv.
NANA, voir acides sialiques
navette
carnitine, 136, 141, 143
citrate, 141, 143
glycérol-phosphate, 135, 136, 139
malate, 124, 125
malate aspartate, 135, 136, 139
néoglucogenèse, **123** et suiv.
chez les plantes, 126
et régulation de la glycolyse, 141, 143
régulation de la glycolyse et de la, 141, 143
neuraminidase
du virus grippal, **197** et suiv., 208, 211
neurones
accumulation de lipofuschines dans les, 63
appareil de Golgi de, 6
dans la maladie de Tay-Sachs, 68, 69
formation des lysosomes des, 69, 70
membrane plasmique des, 69
mitochondries des, 87
Neurospora, 83, 96, 97, 130, 144, 145, 151, 156
nicotinamide adénine dinucléotide, forme oxydée (NAD^+)
dans la décarboxylation de l'acide pyruvique, 102, 103
dans la β-oxydation des acides gras, 103, 104
dans les oxydations du cycle de Krebs, 106, 107
des lacticodéshydrogénases, 124, 125
rôle de la navette glycérol-phosphate dans la régénération du, 135, 136
nicotinamide adénine dinucléotide, forme réduite (NADH)
dans la décarboxylation de l'acide pyruvique, 102
dans la régulation du cycle de Krebs, 108
dans le transport des électrons, **109** et suiv., 117, 118

navette glycérol-phosphate et oxydation du, 135, 136
navette malate-aspartate et oxydation du, 135, 136
noradrénaline, 87
noyau, 41, 45, 204, 207, 208, 232, 234
nucléases
des lysosomes, 48
nucléocapside, voir aussi capside et virus
définition du terme de, 163
du virus Sendaï, 165, 166, 209
hélicoïdale, 161, 163, 165, 166
icosaédrique des adénovirus, 163, 164
nucléosides diphosphatases, 32
$5'$-nucléotidase, 32

O

œstradiol, 67
oiseaux, 196, 237
oligomycine, 38, 89, 91, 121, 151
oncornavirus
multiplication des, 237, 238, 239
oncogénicité des, 236, 237
structure des, 240
opérateur
du génome d'*E. coli* K12, **221** et suiv.
oreillons, voir virus des oreillons et myxovirus
ornithine, 127, 128, 129, 131, voir aussi cycle de l'urée
orthomyxovirus, 198, 240, 243
orthomyxovirus influenzae, voir virus grippal
os, 60, 61
OsO_4, voir tétroxyde d'osmium
ostéoclastes, 61
ovocytes
d'amphibiens, 79, 98, 157
de mollusques, 79
de xénope, 96
oxydation des acides gras, **102** et suiv.
oxydations respiratoires, **101** et suiv.
oxyde de carbone, 109, 111
oxydoréductions
de la chaîne respiratoire, énergie libérée, 113
potentiel standard des constituants de la chaîne respiratoire, 116
régulation du métabolisme et, 141
oxygène
dans les oxydations respiratoires, 101
index de phosphorylation oxydative, 116
ion superoxyde, **110** et suiv.

P

pancréas
de chauve-souris, 75
de cobaye, 11, 13, **17** et suiv., **19** et suiv., 32, 33, 34
de rat, 76
papillome humain, voir aussi verrue, 159

papillon, 81, 147
papovavirus, 240, 243
paramécie, 52
paramyxovirus, 198, 243
paroi bactérienne
adsorption de bactériophages sur la, 171, 174, 176
destruction par les leucocytes de la, 54
récepteurs de la, 170, **171**
particules élémentaires, voir adénosine triphosphatase mitochondriale
particules intramembranaires
des membranes lysosomales, 49
des membranes mitochondriales, 74
et cytochrome oxydase, 119
particules lipoprotéiques (VLDL), 12, 13, 25
particules submitochondriales
action de l'urée sur les, 90, 91
action de la trypsine sur les, 91
découplage de la phosphorylation oxydative et, **120**
dissociation et reconstitution des, 90, 91
isolement des, 85, 86
phosphorylation oxydative par les, 91
positionnement de la cytochrome oxydase dans les, 94, 95
translocation de protons et, 114, 115
pectines, 28
pédoncules F_0, de l'ATPase mitochondriale, 121
pentons, et capsomères des adénovirus, 163, 164, 165
pepsine, 52
peroxydase, 9, 48, 111, 112
peroxysomes, 45, 46, 85
phages, voir bactériophages
phagocytose, 52, 66, 71
phagolysosomes, 50, 52, 71, voir aussi lysosomes secondaires
phase d'éclipse, 177
phénobarbital, 56
phosphatase acide, voir aussi lysosomes, **41** et suiv.
phosphatidylcholine, 14, 15, 86, 87, 93, 144
phosphatidyléthanolamine, 14, 15, 86, 87, 93
phosphatidylinositol, 14, 15, 93
phosphatidylsérine, 14, 15
phosphoénolpyruvate carboxylase, 143
phosphofructokinase, 141, 142
phospholipases, 48
phospholipides
dans la membrane de liposomes, 67
dans la phosphorylation oxydative, **117** et suiv.
dans la reconstitution de sites de couplage, **118** et suiv.
de la membrane mitochondriale externe, 86

de la membrane mitochondriale interne, 87, 93
de la membrane plasmique, 14
des membranes du réticulum, 14, 15
des membranes golgiennes, 14
des membranes lysosomales, 49
des virus à enveloppe, 165, 197
distribution asymétrique dans les membranes des, 93
phosphorylation au niveau du substrat, 108
phosphorylation oxydative
  bilan énergétique de la, 117, 122, **139**
  couplage énergétique dans la, **115** et suiv.
  cycle de l'urée et, 127, 128
  découplage de la, **120**
  gradient électrochimique et, 113, 114, 120
  index de, 116
  membrane mitochondriale interne et, 86, 101
  par des mitoplastes, 115
  par des particules submitochondriales, 91, 114, 115
  régulation de la, **140** et suiv.
  relations avec la sécrétion de la, 38
  rôle de l'ATPase mitochondriale dans la, **115** et suiv., **121**, 122
  sites de couplage de la, 110, 111, **116** et suiv.
  translocation de protons et, **113** et suiv., 120, 121
  transport d'ions et de métabolites et, 132, 133
  variations d'énergie libre et, 116
phytate, 61, 62
picornavirus
  structure des, 240, 243
pili
  d'*Escherichia coli,* 223
pinocytose, 39
plantes, voir aussi cellules végétales
  formation de lysosomes dans les, 69
  réserves dans les graines des, 61
  vacuoles autophagiques des, 56
  virus s'attaquant aux, voir virus
plaque caudale, des bactériophages T, 169, 171, 174, 184
plasmocytes, 9
plasmodesmes, 211
poissons, 52, 64, 65
poliomyélite
  structure du virus de la, 240
poliovirus
  ARN du virion du, 203
  capacité de codage du, 230
  clivage des protéines du, 186, 230, 231
  protéines du, **229** et suiv.
  régulation post-traductionnelle chez le, **229** et suiv.

réplication de l'ARN chez le, 205, 231
structure du, 243
polynucléaires neutrophiles, voir granulocytes neutrophiles
polyome, voir virus du polyome
polysaccharides
  assemblage séquentiel des, **25** et suiv.
  dans les cavités golgiennes, 9, 10
  digestion par les lysosomes de, 48
  hétérogénéité des, 28
pomme de terre, 46, 241
pompes membranaires, 49, 122
porc, 213, 214
porphyrines, 127, 129, 153
potentiel d'oxydoréduction, voir aussi oxydoréduction
  des cytochromes, 89, 109
poulet
  cultures de cellules de, 231, 243
  fémur de, 60
  leucémie du, 243
  sarcome de Rous du, 231
  tumeurs du, 231
poumons, dans la silicose, 65
poxvirus, structure des, 240
prétêtes, du bactériophage T4, **185** et suiv.
proinsuline, 33
prolactine, 58
promoteur, du génome du bactériophage λ, 218, **221** et suiv.
prophage, voir aussi bactériophage λ
  de bactériophage λ, **192** et suiv., 215
  et chromosome bactérien, 192, 193
  nature du, 192
protéines
  antigènes dans la transformation cellulaire par virus oncogènes, **232** et suiv.
  chez les bactériophages T2 et T4, 187
  clivage des, chez le poliovirus, **230**
  dans l'adsorption des bactériophages T2 et T4, 186
  dans la capside de virus, **162** et suiv.
  dans la multiplication des bactériophages T2 et T4, **178** et suiv.
  de cellules végétales, 61, 63
  de l'appareil de Golgi, **19** et suiv., 56
  de la chaîne respiratoire, 88, 89, 114, 115
  de la matrice mitochondriale, 96
  de la membrane des grains de sécrétion, 32, 33
  de la membrane mitochondriale externe, 86, 87
  de la membrane mitochondriale interne, **87** et suiv., **92** et suiv., 131
  des complexes lipoprotéiques de la chaîne respiratoire, 112, 117 et suiv.
  des membranes golgiennes, 14, 15
  des membranes lysosomales, 49, 52
  des mitoribosomes, 153

digestion par les lysosomes des, 48, 53
du filtrat glomérulaire et digestion des, 45
du virus grippal, 197, **203** et suiv., **221** et suiv., voir aussi virus grippal
et enzymes lysosomales, 42
et répresseur du bactériophage λ, **215** et suiv., **221** et suiv.
fer-soufre, 88, 89, 109, 110, 112, 118
intégrées dans la membrane mitochondriale externe, **92** et suiv.
intégrées dans la membrane mitochondriale interne, 131
périphériques de la membrane mitochondriale interne, 92 et suiv.
réabsorption des, 53
régulation chez les virus à ARN de la synthèse des, **223** et suiv., 228
synthèse du répresseur par le bactériophage λ et, 192 et suiv.
protons
  canaux à, 120
  découplage de la phosphorylation oxydative et, 120
  sites de translocations de, **113** et suiv.
  translocation vers l'espace intermembranaire, **113** et suiv., 132, 133
protoplastes de levures, 46, 83
protozoaires
  dictyosomes des, 5
  hétérophagie chez les, 52
  lysosomes des, 70
  mitochondries des, 77, 78, 81, 82
  mitoribosomes de, 99, 100
pulse, définition, 17
purines, métabolisme dans la goutte, 64
puromycine, 63
pyruvate, 110
pyruvate carboxylase, 123, 127, 141
pyruvate déshydrogénase, 102, 103, 142, voir aussi complexe pyruvate déshydrogénasique
pyruvate déshydrogénase kinase, 108
pyruvate déshydrogénase phosphatase, 108
pyruvate kinase, 142

Q

queue
  chaînes d'assemblage chez le bactériophage T4 de la, **182** et suiv.
  contraction de l'axe tubulaire de la, 175
  des bactériophages T2 et T4, **167** et suiv.
  du bactériophage λ, 219
  protéines de la, 171

R

rage
  structure du virus de la, 240, 243
rat

infection par le virus SV40, 232
foie de, 12, 13, 14, **45** et suiv., 56, 58, 72, 80 et suiv., 93, 96 et suiv., 133, 137
myélocytes, 30
pancréas de, 76
thyroïde de, 26, 27
rein de, 11, 30, 45, 97
récepteurs
  à l'hémagglutinine du virus grippal, **199** et suiv.
  bactériens aux bactériophages, **171** et suiv., 187, 188
rein
  lysosomes de, 45, 46
  réabsorption de protéines par le, 53
  rôle dans la néoglucogenèse, 123
réovirus, 240
réplicase, 205
réplication, voir aussi génome
  de l'ADN de bactériophages, **178** et suiv.
  de l'ADNmt, 152
  de l'ARN du virus grippal, 205
  des viroïdes, 242
  du génome des bactériophages à ARN, 228, 229
  du génome du bactériophage λ, **214** et suiv., **222** et suiv., 228
  du poliovirus, 231
  synchrone d'un génome viral et d'un génome bactérien, 214
répresseur
  du bactériophage λ, 192, 193, 215, **218** et suiv.
  et bactéries sensibles, 194
  et transcription des gènes viraux, **215** et suiv.
  gène correspondant au, 215
  inactivation du, 215
respiration, voir aussi phosphorylation oxydative
  contrôle par l'accepteur de la, 140
  inhibition par le glucose de la, 156
  régulation de la, **140** et suiv.
réticulum endoplasmique
  action du phénobarbital sur le, 58
  biogenèse du, 56
  formation de vésicules de transition par le, 25, **35** et suiv.
  glycosylations au niveau du, **25** et suiv.
  relations avec l'appareil de Golgi, **3** et suiv., **35** et suiv.
  rôle dans l'autophagie, **55** et suiv., 64
  rôle dans la biogenèse des lysosomes, 69
  rôle dans la sécrétion, **20** et suiv.
  surface des membranes du, 80
  synthèse des lipides par le, 153, 154
  transport des électrons à l'oxygène par le, 151
rétinol, voir vitamine A
rhabdovirus, 240, 243

riboflavine, 81
ribosomes cytoplasmiques
  ARNr des, 100
  coefficient de sédimentation des, 100
  et ARN des viroïdes, 241, 242
  rôle dans la synthèse des protéines lysosomales, 69, 70
  rôle dans la synthèse des protéines mitochondriales, 153, 154
  rôle dans la synthèse des protéines sécrétées, **16** et suiv.
  rôle dans la synthèse des protéines virales, 180, 203, 223, 226, 228
ribosomes mitochondriaux, voir mitoribosomes
ribonucléases, 9, 42, 48
roténone, 109, 110, 117
rouge neutre, 46
rougeole, 198, 240

S

Saccharomyces cerevisiae, 130
saccules golgiens, voir appareil de Golgi, dictyosomes, membranes golgiennes
Salmonelles, 194, 195
sarcome de Rous, voir virus du sarcome de Rous et oncornavirus
sarcosome, 78
Schiff, réactif de, 81
SDS, voir dodécyl sulfate de sodium
sécrétion, voir aussi grains de sécrétion
  action d'inhibiteurs de la respiration sur la, 38
  chronologie de la, 25
  emballage des produits de, **17** et suiv.
  étapes de la, **16** et suiv.
  études par autoradiographie de la, **19** et suiv.
  glycosylation des produits de, **25** et suiv.
  maturation des produits de, 33
  régulation par crinophagie de la, **56** et suiv.
  rôle de l'appareil de Golgi dans la, **17** et suiv.
  rôle du réticulum endoplasmique dans la, **19** et suiv.
  sulfatation des produits de, 30
  vésicules de, **4** et suiv.
sérum albumine, 28
sialidase, 48, 53, 68
silicose, **64** et suiv.
Simian Virus, voir virus SV40
singes, 232, 234, 239
souris
  ADNmt de, 97
  carencées en cuivre, 149, 150
  carencées en riboflavine, 81, 148, 150
  entérocytes de, 10, 32, 33
  épididyme de, 45
  fibroblastes de, 71

  hépatocytes de, **148** et suiv.
  infectées par des virus, 199, 232
  macrophages de, 51
  neurones de, 6, 49
  rein de, 49
  tumeur mammaire de, 236
spermatocytes, 7
spermatozoïdes, 80, 81, 140
sphères de la membrane mitochondriale interne, voir ATPase mitochondriale
sphéroplastes, 171, 173
sphingomyéline, 14, 15, 38
sphingosine, 68
spicules, de l'enveloppe de virus, 166, **197** et suiv., 209
staphylocoques, 194
Streptomyces, 109
succinate, 110
succinate-coenzyme Q réductase, complexe II, 112
succinodéshydrogénase, 81, 88, 89, 93, 96, 106, 107, 109, 114, 115
succinyl-CoA, 105, 106, 107, 108, 129
succinyl-CoA synthétase, 106, 107
sulfatases, 48
sulfotransférases, 15, 32
superoxyde dismutase, 110, 112
superoxyde O_2^-, 114, 152
SV40, voir virus SV40

T

tabac, 46, 160
testostérone, 67
tête des bactériophages, 167, 169, 171, 175, 176, **182** et suiv., 219
Tetrahymena
  ADNmt de, 97, 98, 152
  mitochondries de, 78, 83, 87
  mitoribosomes de, 99, 100
tetra-iodothyronine, 54, 55
tetroxyde d'osmium, **2** et suiv., **73** et suiv.
thésaurismoses, voir maladies de surcharge
thiamine pyrophosphatase (TPPase), 10, 15, 32
thiamine pyrophosphate (TTP), 10, 102, 103
thiokinase, 87, 134
thyroglobuline
  chaînes hétéropolysaccharidiques de la, 25, 26, 54, 55
  formation de la thyroxine à partir de, **53** et suiv.
  glycosylation de la, **25** et suiv.
  iodation de la, 54, 55
thyroïde, **25** et suiv., **53** et suiv.
thyroxine, 55, 58
tissu conjonctif, 49
tonoplaste, 43
TPP, voir thiamine pyrophosphate
TPPase, voir thiamine pyrophosphatase

traduction
  chez le bactériophage λ, 228
  chez le poliovirus, 229
  chez le virus grippal, 203, 204
  chez les bactériophages T2 et T4, 178, 180
  chez les viroïdes, 242
  des gènes des bactériophages à ARN, **226** et suiv.
  des gènes du bactériophage Qβ, 226
  in vitro du génome de bactériophages à ARN, 224
  régulation de la, **223** et suiv.
transcriptase reverse, 236, **237** et suiv., 242
transcription, voir aussi gènes et génome
  chez le poliovirus, 229
  chez le virus grippal, 203
  chez les bactéries infectées par des bactériophages, 178
  de l'ADNmt, 96, 152, 153
  du génome du bactériophage λ, **214** et suiv., **222** et suiv.
  régulation de la, **214** et suiv.
  répresseur du bactériophage λ inhibant la, **215** et suiv.
transformation cellulaire, voir cellules transformées
translocation de protons
  et phosphorylation oxydative, 120, 121
  par des sites de couplage reconstitués in vitro, **117** et suiv.
transport d'électrons
  de la chaîne respiratoire, 88, 89
  et conformation mitochondriale, 137
  inhibiteurs du, 109, 110, 111
  par la chaîne respiratoire, **109** et suiv.
transporteurs
  ADP-ATP, 92
  α-cétoglutarate-malate, 135, 136
  d'acides dicarboxyliques, 92
  d'acides tricarboxyliques, 92
  de calcium, 131, 132, 133
  de l'acyl-carnitine, 134, 135
  de la membrane mitochondriale interne, **92**, 124, 125
  dicarboxylate, 131, 132
  phosphate, 92
  phosphate-hydroxyle, 131, 132
  tricarboxylate, 131, 132
triglycérides, 48, 120, 121, 138
tri-iodothyronine, 54, 55
triton WR, 46
Trypanosoma cruzi, 82
Trypanosoma culicis, 82
trypanosomes
  ADNmt des, 81, 82, 97, 98
  kinétoplaste des, 81, 82
trypsine, 52, 91, 162, 186
trypsinogène, 9

tryptophane, 237
TSH, voir hormone adéno-hypophysaire thyréostimulante
tuberculose, 52
tumeurs, 231, 233, voir aussi virus résultant de l'infection de cellules transformées, 233
tyrosine, 55

U

ubiquinone, voir coenzyme Q
unités de structure, voir aussi capside
  de la mosaïque du tabac, 161 et suiv.
  des adénovirus, 163, 164
urate de soude **64** et suiv.
urée
  action sur les particules submitochondriales, 90, 91
  cycle de l', 127, 128
  élimination dans le cycle de Krebs de l', 105

V

vaccin, 212, 239, 241
vaccine, voir virus de la vaccine
vacuoles
  d'endocytose, **50** et suiv., 65, 71
  de concentration, 24
  des cellules végétales, 43, 49 **61** et suiv.
  globoïdes des, 61
vacuoles autophagiques, **55** et suiv., 61, 63, 64 (voir aussi autophagie et lysosomes secondaires)
vacuoles digestives
  dans la maladie de la goutte, 65, 66
  de phagocytose, 66 (voir aussi phagocytose)
  de protozoaires, 52
  et grains de sécrétion, 58
  et lysosomes, 43
  formation des, 51, 52, **55** et suiv., 63
  lors de la métamorphose, 58, 59
valinomycine, 120
varicelle, voir virus de la varicelle
verrue, voir virus de la verrue
vert-janus, 81
vésicules de sécrétion, 4 et suiv., 9, 10, **16** et suiv., **31** et suiv.
vésicules de transition, 4 et suiv., 9, 10, 18, 25, **35** et suiv., 69
vinblastine, 71
virion, voir virus
  définition du terme de, 160
viroïdes, **241**
virus (voir aussi adénovirus, poliovirus et noms spécifiques)
  à ADN, voir acide désoxyribonucléique des virus

  à ARN, voir acide ribonucléique des virus et oncornavirus
  à virions à enveloppe, **165** et suiv. (voir virus de la grippe)
  à virions hélicoïdaux, **160** et suiv., 165, 166
  à virions icosaédriques, **163** et suiv.
  biologie des, 159, **214** et suiv.
  caractéristiques physiques et chimiques des, 160
  composition chimique des, **159** et suiv.
  conception actuelle des, **242**
  conditions de multiplication des, 159, 160
  de l'hépatite B, 160
  de l'herpès, 135, 163, 165, 195, 212, 240, 243
  de la mosaïque du tabac, **160**, 161, 162, 163, 166
  de la poliomyélite, voir poliovirus
  de la tumeur mammaire de la souris, 236
  de la vaccine, 163, 165, 166
  de la varicelle, 240
  de la verrue, 159, 231, 232, 240
  des leucémies, 236
  des oreillons, 198, 240
  des végétaux, 210, 211 (voir aussi virus de la mosaïque du tabac)
  du polyome, 236, 243
  du sarcome de Rous, 236, 243 (voir aussi oncornavirus)
  grippal, **196** et suiv. (voir aussi virus grippal)
  méthodes d'étude des, 166
  oncogènes, 195, **231** et suiv., **236** et suiv. (voir aussi virus oncogènes et virus SV40)
  régulation de l'expression génétique chez les, **214** et suiv.
  s'attaquant aux bactéries, voir bactériophages
  Sendaï, 165, 166, 198, 209, 243
  structure des, **159** et suiv.
  SV40, **232** et suiv., 240, 241, voir aussi virus SV40
virus grippal
  ARN du, 165, 196, 197, **201**, 203, 204, 205, 208, 213
  cycle de multiplication du, **199** et suiv., **209** et suiv.
  enveloppe du, 165, 197, 208
  et myxovirus, 198
  évolution du, **212** et suiv.
  nucléocapside du, 165, **196** et suiv., **208** et suiv.
  protéines du, 197, **203** et suiv., 208, 212, 213
  récepteurs du, 200, 201
  structure du, 165, **196** et suiv., 213, 243
virus oncogènes, **231** et suiv.

à ADN, **232** et suiv. (voir aussi virus SV40)
  à ARN, **236** et suiv. (voir aussi oncornavirus)
virus SV40
  ADN du, **232** et suiv., 234, 241
  antigènes du, voir antigènes
  cycle productif du, 232, **240**
  infection abortive du, 232, 236, 240
  infections par le, **232** et suiv., 236
  interactions avec l'adénovirus humain, 7, **240** et suiv.
  oncogénicité du, 232, 236
  structure du, 232
  transformation de cellules par le, **233** et suiv., 236
vitamine A, 60
vitamine B_2, 148, 150
vitellus, 157
VLDL, voir particules lipoprotéiques

X

xénope, 96

Z

zona, 240
zonula occludens, 24
zymogène, voir grains de

Conception et supervision : Pierre Favard et Nina Favard-Carasso.
Direction artistique : Sylvia Winter. Interprétation iconographique : Ursula Wöss.

Composition : Coupé (Sautron) ; photogravure : Photograveurs Réunis (Paris) ; impression : Aubin (Ligugé).

IMPRIMÉ EN FRANCE

Numéro d'édition 5877 ; numéro d'impression p8136. Dépôt légal deuxième trimestre 1978

HERMANN, ÉDITEURS DES SCIENCES ET DES ARTS